Motoren

für

Gleich- und Drehstrom.

Von

Henry M. Hobart,

B. Sc., M. I. E. E., Mem. A. I. E. E.

Deutsche Bearbeitung. Übersetzt von
Franklin Punga.

Mit 425 in den Text gedruckten Figuren.

Springer-Verlag Berlin Heidelberg GmbH 1905

ISBN 978-3-662-23267-5   ISBN 978-3-662-25296-3 (eBook)
DOI 10.1007/978-3-662-25296-3

Softcover reprint of the hardcover 1st edition 1905

Vorwort des Verfassers zur deutschen Ausgabe.

Das Buch erschien zuerst als eine Reihe von Artikeln in „Traction and Transmission" während der Jahre 1902 bis 1904 und war ursprünglich als eine Abhandlung über elektrische Motoren im allgemeinen gedacht.

Die großen Verbesserungen, die in den letzten zwei Jahren im Bau von Wechselstrommotoren gemacht worden sind, verhinderten aber die Absicht des Verfassers, und so beschränkte er sich in diesem Buche auf die zwei Hauptvertreter elektrischer Motoren: den Gleichstrommotor und den asynchronen Drehstrommotor.

Sobald sich die Verhältnisse über die neuesten Kommutatormotoren aufgeklärt haben, hofft der Verfasser seinen ursprünglichen Plan, über alle elektrischen Motoren zu schreiben, wieder aufzunehmen.

Der Verfasser ist sich bewußt, daß irgend welche Vorzüge, die das Werk besitzen mag, im wesentlichen der Bereitwilligkeit zuzuschreiben sind, mit der ihn so viele Ingenieure und Firmen in seinem Vorhaben unterstützt haben. Allen den Firmen, die ihm Daten und Zeichnungen ihrer Maschinen zur Verfügung gestellt haben, sagt der Verfasser auch an dieser Stelle seinen besten Dank.

Ebenso ist er Herrn J. Dredge für Überlassung der Bildstöcke und Herrn Ingenieur F. Punga für die mühevolle Übersetzung zu großem Dank verpflichtet.

H. M. Hobart.

Vorwort des Übersetzers.

———

Die Bezeichnungsweise, die der Verfasser in den englischen Originalartikeln benutzt hat, wurde in dieser Ausgabe beibehalten. Der Übersetzer glaubt nicht, daß dies irgend welchen Anstoß erregen kann, da die Zahl der Formeln äußerst gering ist. Die Einführung von Megalinien für 10^6 Kraftlinien erschien ihm geboten, und die Benutzung von „Reaktanz", „Induktanz" etc. bedarf kaum einer Entschuldigung, nachdem der Ausdruck „Reaktanzspannung" allgemein gebräuchlich geworden ist.

Der Stoff ist gegenüber den englischen Originalartikeln insoweit abgeändert worden, als die elementare Theorie des Drehstrommotors ausgelassen, und an deren Stelle eine größere Anzahl praktischer Beispiele angefügt worden ist.

Bei den Korrekturen wurde der Übersetzer freundlichst von den Herren G. Weese und F. Looser unterstützt.

F. Punga.

Inhaltsverzeichnis.

Zweiter Teil.

Der Drehstrommotor.

Berichtigungen.

S. 9.   13. Zeile von unten lies „M den Kraftlinienfluß pro Pol, der —.“

S. 10.   Unterschrift zu Fig. 2 sollte lauten: Verteilung der Kraftlinien auf dem Ankerumfang bei Leerlauf (Kurve A) und bei Vollast für 4 verschiedene Bürstenstellungen (Kurven B, C, D und E).

S. 21.   16. Zeile von oben lies „effektive Länge“ anstatt „Länge des wirksamsten Eisens.“

S. 24.   2. Zeile von oben lies „Fig. 18“ anstatt „Fig 20.“

S. 28.   11. Zeile von oben lies „pro Pol“ anstatt „pro Pole“.
         10. Zeile von unten streiche 0,16 und setze =.

S. 48.   Überschrift zu Fig. 39 sollte lauten: „Sättigungskurve für 400 U. p. M.“

S. 68.   1. Zeile von oben lies „der Hauptschalter, T der doppelpolige Umschalter —.“

S. 72.   4. Zeile von unten lies „5,08“ anstatt „50,8“ und „7,62“ anstatt „76,2.“

S. 79.   7. und 8 Zeile von oben lies „Freie Länge einer Windung . = 78 cm
         Effektive Länge einer Windung = 56 cm.“

S. 82.   6. Zeile von unten lies „2,86“ anstatt „28,6.“

S. 100. In Tafel XIX lies „0,34“ anstatt „34“; „0,29“ anstatt „29“ usw.

S. 116. 16. Zeile von unten lies „500“ anstatt „50“.

S. 174. 10. Zeile von unten lies „Umfang“ anstatt „Umfangsgeschwindigkeit“.

S. 181. 1. Zeile von oben ⎫
S. 195. 1. Zeile von unten ⎬ lies „Material der Bürsten . . . Kohle“.

S. 239. 3. Zeile von unten lies „Fig. 269“ anstatt „Fig. 264“.

S. 254. 4. Zeile von unten lies „Für Bahnzwecke“.

S. 261. 19. Zeile von unten lies „Anlassen“ anstatt „Antrieb“.

S. 263. Fig. 288 lies „verschiebbarer Kragen B . .“.

S. 274. 11. Zeile von oben lies „halb“ anstatt „doppelt“.

S. 290. Tafel XLI. 4. Spalte lies „0,27“ anstatt „0,37“.

S. 312. Tafel XLVI letzte Zeile lies „und Schleifringmotoren“ anstatt „und Kollektorringen“.

S. 316. Lies Tafel XLVII anstatt XLVIII.

S. 319. Überschrift der Tabelle lautet: Tafel XLVIII.

S. 333. Überschrift der Tabelle lautet: Tafel XLIX.

S. 335. 1. Zeile von oben lies „vorhergehenden“ anstatt „folgenden“.

S. 360. 16. Zeile von oben lies „Wärme“ anstatt „Erwärmung“.

S. 364. 13. Zeile von oben lies „35“ anstatt „0,35“.

Lies „qdm“ anstatt „qdcm“.

Einleitung.

Auf der Frankfurter Ausstellung im Jahre 1891 waren zum ersten Male eine große Anzahl von Drehstrommotoren von kontinentalen Firmen ausgestellt, während vor dieser Zeit beinahe ausschließlich Gleichstrommotoren in elektrischen Kraftübertragungen verwandt worden waren. Die praktische Brauchbarkeit des Drehstrommotors, die auf dieser Ausstellung glänzend bewiesen wurde, zog die Aufmerksamkeit der gesamten Fachwelt auf sich, und der Drehstrommotor hat sich seitdem auf dem Kontinent und auch in Amerika schnell eingebürgert.

In England jedoch hatte der Gleichstrommotor bis vor kurzem noch keinen ernsthaften Gegner gefunden, was wohl· zu einem großen Teile auf die frühzeitige Ausbildung des Einphasen-Wechselstromsystems zurückzuführen ist, das in England viel mehr Beachtung fand als in andern Ländern und deshalb notwendigerweise die Aufmerksamkeit von der Entwicklung des Drehstrommotors ablenken mußte.

Diese und andere Gründe, wie z. B. Patentangelegenheiten und die Abwesenheit von großen Wasserfällen, haben dazu beigetragen, die Einführung des Drehstrommotors in England sehr zu verzögern.

Es fragt sich aber, ob dies ein so bedeutender Übelstand ist, denn die Resultate, die man mit dem Gleichstrom als sekundärer Stromart besonders im Bahnbetrieb, in Bergwerken und Werkstätten erzielt hat, sind äußerst zufriedenstellend, während dies für den ein- oder mehrphasigen Wechselstrom nur mit Einschränkung gesagt werden kann.

Zur Zeit der Einführung des Drehstrommotors setzte man große Hoffnungen auf den Umstand, daß eine schleifende Berührung mit allen beweglichen Teilen vermieden wurde und daß eine hohe Spannung angewandt werden konnte, die eine Verteilung von Energie über weite Entfernungen mit großer Wirtschaftlichkeit er-

möglichte. Daß die zur Transformation der Spannung benutzten
Apparate keine beweglichen Teile besaßen und folglich auch keiner
Wartung bedurften, wurde als eine besonders schätzenswerte Eigenschaft angesehen. Damals war auch die Kommutationsfrage bei
Gleichstrommotoren noch nicht gelöst, und dies mag viel dazu beigetragen haben, das Bedürfnis nach einem anderen System zu
verstärken.

Aber seit jener Zeit ist der Gleichstrommotor bedeutend verbessert worden, zweifellos mit Rücksicht auf den drohenden Wettbewerb des Induktionsmotors; und moderne Motoren sind charakterisiert durch einen vollständig funkenlosen Gang des Kommutators und durch eine für alle Belastungen konstant bleibende Bürstenstellung, so daß sie den mit Kollektorringen versehenen Induktionsmotoren als ebenbürtig angesehen werden könne.

Bemerkenswert ist, daß die Entwicklung des Drehstrommotors
im allgemeinen nicht in der erwarteten Richtung vorwärts geschritten
ist. Der Vorteil, auf den man im Anfang soviel Hoffnung setzte,
nämlich die Abwesenheit aller schleifenden Kontakte, ist beinahe
gänzlich aufgegeben worden. Diese Type hatte einen bedeutenden
Fehler, welcher ihren Gebrauch sehr beschränkte, nämlich ein sehr
geringes Drehmoment beim Anlassen. Die meisten größeren Induktionsmotoren besitzen deshalb Kollektorringe in Verbindung
mit äußeren Widerständen; falls der Motor ohne Last angelassen
werden kann, so kann man wohl auf Kollektorringe verzichten,
bedarf aber statt dessen einen Kompensator im primären Stromkreis, wodurch eine Umschaltung nach Ingangsetzung des Motors
nötig wird.

Der Besitz eines Kommutators beim Gleichstrommotor verursacht sicherlich keine größeren Unannehmlichkeiten als der niedrige Leistungsfaktor der Induktionsmotoren, denn in der neuesten
Zeit benutzt man Kommutatoren in Verbindung mit Wechselstrommotoren, nur um den Leistungsfaktor auf eine angemessene Höhe
zu bringen.

Obgleich in gewöhnlichen Drehstrommotoren der Leistungsfaktor für mittelgroße und große Motoren bei Vollast größer als 0,90
ist, so ist er doch bei geringen Belastungen viel kleiner. Dieses
verschlechtert den wirtschaftlichen Wirkungsgrad von vielen Wechsel-
stromanlagen um einen nicht unbeträchtlichen Prozentsatz.

Die Transformation von der hohen Spannung auf die niedere
der Motoren mit Hilfe von Apparaten ohne bewegliche Teile ist
als ein großer Vorteil angesehen worden, der nur bei der Anwendung von Drehstrommotoren gewonnen werden könne. Dieses war
wohl in früheren Zeiten der Fall, als die Anlagen nur einen kleinen

Umfang besaßen und es gebräuchlich war, zahlreiche kleine Transformatoren über das ganze Gebiet zu zerstreuen. Aber seitdem man es vorteilhafter gefunden hat, die Transformation in großen Einheiten, in wenigen Unterstationen vorzunehmen, sind rotierende Umformer und Motorgeneratoren wieder in allgemeinen Gebrauch gekommen.

Der Verfasser bevorzugt im allgemeinen Motorgeneratoren trotz ihrer höheren Kosten, da diese eine bessere Regulierung als rotierende Umformer in Verbindung mit Transformatoren geben.

Verglichen mit gewöhnlichen Transformatoren, kann man mit Motorgeneratoren nicht nur Strom und Spannung, sondern auch die Periodenzahl und überhaupt die Stromart selbst umwandeln.

Einer der hauptsächlichsten Nachteile des Induktionsmotors besteht in der Schwierigkeit, eine veränderliche Umlaufszahl zu erzeugen; keine einzige Methode, die bis jetzt vorgeschlagen worden ist, um diesem Übelstande abzuhelfen, darf als zufriedenstellend bezeichnet werden, da sie entweder mit einem vermehrten Materialaufwand oder mit einer Verschlechterung des Wirkungsgrades verbunden ist. In einem späteren Kapitel werden wir genauer auf diesen Gegenstand zurückkommen, hier genügt es zu bemerken, daß jener Mangel die Verwendung des Drehstrommotors für den Bahnbetrieb und für viele andere Zwecke hemmt.

Diese zwei Typen von Motoren, Gleichstrommotor und Wechselstrommotor, sind nun seit nahezu zehn Jahren im Wettbewerb, und wenn man die Erfolge vergleicht, die während dieser Zeit erzielt worden sind, so neigt man zu der Ansicht, daß der Gleichstrommotor nicht nur seine jetzige Stellung behalten, sondern vielleicht sogar verbessern wird.

Erster Teil.

Der Gleichstrommotor.

Erstes Kapitel.

Nebenschlußmotor.

Allgemeine Betrachtungen.

Die zwei Hauptklassen des Gleichstrommotores sind Nebenschlußmotoren und Reihenschlußmotoren. Die ersteren sind sehr passend für den Antrieb von Werkzeugmaschinen, Webstühlen und überhaupt für alle solchen Anlagen, bei denen eine Unabhängigkeit der Tourenzahl von der Belastung gewünscht wird, während die Reihenschlußmotoren allgemein im Bahnbetrieb, für Kräne, Aufzüge etc. verwandt werden.

Zu diesen zwei Hauptklassen kommt noch als dazwischenliegende Gruppe der Doppelschlußmotor.

Bei der Berechnung der Nebenschlußmotoren sei auf eine Analogie hingewiesen, die zwischen diesem und dem Transformator besteht, und die den Entwurf des Motors zu einem großen Teile beeinflußt.

Es ist nämlich vorteilhaft, Transformatoren, die während eines großen Teiles der Betriebszeit nur wenig belastet sind, mit geringen Eisenverlusten zu entwerfen.

Diese Erkenntnis führte allmählich zu großen Veränderungen in dem Bau von Transformatoren, und die meisten der heutzutage auf dem Markt befindlichen Typen haben bei Leerlauf nur den dritten Teil der konstanten Verluste, die vor zwölf Jahren als normal galten.

Diese konstanten Verluste setzen sich aus den Hysteresis- und Wirbelstromverlusten in dem Eisenkerne zusammen, da ja diese, solange nur die Spannung dieselbe bleibt, ganz unabhängig von der Belastung sind. Der Verlust durch Stromwärme in dem Kupfer der Wicklung wächst dagegen mit dem Quadrate des Stromes.

Um also einen hohen Wirkungsgrad bei geringen Belastungen zu erhalten, muß man den größeren Teil der Verluste auf das Kupfer

und den kleineren Teil auf das Eisen verlegen, wobei die zulässige
Summe der Verluste in großen Transformatoren durch die Erwärmung und in kleinen Transformatoren durch Rücksichtnahme
auf Wirkungsgrad und Regulierung bedingt ist. Versucht man
geringe Eisenverluste in Transformatoren zu erreichen, so begegnet
man sehr oft dem einschränkenden Einflusse der Regulierung, besonders bei induktiver Belastung.

Die vorteilhafteste Methode, Transformatoren für geringe konstante Verluste zu entwerfen, besteht darin, die Zahl der Windungen
zu vergrößern, dagegen den Querschnitt und das Gewicht des
Eisens zu verringern. Dabei wird es meistens äußerst wünschenswert, die primäre und sekundäre Wicklung mit Rücksicht auf eine
Verbesserung der Regulierung in geeigneter Weise zu unterteilen
und die verschiedenen Teile untereinander zu gruppieren.

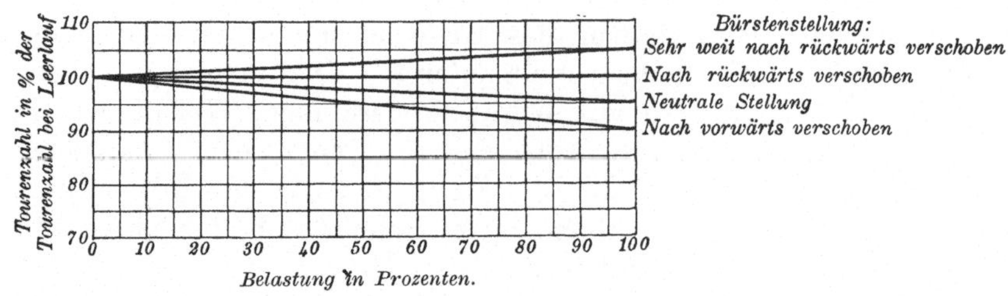

Fig. 1.

In einem Nebenschlußmotor kommen zu den Kernverlusten
noch Reibung und Wattverbrauch der Nebenschlußwicklung als
Komponenten der konstanten Verluste hinzu, während die Stromwärme in der Ankerwicklung und in dem Übergange von dem
Kommutator zu den Bürsten[1]) die veränderlichen Verluste darstellen.
Will man also einen Nebenschlußmotor mit geringen Leerlaufsver-
lusten entwerfen, so muß man ebenso wie bei Transformatoren
viele Windungen auf dem Anker anbringen, wodurch die Stromwärme in der Ankerwicklung verhältnismäßig groß, dagegen das
Gewicht des Kernes und die Eisenverluste gering werden.

Die Regulierung, die bei Transformatoren von solcher Wichtigkeit war, ist für Nebenschlußmotoren nur von sehr geringer Bedeutung, deshalb sind in dieser Beziehung gar keine Schwierigkeiten
vorhanden, einen vollständig zufriedenstellenden Motor mit einer
hohen Ankerstärke (Amperewindungen pro Pol) und geringem
Kraftlinienfluß zu entwerfen.

---

[1]) Nach den neuesten Versuchen sind die Verluste in dem Übergangswiderstande der Bürsten direkt proportional dem Strome.

In denjenigen Fällen, wo eine konstante Umlaufszahl erwünscht ist, kann man dies auf sehr einfache Weise dadurch erreichen, daß man die Bürsten nach rückwärts verschiebt, um durch die Einwirkung der Anker-Amperewindungen das Feld bei wachsender Belastung zu schwächen. Auf diese Weise kann man den Spannungsverfall in dem Motor durch den Einfluß der Anker-Amperewindungen vollständig kompensieren.

Um die Abhängigkeit der Tourenregulierung von der Bürstenstellung besser zu verstehen, sind in Fig. 1 vier Kurven aufgenommen worden, welche zeigen, wie sich die Umlaufszahl bei verschiedenen Bürstenstellungen mit wachsender Belastung ändert. Man sieht daraus, daß der Nebenschlußmotor bezüglich der Geschwindigkeitsregulierung viel vollkommener ist als ein Wechselstromtransformator bezüglich der Spannungsregulierung, und dieser Punkt ist von einiger Wichtigkeit bei der Wahl der Apparate in Unterstationen.

Innere Spannung und Ankerrückwirkung.

Wenn die Spannung an den Klemmen des Motors konstant ist (sagen wir 500 Volt), dann ist die innere Spannung bei Leerlauf praktisch auch 500 Volt, weil der Spannungsabfall durch den Leerlaufstrom nur sehr unbedeutend ist.

Für einen solchen leerlaufenden Motor gilt:

$$E = 500 = 4\,TNM\,10^{-8}, \text{ wenn}$$

E die elektromotorische Kraft,
T die Ankerwindungen in Reihe zwischen positiven und negativen Bürsten,
N die Periodenzahl in dem Eisenkerne per Sekunde,
M den Kraftlinienfluß, der mit den Ankerwindungen verschlungen ist,

bezeichnet.

Aber wenn ein Strom J im Anker fließt, dann wird wegen des Ohmschen Spannungsabfalles die innere Spannung kleiner sein als die Klemmenspannung, nämlich $E = 500 - JR$, wobei R den Widerstand der Ankerwicklung bezeichnet.

Bei gleichbleibender Kraftlinienzahl wird also die Tourenzahl in dem Verhältnis 500 zu $500 - JR$ oder allgemein bei einer Klemmenspannung V in dem Verhältnis V zu $V - JR$ sinken.

Hierbei ist jedoch die Ankerrückwirkung auf das Kraftlinienfeld nicht berücksichtigt worden.

Bis vor kurzem war es allgemein gebräuchlich, die Ankerstärke (ausgedrückt in Amperewindungen pro Pol) verhältnismäßig

klein zu machen, und für solche Motoren würde die Ankerrückwirkung nur unbedeutend sein.

Solche Motoren jedoch, welche geringe Leerlaufverluste und
folglich hohen wirtschaftlichen Wirkungsgrad haben, sind durch
eine große Ankerrückwirkung und durch einen hohen Ankerwiderstand charakterisiert. Deshalb wird sich einerseits mit Rücksicht auf den beträchtlichen Spannungsfall in dem Anker die
Umlaufszahl mit der Belastung bedeutend vermindern, andererseits
wird aber der Einfluß der
Anker-Amperewindungen
einen Teil dieser Ge-
schwindigkeitsverminde-
rung aufheben.

Es läßt sich nun
meistens eine solche Bür-
stenstellung finden, bei
welcher die Ankerrück-
wirkung das Feld prozen-

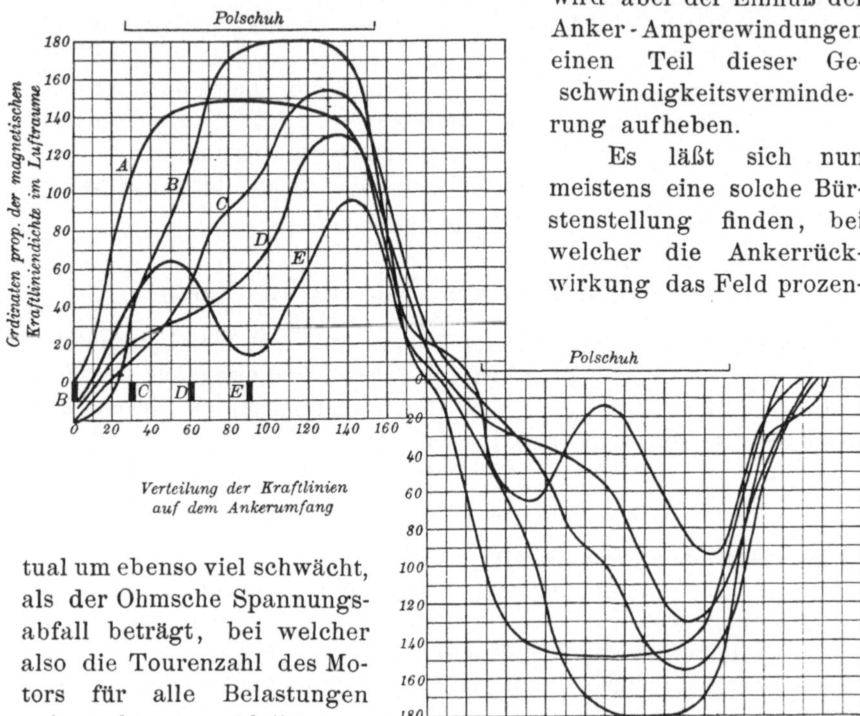

Fig. 2.

tual um ebenso viel schwächt,
als der Ohmsche Spannungsabfall beträgt, bei welcher
also die Tourenzahl des Motors für alle Belastungen
nahezu konstant bleibt.

Dies ist aber in der
Praxis nur von untergeord-
neter Bedeutung und deshalb verdient auch bei Motoren die Berechnung der Ankerrückwirkung keine so sorgfältige Beachtung wie bei
Dynamos.

In „Engineering" vom 6. September 1898 Seite 349 wurden von
H. F. Parshall und dem Verfasser eine Reihe von Kurven ver-
öffentlicht, welche die Resultate von Versuchen zur Ermittlung der
Ankerrückwirkung darstellten. Diese sind in Fig. 2 wiedergegeben
worden. Die Versuche waren an einer vierpoligen Maschine mit
Trommelwicklung und Parallelschaltung ausgeführt worden, deren

Anker 79 Nuten und 79 Spulen von je 6 Windungen besaß. Es waren deshalb 119 Windungen pro Pol auf dem Anker. Der Ankerstrom betrug 71,5 Ampere und folglich werden die Amperewindungen gleich $18 \times 119 = 2140$ pro Pol.

Die Flächen der Kurven, welche proportional dem in den Anker eintretenden Kraftlinienflusse sind, sind folgende:

$$A \quad 49 \text{ qcm} = 100 \ ^o/_o$$
$$B \quad 49 \ \text{„} \quad = 100 \ \text{„}$$
$$C \quad 36 \ \text{„} \quad = \ 74 \ \text{„}$$
$$D \quad 27 \ \text{„} \quad = \ 55 \ \text{„}$$
$$E \quad 20 \ \text{„} \quad = \ 41 \ \text{„}$$

Für die Kurven A und B war die Entmagnetisierungskomponente der Anker-Amperewindungen gleich Null, denn die Bürsten waren in der geometrisch neutralen Stellung, aber während für Kurve A kein Strom in dem Anker und folglich auch keine Wirkung der Quer-Amperewindungen vorhanden war, so war diese für Kurve B ein Maximum. In beiden Fällen war jedoch der gesamte Kraftlinienfluß derselbe, und eine Verminderung trat nur dann ein, sobald eine Entmagnetisierungskomponente der Anker-Amperewindungen vorhanden war; in Fig. 3 sind die entmagnetisierenden Anker-Amperewindungen durch eine Klammer eingeschlossen.

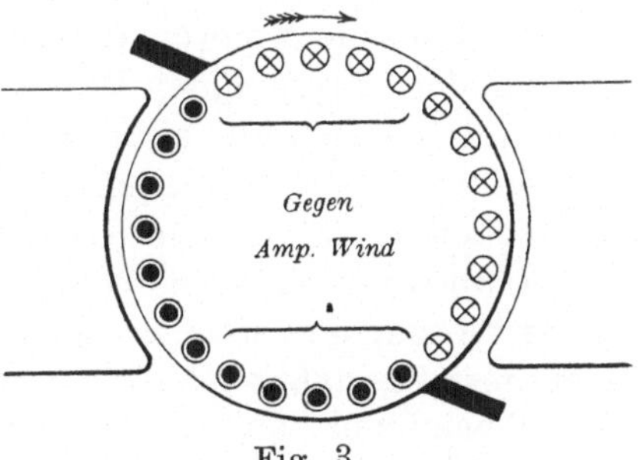

Fig. 3.

In einem Vortrage von Hawkins und Wightman (Band 29 1900, Journal of the Institution of Electrical Engineers) werden diese Versuche erwähnt, und diese Autoren erklären, daß die Quer-Amperewindungen niemals den gesamten Kraftlinienfluß vermindern können, weil die zusätzliche magnetomotorische Kraft, welche erforderlich ist, um die Kraftlinie durch das höher gesättigte Eisen zu treiben, von den Quer-Amperewindungen selbst geliefert werde. Der Verfasser ist jedoch der Meinung, daß der Versuchsmotor deshalb keinen Einfluß der Quer-Amperewindungen zeigte, weil seine Zahnsättigung sehr gering war. Entwirft man aber einen Motor mit hoher Zahnsättigung, so wird sich eine Verringerung des Kraftlinienflusses durch die Einwirkung der Quer-Amperewindungen bemerkbar machen.

Wie schon bemerkt, ist die gesamte Rückwirkung bei Motoren bei weitem nicht von jener Bedeutung wie bei Dynamos, und ein rohes Annäherungsverfahren dürfte vollständig für die Berücksichtigung derselben hinreichend sein. Deshalb läßt der Verfasser bei der Berechnung der Feld-Amperewindungen bei Vollast die Quer-Amperewindungen vollständig außer acht und nimmt dafür an, daß sich die maximale Zahnsättigung über die gesamte Länge des Zahnes erstrecke. Hiermit ist der Einfluß einer hohen oder geringen Zahnsättigung auf die Einwirkung der Quer-Amperewindungen sehr gut berücksichtigt, und das gesamte Verfahren ist nicht nur äußerst bequem, sondern auch für normale Werte der Anker-Amperewindungen pro Pol ziemlich genau.

Offene und geschlossene Motoren.

Wenn man die Motoren so entwirft, daß die Leerlaufverluste gering werden, so ist dies auch deshalb vorteilhaft, als die Verwendung ein und desselben magnetischen Stromkreises für offene und geschlossene Motoren ermöglicht wird.

Bei der ausgedehnten Verwendung elektrischer Motoren mußten notwendigerweise Fälle auftreten, in welchen vollständig geschlossene Motoren erforderlich wurden, teils weil sie dem Wetter und anderen schädlichen Einflüssen ausgesetzt waren, oder weil die Ansammlung von Staub und anderen herumfliegenden Teilchen im Innern des Motors vermieden werden sollte. Es hat sich nun in der Praxis herausgestellt, daß solche Motoren auch in vielen normalen Fällen der offenen Type vorgezogen werden. Der einzige Nachteil besteht in dem erhöhten Preise, dem verkleinerten Wirkungsgrad und der geringeren Garantie bezüglich Erwärmung, zu denen sich die Firmen verpflichten.

Als sich die geschlossene Type zuerst einbürgerte, wurde der normale magnetische und elektrische Stromkreis des offenen Motors beibehalten und das Gehäuse nur derart abgeändert, daß eine vollständige Einhüllung der beweglichen Teile erreicht wurde. Es war dann gebräuchlich, einem solchen Motor eine etwas geringere Leistung beizumessen, etwa $70\,^0/_0$ derjenigen der offenen Type, aber selbst dann war die Erwärmung des Motors wenig zufriedenstellend, was in dem Lichte der folgenden Überlegung auch als natürliche Folge erscheinen muß.

Ein offener Motor habe eine Leistung von 15 KW. Die Verluste bei Vollast seien gleich 1,5 KW und verteilen sich wie folgt:

$$
\begin{array}{lr}
\text{Konstante Verluste} \ldots & 1,00 \text{ KW} \\
\text{Veränderliche Verluste} \ldots & 0,50 \text{ „} \\
\text{Mechanische Leistung} \ldots & 15,00 \text{ „} \\
\hline
\text{Zugeführt} \ldots\ldots & 16,50 \text{ KW.}
\end{array}
$$

Wenn nun die Leistung eines solchen Motors bei der geschlossenen Type von 15 auf 10 KW heruntergesetzt würde, dann ergebe sich die folgende Verteilung der Verluste:

Konstante Verluste	1,00 KW
Veränderliche Verluste . .	0,22 „
Mechanische Leistung . .	10,00 „
Zugeführt	11,22 KW.

Die inneren Verluste bei Vollast sind in diesem Falle immer noch 1,22 KW, also 81 $^0/_0$ von denjenigen des offenen Motors, während sich die Kühlungsverhältnisse in einem viel größeren Verhältnis verschlechtert haben. Der geschlossene Motor muß also notwendigerweise eine bedeutend höhere Temperatur erreichen als der offene Motor. Selbst bei Leerlauf würden die Verluste des erwähnten Motors noch 67 $^0/_0$ derjenigen des offenen bei Vollast betragen, und dürfte deshalb ein solcher Motor in geschlossener Ausführung bei Leerlauf noch wärmer werden als die offene Type bei Vollast.

Im Gegensatz hierzu betrachten wir einen Entwurf, bei dem die Verteilung der Verluste auf eine günstigere Weise getroffen ist.

Konstante Verluste	0,50 KW
Veränderliche Verluste . .	1,00 „
Mechanische Leistung . . .	15,00 „
Zugeführt	16,50 KW.

Der entsprechende geschlossene Motor würde jetzt bei einer Belastung von 10 KW die folgenden Verluste aufweisen:

Konstante Verluste	0,50 KW
Veränderliche Verluste . .	0,45 „
Mechanische Leistung . . .	10,00 „
Zugeführt	10,95 KW.

Die inneren Verluste bei Vollast sind jetzt 0,95 KW gegenüber den 1,5 KW des offenen Motors, und die Temperaturerhöhung des geschlossenen Motors wird jetzt nahezu gleich der des offenen Motors sein.

Dieses Beispiel sollte zeigen, daß bei der Verwendung ein und desselben magnetischen Stromkreises für offene und geschlossene Typen die Belastung der letzteren gleich einem um so größeren Prozentsatz der Leistung des offenen Motors gesetzt werden kann, je größer die veränderlichen Verluste im Verhältnis zu den konstanten Verlusten sind. Daß manche Konstrukteure selbst heute diesen Punkt noch nicht klar erkannt haben, kann ein jeder beobachten, der die neuesten Kataloge durchsieht oder Gelegenheit hat, Versuchen an modernen Motoren beizuwohnen. Es dürfte deshalb von Wichtigkeit sein, auf die Berechnung der veränderlichen und konstanten Verluste näher einzugehen. Die ersteren sind solche, welche durch den Ankerstrom in dem Widerstand der Wicklung und dem Übergang von Bürste zu Kollektor erzeugt werden, während sich die letzteren aus den Kernverlusten, Reibungsverlusten und dem Wattverbrauch der Nebenschlußwicklung zusammensetzen. Zur besseren Einsicht in diesen Gegenstand wollen wir zwei Entwürfe eines 100 PS Nebenschlußmotors betrachten, deren erster hohe veränderliche und geringe konstante Verluste, während der zweite umgekehrt geringe veränderliche und hohe konstante Verluste besitzt. (Siehe Tafel I.)

Tafel I.

100 PS 500 Volt-Nebenschlußmotor.

	Entwurf I Watt	Entwurf II Watt
Ankerstromwärme	6000	2700
Verlust in den Kontakten der Bürsten .	400	300
Totaler variabler Verlust	6400	3000
Kernverlust	1000	2300
Stromwärme in den Feldspulen	300	1000
Stromwärme im Nebenschlußrheostat . .	50	150
Bürsten-Reibungsverlust	350	400
Reibungsverlust in den Lagern	1000	1000
Gesamte konstante Verluste	2700	4850
Gesamte Verluste bei Vollast	9100	7850
„ „ „ $^3/_4$-Last	6300	6540
„ „ „ $^1/_2$-Last	4300	5600
„ „ „ $^1/_4$-Last	3100	5000
„ „ „ Leerlauf	2700	4850
Leistung bei Vollast entsprechend Watts .	73600	73600
Zugeführte Watt bei Vollast	82700	81450
„ „ „ $^3/_4$-Last . . .	61300	61540
„ „ „ $^1/_2$-Last . . .	41100	42400
„ „ „ $^1/_4$-Last . . .	21100	23400
„ „ „ Leerlauf . . .	2700	4850
	Ampere	Ampere
Zugeführter Strom bei Vollast	165,0	162,0
„ „ „ $^3/_4$-Last	123,0	123,5
„ „ „ $^1/_2$-Last	83,5	86,0

		Entwurf I Ampere	Entwurf II Ampere
Zugeführter Strom bei $^1/_4$-Last		43,5	47,3
„ „ „ Leerlauf		5,4	9,7
Wirkungsgrad bei Vollast		89,1	90,5
„ „ $^3/_4$-Last		89,9	89,6
„ „ $^1/_2$-Last		89,6	86,9
„ „ $^1/_4$-Last		85,7	79,0

Diese Resultate sind in Fig. 4 bis Fig. 10 a dargestellt worden. In Fig. 10 sind die Werte des Verhältnisses von konstanten zu veränderlichen Verlusten für diese zwei Entwürfe aufgezeichnet.

Ein Motor hat bei derjenigen Belastung den höchsten Wirkungsgrad, bei welchem dieses Verhältnis den Wert 1 hat, d. h. wenn die Summe der veränderlichen Verluste gleich der Summe der konstanten Verluste ist. In Entwurf No. 1 ist dieses der Fall bei $65\,^0/_0$ der normalen Leistung, in No. 2 bei $27\,^0/_0$ Überlastung.

Ein Motor, der nach dem Entwurfe No. 1 ausgeführt ist, ist also, wie wir gesehen haben, durch einen hohen mittleren Wirkungsgrad charakterisiert, obgleich der Vollast-Wirkungsgrad (s. Fig. 4) etwas verschlechtert worden ist.

Ein solcher Entwurf scheint für die meisten Fälle am geeignetesten zu sein. Nur dann, wenn

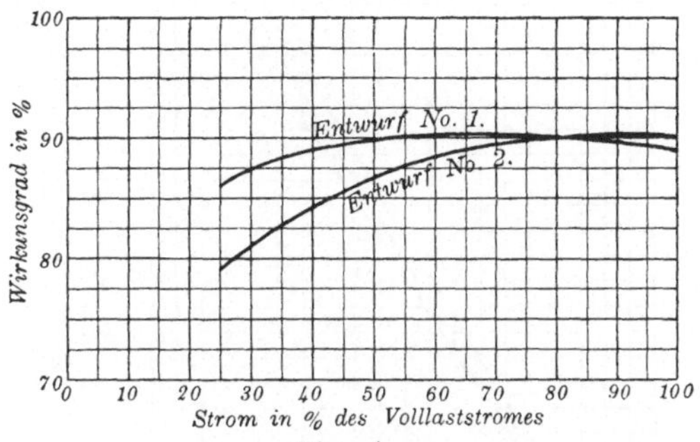

Fig. 4.

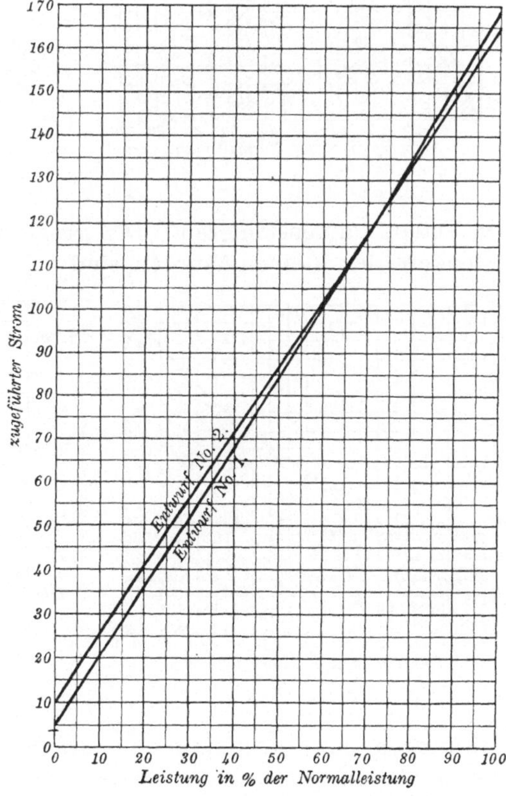

Fig. 5.

die Motoren beinahe immer mit Vollast arbeiten, würde man den
Motor mit größeren Verlusten bei Leerlauf und kleineren Verlusten

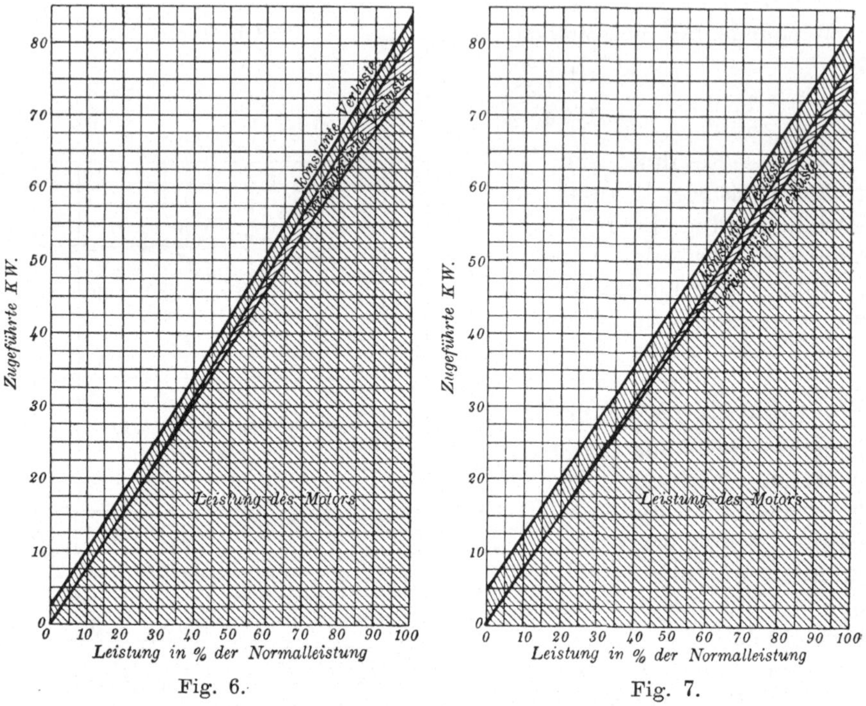

Fig. 6.   Fig. 7.

bei Vollauf dimensionieren. Die große Mehrzahl der Motoren und
besonders der kleinen Motoren sind im allgemeinen veränderlichen

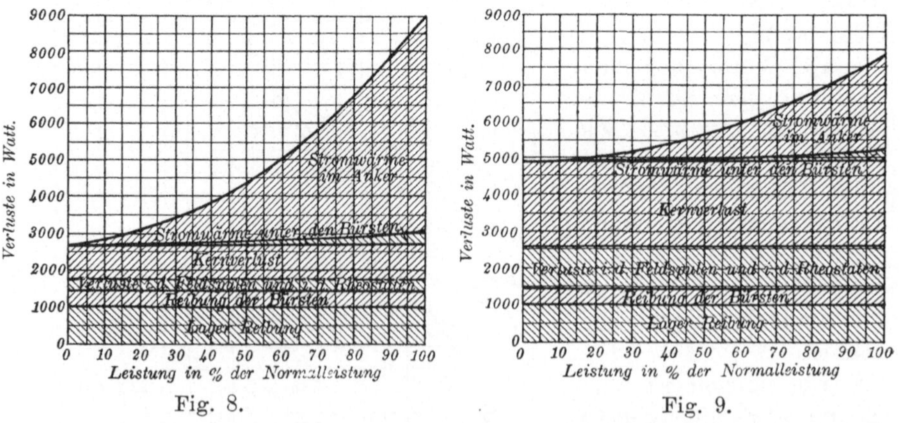

Fig. 8.   Fig. 9.

Belastungen ausgesetzt und die mittlere Belastung aller von einer
großen Station gleichzeitig gespeisten Motoren beträgt nur selten

mehr als $25\,^0/_0$ der normalen Leistung. Man kann deshalb behaupten, daß die Verbesserung in dem jährlichen Wirkungsgrad bei großen Motoren (60—120 PS) etwa $4—10\,^0/_0$ und bei den kleineren Motoren etwa $8—15\,^0/_0$ beträgt, je nachdem die Motoren nach Ent-

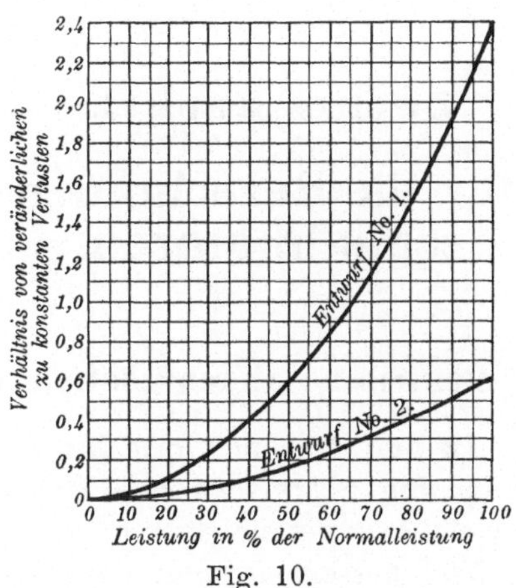

Fig. 10.

wurf 1 oder nach Entwurf 2 dimensioniert werden. Bevor wir die Faktoren betrachten, welche die Größe der Verluste beeinflussen, sollen einige Kurven über die magnetischen und elektrischen Eigenschaften von Materialien gegeben werden.

Zweites Kapitel

Unterlagen für die Berechnung von Nebenschlußmotoren.

Magnetische und elektrische Eigenschaften von Materialien.

In den Fig. 11, 12 und 13 sind Normalkurven für die magnetischen Eigenschaften von Schmiedeeisen, Gußeisen, Bleche und Gußstahl gegeben, welche ungefähr dem käuflich erhältlichen Material entsprechen. Viel bessere Resultate werden oft versprochen und werden auch manchmal erhalten, nicht nur in Musterstücken, sondern auch in dem wirklich gelieferten Material. Nichtsdestoweniger bringt die Benutzung solcher hohen Werte die Gefahr mit sich, daß die erforderliche magnetomotorische Kraft unterschätzt wird.

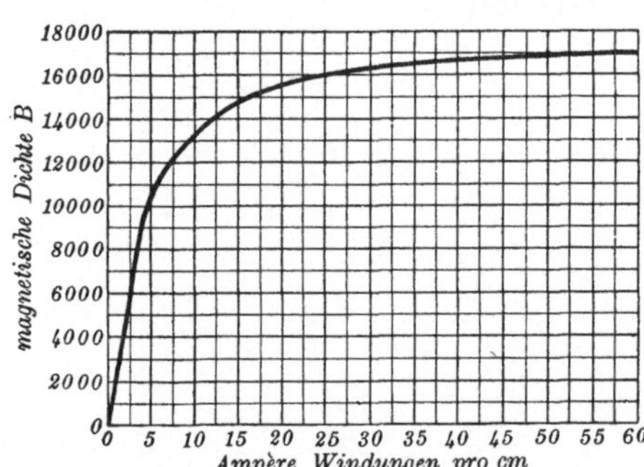

Fig. 11. Magnetisierungskurven für Bleche und Schmiedeeisen.

Diese Kurven enthalten als Abszisse die magnetomotorische Kraft in Amperewindungen pro cm Länge des magnetischen Pfades und als Ordinaten die magnetische Kraftliniendichte.

Zwei weitere Kurven sind notwendig, um nämlich die für die Ankerzähne erforderliche magnetomotorische Kraft zu erhalten, denn diese Zähne werden im allgemeinen viel höher gesättigt als irgend ein anderer Teil des magnetischen Stromkreises, und die große magnetomotorische Kraft, die erforderlich ist, um den Kraftlinienfluß durch die hoch gesättigten Zähne zu treiben, bewirkt, daß ein nicht zu vernachlässigender Prozentsatz der gesamten Kraftlinien durch die Nuten geht.

Berücksichtigte man diese Parallelschaltung von Zahn und Nute nicht, so erhielte man eine zu hohe magnetische Dichte in den

Zähnen, die man im Gegensatz zu der wirklichen Dichte mit „scheinbarer Kraftliniendichte" bezeichnet.

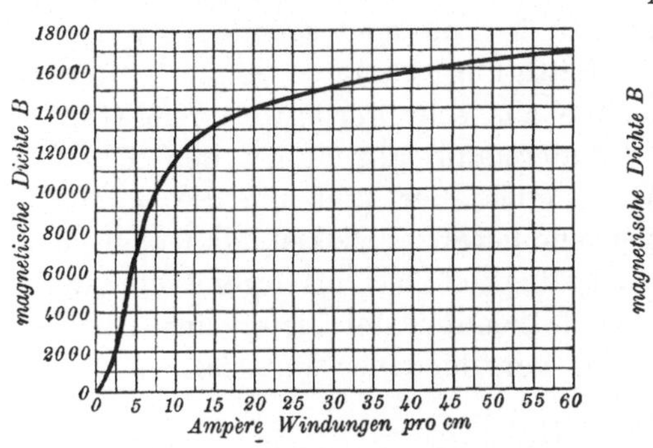

Fig. 12.

Magnetisierungskurve für Gußstahl.

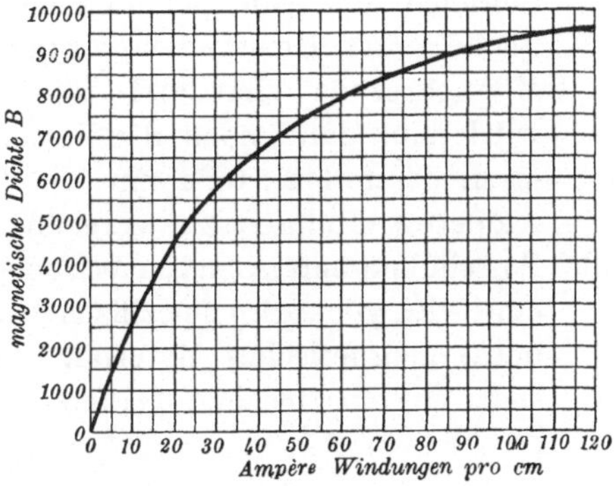

Fig. 13.

Magnetisierungskurve für Gußeisen.

Die Kurven Fig. 14 und 15 dienen zur Ermittlung der für die Zähne erforderlichen magnetomotorischen Kraft und bedürfen keiner weiteren Erklärung.

Gußeisen, Gußstahl, Schmiedeeisen und öfters auch lamelliertes Eisen werden von verschiedenen Firmen sowohl für Magnetkerne als

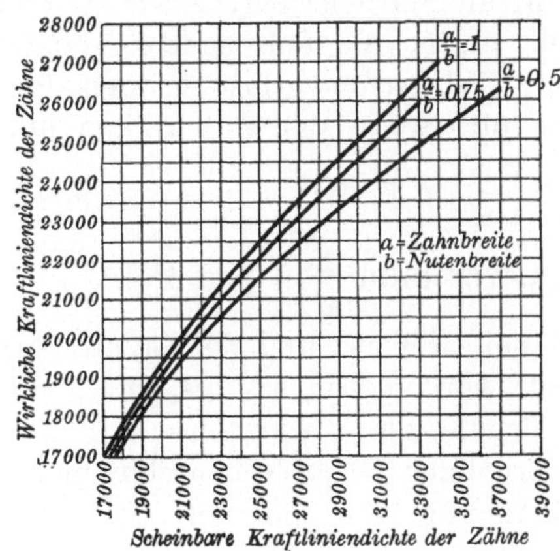

Fig. 14.

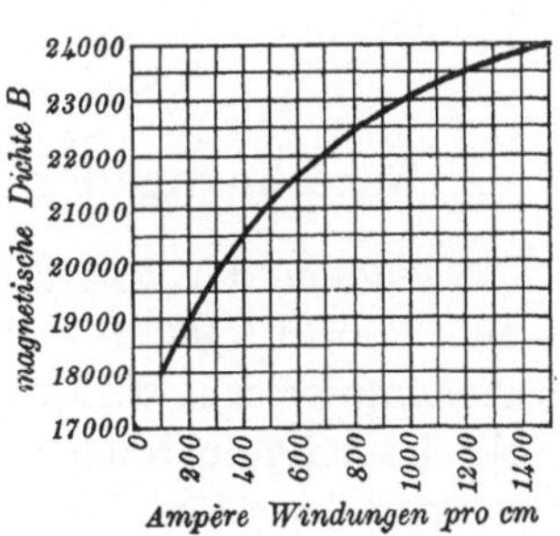

Fig. 15.

Fig. 14 und 15. Magnetisierungskurven für die Zähne.

auch für die Joche verwandt. Die Frage, welches Material den Vorzug verdient, hängt von sehr vielen Faktoren ab, z. B. von dem Preise und der Qualität des erhältlichen Materials, dann aber auch von dem Verhältnis der Kosten des magnetischen Materials zu denjenigen des Kupfers. Außerdem kommen die Arbeitslöhne in den verschiedenen Ländern, die den Firmen zu Gebote stehenden Werkzeugmaschinen und andere Einflüsse in Betracht. In den folgenden

2*

Berechnungen sind öfters Stahlguß-Magnetkerne und gußeiserne Joche gewählt worden, eine Zusammenstellung, die man sehr häufig findet, obgleich die Wahl schmiedeeiserner Magnetkerne und gußeiserner Joche unter Umständen vorzuziehen ist, da man schmiedeeisernen Magnetkernen eine viel höhere Sättigung zumuten kann. Öfters wird man dann noch die Polschuhe aus sehr geringwertigem Gußeisen herstellen, teils um den Widerstand gegenüber den Quer-Amperewindungen zu vergrößern, teils aber auch um die in den Polschuhen entstehenden Wirbelströme herabzudrücken, da Gußeisen eine viel geringere spezifische Leitfähigkeit hat als irgend ein anderes magnetisches Material. Die folgende Tafel bietet eine Übersicht des spezifischen Widerstandes verschiedener Materialien.

Tafel II.

Spezifischer Widerstand bei 0 Grad Celsius in Mikrohm
pro ccm.

Gußeisen	100
Stahlguß	20
Schmiedeisen und weicher Stahl . .	10
Reines Eisen	9

Eine wirksamere Konstruktion, die Wirbelstromverluste in den Polschuhen zu verringern, besteht darin, die Polschuhe zu lamellieren. Im allgemeinen ist der Wirbelstromverlust in den Polschuhen um so größer, je größer die Breite der Ankernuten und je kleiner der Luftspalt ist.

Berechnung der Feldamperewindungen pro Pol.

Nachdem der Kraftlinienfluß bei Leerlauf und Vollast aus der Formel $E = 4\,NMT\,10^{-8}$ berechnet worden ist, gilt es jetzt, die magnetomotorische Kraft pro Feldspule zu bestimmen. Als Beispiel dieser Berechnung soll ein vierpoliger 50 PS Nebenschlußmotor genommen werden, der eine Spannung von 500 Volt und eine Tourenzahl von 800 pro Minute besitzt.

Klemmenspannung	500	Volt
Innere Spannung	488,5	„
Kraftlinienfluß des Ankers pro Pol bei Vollast .	3,58	Megalinien
Streufaktor	1,125	
Kraftlinien in dem Pole bei Vollast	4,025	Mgl.

Anker:

Tiefe des Eisens unterhalb der Zähne	10,3	cm
Effektive Länge	14,8	cm

Querschnitt des Kernes $(10,3 \times 14,8 \times 2)$ . . . 305   qcm
Magnetische Dichte 11 750
Amperewindungen pro cm Länge des Kraftlinien-
  weges (Fig. 11) 7
Länge des Kraftlinienweges 13   cm
  (Mittlerer Umfang der Eisenbleche unterhalb
  der Zähne dividiert durch $2 \times$ Anzahl der Pole)
Amperewindungen für den Anker pro Pol . . 90

Zähne:

Zahl der Zähne pro Pol 16
Zahl der Zähne unter dem Polbogen 10
Prozentsatz erlaubt für Ausbreitung . . . . . $20^0/_0$
Gesamtzahl der den Kraftlinienfluß führenden
  Zähne pro Pol 12
Breite eines Zahnes an der engsten Stelle . . 1,11 cm
Länge des wirksamsten magnetischen Eisens . . 14,8 cm
Gesamter Querschnitt pro Pol an der engsten Stelle
  der Zähne $(12 \times 14,8 \times 1,11)$ 197   qcm
Scheinbare Kraftliniendichte 18 200
Mittlere Zahnbreite . . . . 12,15 mm
Breite der Nuten 10,6
Verhältnis von Zahnbreite zur Nutenbreite . . 1,2
Wirkliche magnetische Dichte in den Zähnen (aus
  Fig. 14) 18,000
Amperewindungen pro cm Länge des magnetischen
  Pfades (Fig. 15) 100
Länge eines Zahnes . . . . 3,8 cm
Amperewindungen für die Zähne pro Pol . . 380

Luftspalt:

Breite des Polschuhes . . . . 18,4 cm
Mittlerer Polbogen . . . . 25,6 cm
Querschnitt des Polschuhes 470   qcm^2
Magnetische Dichte an der Polschuhfläche . . 7,600
Länge des Luftspaltes von Eisen zu Eisen . . 0,45 cm
Amperewindungen 2,740

Magnetkern:

(Stahlgußpole von kreisförmigem Querschnitt) .
Querschnitt des Magnetkernes 265   qcm
Magnetische Dichte 5,200
Amperewindungen pro cm Länge des magnetischen
  Pfades (aus Fig. 12) 32

Länge des Pfades 17   cm
Amperewindungen 540

Joch: (Material Stahlguß)

Querschnitt (Jochbreite $\times 2 \times$ radiale Tiefe) . 315   qcm
Magnetische Dichte 12,800
Amperewindungen pro cm Länge des magnetischen
    Pfades (aus Fig. 13) 13
Länge des Pfades (mittlerer Umfang des Joches
    dividiert durch doppelte Polzahl) 42   cm
Amperewindungen 550

Amperewindungen pro Pol bei Vollast:

Klemmenspannung 500   Volt
Innere Spannung 488,5   „

Für Ankerkern 90   AW
Für Ankerzähne 380   „
Für Luftspalt 2740   „
Für Magnetkern 540   „
Für Joch 550   „
Gesamte Anzahl Amperewindungen 4300   AW

Von dem Werte der erforderlichen Amperewindungen pro Feldspule kann man das Verhältnis zwischen Wattverbrauch der Feldspulen und Gewicht des Kupfers pro Feldspule ableiten. Um die Methode für diese Berechnung zu erklären, wollen wir einen Motor mit kreisförmigem Magnetkerne und mit den aus Fig. 16 ersichtlichen Dimensionen zugrunde legen.

Dimensionierung der Feldspule.

Es sei z. B. angenommen worden, daß ein sechspoliger Motor für 500 Volt 4000 AW pro Nebenschlußspule bedürfe. Erlaubt man $15\,^0/_0$ Spannungsabfall in den Widerständen des Nebenschlußkreises zur Regulierung, so verbleiben $\dfrac{500 \times 0,85}{6} = 71$ Volt pro Spule. In der ersten Annäherung nehmen wir die Länge der Spule gleich 20 cm an und die Tiefe der Wicklung gleich 4 cm, wie in Fig. 16 gezeigt ist. Eine solche Wicklung würde ungefähr eine Raumausnutzung von 0,5 haben, d. h. von dem gesamten Querschnitt der fertigen Spule würden $50\,^0/_0$ auf Kupfer, und die übrigen $50\,^0/_0$ auf Luft und Isolation entfallen.

Mittlere Länge einer Windung . . . . $3,14 \times 24 = 75,5$ cm
Querschnitt der Spule . . . . $4 \ \ \times 20 = 80$ qcm
Querschnitt des Kupfers in der Spule . $0,5 \ \times 80 = 40$ „
Gewicht des Kupfers pro Spule . . . $26,8$ kg

Bezeichnet a die Amperewindungen pro Feldspule, b die mittlere Länge einer Windung in Metern, so ist der Wattverbrauch einer Feldspule bei 60^0 Celsius gleich $\dfrac{0,000\,176\,a^2 \times b^2}{\text{kg Kupfer per Feldspule}}$.

In dem betreffenden Falle ist $a^2\,b^2 = (4000 \times 0,755)^2 = 9\,100\,000$, folglich Wattverlust pro Feldspule bei 60 Grad Celsius $= \dfrac{0,000\,176 \times 9\,100\,000}{26,8} = 60$ Watt.

Zwei Erwägungen bedingen die Wahl der Verluste in den Feldspulen: Erstens ihre Beziehung zu dem Wirkungsgrade resp. zu den konstanten Verlusten, und zweitens die erlaubte Temperaturerhöhung, welche von den Verlusten pro qdcm Ausstrahlungsoberfläche und von geeigneten Abkühlungsmaßregeln abhängt. Es ist gebräuchlich, die Temperaturerhöhung aus der Größe der Watt pro qdcm äußerer zylindrischer Oberfläche zu schätzen, obgleich die wirkliche Ausstrahlungsfläche, außer der zylindrischen Oberfläche auch noch die Stirnflächen der Spulen und einen Teil der Ausstrahlungsfläche des Magnetkernes und Joches einschließt.

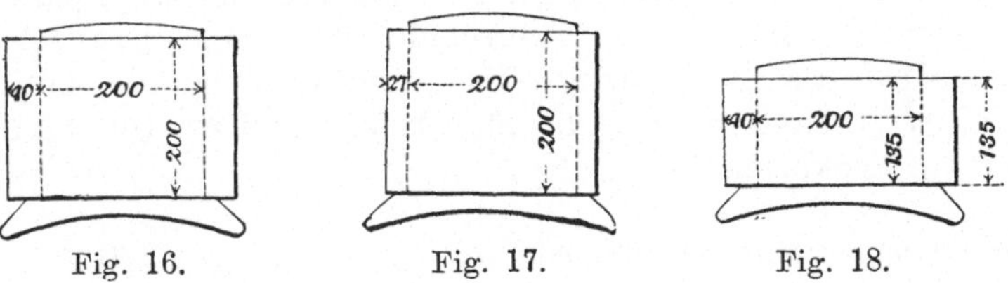

Fig. 16.   Fig. 17.   Fig. 18.

In dem betrachteten Falle war die äußere zylindrische Oberfläche gleich $3,14 \times 2,8 \times 2$ gleich 17,6 qdcm, und folglich haben wir $\dfrac{60}{17,6} = 3,4$ Watt pro qdcm. Dieser Wert ist viel zu klein und die Temperaturerhöhung wird selbst für einen vollständig geschlossenen Motor weit unterhalb der zulässigen Grenze bleiben. Wenn also mit Rücksicht auf den Wirkungsgrad ein höherer Verlust pro Spule erlaubt ist, wird man den Betrag des Kupfers pro Spule verringern, für einen vollständig geschlossenen Motor etwa zu 18 kg pro Spule und an Stelle der Dimensionen von Fig. 16 würden wir diejenigen von Fig. 17 oder 18, oder irgend eine andere dazwischenliegende Form erhalten. In Fig. 17 sind Ausstrahlungsoberfläche und folglich auch Gewicht des Magnetkernes dieselben geblieben, während in Fig. 20 eine Verkleinerung dieser Faktoren stattgefunden hat.

Im allgemeinen ist es nicht ratsam, sehr weit in dieser Richtung vorzugehen, weil die Erwärmung sehr rasch zunimmt. Man wird bald einsehen, daß es unmöglich ist, irgend eine allgemeine Regel für den Entwurf vom Magnetkern und Feldspulen zu geben, da die in jedem Falle vorliegenden Bedingungen eine andere Dimensionierung erforderlich machen. Wohl aber sind hier genügend Kurven, Daten und Formeln gegeben worden, um bei gegebenen Dimensionen die Wattverluste der Nebenschlußwicklung auf einfache Weise ermitteln zu können.

Stromwärme im Anker.

Die Berechnung der Ankerstromwärme besteht einfach darin, den Widerstand aus der mittleren Länge einer Windung, dem Querschnitt des Leiters und dem spezifischen Widerstand des Kupfers zu bestimmen. Dieser letztere mag für 60^0 C. gleich 0,000002 Ohm pro ccm angenommen werden. Dann ist der gesamte Widerstand gleich $0,000002 \times$ Länge der Ankerwicklung zwischen negativen und positiven Bürsten dividiert durch den Querschnitt aller parallelen Stromkreise (Länge in cm, Querschnitt in qcm). Das folgende Beispiel wird die Berechnung des Ankerwiderstandes an einem 4 poligen 15 PS Motor zeigen, der für 220 Volt und 700 Umdrehungen pro Minute entworfen ist.

Klemmenspannung bei Vollast	220
„ „ Leerlauf	220
Zahl der Ankerleiter	516
Zahl der Nuten	43
Zahl der Leiter pro Nute	12
Gesamter Ankerstrom	57
Gesamte Anzahl paralleler Ankerstromzweige .	2
Zahl der Leiter in Reihe zwischen den Bürsten	258
Mittlere Länge einer Windung	104 cm
Gesamte Anzahl Windungen	258
Zahl der Windungen in Reihe zwischen Bürsten	129
Gesamte Länge der Wicklung zwischen negativer und positiver Bürste	134 m
Querschnitt eines Leiters . . . $0,28 \times 0,26 =$	0,073 qcm

Widerstand der Wicklung zwischen negativen und

positiven Bürsten bei 60° C. $\dfrac{0,000\,002 \times 13\,400}{2 \times 0,073}$ == 0,1840 Ohm

Spannungsabfall in der Ankerwicklung bei Vollast   10,5 Volt

Spannungsabfall in dem Übergangswiderstand der

Bürsten . . . .   1,5 Volt

    (Diese Berechnung wird später noch ausführlich

    gezeigt.)

Gesamter innerer Spannungsabfall   12   Volt

Innere Spannung bei Vollast 208   „

Wenn nur Bedingungen bezüglich der Erwärmung zu berücksichtigen sind, so kann man die Stromdichte in den Ankerleitern besonders bei Anwendung von zahlreichen und breiten Ventilationskanälen sehr hoch halten, gut bis zu 500 Ampere per qcm in offenen Motoren bei normalen und hohen Umlaufszahlen. Die Erwärmung wird in der Tat viel mehr von den Watt pro qdcm ausstrahlender Oberfläche, als von der Stromdichte abhängig sein. Oft ist man aber verhindert, in dieser Beziehung allzu weit zu gehen, weil man einen bestimmten Wirkungsgrad einhalten muß.

Es könnte auch vorkommen, daß sich die Benutzung einer geringen Stromdichte in denjenigen Fällen notwendig macht, wo der Motor in beiden Richtungen zu laufen hat, die Bürsten sich also in der geometrisch neutralen Zone befinden müssen; denn der Tourenabfall mit Belastung ist dann im allgemeinen größer, und wo dies unerwünscht ist, muß man den prozentualen Spannungsabfall verringern.

Eisenverluste.

Bevor wir aber die Erwärmung des Motors mit Rücksicht auf die Ausstrahlungsfläche untersuchen, wollen wir unsere Aufmerksamkeit etwas auf die übrigen Verluste des Ankers, nämlich die Hysteresis und Wirbelstromverluste lenken. Diese bilden einen Teil der konstanten Verluste und sollten, wenn möglich, niedrig gehalten werden. Entwirft man die Motoren mit verhältnismäßig hohen Anker-Amperewindungen pro Pol, so ist der Kernverlust fast immer klein, hauptsächlich deshalb, weil dann das Gewicht des Eisens verhältnismäßig klein ist. Ob man die Kerndichte hoch oder niedrig wählt, hat nur wenig Einfluß auf die gesamten Kernverluste, da sich ja auch das Eisengewicht vergrößert.

Eine Formel ist schon angegeben worden, um aus der Umdrehungszahl, der Zahl der Windungen in Reihe zwischen den Bürsten und der Spannung den magnetischen Fluß M zu berechnen. Dividiert man diesen durch den magnetischen Querschnitt des Kernes (zweimal einfacher Querschnitt), so erhält man die magnetische Dichte. In Fig. 19 sind die spezifischen Verluste in ihrer Abhängigkeit von dem Produkt Periodenzahl mal Kraftliniendichte aufgetragen.

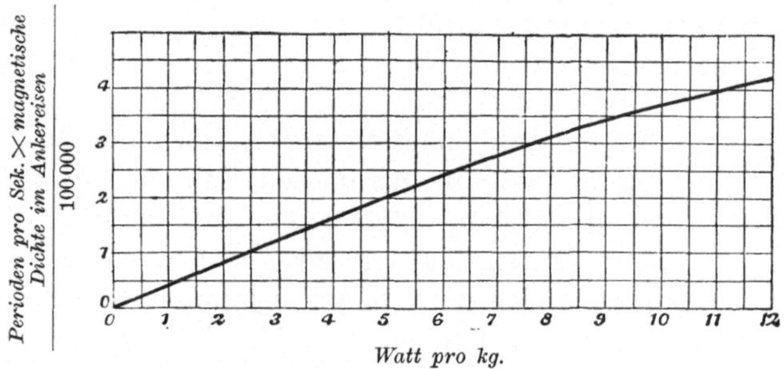

Fig. 19. Kernverluste.

Um die Anwendung dieser Kurve zu zeigen, betrachten wir einen Anker, in welchem

Totales Gewicht der Ankerbleche   50   kg
Kraftliniendichte unterhalb der Nuten (D) . . .   8000
Periodenzahl (N)   27

$$\frac{ND}{100000} = \quad . \ . \ . \ . \ . \ . \ . \ . \ . \ . \ . \ . \quad 2{,}2$$

ist.

Aus der Kurve (Fig. 19) ersehen wir, daß einem Werte von $\frac{ND}{100000} = 2{,}2$ ein Wattverlust von 5,4 pro kg in dem Ankereisen entspricht. Der gesamte Kernverlust beträgt also $5{,}4 \times 50 = 270$ Watt. Man könnte die magnetische Dichte dadurch verkleinern, daß man den inneren Durchmesser der Ankerbleche verringert, aber dies ist besonders in kleinen Maschinen nicht ratsam, weil die vergrößerte Länge des magnetischen Pfades die Sättigung an den innersten Stellungen verringert und deshalb zu einer ungleichmäßigen Verteilung des Kraftlinienflusses über den Querschnitt des Ankerkernes Veranlassung gibt. Da sich nun außerdem das Gewicht des Materials vergrößert hat, so wird die Verminderung der Kernverluste sehr gering sein, ganz abgesehen davon, daß es mit Rücksicht auf die Ventilation ganz unerwünscht ist, den im Innern vorhandenen Luftraum allzusehr einzuschränken.

Bei manchen Motoren ist die magnetische Dichte unterhalb der Nuten äußerst hoch gehalten worden, um das Funken zu ver-

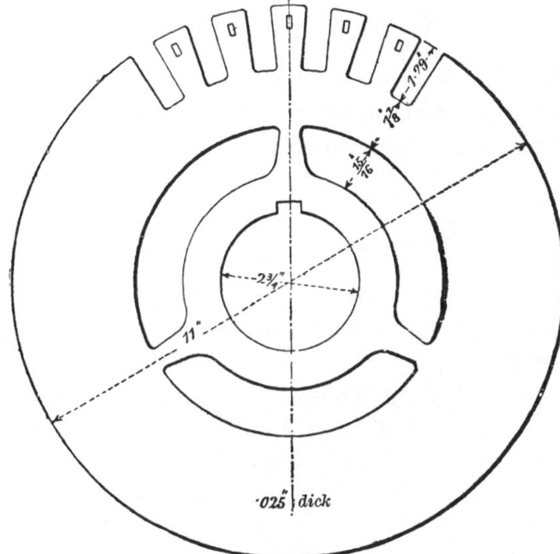

Fig. 20. Ausgestanztes Ankerblech.

hindern, aber das ist nur ein roher Weg zur Erfüllung dieses Zweckes. Fig. 20 zeigt ein Ankerblech, aus welchem zu dem Zwecke Material ausgestanzt worden ist, um die magnetische Dichte recht hoch zu halten.

Erwärmung des Ankers.

Um aus den berechneten Verlusten die Erwärmung bestimmen zu können, muß man vor allen Dingen die zylindrische Oberfläche kennen. Die Länge zwischen den Enden der Wicklung eines Ankers sei = 42 cm und der Durchmesser des Ankers sei 38 cm, dann ist die zylindrische Oberfläche der Wicklung = $4{,}2 \times 3{,}8 \times 3{,}14$ = 50 qdcm. Der Kernverlust sei = 300 Watt, der Verlust durch Stromwärme = 800 Watt, folglich der gesamte Ankerverlust = 1100 Watt. Dieses ergibt einen Verlust pro qdcm zylindrischer Oberfläche = 22 Watt. Für einen offenen Motor mit vielen und breiten Ventilationskanälen und mittlerer Geschwindigkeit würde die mit dem Thermometer gemessene Temperaturerhöhung ca. $0{,}8^0$ Celsius pro Watt pro qdcm betragen, wenn jedoch die maximale

Temperaturerhöhung aus der Widerstandszunahme bekannt wird, so erhält man selbst bei sehr gut ventilierten Ankern um $20-40\,^0/_0$ höhere Werte; und bei schlechter Ventilation wird der Unterschied zwischen diesen zwei Messungen noch bedeutend größer sein.

Kommutatorverluste.

Um die Ermittelung der Verluste an einem Beispiel zu zeigen, betrachten wir den Kommutator eines vierpoligen 5 PS - Motors, für 110 Volt und 900 Umdrehungen pro Minute.

Axiale Länge einer Bürste . . . . 38 mm
Kontaktfläche pro Bürste . . . . 5,1 qcm
Zahl der Bürsten pro Pole = ... 1
Zahl der positiven Bürsten = ... 2
Auflagefläche aller positiven Bürsten . . . 10,2 qcm
Gesamter Strom . . . . 38,6 Amp.
Ampere pro qcm Auflagefläche 3,78
Widerstand pro qcm Auflagefläche[1] . . . 0,2 Ohm.
Widerstand an positiven und negativen Bürs-

ten . . . . $\dfrac{0,2}{10,2}\times 2 = 0{,}039$ Ohm

Spannungsabfall an positiven und negativen
Bürsten . . . . 1,5 Volt
Verluste durch Stromwärme . . . . 58 Watt
Gesamte Auflagsfläche der Bürsten . . . . 20,4 qcm
Bürstendruck in kg pro qcm 0,1
Gesamter Bürstendruck in kg 2,0
Reibungskoeffizient 0,3
Wirksame Komponente des Reibungsdruckes
in kg 0,643
Durchmesser des Kommutators . . . . . . 16 cm
Umdrehungen pro Sekunde 15
Bürstenreibungsverlust in mkg per Sekunde . 0,16
$0{,}16\times 3{,}14\times 15\times 0{,}6 =$ . . . . 4,5 mkg
Bürstenreibungsverlust in Watt 44
(1 mkg per Sekunde $= 9{,}8$ Watt)
Gesamter Kommutatorverlust $58+44=$ . . . 102 Watt

---

[1] Dieses war bis vor kurzem die gebräuchliche Methode für die Berechnung der Kommutatorverluste. Durch die Versuche von Kahn ist aber die Abhängigkeit des spezifischen Übergangswiderstandes von der Stromdichte bewiesen worden, und dementsprechend ist auf Seite 99 eine verbesserte Methode eingeführt worden.

Umfang des Kommutators . . . . 5,02 dcm
Länge des Kommutators . . . . 0,65 dcm
Zylindrische Oberfläche des Kommutators . . 3,3 qdcm
Watt pro qdcm zylindrische Oberfläche . . 31
Umfangsgeschwindigkeit des Kommutators . 7,53 m pro Sek.
Temperaturerhöhung pro Watt pro qdcm Aus-
    strahlungsfläche . . . . 1,1° Cels.
Temperaturerhöhung des Kommutators . . . 34° Cels.

Die Stromwendung.

Wir haben bisher nicht nur die Methode zur Berechnung des magnetischen Stromkreises, sondern auch aller für den Wirkungsgrad in Betracht kommenden Verhältnisse betrachtet und kommen jetzt zu der Stromwendung. Diese ist von viel größerer Wichtigkeit als irgend einer der schon besprochenen Faktoren.

Der bei weitem beste Weg, Motoren mit funkenfreiem Gange zu entwerfen, besteht in der Meinung des Verfassers darin, auf eine jede Hilfe des magnetischen Feldes bei der Stromwendung zu verzichten und die Maschine so zu dimensionieren, daß die Reaktanzspannung bei Vollast einen gewissen Wert nicht überschreitet. Man wendet gegen dieses Verfahren manchmal ein, daß dadurch eine kostspielige Kommutatorkonstruktion notwendig wird. Der Verfasser gibt zu, daß die Zahl der Segmente im allgemeinen recht hoch genommen werden sollte, und daß hierdurch die Herstellungskosten vergrößert werden, man beachte aber, daß die Abwesenheit jeglichen Funkens zur Verminderung der Verluste am Kommutator und zur Verbesserung des Wirkungsgrades beiträgt und folglich mittelbar wieder zu einer Ersparnis an Material. Es ist freilich wahr, daß dieser Vorteil nicht immer als solcher erkannt wird, da bei der Messung des Wirkungsgrades die einzelnen Verluste meistens nur durch indirekte Schätzung, statt durch besondere Messungen bestimmt werden und aus diesen einzelnen Komponenten dann der gesamte Wirkungsgrad berechnet wird. Deshalb werden die zusätzlichen Verluste am Kommutator in vielen Fällen gar nicht berücksichtigt, obgleich ihre Anwesenheit aus der beobachteten Temperaturerhöhung und der geschätzten spezifischen Ausstrahlung als erwiesen angenommen werden kann. In einer Maschine, deren Reaktanzspannung bei Vollast sehr gering ist, und deren mechanische Konstruktion in allen Beziehungen vollkommen ist, wird im allgemeinen bei mittleren Umlaufszahlen und guter Ventilation eine Temperaturerhöhung von nicht mehr als 0,8° C. pro Watt und qdcm Ausstrahlungsoberfläche gefunden werden. Wenn höhere Werte pro Watt und qdcm beobachtet werden, z. B. $1{,}2^0$ bis 2^0 Cels., dann ist dieser Umstand bei einer zufriedenstellenden mechanischen Konstruktion einzig und allein den durch das Kurzschließen der Spulen erzeugten Streuverlusten zuzuschreiben. Diese Verluste sind ganz besonders unerwünscht, da ihre Wirkung von schädlichen Folgen auf den Kommutator ist, und in dem Maße, in dem diese schädlichen Einflüsse auf den Kommutator andauern, vergrößern sich die Verluste und folglich auch die Temperaturerhöhung. Der Mangel an erhältlichen Daten bezüglich der Größe der Verluste unter verschiedenen Bedingungen macht sich hierbei besonders fühlbar. Die Durchführung der folgenden Versuche an einer großen Anzahl verschiedener Typen würde sehr lehrreich sein.

Versuch Nr. 1. Eine Maschine wird von einem kleinen Motor mit konstanter Umlaufszahl angetrieben, und der Wattverbrauch dieses Motors wird gemessen, erstens für den Fall, daß sich die Bürsten des Generators in der neutralen Zone befinden, und zweitens nach einer Verschiebung der Bürsten aus der neutralen Zone. Bei unbelastetem Generator, aber mit veränderlicher Erregung, erhält man dann zwei Kurven, wie in Fig. 21 angedeutet

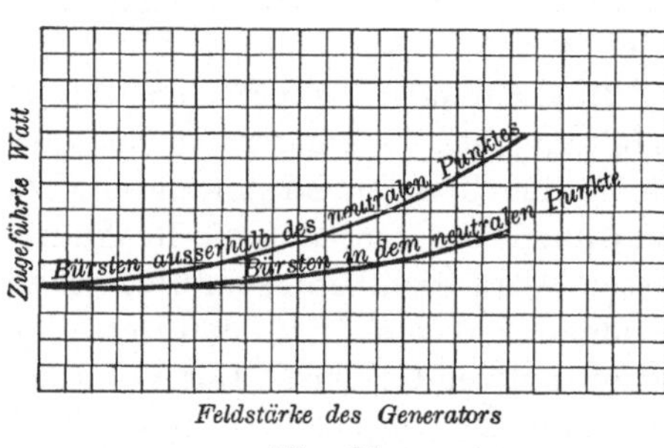

Fig. 21.

ist. Die Differenz der zwei Kurven wird die im Kommutator von dem Funken herrührenden Verluste angeben.

Versuch Nr. 2. An einem leerlaufenden Motor, dessen Feldspulen von einer besonderen Stromquelle erregt werden, wird die Bürstenstellung innerhalb eines großen Bereiches geändert, und konstante Geschwindigkeit wird durch Regulierung der Feldspulenerregung erreicht. Aus den Beobachtungen des zugeführten Stromes kann man eine Kurve (Fig. 22) aufzeichnen, welche ein Minimum für die Stellung der Bürsten in der

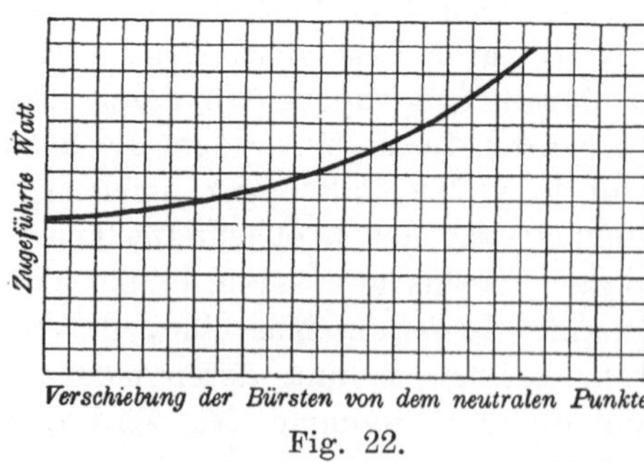

Fig. 22.

neutralen Zone geben sollte, und der Unterschied zwischen diesem Werte und den Werten der zugeführten Leistung in anderen

Bürstenstellungen ist ein Maß für die Größe der Kommutatorstreu-
verluste.

Eine besondere Korrektion muß angebracht werden, da nämlich die Kernverluste durch die Veränderung der Erregung etwas
beeinflußt werden.

Versuch Nr. 3. Versuche der Temperaturerhöhung des Kommutators bei Belastung und bei verschiedenen Stellungen der Bürsten
würden auch sehr interessant
sein, obgleich die Genauigkeit der Feststellung einer
Temperaturerhöhung nicht
sehr groß ist. Die Kurven
würden ungefähr einen ähnlichen Verlauf nehmen, wie
in Fig. 23 angedeutet ist; dabei sollte die Tourenzahl ungefähr konstant gehalten
werden.

Der Grund, warum eine
Zuhilfenahme des magneti-
schen Feldes zur Stromwen-

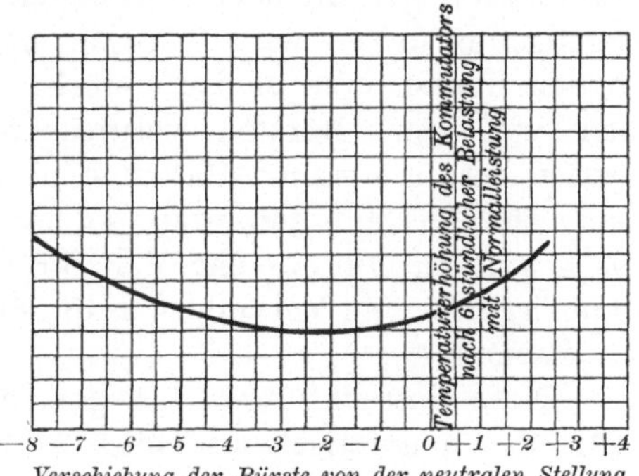

Verschiebung der Bürste von der neutralen Stellung
in Segmenten.

Fig. 23.

dung unerwünscht ist, ist der, daß mit wachsender Belastung der
Einfluß der Quer-Amperewindungen wächst und den neutralen Punkt
verschiebt. Während also die ideelle Bürstenstellung bei Leerlauf
der geometrisch neutrale Punkt ist, so sollte man bei Belastung
an dieser Stelle ein genügend großes magnetisches Feld aufrecht
erhalten, um die Reaktanzspannung zu kompensieren, denn selbstverständlich vergrößert sich die Reaktanzspannung mit der Belastung.

Um nun aber einen Teil des magnetischen Flusses für die
kurzgeschlossenen Spulen wirksam zu machen, muß man die
Bürsten von dem geometrisch neutralen Punkt verschieben. Dann
kann man für eine geringe Belastung erreichen, daß die Reaktanzspannung gerade durch die in der kurzgeschlossenen Spule erzeugte
elektromotorische Kraft balanciert wird.

Bei einer weiteren Zunahme der Belastung sollte ein noch
stärkeres Feld aufrecht erhalten werden, um die höhere Reaktanzspannung zu neutralisieren. An Stelle dessen wird aber der magnetische Fluß durch die Quer-Amperewindungen wieder kleiner.
Selbst wenn es erlaubt wäre, die Bürstenstellung mit wachsender
Belastung zu ändern, so würde man trotzdem bald eine Belastung
finden, bei welcher es überhaupt keine Bürstenstellung gibt, für
welche die Reaktanzspannung neutralisiert werden kann.

Irgend eine Veränderung der Bürstenstellung mit Belastung

ist aber ganz unerwünscht. Es wird heute fast allgemein verlangt, daß ein Motor bei allen Belastungen ohne Veränderung der Bürstenstellung funkenlos laufen soll, und bei Motoren, welche nach beiden Richtungen laufen sollen, ist der geometrisch neutrale Punkt der geeignete Platz für die Bürsten. In denjenigen Fällen, wo man z. B. die Bürsten eines Motors nach rückwärts verschiebt, ist es Gebrauch, diese Verschiebung so groß zu halten, daß bei Leerlauf ein Funken gerade noch vermieden wird. Dieses sich bei Leerlauf ergebende Funken wird dadurch erzeugt, daß das vorhandene Feld in den Spulen eine elektromotorische Kraft erzeugt, welche durch den von den Bürsten verursachten Kurzschluß einen ziemlich großen Strom sendet. Hat man also die zulässige Bürstenverschiebung für Leerlauf gefunden, so betrachtet man diejenige Belastung als maximal, für welche der Strom funkenlos kommutiert wird, ohne irgend eine Veränderung der Stellung der Bürsten erforderlich zu machen.

Diese Betrachtungen bezogen sich auf die Kommutierung mit Hilfe des magnetischen Feldes.

Der Verfasser ist aber der Meinung, daß es viel vorteilhafter ist, den Motor bei Vollast mit einer geringen Reaktanzspannung zu entwerfen, so daß ein Funken unmöglich ist. Ein solcher Entwurf führt oft zu einem Kommutator von ziemlich großem Durchmesser mit vielen und schmalen Segmenten und folglich zu vergrößerten Arbeitskosten. Aber mit Rücksicht auf die Verminderung der Streuverluste im Kommutator kann man die Länge des Kommutators geringer halten, als in solchen Fällen, wo die Reaktanzspannung einen höheren Wert besitzt, es wird also eine Materialersparnis in demselben Verhältnis erzielt, wie sich die ausstrahlende Fläche verkleinert. Die Methode zur Berechnung der Reaktanzspannung ist wie folgt:

Die Reaktanzspannung wird von den Kraftlinien erzeugt, die durch die Umkehrung des Stromes entstehen. Sobald die Spulen unter die Bürsten treten, hören sie auf, einen Teil des Hauptstromkreises der Ankerwicklung zwischen negativen und positiven Bürsten zu bilden, und der bis zu diesem Augenblicke konstante Strom in der Wicklung wird kleiner und kleiner und wird schließlich seine Richtung wechseln, um dann wieder zu demselben Werte anzuwachsen, den er vor dem Kurzschluß besaß; er wird also in der Zeit des Kurzschlusses die Hälfte einer vollständigen Periode durchmachen. Bezeichnet P die Umfangsgeschwindigkeit des Kommutators in Metern pro Sekunde, T die Dicke der Bürsten in Millimetern (oder genauer genommen die Länge des Bogens), dann kann man die Zeit des Kurzschlusses, das heißt die Hälfte einer

Periode $= \dfrac{T}{1000\,P}$ setzen und daraus ergibt sich die mittlere

Periodenzahl $= \dfrac{1000 \times P}{2\,T}$ pro Sekunde. Sicherlich geht diese Veränderung in dem Werte des Stromes nach einem von der Sinusform vollständig abweichenden Gesetz vor sich, aber eine experimentelle Bestimmung würde sehr schwer sein, und genaue experimentelle Daten in bezug auf diesen Gegenstand sind nicht erhältlich.[1]) Es ist deshalb bequemer, für Vergleichszwecke eine Sinuswelle anzunehmen, d. h. wenn man die Zeit als Abszisse und die Augenblickswerte des Stromes als Ordinaten nimmt, daß die Veränderung des Stromes während der Zeit des Kurzschlusses nach einem ähnlichen Gesetze vor sich geht, wie in Fig. 24 dargestellt ist, in welcher Figur die Breite der schattierten Fläche die Zeit des Kurzschlusses und die Höhe die vollständige Veränderung des Stromes darstellt.

Vollkommene Kommu-
tierung wird dann erreicht
werden, wenn die in der
kommutierenden Spule von
außen induzierte EMK ge-
nau so groß ist, wie die durch
den Wechsel des kommutie-
renden Stromes erzeugte
EMK der Selbstinduktion.

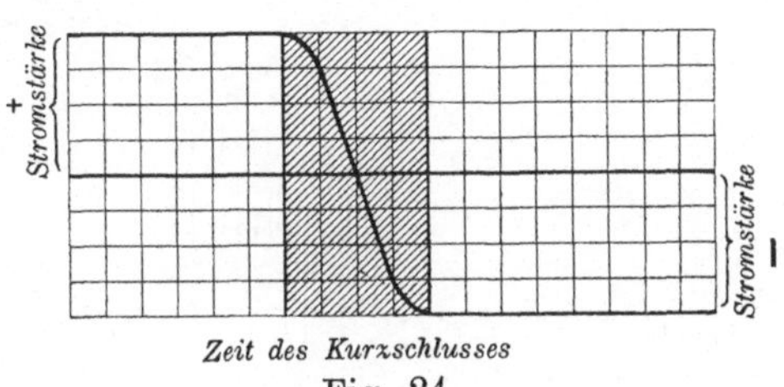

Fig. 24.

Bei fester Bürstenstellung kann aber vollkommene Kommutierung nur bei einer einzigen Belastung erhalten werden. Ist z. B. diese günstigste Belastung die Hälfte der normalen Leistung, so wird sowohl bei Leerlauf als auch bei Vollast eine Kompensierung der zwei einander entgegengerichteten EMK nicht mehr eintreten können.

Ob die Maschine funkt oder nicht, hängt im wesentlichen von der verbleibenden Differenz ab.

Die Bürstenstellung, welche die beste Kommutation bei halber Belastung gibt, wird bei Vollast eine annähernd ebenso schlechte Kompensation ergeben als bei Leerlauf, d. h. die Neigung zum Funken wird bei halber Belastung gleich Null, und für größer werdende Belastungen und ebenso für kleiner werdende Belastung allmählich zunehmen. Eine solche Stellung der Bürsten wird die günstigste sein; denn für irgend eine andere Bürstenstellung wird

---

[1]) Es ist hier einzuschalten, daß ganz kürzlich eine Abhandlung von Czeija, Voitsche Sammlung elektrotechnischer Vorträge, erschienen ist, welche ausführliche Versuchsdaten bringt.

Hobart, Motoren. 3

man entweder für Vollast oder für Leerlauf eine größere Neigung
zum Funken erhalten.

Berechnung der Reaktanzspannung.

Man wird aus diesen Betrachtungen ersehen, daß eine große
Genauigkeit in den Grundlagen der Kommutierung nicht verlangt
werden kann und es daher erlaubt ist, eine sinusförmige Kurve
für die Augenblickswerte des Kurzschlußstromes anzunehmen.

Bezeichnen wir nun die Frequenz mit n, ferner die gegenseitige Induktion einer Spule mit L und den Strom einer Spule mit
J, dann ist die Reaktanzspannung und folglich auch das Funken
proportional dem Ausdruck $2\pi n L J$.

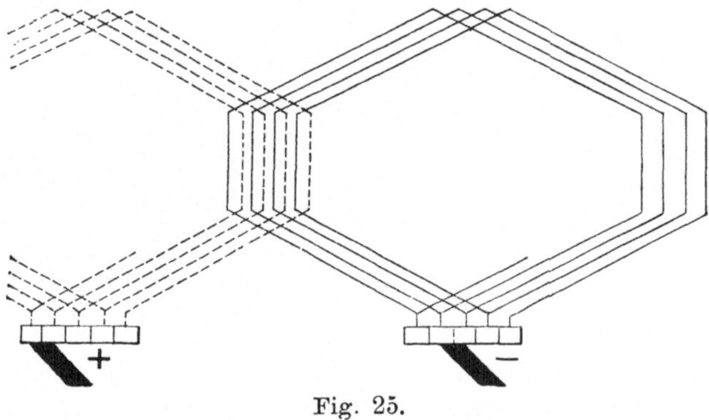

Fig. 25.

Ein näheres Eingehen auf die Wirkung der gegenseitigen Induktion L zeigt, daß alle diejenigen Spulen, welche gleichzeitig
an der Stromwendung teilnehmen, Kraftlinien erzeugen, welche
sich mit der kurzgeschlossenen Spule verschlingen. Folglich müssen
wir die gesamte magnetomotorische Kraft aller gleichzeitig kurzgeschlossenen Spulen und hieraus den Kraftlinienfluß, der von der
Summe dieser magnetomotorischen Kräfte erzeugt wird, berechnen.

Experimentell wurde festgestellt, daß 4 Kraftlinien per Amperewindung und pro cm effektive Länge des Ankereisens und 0,8 Kraftlinien pro Amperewindung pro cm freie Länge (Ventilationskanäle
und Endverbindungen) als Durchschnittswerte angenommen werden
können. Es ist zu bemerken, daß, wenn eine Seite der kommutierenden Spulengruppe aus n Leitern besteht, n Windungen für die effektive

Länge und nur $\dfrac{n}{2}$ Windungen für die freie Länge in Betracht

kommen (s. Fig. 25).

Die Berechnung der Reaktanzspannung eines 4 poligen 5 PS, 900 Touren-Nebenschlußmotors soll in folgendem gezeigt werden:

Kommutierung:

Zahl der Pole. 4
Zahl der Segmente 81
Zahl der Segmente pro Pole 20,3
Spannung . . . . 220 Volt
Spannung per Segment 10,9
Zahl der Nuten 27
Zahl der Leiter pro Nute. 30
Ankerwindungen pro Pol. 101
Ampere am Kommutator total 19,2
Wicklungsart. . . . . einfache Reihenwicklung
Ampere pro Stromkreis 9,6
Kommutatordurchmesser . . . . 16 cm
Umdrehung per Sekunde. 15
Umfangsgeschwindigkeit des Kommutators . . . 7,5 m p. Sek.
Länge des Kontaktbogens . . . . 10 mm
Frequenz der Kommutierung per Sekunde . . . 375
Breite eines Kommutatorsegments $+$ Isolation . 6,2 mm
Länge einer einfachen Ankerwindung . . . 68 cm
Effektive Länge des Ankerkernes . . . . . . 9 „
Zahl der Spulen, die pro Bürste kurzgeschlossen
    werden 2
Zahl der Windungen pro Spule 5
Maximale Zahl der gleichzeitig kommutierten
    Leiter pro Gruppe 20
Effektive Länge einer Windung . . . . . . 18 cm
Freie Länge einer Windung. . . . . 50 „

Kraftlinien der effektiven Länge pro Amperewin-
    dung. . . . . $4{,}0 \times 18 = 72$

Kraftlinien der freien Länge pro Amperewin-
    dung. . . . . $0{,}8 \times 50 = 40$

Kraftlinien der gesamten effektiven Länge pro
    Ampere . . . . $72 \times 20 = 1440$

Kraftlinien der gesamten freien Länge pro Am-
    pere . . . . $40 \times 10 = 400$

Gesamte Anzahl der Kraftlinien pro Ampere,
    die mit einer kurzgeschlossenen Spule ver-
    schlungen sind 1840

Induktanz der Spule von 5 Windungen
$$1840 \times 5 \times 10^{-8} = 0{,}000092 \text{ Henry}$$
Reaktanz . . . . . . $2\pi \times 375 \times 0{,}000092 = 0{,}216$ Ohm
Reaktanzspannung per Segment . . $0{,}216 \times 9{,}6 = 2{,}07$ Volt.

Reaktanzspannung bei Parallelwicklungen.

Bei der Berechnung der Reaktanzspannung oder vielmehr bei der Beurteilung der Kommutierung mit Hilfe der Reaktanzspannung muß man einen Unterschied zwischen Reihen- und Parallel-

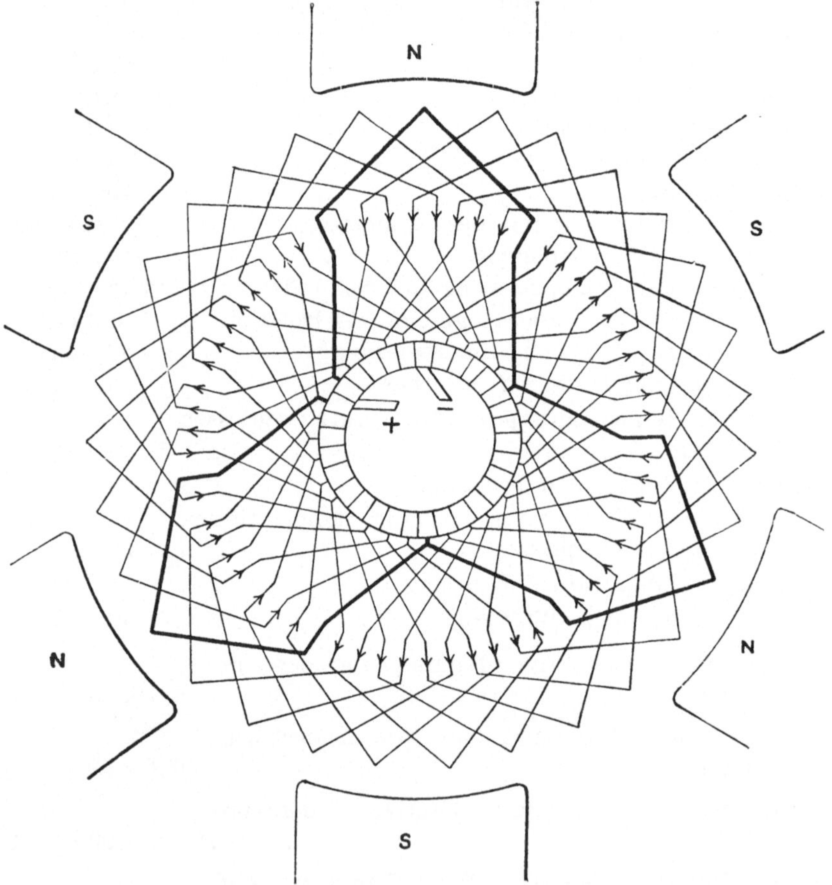

Fig. 26. Einfache Reihenwicklung.

wicklung und ebenso zwischen einfacher und mehrfacher Wicklung machen. Eine genaue Untersuchung der verschiedenen Wicklungen würde hier zu weit führen. Es wird deshalb genügen, auf die

Diagramme in Fig. 26, 27, 28 und 29 hinzuweisen, welche eine einfache resp. zweifache Reihenwicklung und eine einfache resp. zweifache Parallelwicklung darstellen. Die zweifachen Wicklungen (Fig. 27 und 29) stellen die elementarsten Beispiele von mehrfachen Wicklungen dar. Die Parallelwicklung wird oft auch Schleifenwicklung genannt, während die Reihenwicklung als Wellenwicklung bezeichnet wird.

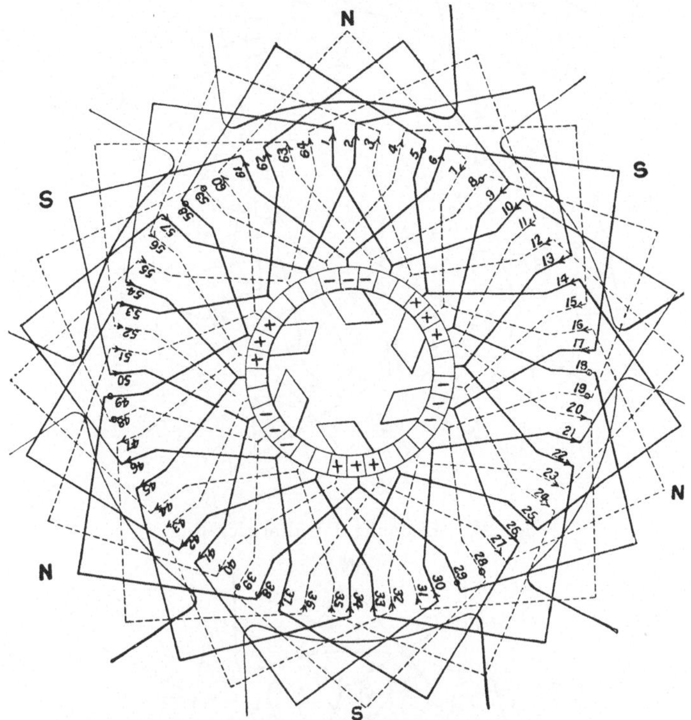

Fig. 27. Zweifache Reihenwicklung.

Die Methode der Berechnung der Reaktanzspannung, von der ein Beispiel gegeben worden ist, kann ohne weiteres auf eine einfache Parallelwicklung angewendet werden. Bei einer zweifachen Parallelwicklung muß man vorsichtig sein, den richtigen Wert für den in dem Leiter fließenden Strom zu nehmen, d. h. die Hälfte von dem in einer einfachen Parallelwicklung fließenden Strom, und man muß auch berücksichtigen, daß die Zeit, während welcher eine Spule kurzgeschlossen ist, bei einer gegebenen Bürstenbreite kleiner ist als für die entsprechende einfache Parallelwicklung.

In Fig. 30 sind zwei benachbarte Spulen einer zweifachen Parallelwicklung dargestellt, nebst den vier Kommutatorsegmenten,

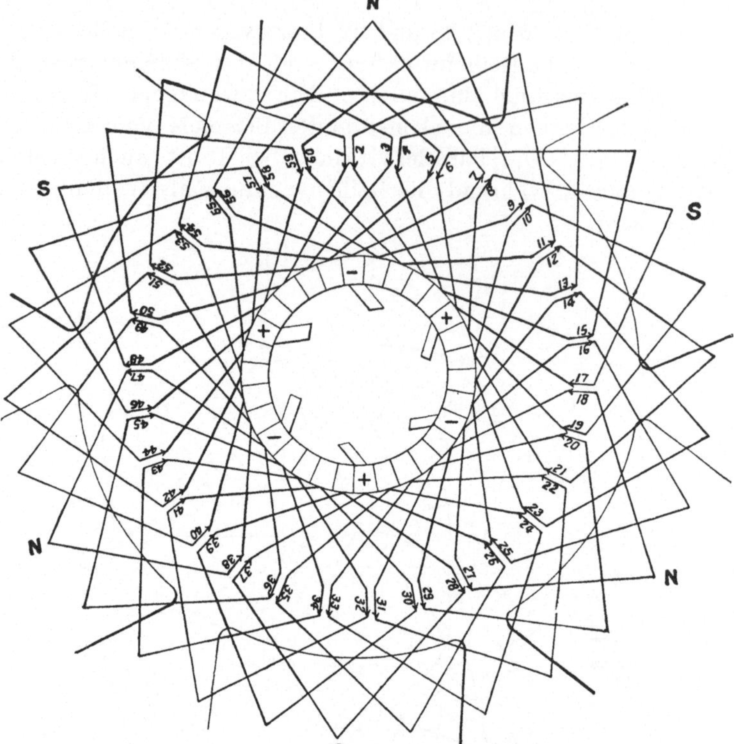

Fig. 28.   Einfache Parallelwicklung.

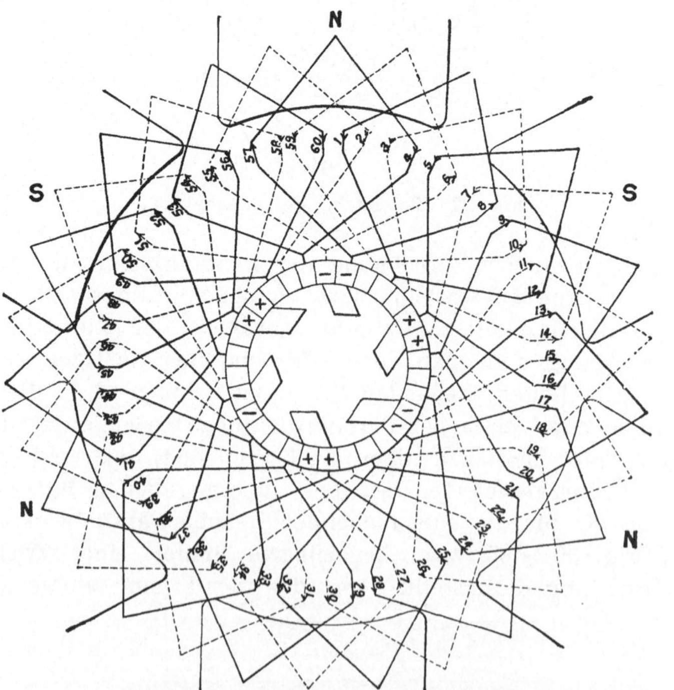

Fig. 29.   Zweifache Parallelwicklung.

mit welchen die Enden der Spulen verbunden sind. Eine Bürste ist auch diagrammatisch unterhalb der Bürsten gezeichnet und der Pfeil gibt die Bewegungsrichtung des Ankers an. Augenscheinlich ist die mit dem Segment 1 und 2 verbundene Spule durch die Bürste während einer kürzeren Zeit kurzgeschlossen, als wenn die Spulen mit benachbarten Segmenten, wie bei einer einfachen Parallelwicklung, verbunden wären. Dieses muß berücksichtigt werden, wenn man die Frequenz n für die Gleichung $v = 2\pi n L J$ berechnet.

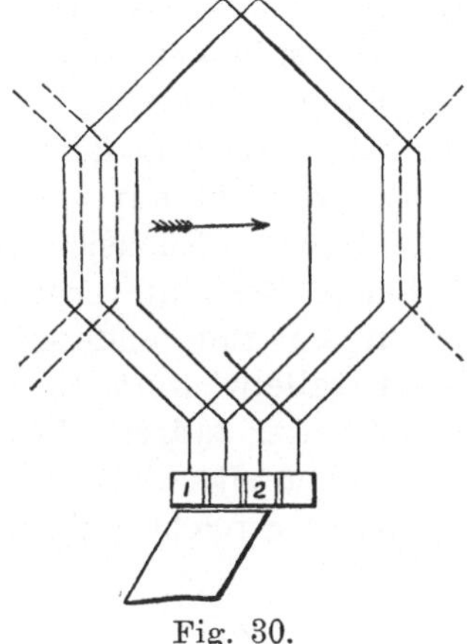

Fig. 30.

Die Reaktanzspannung bei Reihenwicklung.

Der Strom in den kurzgeschlossenen Spulen von Reihenwicklungen hat die Wahl zwischen zwei Pfaden, sobald mehr als zwei Bürstensätze vorhanden sind. Um dies für einen 6 poligen Motor zu zeigen, ist in Fig. 31 ein Diagramm wiedergegeben, welches die in Fig. 26 zu gleicher Zeit an der Stromwendung teilnehmenden Leiter zeigt. Wir haben 6 Leiter oder 3 Windungen in Reihe, und wenn wir bei Vollast eine Reaktanzspannung von 1 Volt pro Windung haben, so beträgt die Reaktanzspannung in der kurzgeschlossenen Spule 3 Volt, aber wenn, wie in Fig. 32 alle drei Sätze positiver und negativer Bürsten benutzt werden, so wird eine jede Windung durch einen Pfad kurzgeschlossen, welcher aus zwei positiven Bürsten und dem Verbindungskabel besteht. In einem jeden dieser unabhängigen Kreise ist die Reaktanzspannung nur 1 Volt und die Kommutation sollte bedeutend besser sein, als wenn nur ein Bürstensatz benutzt wird. Man findet aber in der Praxis, daß die Kommutation zwischen diesen beiden Grenzen liegt, was wohl am besten dadurch erklärt werden kann, daß die Kontaktwiderstände niemals gleich groß sind, und daß deshalb ein Stromkreis einen größeren Anteil von der Reaktanzspannung erhält, als ihm sonst zukommen würde.

Dies erklärt zur Genüge die Resultate, die man mit Reihenschaltung erhalten hat, daß man nämlich, um sie mit Vorteil anwenden zu können, den Motor viel vorsichtiger konstruieren muß als bei Parallelwicklung. Immerhin ist dies kein genügender Grund für die gänzliche Aufgabe solcher Wicklungen. Es gibt eine große

Anzahl von Leistungen, Spannungen und Umlaufszahlen, wo die Anwendungen von Reihenwicklungen mit so geringen Reaktanzspannungen möglich wird, daß ausgezeichnete Resultate erzielt werden. Aber manche Firmen nehmen diese Wicklungen mit zu viel Zuversicht auf und verwenden sie, ohne auf ihre speziellen Eigenschaften Rücksicht zu nehmen. Wenn dann recht unzufriedenstellende Resultate erhalten werden (wie es ganz natürlich ist), so gehen sie zum anderen Extrem über und verwenden ausschließlich Parallelwicklungen, selbst in solchen Fällen, wo Reihenwicklung vorteilhafter wäre. Besonders in kleinen Motoren können ausgezeichnete Resultate bei dem vernünftigen Gebrauche der Reihenwicklung erreicht werden. Sie haben eine sehr wichtige Eigen-

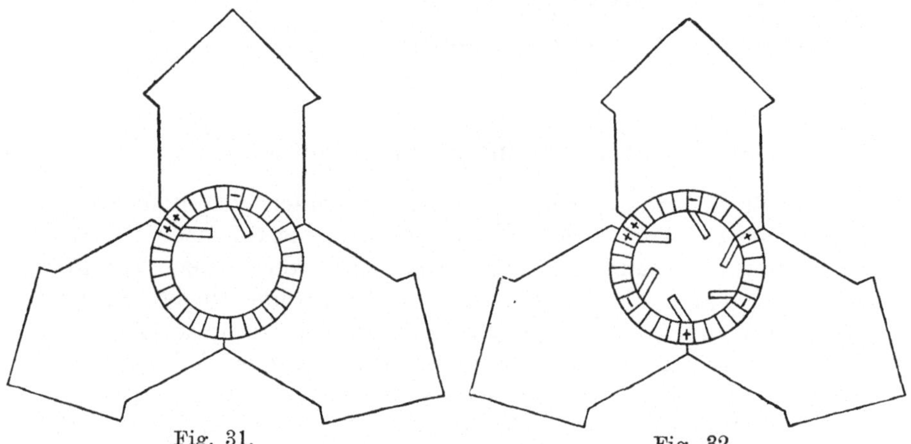

Fig. 31.   Fig. 32.
Fig. 31 und 32.   Reaktanzspannung bei Reihenwicklungen.

schaft, nämlich die, daß gleiche elektromotorische Kräfte in den zwei Stromkreisen der Anker erzeugt werden, unabhängig von den Ungleichförmigkeiten des Kraftlinienfeldes und somit unabhängig von der Abnutzung der Lager. Bei Parallelwicklung muß der Anker sehr genau zentriert werden, um ungleiche elektromotorische Kräfte in den verschiedenen Zweigen zu vermeiden, weil sonst Erwärmung und Funken, von Ausgleichströmen herrührend, unvermeidlich werden.

Die Reaktanzspannung der Reihenwicklung kann leicht abgeleitet werden, indem man annimmt, daß nur ein Satz positiver und ein Satz negativer Bürsten angewandt wird, und in denjenigen Fällen, wo ein Bürstensatz für jeden Pol vorhanden ist, dividiert man dann das Resultat durch die Zahl der Polpaare.

Für zweifache Reihenwicklungen muß berücksichtigt werden, daß sich zwischen zwei zusammengehörigen Segmenten ein drittes

Segment befindet, welches die Frequenz der Kommutierung beeinflußt, ähnlich wie in Fig. 30 für mehrfache Parallelschaltung
gezeigt ist. Man sollte jedoch mehrfache Reihenwicklungen nur in
äußersten Fällen anwenden, sie bieten größere Nachteile als die schon

Fig. 33. Einfache Parallelwicklung.
Ist aus einer zweifachen Reihenwicklung dadurch entstanden, daß ein jedes zweite Segment
fortgelassen worden ist.

erwähnte einfache Reihenwicklung, und noch viel ungünstiger gestalten sich drei- und vierfache Reihenwicklungen, so daß es unnötig erscheint, auf diese Wicklungen im besonderen einzugehen.

In Fig. 33 ist eine Wicklung angegeben, welche die Eigenschaften der Reihenwicklung insofern hat, als Ungleichförmigkeiten

in der Beschaffenheit des Kraftlinienfeldes keinen störenden Einfluß ausüben. Diese Wicklung ist von einer zweifachen Reihenwicklung dadurch abgeleitet worden, daß man abwechselnd eine Kommutator-

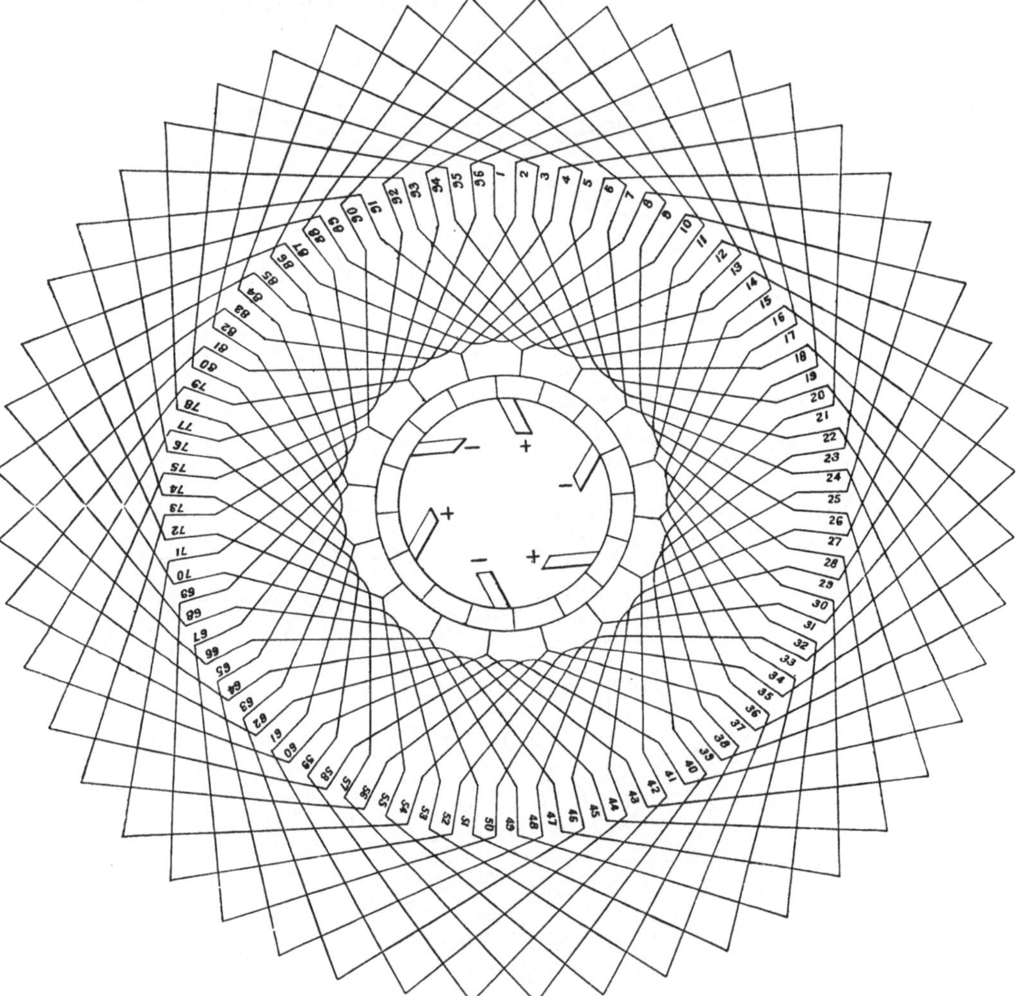

Fig. 34. Einfache Parallelwicklung.
Ist aus einer dreifachen Reihenwicklung dadurch entstanden, daß ein jedes zweite und dritte Segment weggelassen worden ist.

verbindung wegläßt. Wegen der schon erwähnten Eigenschaft, durch Ungleichmäßigkeit des Feldes nicht beeinträchtigt zu werden, sollte sie vielleicht ein nützliches Anwendungsgebiet für solche Motoren finden, welche mehrere Windungen per Segment besitzen.

Eine ähnliche Wicklung ist in Fig. 34 dargestellt.

Drittes Kapitel.

Doppelschlußmotoren.

Es gibt zwei Arten von Doppelschlußmotoren. Die erste Klasse enthält solche Motoren, bei denen Reihen- und Nebenschlußwicklung entgegengesetzt geschaltet sind, um einen Abfall der Tourenzahl mit der Belastung zu vermeiden oder sogar eine höhere Geschwindigkeit bei wachsender Belastung zu erzielen. Aber für diese Motoren besteht kaum ein Bedürfnis, sie besitzen außerdem den Nachteil, daß beim Anlassen die Reihenschlußwicklung ausgeschaltet werden muß, weil diese wegen ihrer geringeren Induktanz viel eher ihre maximale magnetomotorische Kraft erlangen würde als die Nebenschlußwicklung und infolgedessen der Motor in der falschen Richtung angehen würde. In den seltenen Fällen, wo sich die Umlaufszahl nicht mit wachsender Belastung verringern darf, sollte man einen gewöhnlichen Nebenschlußmotor benutzen und die Bürsten soweit nach rückwärts verschieben, bis durch den Einfluß der Ankerentmagnetisierung eine praktisch konstante Tourenzahl erreicht wird.

Viel nützlicher ist der Doppelschlußmotor, wenn die Reihenschlußwicklung die magnetomotorische Kraft der Nebenschlußwicklung verstärkt. Motoren dieser Type verringern offenbar ihre Geschwindigkeit mit wachsender Belastung und die Abnahme hängt von der relativen Stärke der Nebenschluß- und Reihenschlußwicklung ab. Wenn z. B. die Nebenschlußwicklung eines solchen Motors 2000 Amperewindungen pro Pol und die Reihenschlußwicklung bei Vollast 1000 Amperewindungen hat, so würde die Geschwindigkeit bei Vollast nur 66,7 $^0/_0$ von der bei Leerlauf betragen, vorausgesetzt, daß keine Sättigung eingetreten ist und daß der Spannungsabfall im Anker vernachlässigt wird. Natürlich kann ein viel größeres Verhältnis der entsprechenden Amperewindungen angewandt werden, und dieses ist dann sehr wünschenswert, wenn der Motor sehr schweren Belastungen für kurze Zeit ausgesetzt ist. Ist hierbei eine Verringerung der Umlaufszahl zulässig, so erweist sich die Benutzung des Doppelschlußmotors von großem Vorteil für das ganze Verteilungssystem, da die Generatoranlage viel gleichmäßiger belastet und die Spannungsregulierung besser wird.

Übrigens ist es auch von erheblichem Nutzen für die Kommutierung, daß ein Motor seiner schwersten Belastung bei verminderter Umlaufszahl ausgesetzt ist, da nämlich die Periodenzahl der Kommutierung und folglich auch die Reaktanzspannung proportional der Tourenzahl ist.

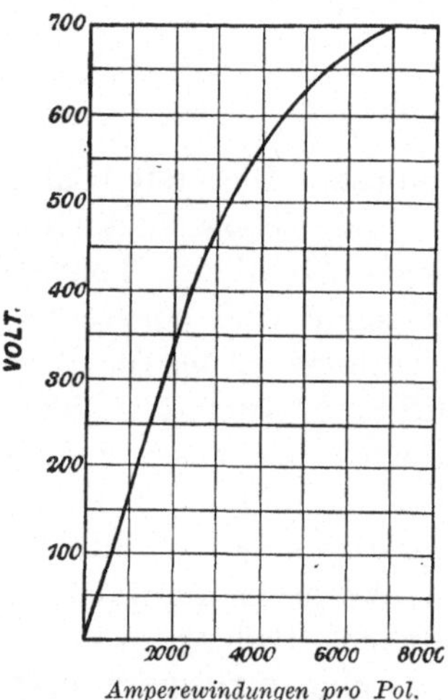

Fig. 35. Sättigungskurve eines Doppelschlußmotors bei 800 Umdrehungen pro Min.

Der Doppelschlußmotor hat in dieser Beziehung dieselben Vorteile wie der Reihenschlußmotor, wenn auch in einem verringerten Maße. In manchen Fällen mag er dem letzteren vorgezogen werden, da die Nebenschlußwicklung eine gefährliche Vergrößerung der Tourenzahl bei geringer Belastung verhindert.

Der Hauptpunkt, worin die Berechnung eines Doppelschluß- von demjenigen eines Nebenschlußmotors abweicht, betrifft die Abhängigkeit der Tourenzahl von der Belastung. Die Berechnung der Geschwindigkeitskurve eines kompoundierten Motors soll für den Fall eines 500 Volt, 30 PS-Motors gezeigt werden. Derselbe hat eine Nebenschlußwicklung, welche 3000 Amperewindungen pro Spule erzeugt. Bei 30 PS verbraucht der Motor 50 Ampere, welche durch eine Reihenschlußwicklung von 50 Windungen pro Pol fließen. Diese Wicklung enthält also $50 \times 50 = 2500$ Amperewindungen pro Pol. Die Sättigungskurve der Maschine bei Leerlauf und bei 800 Umdrehungen pro Minute ist in der Fig. 35 gegeben, aus welcher die Geschwindigkeit für andere Belastungen bei 500 Volt Klemmenspannung wie folgt berechnet werden kann:

Charakteristik eines 30 PS-Motors bei verschiedenen Belastungen.

	Prozente von Vollast					
	0	25	50	75	100	125
Zugeführter Strom in Ampere . .	4	15	26	38	50	63
Amperewindungen der Reihenschlußwicklung pro Pol. . . .	200	750	1300	1900	2500	3150
Amperewindungen der Nebenschlußwicklung pro Pol	3000	3000	3000	3000	3000	3000
Gesamte Erregung pro Pol . . .	3200	3750	4300	4900	5500	6150
Spannung bei 800 Umdrehungen pro Minute	500	550	585	620	650	680
Umlaufszahl bei 500 Volt. . . .	800	727	682	645	615	588

Die so erhaltenen Tourenzahlen sind in Fig. 36 in Abhängigkeit von der Belastung aufgetragen worden. Es ist dabei der Einfachheit halber angenommen worden, daß die Bürsten sich in einer solchen Stellung befinden, daß die Ankerrückwirkung den Spannungsabfall genau aufhebt. Wäre dieses nicht der Fall, dann würde es notwendig sein, die innere Spannung aus dem zugeführten Strome und dem Widerstande zu berechnen, und die so erhaltenen Werte für die Berechnung der Umlaufszahl zu benutzen. In Motoren mit einer breiten neutralen Zone, geringen Reaktanzspannung pro Segment, sowie geringer Durchschnittsspannung pro Segment und vielen Anker-Amperewindungen pro Pol können die Bürsten soweit nach rückwärts verschoben werden, daß eine Abnahme der Tourenzahl mit wachsender Belastung

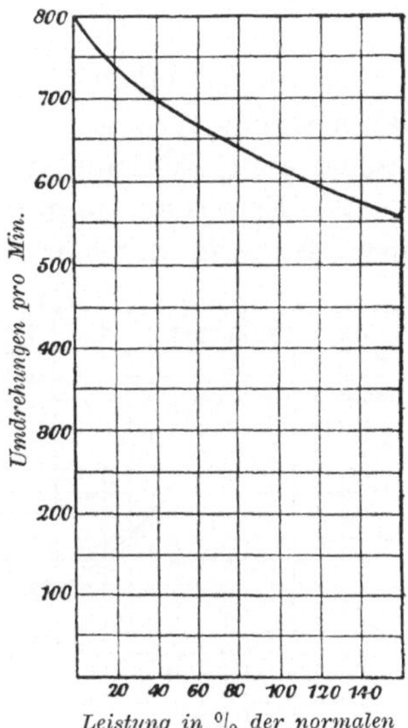

Fig. 36. Geschwindigkeitskurve eines Doppelschlußmotors bei einer Klemmenspannung von 500 Volt.

ohne Zuhilfenahme einer Doppelschlußwicklung erzielt werden kann.

Viertes Kapitel

Reihenschlußmotoren.

In dem Reihenschlußmotor wird die Felderregung von dem Hauptstrome erzeugt, welcher durch die mit dem Anker in Reihe geschalteten Feldspulen fließt. Bei konstanter Klemmenspannung ist die Erregung ungefähr proportinal der Belastung und wenn eine Sättigung des magnetischen Kreises und ein innerer Spannungsabfall nicht vorhanden wäre, so würde die Tourenzahl umgekehrt proportional dem zugeführten Strom sein, wie in der punktierten Kurve Fig. 37 gezeigt ist.

In der Praxis aber werden diese Motoren im allgemeinen so dimensioniert, daß sie bei Vollast äußerst hoch gesättigt sind, und die Geschwindigkeitskurve wird deshalb in praktischen Fällen mehr die Gestalt der vollausgezogenen Kurve in Fig. 37 annehmen.

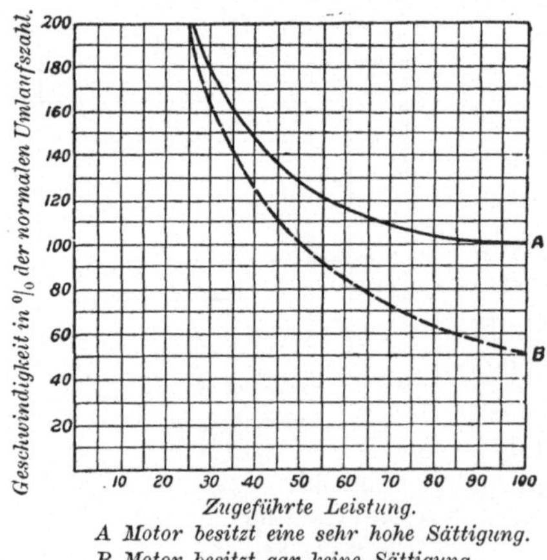

Fig. 37. Geschwindigkeitskurven von Reihenschlußmotoren.

Reihenschlußmotoren werden hauptsächlich für Bahnbetriebe, Aufzüge und überhaupt für solche Fälle verwandt, wo ein großes Drehmoment beim Anlassen erforderlich ist, und da im allgemeinen die Belastung nur für kurze Zeit andauert, so werden sie meist mit viel größeren Stromdichten in der Ankerwicklung und in den Feldspulen dimensioniert, als es möglich wäre, wenn die Motoren ihre normale Leistung ununterbrochen zu leisten hätten. Eine willkürlich angenommene Basis zur Bestimmung der Leistung eines Bahnmotors (die jetzt nun schon seit einer Reihe von Jahren gilt) bestimmt die normale Leistung als diejenige, bei welcher nach einstündigem Laufe und bei normaler Spannung die Temperaturerhöhung an der wärmsten Stelle 75° C. (mit dem Thermometer gemessen), nicht überschreitet.

Bahnmotoren werden in der Praxis einer durchschnittlichen Belastung von etwa 35% ihrer normalen Leistung und noch weniger ausgesetzt, und dieses zeigt, wie wichtig es ist, diese Motoren für hohen Wirkungsgrad bei geringen Belastungen zu entwerfen. Dieses ist bei dem Reihenschlußmotor viel leichter zu bewerkstelligen als bei den Nebenschlußmotoren, denn die durch die Erregung bedingten Verluste bilden keine Komponente der konstanten Verluste, sondern einen Teil der veränderlichen Verluste. Dagegen sind hier die Reibungsverluste der Übersetzung zu berücksichtigen, welche die konstanten Verluste bedeutend vergrößern. Große, direkt gekuppelte Reihenschlußmotoren sollten immer einen sehr hohen Wirkungsgrad für leichte Belastungen haben. Diese Erwägungen beziehen sich ausschließlich auf Motor und Übersetzung, aber man sollte nicht vergessen, daß Reihenschlußmotoren Hilfsapparate bedürfen, in welchen sehr beträchtliche Verluste in äußeren Widerständen stattfinden. In der einfachsten Form wird die Regulierung durch einen Widerstand in Reihe mit dem Anker bewirkt, welcher entsprechend der Belastung und der erforderlichen Geschwindigkeit verändert werden kann. Eine viel bessere Ausnutzung erhält man, wenn man die Reihenparallelregulierung anwendet, welche entweder zwei oder mehr Motoren oder zwei unabhängige Ankerwicklungen und Kommutatoren pro Motor erfordert.

Selbst bei dieser Reihenparallelregulierung können keine hohen Wirkungsgrade erzielt werden. Diese Methoden sind wiederholt durch die Möglichkeit einer Veränderung der Feldstärke verbessert worden. Man findet mitunter einen Einwand gegen diese Methode, weil eine Schwächung des Feldes mit Rücksicht auf den funkenfreien Gang für unzulässig erklärt wird. Heute jedoch, wo die Frage der Kommutierung besser verstanden und genügende Erfahrung in dem Entwurfe von Motoren gewonnen ist, wird wahrscheinlich diese Art der Regulierung in Verbindung mit Doppelschlußmotoren und mit dem Reihenparallelsystem wieder mit gutem Erfolge angewandt und so eine weitere Erhöhung des Wirkungsgrades erreicht werden können.

Für die Anker von Bahnmotoren wird ausschließlich Reihenwicklung angewandt, erstens weil die Abnutzung in den Lagern meistens ungleiche Größen des Luftspaltes erzeugt und zweitens, weil es bei der schwierigen Zugänglichkeit unter dem Wagen besser ist, nur zwei Bürsten auf dem Kommutator zu haben, die im allgemeinen durch Öffnen einer einzigen Klappe erreichbar sein müssen.

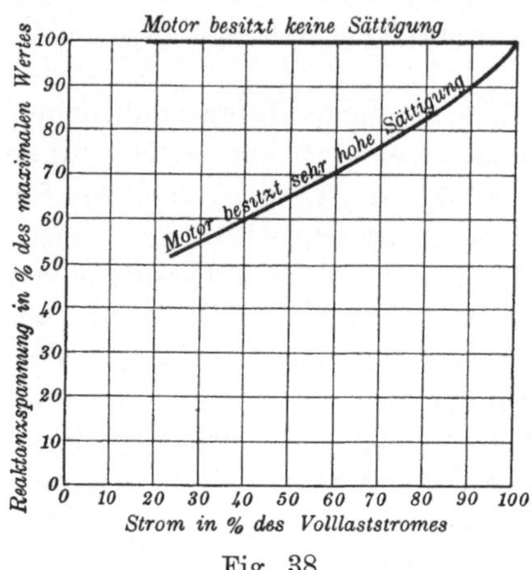

Fig. 38.

Die Reaktanzspannung pro Kommutator-Segment vergrössert sich in Reihenschlußmotoren nicht proportional mit der Belastung, wie es in Nebenschlußmotoren der Fall ist, da sich ja die Periodenzahl n wie aus der Formel $V = 2\pi n L J$ ersichtlich ist proportional der verminderten Umlaufszahl verkleinert. Wir wollen einen Motor untersuchen, dessen Geschwindigkeitskurve durch die vollausgezogene Kurve in Fig. 37 dargestellt ist. Die Frequenz der Kommutierung bei Vollast und ebenso der Vollaststrom sollen gleich 100 gesetzt werden. Die Induktanz zwischen benachbarten Segmenten der Wicklung kann

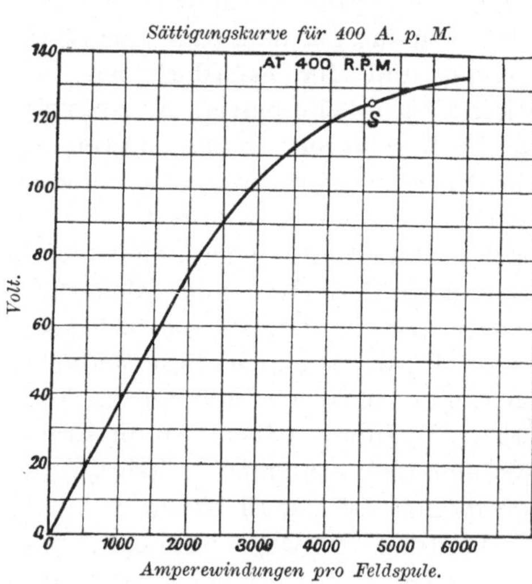

Fig. 39.

für alle praktischen Fälle als konstant angenommen werden. Die Reaktanzspannung verändert sich deshalb mit der Belastung, wie das Produkt $n \times c$, d. h. wie das Produkt von Abszisse mal Ordinate der in Fig. 37 dargestellten Kurve. Dieses Produkt ist in Fig. 38 in Abhängigkeit von dem zugeführten Strome J aufgetragen. Entsprechend dem Grade der Sättigung wird die Kurve, welche die Reaktanzspannung bei verschiedenen Belastungen darstellt, zwischen den zwei in Fig. 38 gegebenen Linien liegen, von denen die obere Linie den Fall darstellt, daß keine Sättigung vorhanden ist. Augenscheinlich ist es gerechtfertigt zu behaupten, daß ein Reihenschlußmotor viel weniger Neigung hat, bei wachsender Belastung zu funken als ein Nebenschlußmotor.

Eine Sättigungskurve ist in Fig. 39 gegeben, welche sowohl für einen Nebenschlußmotor mit konstanter Tourenzahl als auch für einen Doppelschlußmotor und für einen Reihenschlußmotor gilt. Der Doppelschlußmotor besitzt 4600 Amperewindungen bei Vollast, davon 1700 Amperewindungen in der Nebenschlußwicklung und 2900 in der Reihenschlußwicklung, und seine Umlaufszahl sinkt bei Vollast auf die Hälfte derjenigen bei Leerlauf, während diejenige des Reihenschlußmotors bei Vollast halb so groß ist wie bei $37\,^0/_0$ der normalen Belastung.

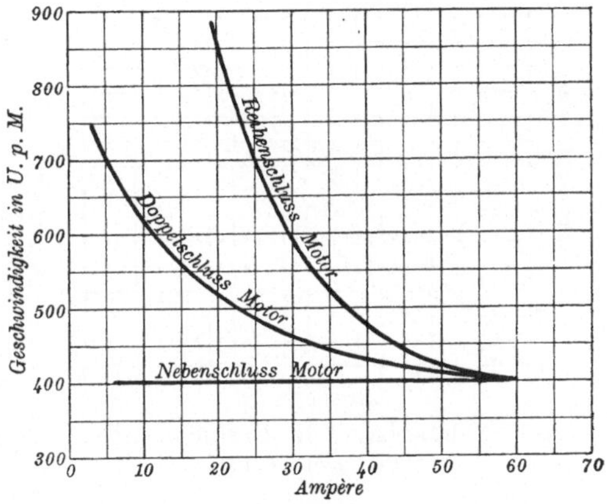

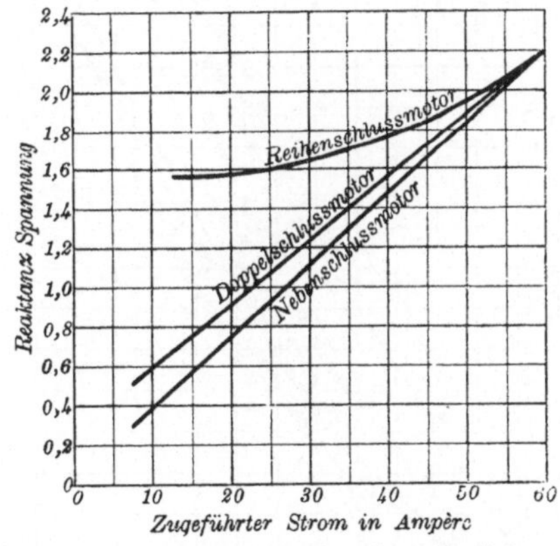

Fig. 40. Geschwindigkeitskurven bei 125 Volt.

Alle drei Motoren besitzen bei Vollast dieselbe Tourenzahl und Leistung und dieselben magnetischen Dichten (Punkt S der Sättigungskurve). Die drei Geschwindigkeitskurven sind in Fig. 40 gezeigt. Die Induktanz betrage 0,000 020 Henry, die Periodenzahl der Kommutierung 580 und die Umdrehungszahl 400 pro Minute bei Vollast. Der Vollaststrom pro Leiter in der Wicklung ist 30 Amp. und folglich berechnet sich die Reaktanzspannung zu

$$V = 2\,\pi \times 580 \times 0,000\,020 \times 30$$
$$= 2,2 \text{ Volt}$$

für alle drei Motoren. Der Motor besitzt bei der Normalleistung von 8,5 PS einen Wirkungsgrad von $84,5\,^0/_0$. Auf dem Anker

Fig. 41. Abhängigkeit der Reaktanzspannung von der Belastung.

ist einfache Reihenwicklung angewandt, die normale Spannung beträgt 125 Volt und der bei Vollast zugeführte Strom 60 Ampere.

Die drei Kurven, welche die Reaktanzspannung in Abhängigkeit von der Belastung darstellen, sind in Fig. 41 aufgetragen. Bei diesen Kurven war der Bequemlichkeit halber die Annahme gemacht worden, daß der Wirkungsgrad bei allen Belastungen derselbe ist und der innere Spannungsabfall vernachlässigt werden kann. Während diese Annahmen in Wirklichkeit nicht gerechtfertigt sind, so ist doch der Einfluß des hierbei begangenen Fehlers auf die relative Abhängigkeit der Reaktanzspannung von der Belastung nur von sehr geringer Bedeutung.

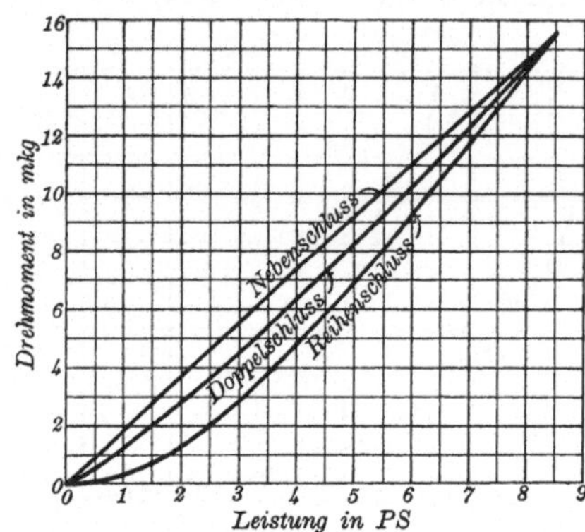

Fig. 42. Abhängigkeit des Drehmomentes von der Belastung

Von den Sättigungs- und Geschwindigkeitskurven dieser drei Motoren in Fig. 39 und 40 können wir die Kurven des Drehmomentes in einfacher Weise ableiten. Ein Nebenschlußmotor besitzt fast immer eine konstante Spannung an den Ankerklemmen (mit Ausnahme beim Anfahren) und folglich auch bei allen Belastungen einen konstanten Kraftlinienfluß. Das Drehmoment muß

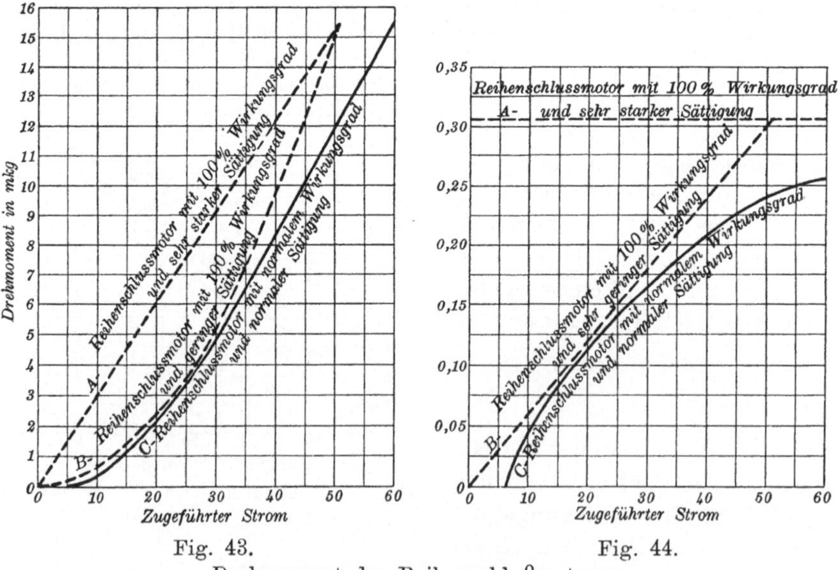

Drehmoment der Reihenschlußmotoren.

folglich direkt proportional mit der Leistung und annähernd proportional mit dem zugeführten Strom sein. Bei einem Doppelschlußmotor wächst das Drehmoment im Anfange rascher als die Leistung, aber bei höheren Belastungen, wenn Sättigung eingetreten ist, wächst es nahezu in demselben Verhältnis wie die Leistung. Diese Eigenschaft erklärt sich sehr einfach daraus, daß sich in dem Doppelschlußmotor nicht nur der Strom, sondern auch der Kraftlinienfluß mit der Belastung vergrößert, im Gegensatz zu dem Nebenschlußmotor, in welchem der Kraftlinienfluß konstant bleibt und nur der Strom zunimmt. Reihenschlußmotoren verhalten sich ähnlich wie Doppelschlußmotoren, nur ist die Vergrößerung des Drehmomentes mit wachsender Belastung stärker. Die Kurven des Drehmomentes dieser drei Motortypen sind in Fig. 42 dargestellt und wurden aus den Sättigungs- und Geschwindigkeitskurven der Fig. 39 und 40

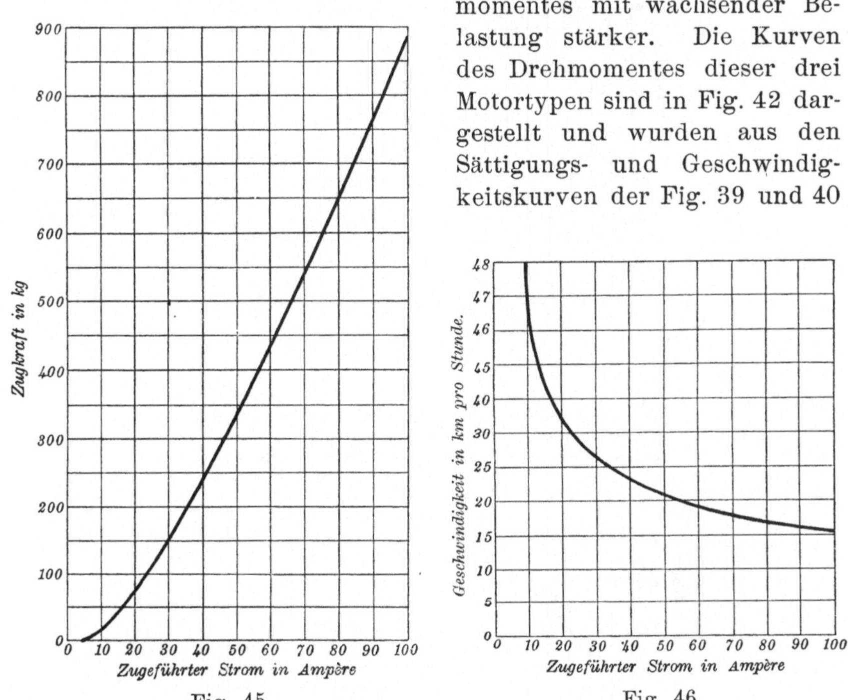

Fig. 45.   Fig. 46.

Bahnmotor für eine Leistung von 27 PS bei 840 U. p. M.
Übersetzungsverhältnis = 4,78. Durchmesser der Räder = 84 cm.

erhalten. Bei der Berechnung dieser Kurven ist die Annahme gemacht worden, daß der Wirkungsgrad für alle drei Motoren derselbe ist, obgleich in Wirklichkeit der Wirkungsgrad des Reihenschlußmotors bei geringer Belastung höher und bei großer Belastung kleiner ist als der entsprechende Wirkungsgrad der zwei andern Typen.

Reihenschlußmotoren werden nur selten bei allen Belastungen mit konstanter Klemmenspannung betrieben. Beim Anlassen und manchmal auch bei geringen Umlaufszahlen wird die Klemmenspannung durch Widerstände in Reihe mit dem Motor herabgedrückt, oder es werden zwei Motoren benutzt, welche für manche

Belastungen und Geschwindigkeiten in Reihe geschaltet sind, so daß ein jeder die Hälfte der Spannung erhält, während sie für andere Belastungen und Geschwindigkeiten in Parallel laufen. Man stellt deshalb das Drehmoment eines Reihenschlußmotors am besten in Ab-

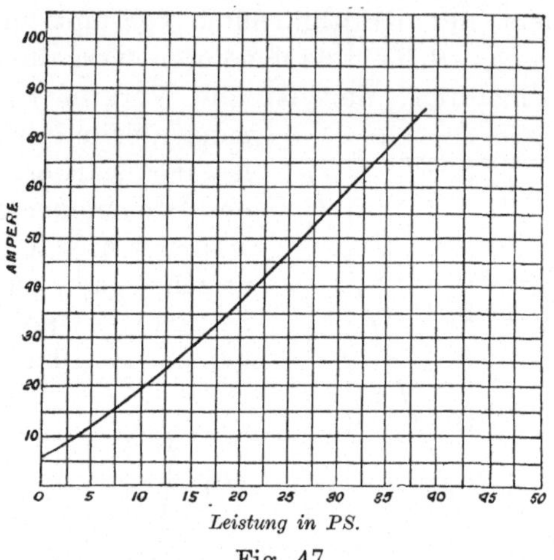

Fig. 47.

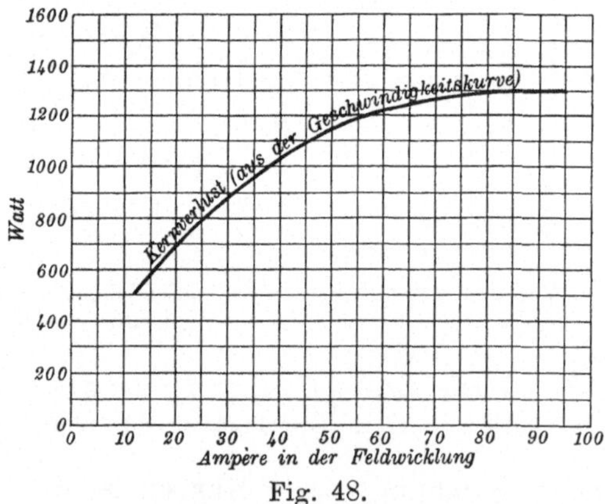

Fig. 48.

Fig. 47 und 48. Bahnmotor für eine Leistung von 27 PS bei 840 U. p. M. Übersetzungsverhältnis = 4,78. Durchmesser der Räder = 84 cm.

hängigkeit von dem zugeführten Strome dar, da dann die Klemmenspannung nicht in Betracht kommt. Dies ist für den obigen Motor in der voll ausgezogenen Kurve C (Fig. 43) getan, wobei die Sättigungskurve Fig. 39 der Berechnung zugrunde gelegt worden ist.

Der minimale Strom, welcher erforderlich ist, um einen Reihenschlußmotor ohne Belastung anzulassen, ist eine Funktion der Reibung und dürfte in modernen Bahnmotoren mit einfacher Übersetzung $10-15\,^0/_0$ des Vollaststromes betragen.

Die zwei punktierten Kurven in Fig. 43 stellen das Drehmoment dar, wenn ein Wirkungsgrad von $100\,^0/_0$ angenommen wird, und zwar entspricht die gerade Linie A einem Motor mit vollständig

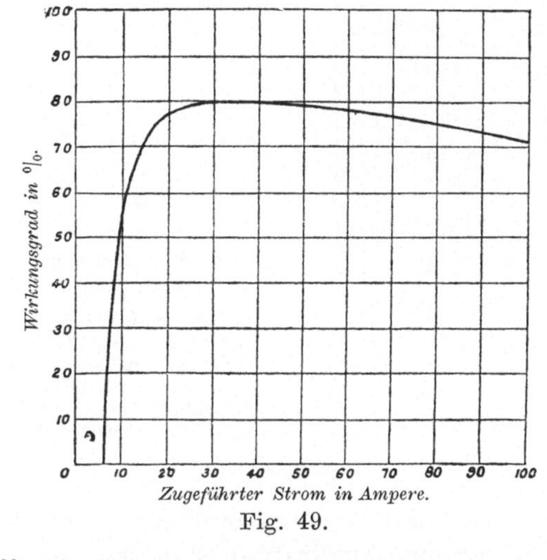

Fig. 49.

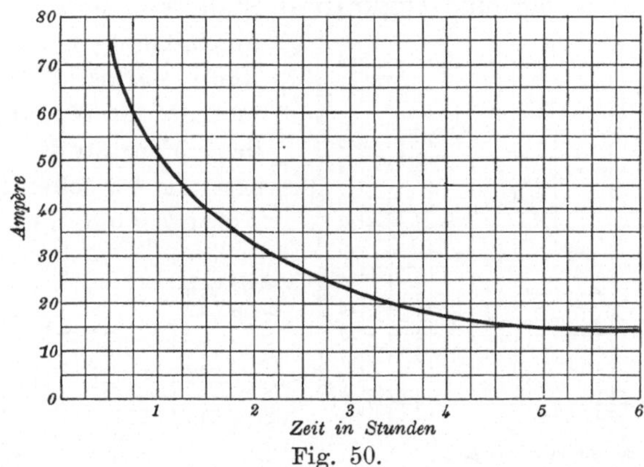

Fig. 50.

Fig. 49 und 50. Bahnmotor für eine Leistung von 27 PS bei 840 A. p. M. Übersetzungsverhältnis = 4,78. Durchmesser der Räder = 84 cm.

gesättigtem magnetischen Kreise, während Kurve B für einen äußerst gering gesättigten Motor gilt.

Im allgemeinen wird der moderne Bahnmotor mit geringem Querschnitt und mit sehr hoher Sättigung entworfen. Die Kurven A, B u. C in Fig. 44 sind von den entsprechenden Kurven in Fig. 43 abgeleitet worden und zeigen das Drehmoment in Meterkilogramm pro Ampere des zugeführten Stromes in Abhängigkeit von dem gesamten zugeführten Strom. Für einen Motor von gegebener Leistung bei einer gegebenen Spannung ist das Drehmoment pro Ampere innerhalb gewisser Grenzen ein Maßstab für die Beurteilung der

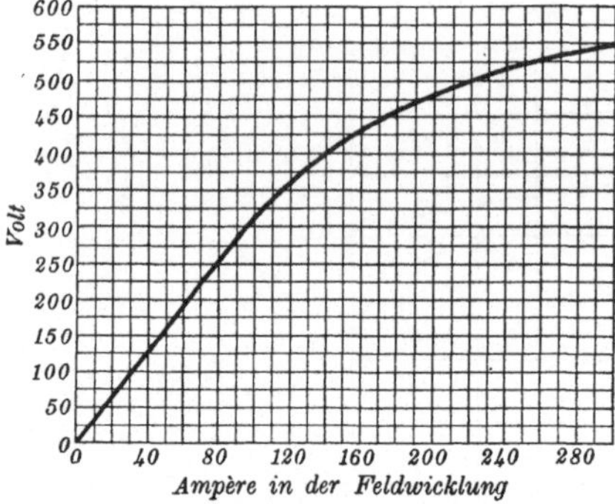

Fig. 51. Sättigungskurve eines direkt gekuppelten Bahnmotors (beobachtet bei separater Erregung und 190 U. p. M.)

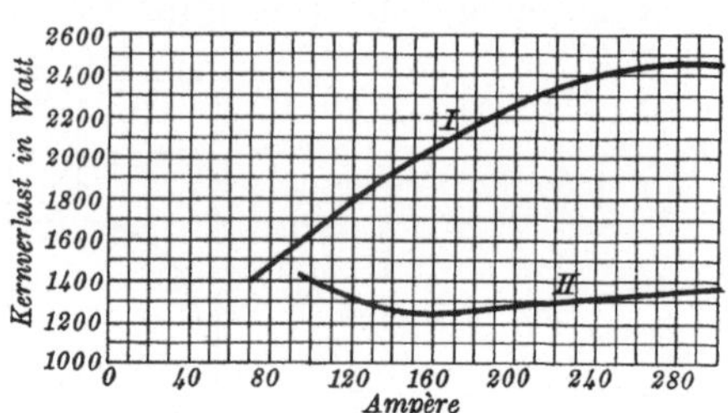

Fig. 52. Kernverluste eines direkt gekuppelten Bahnmotors.

I. Kernverluste, berechnet aus der Kurve des Wirkungsgrades. II. Kernverluste, beobachtet bei denselben Touren und entsprechender Erregung wie für Kurve I, aber ohne einen Strom im Anker. Bürsten werden während des Versuches abgehoben.

Güte des Entwurfes. Für Bahnmotoren ist es oft bequemer, das Drehmoment in Kilogramm Zugkraft an Stelle von Meterkilogrammen auszudrücken, wobei man dann natürlich den Durchmesser des Wagenrades und das Verhältnis der Übersetzung zwischen Motor und Achse kennen muß. Man wird

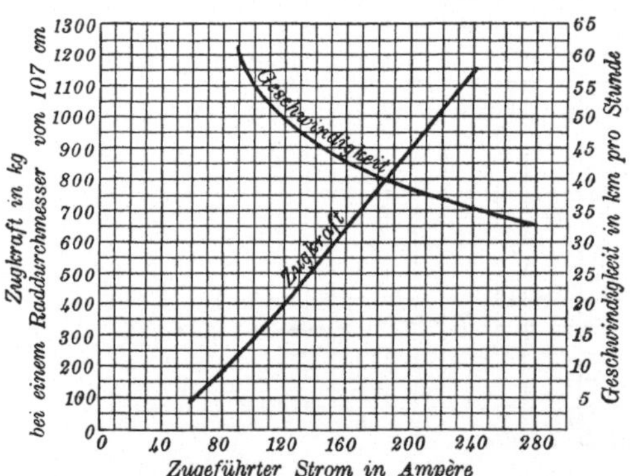

Fig. 53. Zugkraft und Geschwindigkeit eines direkt gekuppelten Bahnmotors bei 500 Volt Klemmenspannung.

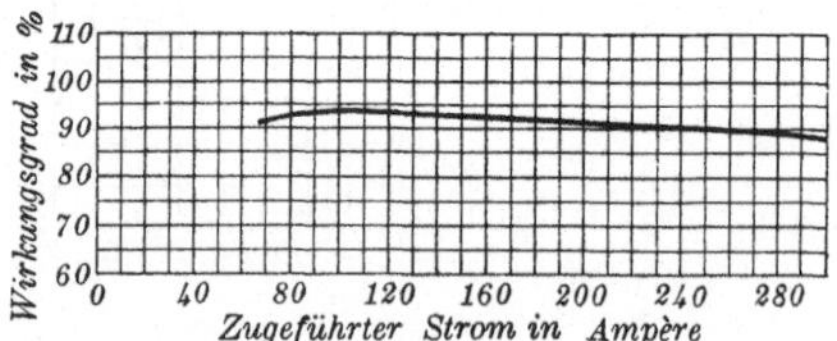

Fig. 54. Wirkungsgrad eines direkt gekuppelten Bahnmotors bei 500 Volt Klemmenspannung und 70° C.

dann die Geschwindigkeit in Kilometern pro Stunde und die Zugkraft in Kilogramm einführen. Zur Bestätigung der Betrachtungen über das Verhalten des Reihenschlußmotors sind in Fig. 45 — 50 der Praxis entnommene Kurven eines Bahnmotors wiedergegeben. Die normale Leistung ist 27 PS bei 500 Volt und bei einer

Umdrehungszahl von 640 pro Minute. Der Raddurchmesser ist 0,84 m, die Übersetzung 4,78. Die Kurve in Fig. 50 ist für eine Temperaturerhöhung von 75°C ermittelt. In Fig. 51—54 ist eine andere Zusammenstellung von Kurven für einen 117 PS 500 Volt-Motor, gegeben worden, der zusammen mit drei anderen Motoren für die Lokomotiven der Central London Railway verwandt worden ist. Die Motoren waren mit den Achsen direkt gekuppelt. Der hohe Wirkungsgrad dieses 117 PS-Motors, verglichen mit demjenigen

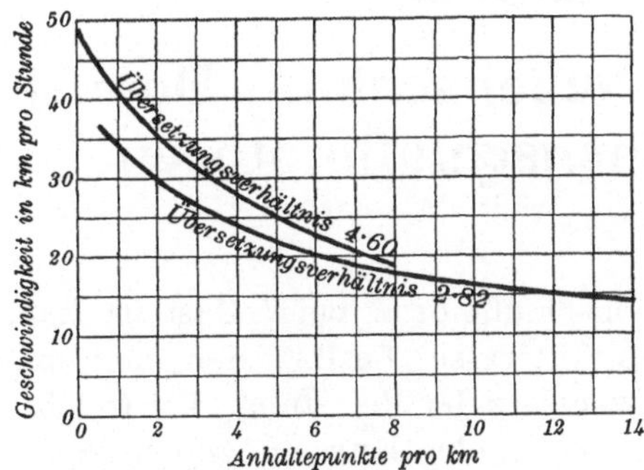

Fig. 55. Kurven der fahrplanmäßigen Geschwindigkeit eines 38 PS-Motors für 500 Volt.

Raddurchmesser = 84 cm. Bahn geradlinig und horizontal. 10% Zugabe im Fahrplan. 4 Tonnen pro Motor.

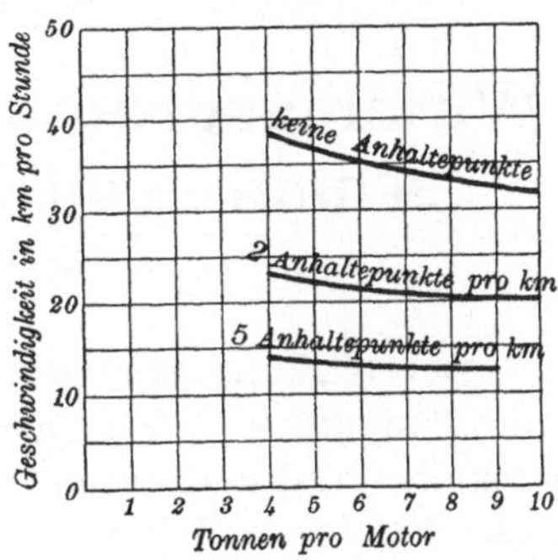

Fig. 56. Kurven der fahrplanmäßigen Geschwindigkeit eines 38 PS-Motors für 500 Volt.

Übersetzungsverhältnis = 4,60. Zwei Motoren pro Wagen. Falls vier Motoren benutzt werden, ist die Geschwindigkeit 5—10% größer bei derselben Anzahl Tonnen pro Motor.

des 27 PS-Motors, ist teils der Verschiedenheit in der Leistung, teils auch der Abwesenheit von Reibungsverlusten durch Übersetzung zuzuschreiben.

In einem Beitrag zu „Proceedings of the American Institute of Electrical Engineers" gibt W. B. Potter eine interessante Zusammenstellung von Geschwindigkeiten, die ein mit zwei 38 PS-Motoren ausgerüsteter Wagen zu erreichen imstande ist, je nachdem die Übersetzung oder die Zahl der Anhaltspunkte auf einer bestimmten Strecke oder das Gewicht des Wagens verändert wird. Die Leistung des Motors wurde auf der schon erwähnten Grundlage festgesetzt, daß seine Temperaturerhöhung nach einstündigem Laufe 75°C betragen dürfe. Die Fig. 55 und 56 sind dem Vortrage von Potter entnommen worden.

Fünftes Kapitel.

Wirkungsgrad der Nebenschluß-, Doppelschluß- und Reihenschlußmotoren.

Der Wirkungsgrad des Reihenschlußmotors bei Vollast ist kaum von Bedeutung. Ein größeres Interesse besitzt der maximale Wirkungsgrad und derjenige Prozentsatz der Belastung, bei welchem dieses Maximum eintritt. In Fig. 57 ist eine Kurve gegeben, welche den maximalen Wirkungsgrad von Reihenschlußmotoren mit Zahnradübersetzuug in Abhängigkeit von der normalen Leistung dar-

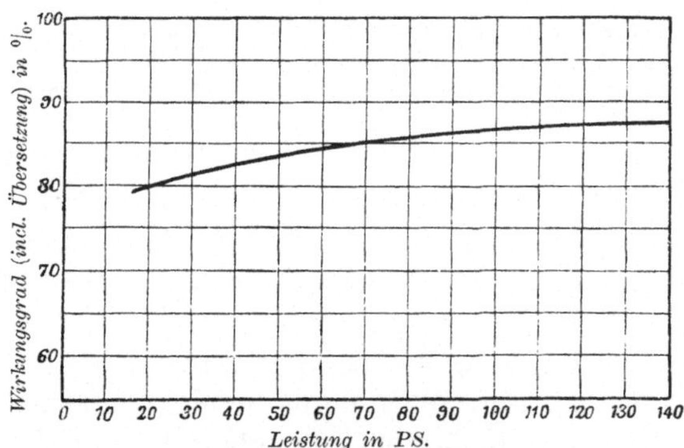

Fig. 57. Wirkungsgrad von Bahnmotoren.

stellt. Der maximale Wirkungsgrad tritt im allgemeinen zwischen 50 und $70^0/_0$ der Vollbelastung ein.

Bahnmotoren sollten so entworfen werden, daß der maximale Wirkungsgrad bei noch geringerer Belastung eintritt. Wenn die Verluste durch Zahnradübersetzung in dem Wirkungsgrad inbegriffen sind, so ist dies im allgemeinen schwierig zu erreichen. Im Nebenschluß- und im Doppelschlußmotor hängt der Wirkungsgrad bei Vollast nur wenig von der Art des Entwurfes ab. Obgleich

sich die einzelnen Teile der Verluste und folglich auch der Wirkungsgrad bei geringen Belastungen innerhalb eines großen Bereiches
ändern können, so sind doch die gesamten Verluste für eine
gegebene Leistung eine ziem-
lich konstante Größe. Selbst
die Wahl der Klemmenspannung
beeinflußt den Wirkungsgrad
nur wenig, obgleich die vergrößerten Kommutatorverluste
im allgemeinen dahin wirken,
den Wirkungsgrad bei niederen
Spannungen etwas kleiner zu
machen. Diese Neigung wird
aber besonders bei kleinen Motoren durch die vergrößerten
Verluste in der Nebenschlußwicklung von Motoren hoher
Spannung ausgeglichen. In
Fig. 58 sind Wirkungsgrade von
Nebenschluß- und Doppelschlußmotoren für die meist in Betracht kommenden Leistungen

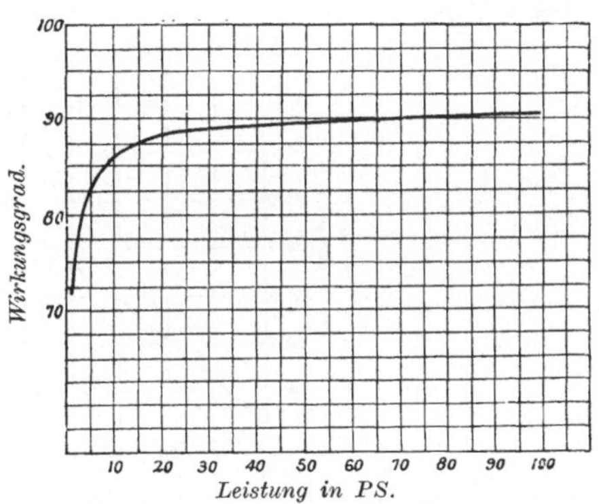

Fig. 58. Wirkungsgrad von Nebenschluß-
und Doppelschlußmotoren.

Für alle Spannungen und für alle Tourenzahlen zwischen 500 und 1000 U. p. M.
bei Leistungen von 10 zu 100 PS und für
Tourenzahlen zwischen 600 und 1500 p. M.
bei kleineren Leistungen.

bis zu 100 PS und gebräuchliche Tourenzahlen dargestellt. Kleine
Motoren für Ventilationszwecke für 1200 bis 1600 Umdrehungen

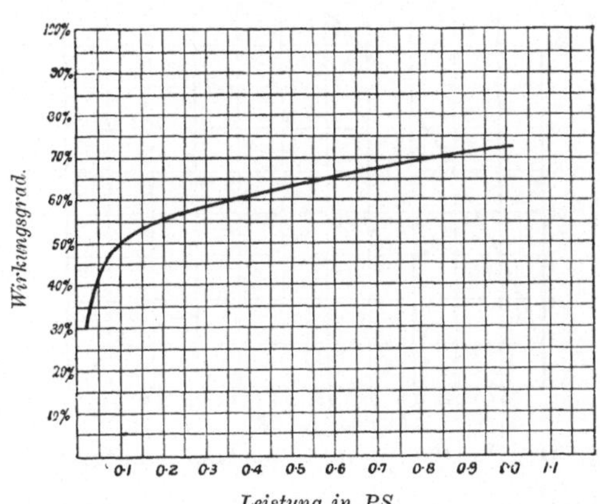

Fig. 59. Wirkungsgrad von Nebenschlußmotoren für Spannungen von
250 Volt und darunter und für Tourenzahlen von 1000 bis zu 2000.

pro Minute und für einem Wattverbrauch von 50, leisten ungefähr
0,02 PS (15 Watt) und haben einen gesamten inneren Verlust von
35 Watt und einen Wirkungsgrad von ungefähr $30\,^0/_0$; 0,05 PS-

Motoren für denselben Geschwindigkeitsbereich, verbrauchen ungefähr 90 Watt und haben einen Wirkungsgrad von ungefähr 42 $^0/_0$. Für solche kleine Motoren ist der Wirkungsgrad in Fig. 59 dargestellt.

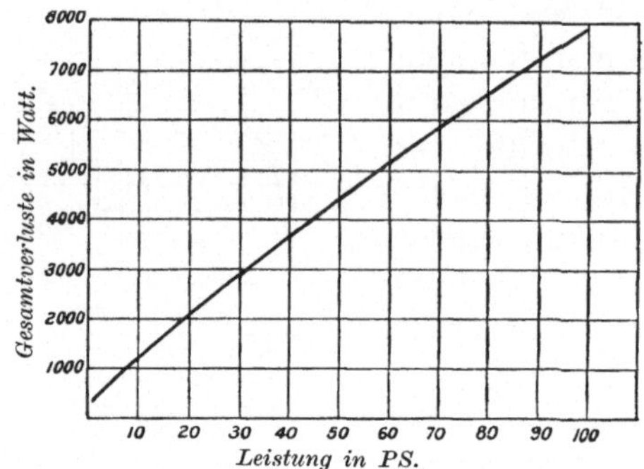

Fig. 60. Verluste von Neben- und Doppelschlußmotoren.

Obgleich es gebräuchlich ist, den prozentualen Wirkungsgrad zu berechnen, so ist es doch manchmal nützlich, den Prozentsatz der Verluste und die absoluten Verluste in Watt zu vergleichen. So sind z. B. bei zwei Motoren, welche einen Wirkungsgrad von

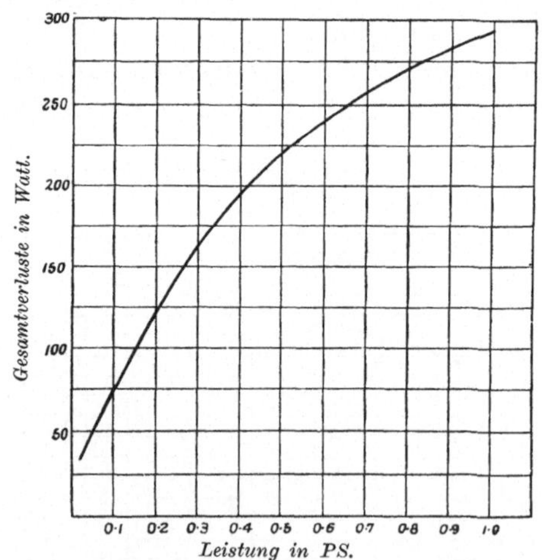

Fig. 61. Verluste von Nebenschlußmotoren.

89 resp. 90 $^0/_0$ haben, in denen also der Wirkungsgrad nur um 1 $^0/_0$ abweicht, doch die Verluste in dem ersten Fall um 10 $^0/_0$ größer als in dem zweiten. In Fig. 60 und 61 sind die Verluste in Watt entsprechend den zwei Kurven des Wirkungsgrades in Fig. 58 und 59 dargestellt.

Sechstes Kapitel.

Raumausnutzung.

Das Verhalten des gesamten Kupferquerschnittes in einer Ankernute oder in den Feldspulen zu dem gesamten vorhandenen Querschnitt wird Raumausnutzung genannt. Es ist dieses eine sehr
wechselnde Größe, welche nicht nur von der normalen Spannung
und der Leistung des Motors abhängt, sondern auch von der Gestalt der Nuten resp. der Feldspulen, von der Geschicklichkeit und
Sorgfalt des Wicklers, und vor allem von den Isolationsbedingungen,
welchen der Motor unterworfen werden soll. Manche Firmen ziehen
es vor, ihre Maschinen einer sehr strengen Isolationsprüfung zu
unterwerfen, um dadurch den Prozentsatz der Durchschläge in der
Praxis auf ein Minimum herabzudrücken. Andere glauben, daß
solch ein großer Sicherheitsfaktor unnötig ist, und daß durch solche
freigebige Isolierung für einen gegebenen Preis ein in anderen
Beziehungen schlechterer Motor bedingt wird.

Der Verfasser ist der Meinung, daß die höchsten Sicherheits-
faktoren, welche jetzt gebräuchlich sind, bei weitem noch nicht
groß genug sind. Daß man elektrische Maschinen einer strengen
Isolationsprobe unterwirft, braucht durchaus nicht zu einer großen
Raumausfüllung des Isolationsmaterials zu führen, sondern sollte
vor allen Dingen zu einem sorgfältigen Studium der Eigenschaften
dieser Materialien und ihrer sachgemäßen Behandlung führen.
Der Gebrauch von haltbaren und doch dünnen Isolationsmaterialien
wird viel dazu beitragen, einen Motor zu schaffen, welcher den
höchsten Beanspruchungen widerstehen kann. Die Eigenschaften
des magnetischen und des stromleitenden Materials sind sorgfältig
studiert worden; obgleich aber eine größere Anzahl von Versuchen
bezüglich der Isolationsmaterialien ausgeführt worden sind, so sind
doch die Resultate bis jetzt noch nicht in einer solchen Form erhältlich, daß sie unmittelbar auf die Konstruktion von Motoren an-

gewandt werden können, und selbst sehr große Firmen verwenden auf die Wahl und die Behandlung der Isolationsmaterialien nicht diejenige Sorgfalt, welche sie verdienen.

In Fig. 62 sind zwei Kurven gegeben, welche eine schraffierte Fläche begrenzen, innerhalb welcher die Raumausnutzung der Ankernuten kleiner Motoren liegt. Der Spannungsbereich ist 100 bis 600 Volt. Die Werte nähern sich der unteren Grenze oder fallen selbst darunter, je größer die Zahl der Nuten und je geringer die während des Wickelns und Isolierens und bei der Wahl und Prüfung der Materialien bewiesene Geschicklichkeit ist. Unter günstigen Umständen wird die untere Kurve für 600 Volt und die obere für 100 Volt gelten, wenn die Tourenzahlen innerhalb desselben Bereiches liegen, für welchen die Figuren 58—61 Geltung haben, und wenn die folgenden Bedingungen eingehalten werden:

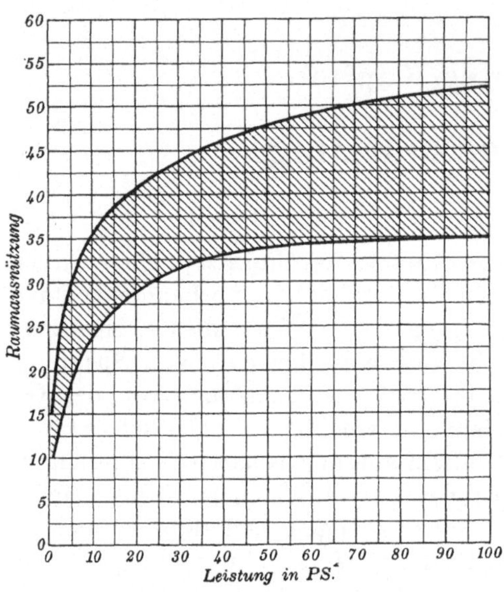

Fig. 62. Raumausnutzung von Ankernuten.

Spannung des Motors	Garantierte Isolationsprüfung von Kupfer zu Eisen bei 60° C. für eine Minute
100 Volt	2,000 effektive Volt
600 „	3,600 „ „

In Fig. 63 stellen die schraffierten Teile der sechs Rechtecke den von dem Kupfer eingenommenen Teil der gesamten Nutenfläche dar. Diese Resultate sind äußerst wichtig. Die Art der Isolierung beim Bau von Motoren ist immer noch äußerst roh, und es ist Grund für die Annahme vorhanden, daß in den nächsten Jahren große Verbesserungen in dieser Richtung gemacht werden. Bei der Herstellung von Kabeln hat man schon seit langem gefunden, daß die Kosten des Kupfers für alle höheren Spannungen nur einen geringen Teil der gesamten Kabelkosten ausmachen und der Entwurf und die Konstruktion der Isolation ist dort zu einer

Wissenschaft ausgebildet worden, wogegen bei dem Bau von Motoren die Isolation kaum als ein wichtiger Bestandteil betrachtet wird. Die Diagramme der Fig. 63 zeigen, daß der aus einer Verkleinerung der Dimensionen des Motors oder einer Vergrößerung der Leistung entstehende Gewinn nicht nur eine Sache von einigen Prozenten ist.

Je geringer die Spannung und je größer die Leistung ist, um so größer ist der Prozentsatz der gesamten Isolation, welche dazu dient, die Leiter von dem Ankereisen zu isolieren. In kleineren Motoren für höhere Spannungen fällt anderseits der größte Teil der Isolation auf Bekleidung der einzelnen Drähte, folglich ist es trotz der vergrößerten Isolationskosten in sehr kleinen Motoren oft angebracht, seidebesponnene Drähte anzuwenden. Ein großer Teil dieses bedeutenden Raumverlustes in kleinen Motoren rührt von der größeren Anzahl von Drähten her. Deshalb sollte man es tunlichst vermeiden, zwei Drähte in Parallelschaltung anzuwenden, wie dieses leider häufig getan wird, um ein und dieselbe Nute für alle Spannungen benutzen zu können. Wenn man dieselbe Nute für alle Spannungen anwenden will,

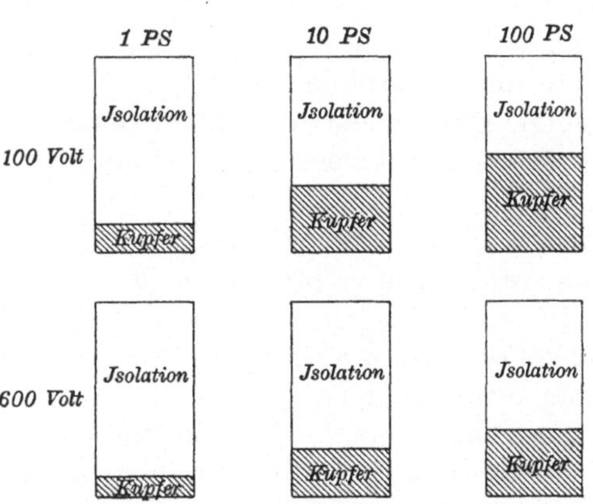

Fig. 63. Graphische Darstellung des gesamten Kupferquerschnittes einer Nute zu dem Querschnitt der Nute.

sollte man die Größe der Nute mit Rücksicht auf die hohen Spannungen wählen. Von demselben Gesichtspunkte aus empfiehlt sich die Anwendung der Reihenwicklung bei kleinen Motoren.

Die Wahl der Breite, der Tiefe und der Zahl der Nuten hat auch einen großen Einfluß auf die Raumausnutzung.

In Feldspulen wird im allgemeinen eine viel größere Raumausnutzung möglich sein, aber dieses hängt zu einem sehr großen Teile von der Natur des Entwurfes ab. So erfordert ein Motor mit vielen Polen bei gegebenen Leistungen wenige Windungen von großem Querschnitt pro Pol, verglichen mit einer Maschine von derselben Leistung, Spannung und Umlaufszahl, aber weniger Polen. Die erstere hat infolgedessen eine hohe, die zweite eine geringere Raumausnutzung. Überdies ist die Raumausnutzung der Feldspulen von viel geringerer Wichtigkeit als diejenige der Ankernuten, weil der Raum in den Feldspulen weniger beschränkt ist. Das folgende Beispiel (Tafel III) für die Anwendung einer Methode zur Berechnung der Spulenwicklung geht von der Annahme aus, daß die Raumausnutzung bekannt ist, und hat den Vorteil, daß die Wichtigkeit dieser Raumausnutzung und ihre Bedeutung auf das Verhältnis von Kupfergewicht zu den Verlusten in der Nebenschlußwicklung klar zum Ausdruck kommt.

Tafel III.

Berechnung der Nebenschlußwicklung eines 25 PS-Motors für 100, 200 und 400 Volt.

	100 Volt	200 Volt	400 Volt
Innerer Durchmesser der Spulen in cm	13	13	13
Tiefe der Windungen in cm . . .	5	5	5
Äußerer Durchmesser der Spulen in cm	23	23	23
Mittlerer Durchmesser der Spulen in cm	18	18	18
Mittlere Länge einer Windung in m (a)	0,565	0,565	0,565
Amperewindungen pro Spule (b) .	4200	4000	3800
$a \times b$	2380	2260	2150
$0,000176 \times a^2 \times b^2$	1000	900	810
Raumausnutzung (s)	0,45	0,40	0,35
Axiale Länge einer Spule in cm .	13	13	13
Querschnitt der Spulenwicklung (t) in qcm	65	65	65
Gesamter Kupferquerschnitt einer Spule $(m = s \times t)$ in qcm . . .	29,3	26,0	22,8
Kupfergewicht einer Spule in kg .	14,8	13,1	11,5
Watt pro Spule bei 60^0 Celsius $\left(\dfrac{= 0,000176 \times a^2 b^2}{\text{Kupfergewicht in kg}}\right)$	67,5	69,0	70,5
Zylindrische Oberfläche pro Spule in qdcm	9,4	9,4	9,4
Watt pro qdcm zylindrische Oberfläche	7,20	7,35	7,50
Zahl der Pole	4	4	4
Spannung pro Spule	25	50	100
Ampere pro Spule	2,70	1,38	0,705
Zahl der Windungen pro Spule . .	1560	2900	5400
Querschnitt einer Kupferwindung in qcm	0,188	0,0090	0,0042
Stromdichte in Ampere pro qcm .	144	153	168

	100 Volt	200 Volt	400 Volt
Wattverbrauch in allen Spulen . .	270	276	282
Kupfergewicht aller Spulen . . .	59,2	52,4	46,0
Durchmesser eines blanken Drahtes in mm	1,54	1,07	0,73

Einfluß der Raumausnutzung auf den Entwurf von Motoren.

Dieser 25 PS-Motor ist für drei Spannungen, 100, 200 und 400 Volt entworfen worden. Die magnetische Sättigung ist für die höheren Spannungen etwas geringer angenommen worden, weil bei der geringeren Raumausnutzung des Entwurfes für die höheren Spannungen Spulen von den gleichen äußeren Dimensionen nicht so viele Amperewindungen als bei niedriger Spannung ergeben. Da das Magnetgehäuse für alle drei Spannungen dasselbe ist, muß man entweder für die höheren Spannungen größere Tourenzahlen annehmen oder eine höhere Ankerstärke des Motors anwenden. Dieser letztere Plan ist aber nachteilig, weil man bei dem Entwurfe des Ankers auf dieselbe Schwierigkeit stößt wie bei der Feldwicklung, daß nämlich die Raumausnutzung in der Ankernute um so geringer wird, je höher die Spannung angenommen ist. Der Verfasser hat vorgeschlagen, den Querschnitt des Magnetkreises für die höhere Spannung zu vergrößern und in vielen Fällen sogar die Zahl der Pole zu verringern. Dieses Verfahren führt im allgemeinen zu sehr guten Resultaten, da die für den Kommutator erforderliche Breite für eine gegebene Leistung beinahe in umgekehrtem Verhältnis zu der Größe der Spannung steht. Bei einem auf diese Weise durchgeführten Entwurfe kann man nicht nur genügende Aufmerksamkeit auf die Raumausnutzung der Ankernuten und Feldspulen verwenden, sondern erhält auch vorteilhaftere Dimensionen der Kommutatoren. Die Durchmesser des Kommutators und des Ankers sind für alle Spannungen die gleichen, und in der Tat sind alle wichtigen mechanischen Teile, wie Grundplatten, Lager, Wellen, sowie die Entfernung zwischen den Lagern vollständig unabhängig von der Spannung, so daß dieselben Zeichnungen, Modelle und Gußstücke für alle Spannungen benutzt werden können, wenn man nur die Modelle so konstruiert, daß man ihre Breite entsprechend den verschiedenen Spannungen justieren kann. Das Joch, dessen Dimensionen sowohl mit Rücksicht auf mechanische als magnetische Betrachtungen gewählt werden müssen, kann für alle Spannungen den gleichen Durchmesser und in vielen Fällen sogar denselben Querschnitt erhalten und nur

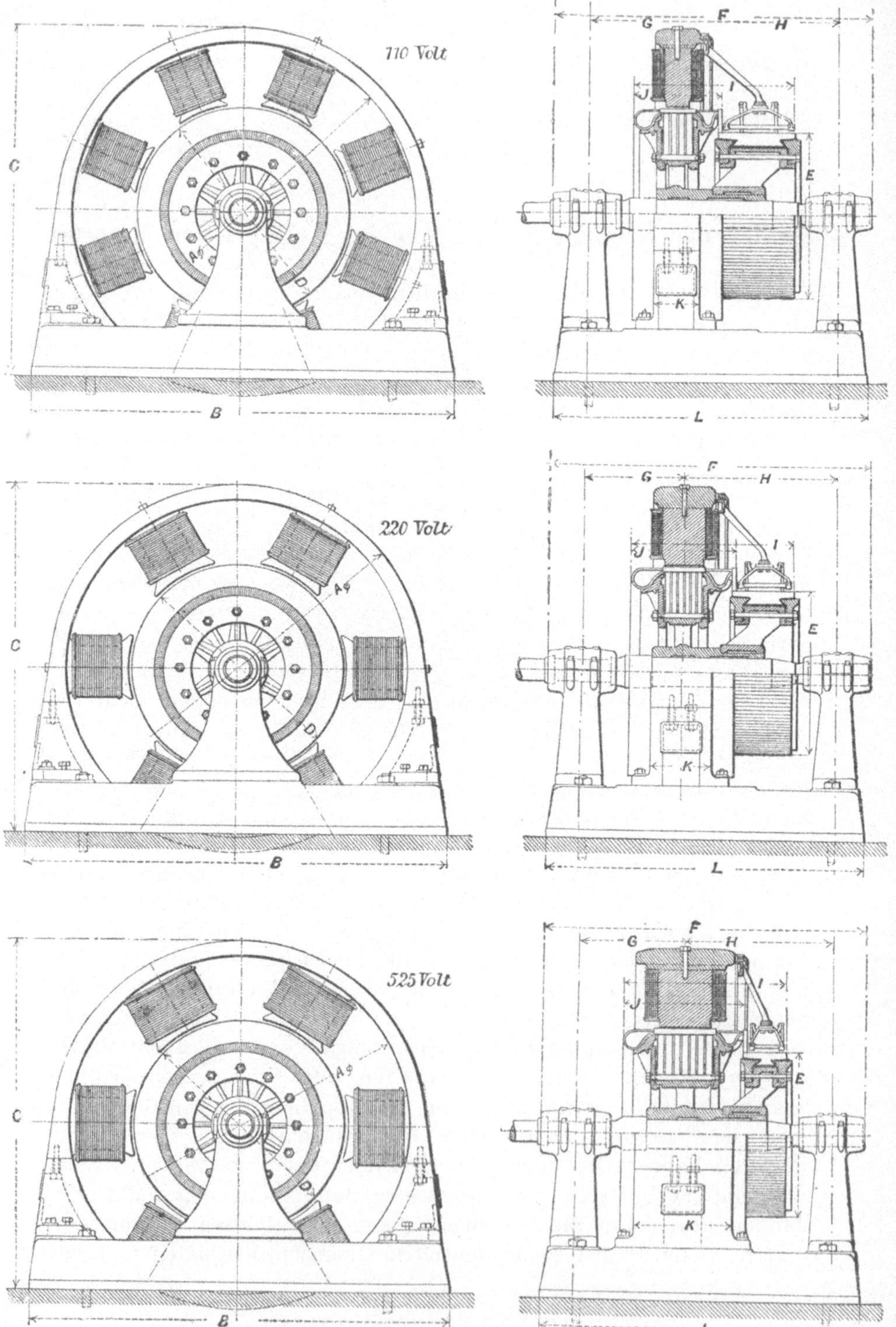

Fig. 64.　Skizzen von Motoren für 110, 220 und 525 Volt.

Tafel IV.

Daten der Motoren für 110, 220 und 550 Volt (s. Fig. 64).

Dimensionen in Millimetern.

Polzahl	Leistung in PS.	Umdrehungen pro Min.	Spannung.	A	B	C	D	E	F	G	H	I	J	K	L	Kernlänge zwischen den Flanschen	Zahl der Ventilations-kanäle	Breite eines jed. Kanales	Wirksame Kernlänge	Durchmesser des Magnetkernes	Radiale Länge des Magnetkernes	Zahl der Ankernuten	Nutenbreite	Nutentiefe	Zahl der Kommutator-segmente	Breite eines Segmentes + Isolation an der Oberfläche	Länge d. Kommutators	Zahl der Leiter pro Nut	Höhe eines Leiters	Breite eines Leiters
6	100	500	110	1366	1650	1300	740	610	1325	340	660	620	330	215	1350	125	3	10	80	155	190	60	16,2	28,0	240	7,2	290	8	11,1	2,7
6	100	500	220	1366	1650	1300	740	610	1325	390	610	620	430	250	1350	170	5	10	108	170	190	96	10,4	29,5	384	4,2	190	8	12	1,2
6	100	500	525	1366	1650	1300	740	610	1325	420	580	620	500	400	1350	282	6	10	200	225	190	102	11,5	19,0	510	3	120	10	6,3	1
8	120	460	110	1585	1900	1500	900	710	1450	370	730	710	395	190	1470	125	3	10	80	130	210	102	14,5	30,0	408	4,7	315	8	12,3	2,3
6	120	460	220	1585	1900	1500	900	710	1450	420	680	710	470	260	1470	165	5	10	104	175	210	108	11,8	30,0	432	4,4	230	8	12	1,6
6	120	460	525	1585	1900	1500	900	710	1450	460	640	710	550	420	1470	248	6	10	169	232	210	114	11,4	22,5	570	3,2	160	10	8	1
8	150	420	110	1813	2210	1740	1070	790	1650	395	875	720	370	200	1660	125	3	10	80	152	235	112	14,0	30,0	336	6,7	350	6	11,7	3,1
6	150	420	220	1813	2210	1740	1070	790	1650	445	825	720	460	300	1660	160	5	10	99	195	235	130	11,0	30,0	390	5,6	250	6	11,7	2,1
6	150	420	525	1813	2210	1740	1070	790	1650	485	785	720	550	435	1660	220	6	10	144	235	235	156	10,6	25,0	624	3,1	170	8	8,6	1,2
8	180	380	110	2114	2470	2030	1200	840	1735	390	940	770	350	275	1740	125	4	10	77	154	250	120	14,0	32,5	360	6,9	400	6	12,2	3,7
8	180	380	220	2114	2470	2030	1200	840	1735	450	880	770	475	300	1740	160	5	10	99	165	250	144	12.0	33,0	576	3,7	275	8	12,5	1,8
6	180	380	525	2114	2470	2030	1200	840	1735	500	830	770	580	330	1740	220	6	10	126	235	250	168	11,4	26,0	672	3,2	170	8	9	1,4

die Dimensionen der Magnetkerne und eventuell ihre Anzahl würden sich mit der Spannung des Motors ändern.

In Fig. 64 sind Skizzen einer Gruppe von Maschinen enthalten, welche von dem Verfasser auf Grund der obigen Betrachtungen entworfen worden sind. Die Maschinen waren ursprünglich für Generatoren bestimmt; ihre Leistungen für normale Umlaufszahlen und Spannungen als Motoren und ihre Dimensionen sind in Tafel IV wiedergegeben.[1]

In den Feldspulen von Maschinen mit vielen Polen wird die Spannung pro Spule verhältnismäßig gering und ebenso die Spannung pro Windung, so daß nur eine dünne Isolierung als Bekleidung eines Drahtes nötig ist. Dieses vergrößert die Raumausnutzung bedeutend, erfordert aber große Sorgfalt in der Wicklung. Im Interesse einer hohen Raumausnutzung sollten alle Feldspulen in Reihe geschaltet werden.[2]

Nebenschlußwicklungen von Niederspannungsmaschinen und Reihenschlußwicklungen können aus dünnen Streifen hergestellt werden, die flachkantig gewickelt werden. Bei einer solchen Wicklung ist die Raumausnutzung bedeutend größer als bei gewöhnlichen Wicklungen und mag unter Umständen bis zu 0,75 ansteigen.[3]

Ein Vorteil ist dieser Konstruktion dadurch eigen, daß die Wärme leicht auf die Oberfläche der Spule geleitet wird und folglich von dem Luftstrom schneller fortgeführt werden kann. Bei dieser Wicklungsart können höhere Verluste pro qdcm äußerer Oberfläche für eine gegebene Temperaturerhöhung angenommen werden. Ein weiterer Vorteil besteht darin, daß man die flachkantig gewickelten Leiter nicht selbständig isoliert, sondern nur eine Isolationsschicht zwischen benachbarte Leiter anbringt. Wenn die Oberfläche schließlich poliert wird, gewinnt die Maschine ein sehr gutes Aussehen.

---

[1] Diese Entwürfe sind einem Vortrage entnommen, den der Verfasser in der „Institution of Electrical Engineers" gehalten hat. (Siehe Journal of Proceedings of the Institute of Electrical Engineers 1901, Band 31, Seite 170, wo diese Methode viel ausführlicher besprochen ist.)

[2] In Maschinen mit viel Polen und geringer Spannung ist die Dicke der Isolation auf dem Leiter von sehr geringem Einfluß auf die Raumausnutzung und es liegen dann gegen eine Parallelschaltung der Feldspulen keine Bedenken vor.

[3] Die Größe der Motoren muß aber schon annähernd 100 PS sein, um eine so hohe Raumausnutzung möglich zu machen.

Siebentes Kapitel

Die Hopkinsonsche Methode zur Prüfung von Motoren.

Motoren werden im allgemeinen in Paaren geprüft, indem der eine als Motor den zweiten als Generator antreibt, und der von dem letzteren gelieferte Strom seinerseits zum Betrieb des Motors benutzt wird. Auf diese Weise wird eine beträchtliche Ersparnis erzielt, da nur soviel Energie erforderlich ist, als den Verlusten in den zwei Maschinen entspricht.

Diese Methode der Prüfung wurde zuerst von Hopkinson angegeben und ist ganz allgemein als die Hopkinsonsche Methode bekannt, obgleich verschiedene Verbesserungen von Kapp, Swinburne und anderen erfunden worden sind. Die Methode ist diagrammatisch in Fig. 65 dargestellt. A und B sind die Anker der zwei zu prüfenden Maschinen und F und G die Feldmagnete.

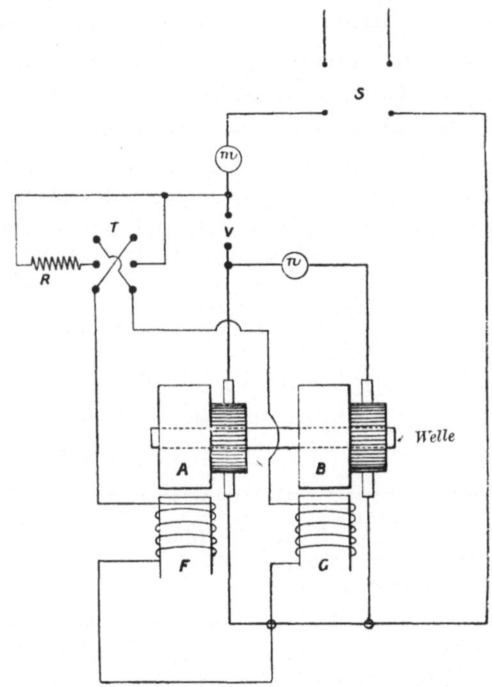

Fig. 65. Schaltung der Hopkinsonschen Methode zur Prüfung von Gleichstrommotoren.

Die beiden Maschinen sind auf derselben Welle montiert, bzw. direkt miteinander gekuppelt. S ist der Hauptumschalter, T der doppelpolige Ausschalter für den Feldkreis, V ist ein einpoliger Ausschalter zu dem Zwecke vorgesehen, eine unabhängige Erregung des Feldes zu ermöglichen. Wie man sieht, ist T mit den Feldstromkreisen der Maschinen A und B derart verbunden, daß in der einen Lage des Umschalters ein passender Widerstand R in den Feldkreis der Maschine A eingeschaltet ist, während sich in der andern Lage der Widerstand in dem Feldkreise von B befindet. Wenn die Ausschalter S, T und V geschlossen sind, so läuft die Maschine, welche den Widerstand R in dem Feldkreise besitzt, als ein Motor, während die andere Maschine mechanisch angetrieben wird und wegen ihrer höheren Erregung als Generator wirkt. Wir haben es also mit einer doppelten Umwandlung von Energie zu tun. Es ist bei einer Erwärmungsprüfung gebräuchlich, T etwa jede halbe Stunde umzuschalten, um auf diese Weise beide Maschinen gleichmäßig auf Erwärmung zu beanspruchen, da die Ankerwicklung des Motors sonst stärker und ihre Feldwicklung schwächer belastet wären, als die entsprechenden Teile des Generators.

Das Amperemeter m mißt den zugeführten Strom (d. h. Motorstrom weniger Generatorstrom), während das Amperemeter n den Strom einer der Maschinen mißt.

Herr A. D. Williamson hat dem Verfasser Resultate einer solchen Prüfung von zwei 5 PS-Motoren zur Verfügung gestellt. Die Resultate dieser Prüfung nebst den beobachteten Temperaturerhöhungen sind in Tafeln V und VI wiedergegeben.

Tafel V.

Prüfung zweier 5 PS ‑ Nebenschlußmotoren für 600 Umdrehungen pro Minute und 220 Volt mit Hilfe der Hopkinsonschen Methode.

Umdrehungen pro Minute	Spannung in Volt	Hilfsstrom in Amp.	Generatorstrom in Amp.	Leistung in PS	Gesamter Wirkungsgrad	Wirkungsgrad einer einzelnen Maschine
683	220	6,5	19,5	5,75	0,751	0,866
690	203	5,7	19,0	5,17	0,770	0,877
685	204	4,3	15,0	4,10	0,777	0,881
681	204	4,2	14,0	3,82	0,770	0,877
665	203	3,4	10,0	2,72	0,747	0,864

Fig. 66.   Te

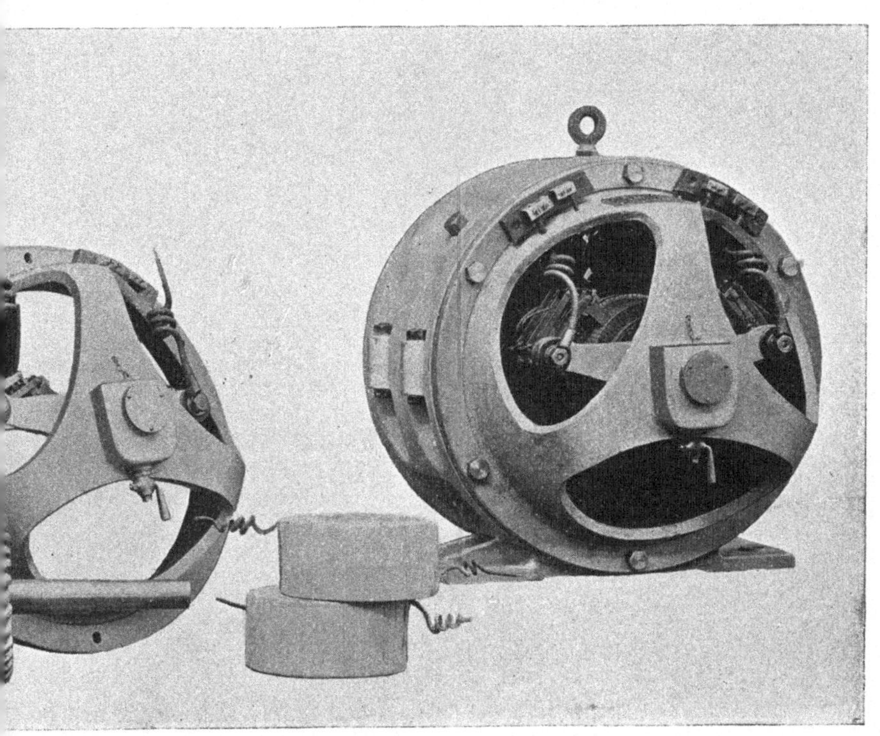

5 PS-Motors.

Tafel VI.

Temperaturerhöhungen nach $5^1/_2$ stündigem Betriebe bei Vollast.

Datum der Prüfung 21. Juli 1902. Temperatur des Raumes 32^0 C.

	Maximale Temperatur in Graden Celsius	Temperaturerhöhung in Graden Celsius
Kommutator	73	41
Kern	68	36
Feldspule	61	29

Diese Motoren waren von Herrn Williamson für die Firma Vickers Sons & Maxim entworfen. Zeichnungen und Photographien dieser Motoren sind in Fig. 66, 67 und 68 gegeben. Herr Williamson teilt mit, daß dieselben bis zu ihrer normalen Leistung als umkehrbare Motoren benutzt werden können. Die Bürsten befinden sich dann in der neutralen Zone und der Lauf ist vollständig funkenlos

Eine andere interessante Maschine von demselben Konstrukteur ist in Fig. 69 und 70 dargestellt. Die Leistung ist 27,5 PS, die Spannung 220 Volt und die Tourenzahl kann bei einer Leistung von 25 PS innerhalb 300 und 1000 Umdrehungen pro Minute durch Regulierung der Erregung und bei einer Leistung von 30 PS innerhalb 300 und 800 Umdrehungen pro Minute verändert werden. Der Motor ist umkehrbar bis zu 800 Umdrehungen pro Minute bei 27,5 PS, d. h. funkenfreier Gang wird bei diesen Bedingungen mit den Bürsten in der neutralen Zone erzielt.

Die folgende Tafel gibt eine Zusammenstellung der Versuchsresultate dieses Motors.

Tafel VII.

Prüfung eines Williamsonschen Motors.

Datum der Prüfung: 7. u. 8. Mai 1902.

Umdrehungs- zahl pro Mi- nute	Spannung in Volt	Gesamter Strom in Ampere	Nebenschluß- strom in Ampere	Leistung in PS	Wirkungs- grad
324	224	96,5	4,72	24,65	0,862
386	222	103,0	3,48	26,75	0,88
498	224	101,5	2,78	26,70	0,884
502	227	168,7	2,37	45,60	0,882
750	227	123,5	1,20	52,55	0,875
950	222	106,3	0,97	26,80	0,863
960	222	96,5	0,97	24,85	0,875
960	222	106,7	0,97	27,30	0,869
970	230	109,4	0,97	28,80	0,868

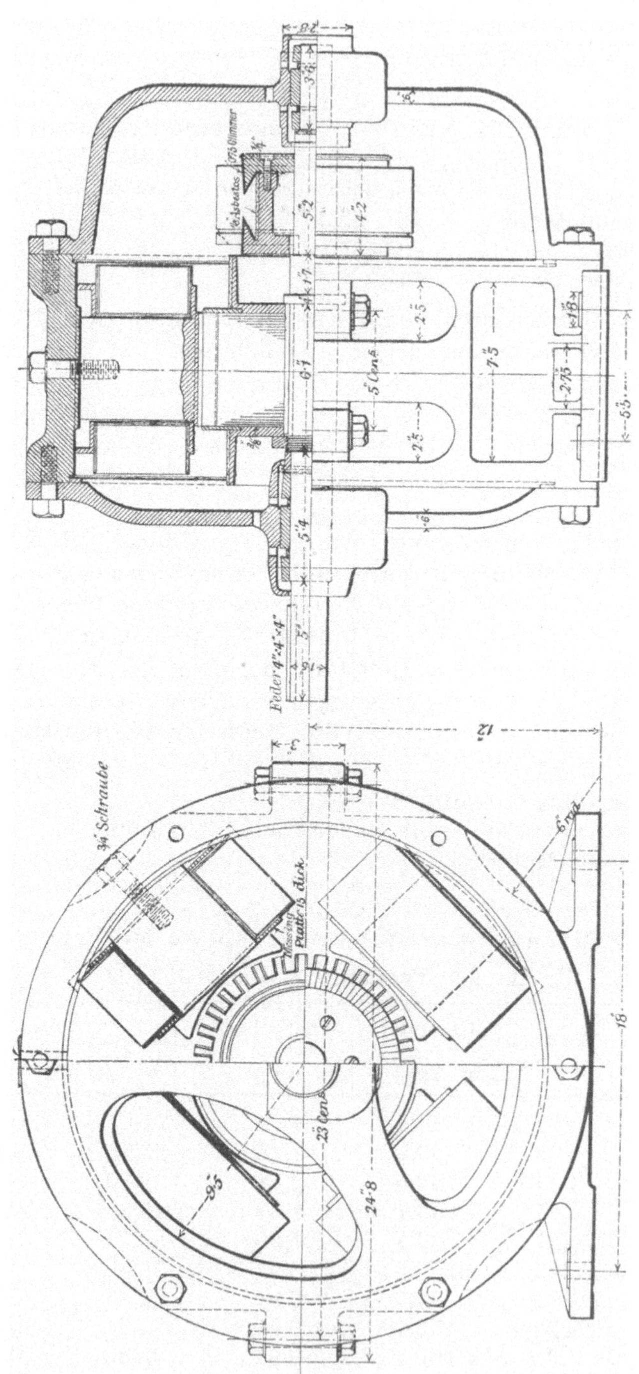

Fig. 67 und 68. 5 PS-Motor, gebaut von Vickers Sons & Maxim.

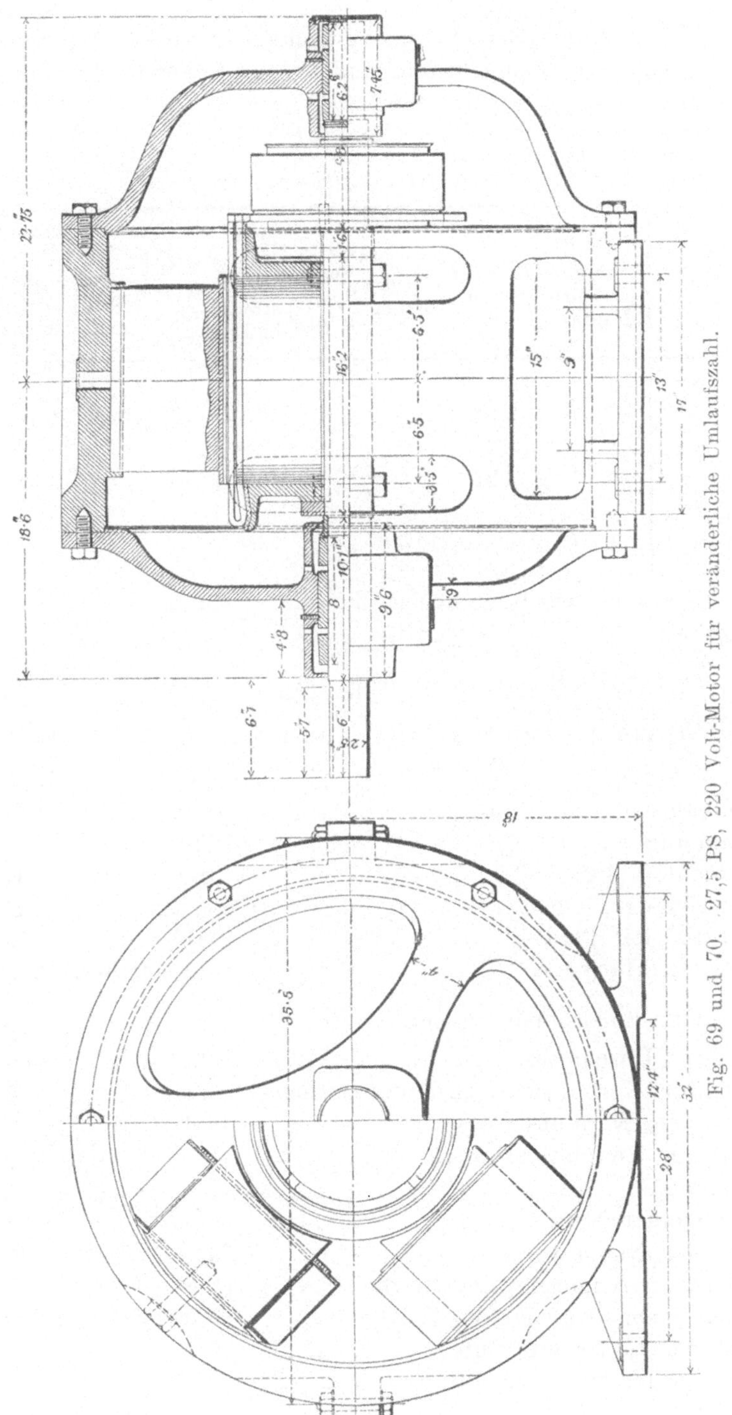

Fig. 69 und 70. 27,5 PS, 220 Volt-Motor für veränderliche Umlaufszahl.

Je 6 stündige Erwärmungsversuche wurden bei drei verschiedenen Belastungen gemacht und sind in der folgenden Tabelle wiedergegeben.

Tafel VIII.

Erwärmungsversuche.

Datum	Umdrehungszahl pro Minute	Erregerstrom	Mittlerer Strom	Mittlere Spannung	Mittlere Leistung in PS	Temperaturerhöhung			
						des Kommutators	der Feldspule	des Ankerkernes	der AnkerWicklung
12. Mai 1902	349	3,54	97	222	25	36	42	48	38
13. Mai 1902	353	3,32	116,8	221,4	30	52	42	65	54
14. Mai 1902	610	—	116,8	221,4	30	43	42	54	—

Konstruktionsdaten der erwähnten zwei Motoren sind in Tafel IX gegeben.

Tafel IX.

Dimensionen des 5 PS-, und des 27,5 PS-Motors.

	5 PS-Motor	27,5 PS-Motor
Umlaufszahl pro Minute	600	300—900
Spannung	220	220
Gewicht in kg	380	1570
Material des Joches	Gußeisen	Stahl
Material der Pole	Stahl	Stahl
Ankerwicklung	Reihenwicklung	

Ankerdimensionen in cm:

	5 PS-Motor	27,5 PS-Motor
Äußerer Durchmesser	22,8	38,1
Länge des Kernes zwischen den Flanschen	12,05	33,1
Wirksame Kernlänge	11,4	31,8
Zahl der Ventilationskanäle	0	0
Nutentiefe	2,54	2,41
Breite einer Nute	0,84	0,89
Zahl der Nuten	31	47
Innerer Durchmesser der Bleche	50,8	76,2
Dimensionen des blanken Leiters	$0,183 \, \phi$	$1,0 \times 0,153$
Zahl der Leiter pro Nute	30	6
Raumausnutzung einer Nute	0,37	0,33

	5 PS-Motor	27,5 PS-Motor
Magnetkern:		
Länge des Polschuhes parallel zur Welle	12,1	33
Länge des Polbogens	14	22,8
Radiale Länge des Magnetkernes . .	12,7	17,8
Durchmesser des Magnetkernes . . .	10,9	—
Größe des Luftspaltes	0,366	0,64
Kommutator:		
Durchmesser	20,3	30
Zahl der Segmente	93	141
Länge des Kommutators	7,1	9,4
Dicke der Bürsten	1,9	2,54
Breite der Bürsten	2,54	2,54
Zahl der Bürsten pro Satz	2	3
Zahl der Bürstensätze	2	2
Anker-Amperewindungen pro Pol . .	1140	1900
Amperewindungen pro Feldspule . .	3150	7300[1)]
Kupfergewicht pro Spule in kg . . .	7	37,6
Kernverlust	170	450[1)]
Wattverbrauch der Nebenschlußwicklung	210	944
Verlust am Kommutator	50	300[1)]
Ankerstromwärme	230	750
Reibungsverlust in den Lagern . . .	80	250
Mittlere Länge einer Ankerwindung .	71	142
Ankerwindungen pro Segment . . .	5	1
Mittlere Länge einer Spulenwindung .	48	101

[1)] Bei 300 Umdrehungen pro Minute.

Achtes Kapitel.

Der Entwurf des Ankers.

Die Zahl der Ankernuten.

Die Benutzung der Reihenwicklung, welche, wie schon erwähnt, für kleine Motoren erwünscht ist, beschränkt die freie Wahl über die Zahl der Nuten. Tafel X gibt für eine einfache Reihenwicklung die Zahl der Leiter pro Nute, welche für Motoren mit 4—16 Polen möglich sind.

Tafel X.

Daten für die Anwendung der Reihenschaltung auf Trommelanker.

Zahl der Pole	Mögliche Zahl von Leitern oder Leitergruppen pro Nute für symmetrische Wicklungen							
4	1	2	—	6	—	10	—	14	—
6	1	2	4	—	8	10	—	14	16
8	1	2	—	6	—	10	—	14	—
10	1	2	4	6	8	—	12	14	16
12	1	2	—	—	—	10	—	14	—
14	1	2	4	6	8	10	12	—	16
16	1	2	—	6	—	10	—	14	—

Es können auch andere Leiterzahlen pro Nute benutzt werden, z. B. kann man vier Leiter, oder Gruppen von Leitern pro Nute in einem vierpoligen Motor dann benutzen, wenn man eine überflüssige Spule zuläßt, welche mit der Wicklung des Kommutators nicht verbunden ist.

Diese Anordnung verursacht aber einen Mangel an Symmetrie, und man sollte dieselbe nur dann wählen, wenn die Reaktanzspannung gering ist. Alle Einschränkungen bezüglich der möglichen Anzahl von Leitergruppen pro Nute führen zu Schwierigkeiten, wenn man dieselben Bleche für Wicklungen verschiedener Spannungen verwenden will. Häufig wird, trotz der geringeren Raumausnutzung der Nute und anderer schlechter Eigenschaften Parallelwicklung für kleine Motoren benutzt, um den Vorteil einer normalen Nute für alle Spannungen zu erhalten. Der Gebrauch von Leitern rechteckigen Querschnittes erlaubt eine bessere Ausnutzung der Nute, und ermöglicht es öfters ein vorhandenes Blech nebst Nute für ein weites Bereich von Spannungen, Tourenzahlen und Leistungen zu benutzen. Die meisten Firmen ziehen jedoch den Gebrauch runder Drähte für kleine Motoren vor und die interessanten Wicklungsmethoden, die von Rothert[1]) in der Elektrotechnischen Zeitschrift vom 11. April 1901 beschrieben worden sind, dürften jene Vorliebe für runde Drähte recht unterstützen.

Rothert veranschaulicht seine Methode an einem Beispiele, in welchem 6 Leitergruppen, jede aus 4 Leitern bestehend, so in eine Nute verlegt

[1]) Siehe auch Rotherts U. S. A. Patent No. 660659.

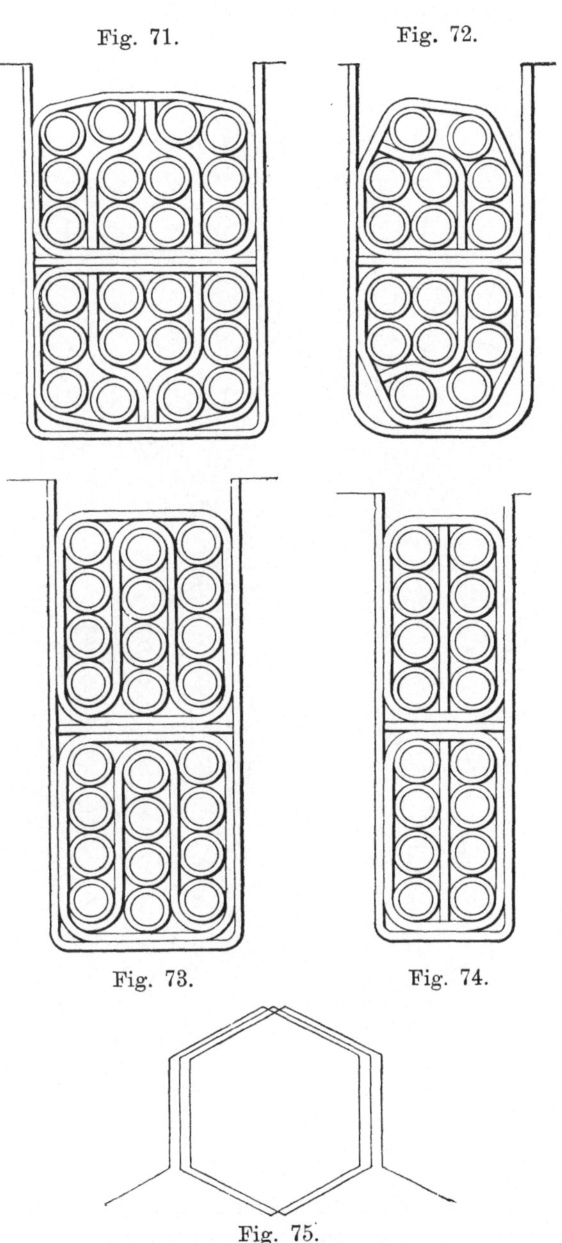

Fig. 71.

Fig. 72.

Fig. 73.

Fig. 74.

Fig. 75.

Fig. 71 bis 75. Verschiedene Arten der Wicklung.

werden können, daß 4 nebeneinander und 6 übereinander liegen (Fig. 71).

In einem andern Falle (Fig. 72) enthält die Nute 4 Leitergruppen und je 4 Leiter pro Gruppe, und diese werden 3 neben-

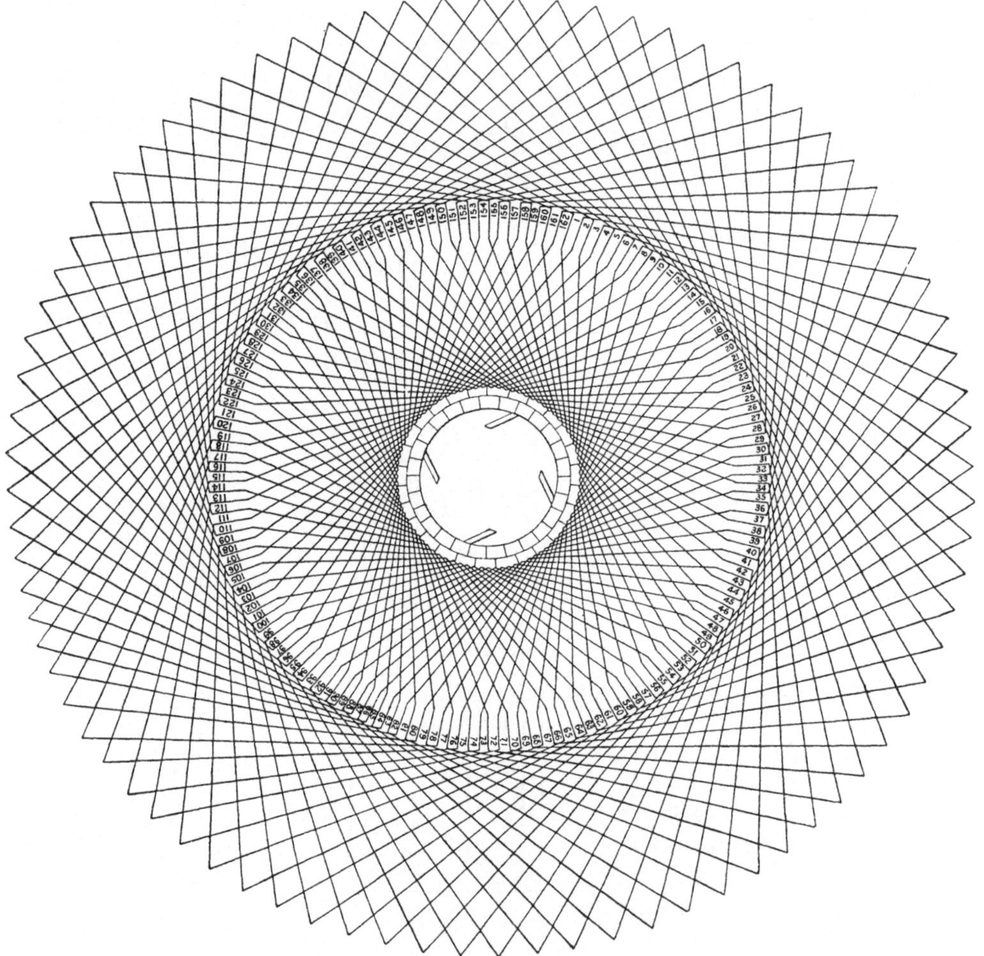

Fig. 76.   4 polige einfache Reihenwicklung.
$$(s = 2py \pm 2)$$
$$(162 = 4 \times 41 - 2)$$
Ein jedes zweite und dritte Segment ist weggelassen worden.

einander und 6 übereinander gewickelt.   In Fig. 73 und 74 sind die gebräuchlichen Wicklungen für die zwei obigen Fälle dargestellt.

Die von Rothert vorgeschlagenen Methoden sind einer beträchtlichen Ausdehnung fähig und vergrößern die Anwendbarkeit der Reihenwicklung und der formgewickelten Spulen im allgemeinen. Das Ideal einer jeden Firma ist natürlich, eine normale Nute für soviel Wicklungen als möglich zu benutzen und während eine zu strenge Befolgung dieser Methoden oft zu Nachteilen in anderen Beziehungen führt, die die erlangten Vorteile bei weitem aufheben, so ist es nichtsdestoweniger angebracht, allen denjenigen Methoden, welche zur Verringerung der Zahl der Ankerbleche führen, sorgfältige Aufmerksamkeit zu widmen.

Die in Fig. 71—74 dargestellten Fälle zeigen vier verschiedene Nutenanordnungen für einen Motor, der bei einer gegebenen gesamten Leiterzahl vier Windungen pro Kommutatorsegment besitzt.

In Fig. 72 sind $50\,^0/_0$ mehr Nuten verwandt worden als in Fig. 71.

Man ersieht aus Tafel X, daß im allgemeinen drei Kommutatorsegmente pro Nute (Fig. 71 und 73) bei 4 oder 8 poligen Maschinen vorzuziehen sind, während zwei Kommutatorsegmente (Fig. 72 u. 74) für 6 oder 10 polige Maschinen geeignet sind. Für

Nutenbreite	9,1	7,6
Nutentiefe	25,4	33
Nutenquerschnitt	232	250
Kupferquerschnitt	80	80
Raumausnutzung	0,345	0,32

Fig. 77 und 78. Wicklungsarten.

12 Pole würden weder zwei noch drei Segmente pro Nute anwendbar sein, solange man auf eine symmetrische Reihenwicklung besteht, aber beide Anordnungen könnten für 14 Pole benutzt werden. Die Wahl zwischen den verschiedenen Gruppierungen wird im allgemeinen durch die für den betreffenden Entwurf passende Größe der Nute bestimmt.

Wo es irgend nur angänglich ist, zieht der Verfasser Stabwicklung einer Drahtwicklung vor, und dieses mit voller Würdigung des Nachteils der größeren Anzahl von Verbindungen. Während man also für eine vierpolige Maschine mit 3 Windungen pro Kommutatorsegment im allgemeinen eine Drahtwicklung mit 3 Windungen pro Spule anwenden wird (wie diagrammatisch in Fig. 75 dargestellt) und dieses für viele Nutendimensionen und besonders für kleine Leiter

die beste Anordnung ergibt, kommen doch oft Fälle vor, selbst bei
Leitern von ziemlich geringen Querschnitten, in denen es vorteilhafter
ist, die Wicklung so anzuordnen, wie in Fig. 76 gezeigt ist. Die Zahl
der Leiter und der Kommutatorsegmente bleibt dieselbe, aber die Dimensionen der Nute und der Leiter und ihre Anordnung in der
Nute würden etwa der Fig. 77 entsprechen, während Fig. 78 die
Dimensionen der Nute bei Benutzung der Drahtwicklung gibt. Die
Stabwicklung ist immer dann vorzuziehen, wenn der Querschnitt
der Leiter genügend groß ist, und wenn sich die Nutendimensionen
nicht für die Anwendung von Drahtwicklung eignen. Im allgemeinen ist die Raumausnutzung bei der Stabwicklung viel größer
als bei der Drahtwicklung.

Das Diagramm in Fig. 76 stellt eine vierpolige Reihenschaltung
dar, mit 162 Leitern und 27 Segmenten, also mit 3 Ankerwindungen
pro Segment. Der Wicklungsschritt y ist $= 41$ und die Wicklung
ist eine einfache Reihenschaltung, welche der Formel $s = 2py - 2$
$(162 = 4 \times 41 - 2)$ entspricht.

Es lassen sich verschiedene andere Formen dieser Wicklung
entwerfen, z. B. könnte eine jede fünfte Windung mit einem Segmente verbunden werden, welche Anordnung einer Spulenwicklung
mit 5 Windungen entsprechen würde, oder die Wicklung könnte
6 Pole haben und trotzdem könnte jede dritte, fünfte oder siebente
Windung mit einem Kommutatorsegment verbunden sein.

Breite und Tiefe der Nuten.

Breite Nuten geben zu Wirbelströmen in den Polschuhen Veranlassung, besonders wenn die letzteren nicht laminiert sind. Diese
Wirbelströme werden durch die Veränderungen der magnetischen
Kraftlinienverteilung entsprechend der schnellen Aufeinanderfolge
von Nuten nnd Zähnen erzeugt. Man wird deshalb in vielen Fällen
die Anwendung von laminierten Polschuhen vorziehen, obgleich für
geringe Nutenbreite und größere Lufträume Gußeisenpolschuhe genügen, um den Wirbelstromverlust in mäßigen Grenzen zu halten.
Breite Nuten, besonders wenn ihre Anzahl pro Pol gering ist,
führen manchmal zu einem Brummen des Motors; in solchen Fällen
muß man entweder den Luftspalt vergrößern oder die Polschuhe in
geeigneter Weise abschrägen. Dieses sind aber störende und übrigens
unsichere Hilfsmittel, und es ist mehr zu empfehlen, mit der Zahl
der Nuten pro Pol nicht zu weit herunter zu gehen. Bei Bahn- und
Kranmotoren braucht man keine peinliche Rücksicht auf diesen
Punkt zu nehmen, da der Lärm von anderen Ursachen herrührend

bei weitem überwiegt. Breite und seichte Nuten haben einen gewissen
Vorteil gegenüber schmalen und tiefen Nuten, da die Induktanz,
(am besten in Anzahl Kraftlinien pro Amperewindung pro Zenti-

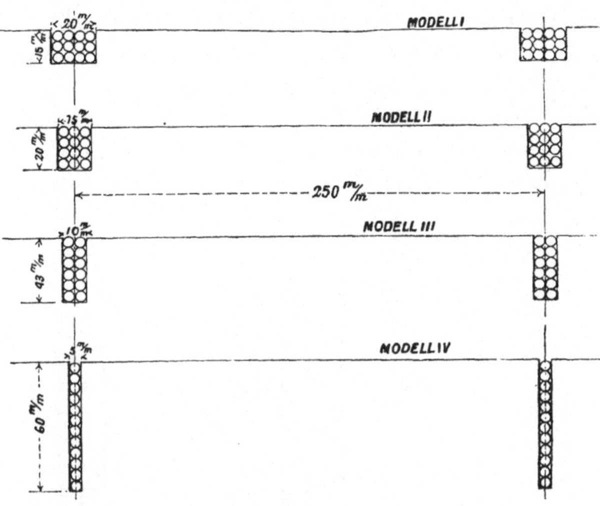

Fig. 79.

Kernlänge . . . . = 30 cm
Wirksame Länge . . . . . . = 28 cm
Mittlere Länge einer Windung = 134 cm
Freie Länge pro Windung . . = 56 cm
Effektive Länge einer Windung = 134 cm.

meter effektiver Länge ausgedrückt), geringer ist. Inwieweit dieses
der Fall ist, kann aus Tafel XI ersehen werden, in welcher die experimentell beobachteten Werte für die in Fig. 79 angegebenen
Nutendimensionen enthalten sind.

Tafel XI.

Modell	Kraftlinien pro Amperewindungen pro cm effektiver Länge
I	2,8
II	3,2
III	4,2
IV	7,5

Andererseits ist aber gewöhnlich mit einer tiefen und engen
Nute der Vorteil einer geringen freien Länge verbunden, was die
gesamte Induktanz wieder vermindert.

Da man die Ankerstromwärme und die Abmessungen des
Ankers bei tiefen Nuten geringer halten kann als bei seichten, so

sollte man sie nicht ohne Weiteres als ungeeignet verwerfen, sondern vielmehr in jedem einzelnen Falle die Vorteile gegenüber den Nachteilen abwägen.

Einfachheit des mechanischen Aufbaues und erleichterte Fortleitung der Ankerstromwärme auf die Oberfläche sind die mit der Benutzung breiter und seichter Nuten verbundenen Vorteile.

Wenn mehrere Spulen auf diese Weise in einer Nute vereinigt werden sollen, ist es vorteilhafter, sie zugleich aus mehreren Drahtrollen zu wickeln. Ein anderer, sehr interessanter Weg ist von Rothert in dem schon erwähnten Artikel (Elektrotechnische Zeit-

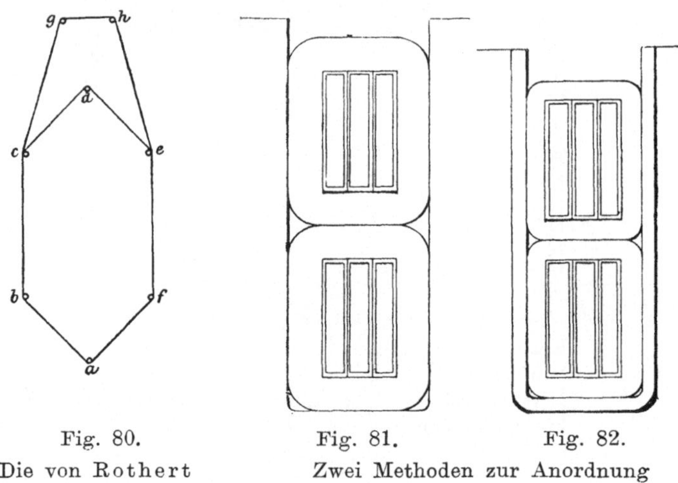

Fig. 80.

Die von Rothert
vorgeschlagene Wicklungsart

Fig. 81.   Fig. 82.

Zwei Methoden zur Anordnung
der Nutenisolation.

schrift vom 11. April 1901) erwähnt worden. Er beschreibt seine Methode mit Hilfe eines Diagrammes, das in Fig. 80 wiedergegeben ist. Der Draht wird in der Wicklungsform über die Punkte $a\,b\,c\,d\,e\,f$ so oft geführt, als Windungen pro Segment vorhanden sind. Der Draht wird dann vorerst über die Punkte g und h geführt, bevor die zu der nächsten Spule gehörenden Windungen wieder über die Punkte $a\,b\,c\,d\,e\,f$ gewickelt werden. Dieses Verfahren wird solange fortgesetzt, bis alle Drähte, welche zu einem gegebenen Nutenpaar gehören, gewickelt sind. Schließlich wird die Schleife zwischen g und h aufgeschnitten und die Enden mit den entsprechenden Segmenten verbunden.

Eng verknüpft mit den Dimensionen der Nute ist die Wahl der Nutenisolation.

Zwei Methoden zur Anordnung der Nutenisolation sind in Fig. 81 und 82 gezeigt. In Fig. 81 wird so viel Isolation um die Leiter gewickelt, daß eine zusätzliche Isolation der Nuten entbehrlich wird. In der zweiten Methode (Fig. 82) wird weniger Isolation um die Spulen gewickelt und der dadurch gewonnene Raum von einer U-förmigen Isolation eingenommen, welche in der Hauptsache dazu dient, die gewickelte Spule vor irgend welcher Beschädigung beim Einlegen zu schützen. Diese letztere Methode hat außerdem den Vorteil, daß die Endverbindungen genau so isoliert werden können wie der in den Nuten liegende Teil, ohne daß dadurch Raum und Material verschwendet würde.

Neuntes Kapitel.

Beispiele ausgeführter Motoren.

Holmes Castle-Motor.

Ein sechspoliger, halbgeschlossener „Castle"-Doppelschlußmotor für 25 PS und 720 Umdrehungen pro Minute ist in den Fig. 83 und 84 dargestellt. Der Verfasser ist der Firma J. H. Holmes & Co., Newcastle, für die Erlaubnis zu einer Beschreibung dieses Motors zu Dank verpflichtet. Die Zeichnungen beziehen sich auf einen 220 Volt-Motor, welcher von dem 460 Volt-Motor der Spezifikation in Tafel XII nur in den Wicklungsdaten und der Länge des Kommutators abweicht.

Tafel XII.

Beschreibung des Castle-Motors.

Zahl der Pole	6
Umdrehungen pro Minute	720
Klemmenspannung.	460 Volt
Zugeführter Strom bei Vollast	45 Amp.
Ankerdurchmesser	38,2 cm
Breite des Ankers zwischen Flanschen . .	17,8 „
Breite der Ventilationskanäle im Anker . .	1,1 „
Wirksame Länge des Ankerkernes	15,2 „
Innerer Durchmesser der Bleche	19,7 „
Zahl der Nuten	91
Tiefe der Nuten	28,6 cm
Breite der Nuten	0,685 cm
Ankerwicklung.	einfache Reihenschaltung
Wicklungsschritt	61
Windungen pro Kommutatorsegment . . .	2
Kommutatorsegmente pro Nute	2

Gesamte Anzahl der Leiter 728
Gesamte Anzahl der Kommutatorsegmente . 182
Kommutatordurchmesser . . . . 28,6 cm
Länge des Kommutators . . . . 8,9 „
Querschnitt des Kupferbandes, aus welchem
  das Kommutatorsegment hergestellt wird 2,86 × 0,41 × 0,31 cm
Dimensionen der Kohlenbürste . . . . . 3,8 × 0,96
Zahl der Bürsten pro Satz 2

Magnetischer Kreis:

Querschnitt des Magnetkernes . . . . . . 140 qcm
Magnetkern und Joch bilden ein Gußstück
Querschnitt des Joches (einfach) . . . . . 85,5 „
Länge des Polschuhes, parallel zur Welle . 17,2 cm
Länge des Polbogens . . . . 13 „
Querschnitt des Luftraumes an der Polschuh-
  oberfläche . . . . 222 qcm
Durchmesser der Bohrung der Polschuhe . . 39 cm
Größe des Luftspaltes 0,396
Anker-Amperewindungen pro Pol bei Vollast 1370

$$\mathrm{Kappscher\ Koeffizient}^{1)} = \frac{18 \cdot 7}{(0,382)^2 \times 17 \cdot 8 \times 7,2} = 1,0$$

Nach vierstündigem Laufe bei voller Belastung wurden die folgenden Temperaturerhöhungen mit dem Thermometer gemessen:

	Temperaturerhöhungen über die umgebende Luft in Graden Celsius
Magnet	32
Ankerkern	24
Endverbindungen	24
Kommutator	30

Temperatur der umgebenden Luft 18° C.

Die Anordnung der Leiter in der Nute ist in Fig. 85 dargestellt.

Es sind 8 Leiter pro Nute vorhanden und ein jeder derselben mißt blank 0,306 × 0,203 cm; die Raumausnutzung ist 0,316.

---

[1] Der Kappsche Koeffizient ist definiert durch:

$$\mathrm{Leistung\ des\ Motors\ in\ KW} = \mathrm{Konstante} \times \left(\frac{\mathrm{Durchmesser\ in\ cm}}{100}\right)^2$$

$$\times \mathrm{Länge\ in\ cm} \times \frac{\mathrm{Umdrehungen\ pro\ Minute}}{100}.$$

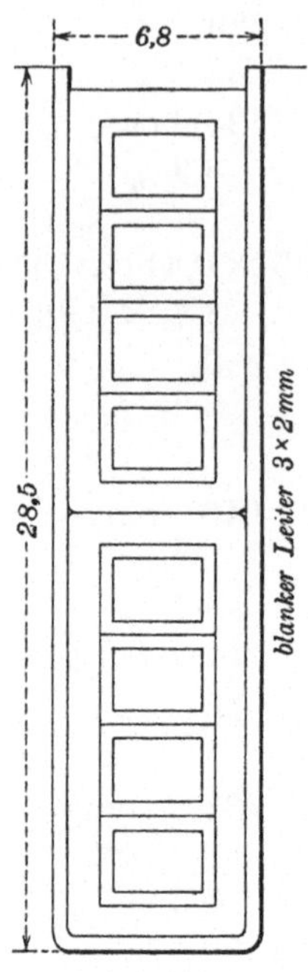

Fig. 85.

Die Nebenschlußwicklung hat 3100 Windungen pro Spule und der Widerstand der 6 Spulen in Reihe ist 380 Ohm im warmen Zustande.

Fig. 86 zeigt einen offenen sechspoligen Motor derselben Firma von ungefähr derselben Leistung wie der obige Motor, der zum Betriebe einer Druckerpresse bestimmt ist. Der links sichtbare kleine geschlossene Motor wird nur beim Anfahren benutzt, um den Anlaßstrom so klein als möglich zu halten; bei einer bestimmten Umlaufszahl übernimmt der große Motor automatisch die Last.

10 PS-Motor der Union Elektrizitäts-
gesellschaft.

Die Union-Elektrizitätsgesellschaft hat dem Verfasser Daten und Zeichnungen ihres neuesten 10 PS-halbgeschlossenen Nebenschlußmotors für 500 Volt und 950 Umdrehungen pro Minute zur Verfügung gestellt. In Fig. 87 bis 97 sind die Zeichnungen dieses Motors wiedergegeben. Die Anzahl der Nuten und der Kommutatorsegmente ist bei diesen kleinen Motoren für alle Spannungen dieselbe, ebenso wird ein und derselbe Kommutator für 110 und für 500 Volt benutzt.

Tafel XIII.

Beschreibung des Nebenschlußmotors der Union-
Elektrizitätsgesellschaft.

Zahl der Pole   4

Leistung in PS   10

Spannung in Volt   500

Umdrehungszahl pro Minute   950

Zugeführter Strom in Ampere bei Vollast . .   17,0

Zugeführter Strom bei Leerlauf   1,5

Wattverbrauch bei Leerlauf   740

Kappscher Koeffizient   0,8

Anker:

Äußerer Durchmesser   245   mm

Länge der Wicklung   304   „

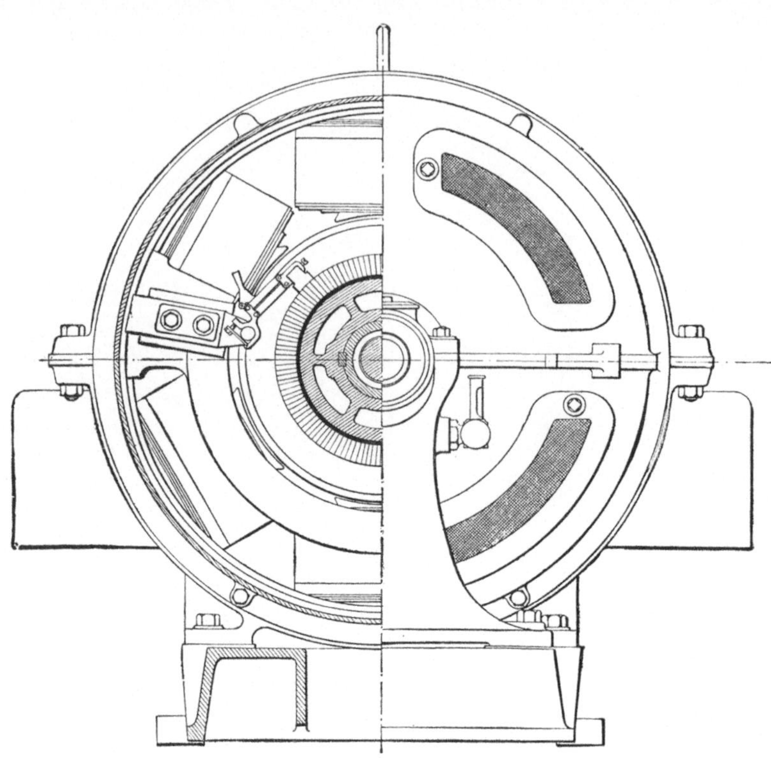

Fig. 83 und 84.   25 PS-„Castle“-Motor, gel

Fig. 86.   Motoren der Fir

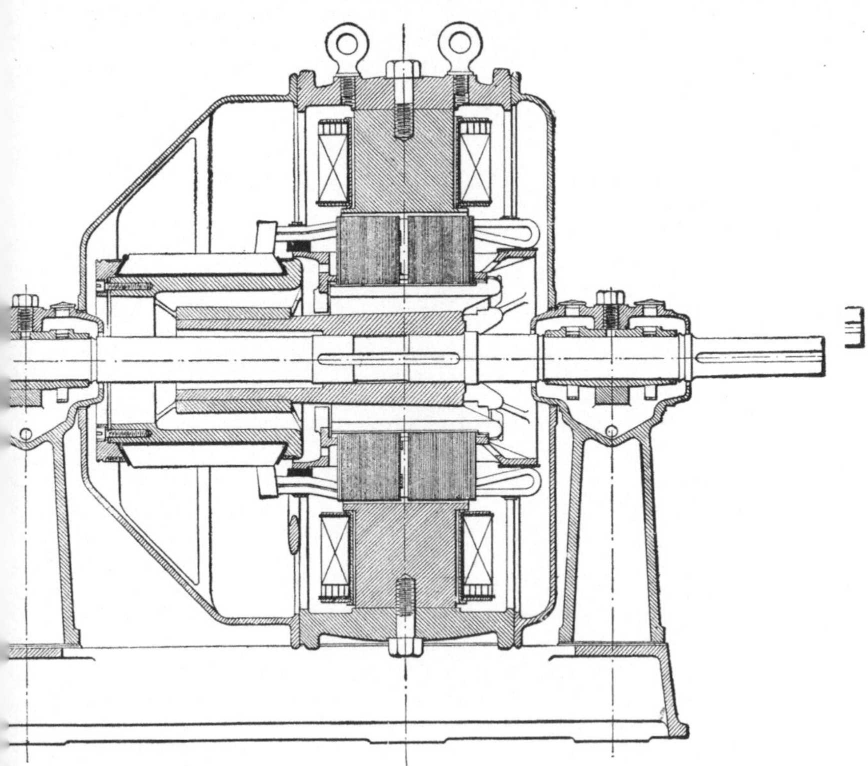

n der Firma J. H. Holmes & Co., Newcastle.

H. Holmes & Co., Newcastle.

Fig. 87.

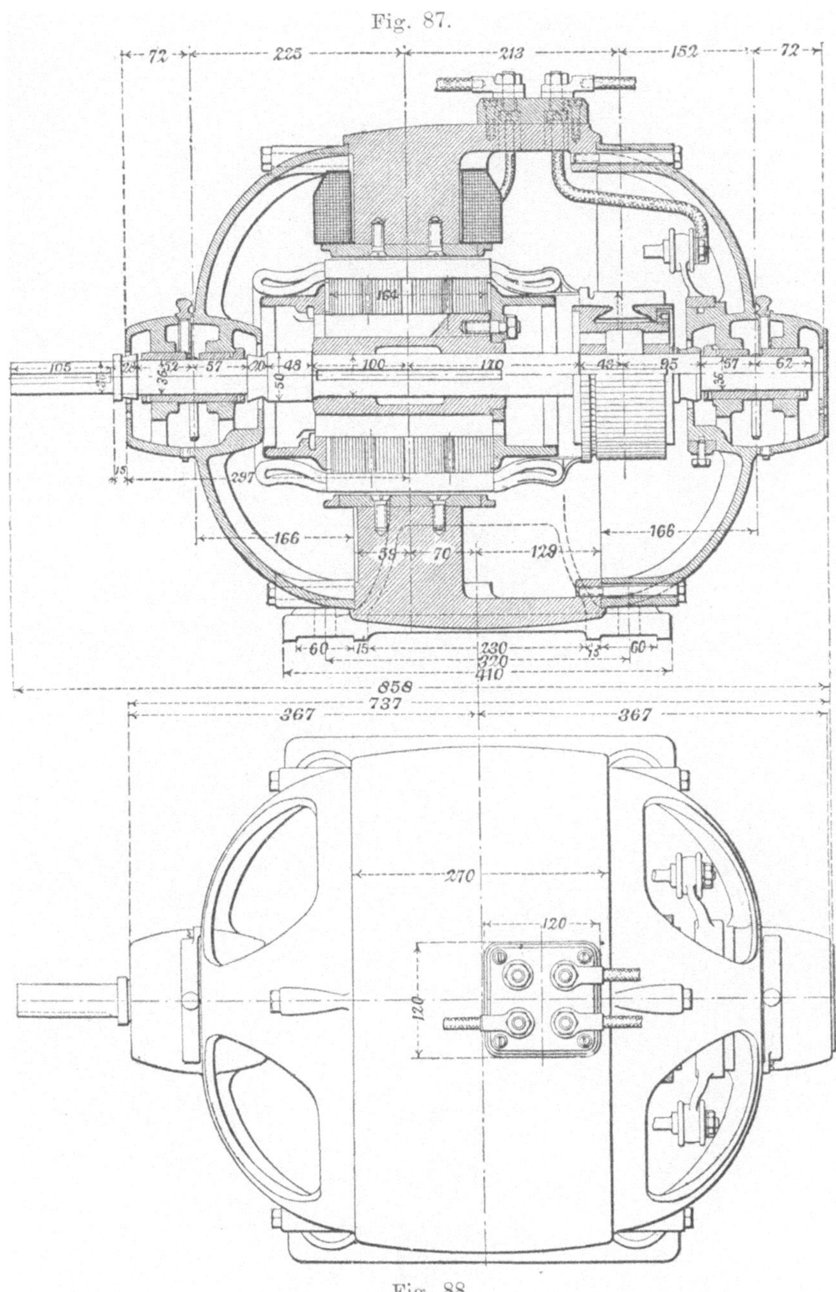

Fig. 88.

Fig. 87 und 88.　10 PS-Motor der Union Elektrizitätsgesellschaft.

Fig. 89.

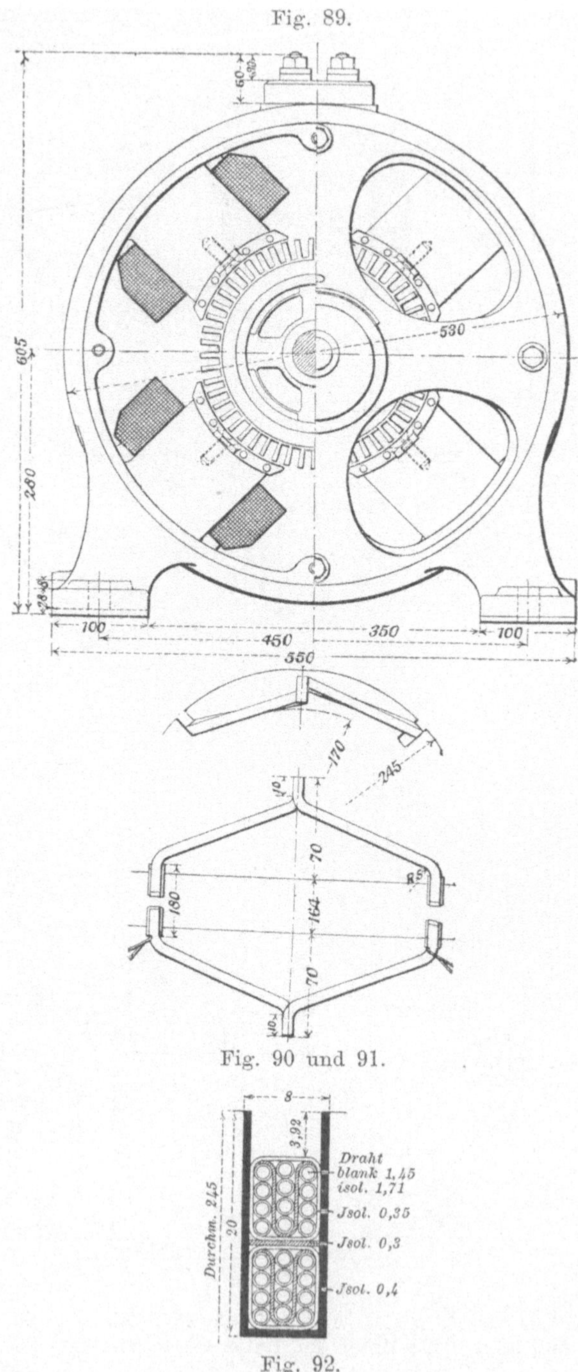

Fig. 90 und 91.

Fig. 92.

Fig. 89, 90, 91 u. 92.   10 PS-Motor der Union Elektrizitätsgesellschaft.

Innerer Durchmessser der Ankerbleche . . . 130 mm
Wirksame Länge des Ankers. . . . . 142 „
Breite eines Ventilationskanals . . . . . . 6 „
Zahl der Ventilationskanäle 1
Ankerlänge für Isolation . . . . 16 „
Gesamte Kernlänge zwischen Flanschen . . . 164 „
Blechdicke . . . . 0,5 „
Zahl der Nuten 47
Tiefe einer Nute . . . . 20 „
Breite einer gestanzten Nute . . . . 8,3 „
Breite einer Nute im fertigen Anker . . . . 8,0 „
Zahnbreite an der engsten Stelle . . . . . 5,4 „
Zahnbreite an der Ankeroberfläche . . . . 8,1 „

Magnetkern:

Wirksame Länge des Polschuhes parallel zur Welle 155 mm
Polbogen . . . . 147 „
Dicke des Polschuhes in der Mitte des Polbogens 13 „
Radiale Länge des Magnetkernes . . . . . 80 „
Durchmesser des Magnetkernes . . . . . . 115 „
Radiale Tiefe des Luftspaltes . . . . . . 3 „
Verhältnis von Polbogen zu Polteilung . . . 0,75 „

Magnetjoch:

Äußerer Durchmesser des Joches . . . . . 530 mm
Innerer Durchmesser . . . . 470 „
Dicke . . . . 30 „
Axiale Breite . . . . 270 „
Dicke des Polsitzes . . . . 17 „

Kommutator:

Durchmesser . . . . 175 mm
Zahl der Segmente . . . . 141 „
Dicke eines Segmentes an der Peripherie . . 3,2 „
Dicke der Isolation zwischen Segmenten . . . 0,7 „
Länge eines Segmentes . . . . 70 „

Ankerwicklung:

Leiter pro Nute 24
Wicklungsart . . . . Einfache
Reihenwicklung
Dimensionen des blanken Drahtes . . . . . $= 1{,}45$ mm ϕ
Dimensionen des isolierten Leiters . . . . . $= 1{,}71$ „ ϕ

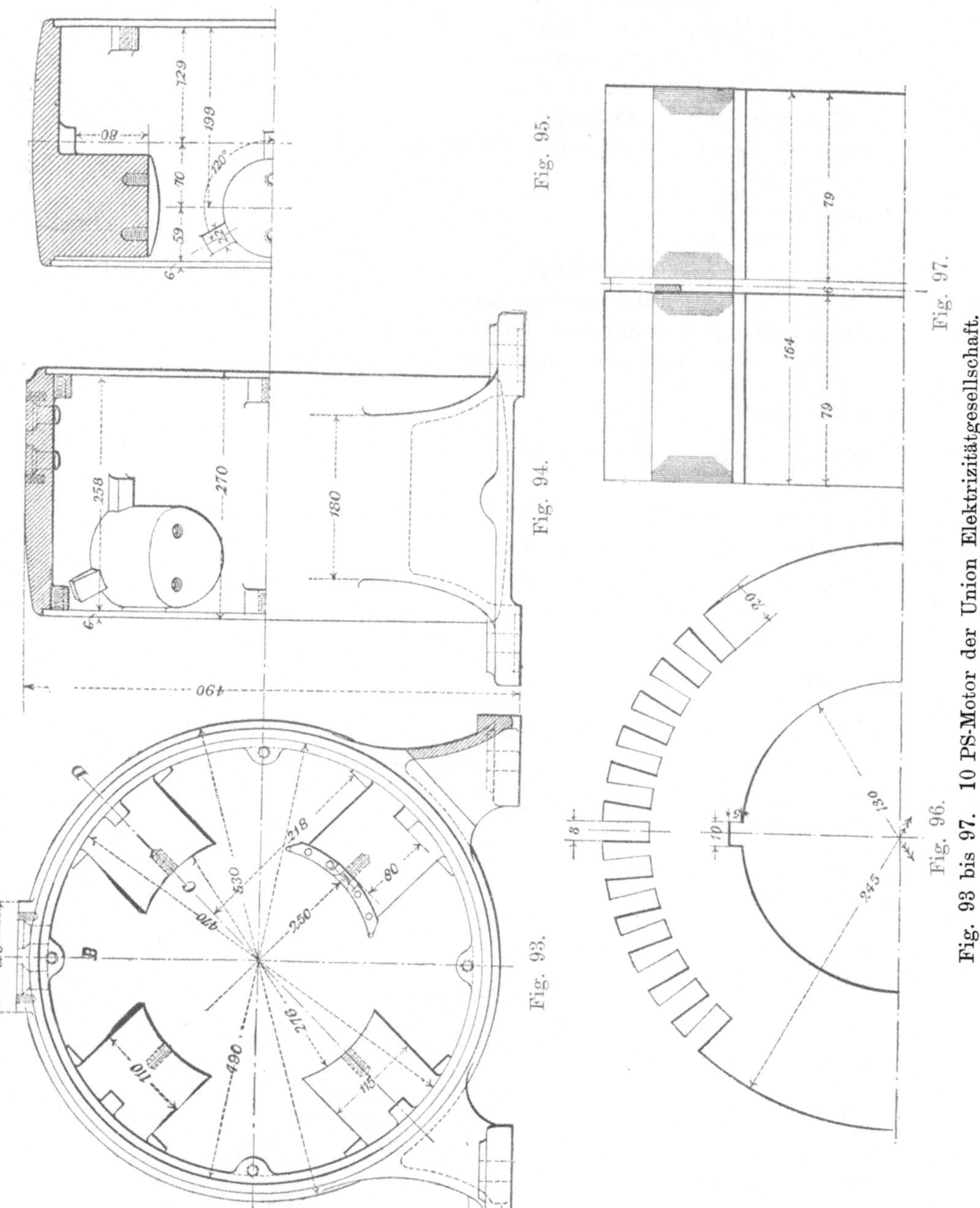

Fig. 93 bis 97. 10 PS-Motor der Union Elektrizitätgesellschaft.

Strom pro Leiter . . . . 8,5 Amp.
Stromdichte in dem Ankerleiter . . . . . 510 Amp. p. qcm
Raumausnutzung einer Ankernute 0,25
Zahl der Windungen in Reihe zwischen den Bürsten 282
Mittlere Länge einer Windung . . . . . . 77 cm
Widerstand einer Windung zwischen positiven
    und negativen Bürsten bei 60° Cels. . . . 1,30 Ohm
Spannungsabfall im Anker bei Vollast . . . 22 Volt
Spannungsabfall unter den Bürsten . . . . 1,4 „
Innere Spannung bei Vollast 476,6

Berechnung der Reaktanzspannung:

Umfangsgeschwindigkeit des Kommutators . . 8,7 m p. Sek.
Länge eines Bürstenbogens . . . . 14 mm

Frequenz der Kommutierung $= \dfrac{100 \times 8,7}{2 \times 14}$ . . 313 Perioden

Breite eines Segmentes am Umfang . . . . 3,9 mm
Maximale Zahl der gleichzeitig kurzgeschlossenen
    Spulen 4
Windungen pro Spule (q) 4
Maximale Zahl der gleichzeitig an der Strom-
    windung teilnehmenden Leiter (r) 32
Freie Länge einer Windung (s) . . . . . . 49 cm
Wirksame Länge einer Windung (t) . . . . 28 „
Kraftlinie pro Amperewindung pro cm freie
    Länge (u) 0,8
Kraftlinien dto. pro cm effektive Länge (v) . . 4,0
Kraftlinien der freien Länge pro Amperewindung
    $(u \times s)$ 39,2
Kraftlinien der effektiven Länge pro Ampere-
    windung $(v \times t)$ 112
Kraftlinien der freien Länge pro Ampere
    $\left(\dfrac{r}{2} \times u \times s = o\right)$ 625
Kraftlinien der effektiven Länge pro Ampere
    $(r \times v \times t = p)$ 3580
Gesamte Anzahl Kraftlinien pro Ampere $(o + p)$ 4205
Induktanz pro Segment $[q \times (o + p) \times 10^{-8} = l]$ 0,000168 Henry
Reaktanz pro Segment $(2 \times \pi \times n \times l)$ . . . 0,33 Ohm
Strom pro Leiter bei Vollast . . . . 8,5 Amp.
Reaktanzspannung bei Vollast . . . . 2,8 Volt
Mittlere Spannung pro Segment . . . . . . 14,2 Volt
Anker-Amperewindung pro Pol bei Vollast . . 1220

Berechnung des magnetischen Stromkreises:

Innere Spannung bei Vollast (E) . . . . . . 477 Volt

Windungen in Reihe zwischen den Bürsten (T) 282

Periodenzahl pro Sekunde (N) 31,8

Kraftlinienfluß im Anker bei Vollast pro Pol (M)
aus ($E = 4\,TNM\,10^{-8}$) . . . . 1,33 Megalinien

Streufaktor 1,20

Kraftlinienfluß im Magnetpol und Joch . . . 1,60 Megalinien

	Quer-schnitt in qcm	Magneti-sche Dichte pro qcm	Länge des Kraft-linienpfa-des in cm	Ampere-windung pro cm	Ampere-win-dungen
Ankerkern	106	12 600	12	8	100
Zähne	71	18 300	2	130	260
Polschuh (Luftspalt) .	228	5 800	0,3	4650	1400
Magnetkern	104	15 400	10	35	350
Joch	150	10 700	20	10	200
Amperewindungen pro Spule					2310

Der Motor macht bei einer Belastung von 17 Amp. und bei einer Rückwärtsverschiebung der Bürsten um zwei Segmente 980 Umdrehungen pro Minute.

Eine jede Feldspule besteht aus 5900 Windungen, von denen 2400 Windungen einen blanken Durchmesser von 0,6 mm und 3500 Windungen einen blanken Durchmesser von 0,55 mm haben: Eine einfache Baumwollenbespinnung ist für die Leiter angewandt worden. Der Strom im Nebenschluß ist 0,45 Ampere und dies gibt $0,45 \times 5900 = 2660$ Amperewindungen pro Spule gegenüber dem berechneten Werte von 2310. Die Nebenschlußverluste betragen $0,45 \times 500 = 225$ Watt oder 56 Watt pro Spule.

Nehmen wir die mittlere Tiefe der Spulenwicklung $= 5$ cm, so ist der äußere Umfang der Spule 6,75 dcm und die gesamte ausstrahlende zylindrische Oberfläche $= 5,5$ qdcm. Der Verlust pro qdcm zylindrischer Oberfläche beträgt also 10 Watts pro qdcm. Die Temperaturerhöhung (nach der Widerstandsmethode bestimmt) beträgt am Ende eines viereinhalbstündigen Laufes bei Vollast 40^{0} C. oder 4^{0} C. pro Watt pro qdcm.

Tafel XIV.

Berechnung der Ankerverluste und der Temperaturerhöhungen.

Ankerwiderstand bei 60° C. . . . . 1,3 Ohm
Stromwärme im Anker $17^2 \times 1,30$ . . . . . 380 Watt
Kernverlust (berechnet und beobachtet) . . 325 Watt
Gesamter Ankerverlust . . . . 705 „
Zylindrische Oberfläche der Wicklung . . . 23 qdcm
Verlust pro qdcm . . . . 31 Watt
Temperaturerhöhung nach viereinhalbstündi-
gem Laufe bei Vollast (mittels der Wider-
standsmethode bestimmt) . . . . . . 41° C.
Temperaturerhöhung pro Watt pro qdcm . . 1,32° C.

Tafel XV.

Berechnung der Kommutatorverluste und der Temperaturerhöhungen.

Länge eines Bürstenbogens . . . . . . 14 mm
Breite der Bürste . . . . 19 „
Auflagefläche pro Bürste . . . . 2,67 qcm
Zahl der Bürsten pro Pol 1
Gesamte Anzahl positiver Bürsten 2
Auflagefläche aller positiven Bürsten . . . 5,34 qcm
Stromdichte an der Auflagefläche . . . . 3,2 Amp. p. qcm
Stromwärme in Watt pro Ampere 1,4
Gesamte Stromwärme im Kommutator . . . 24 Watt
Umfangsgeschwindigkeit des Kommutators . 8,7 m p. Sek.
Reibungsverlust in Watt pro Ampere . . . 1,7
Gesamter Reibungsverlust . . . . 29 Watt
Gesamter Kommutatorverlust . . . . . . 53 „
Zylindrische Oberfläche . . . . 3,9 qdcm
Watt pro qdcm zylindrische Oberfläche . . 13,6
Beobachtete Temperaturerhöhung . . . . 33° C.
Temperaturerhöhung pro Watt pro qdcm . . 2,4° C.

Tafel XVI.

Wirkungsgrad bei 60° C.

Kernverlust . . . . 330 Watt
Verlust durch Stromwärme im Anker . . . 380 „
„   „   „   „ Kommutator . 20 „

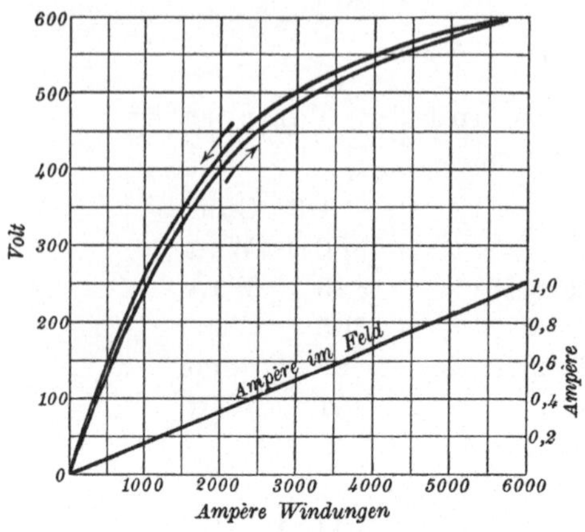

Fig. 98. 10 PS, 500 Volt-Nebenschluß-
motor für 950 U. p. M.
Union Elektrizitätsgesellschaft.
Sättigungskurve, Bürsten im neutralen
Punkt, 1000 U. p. M.

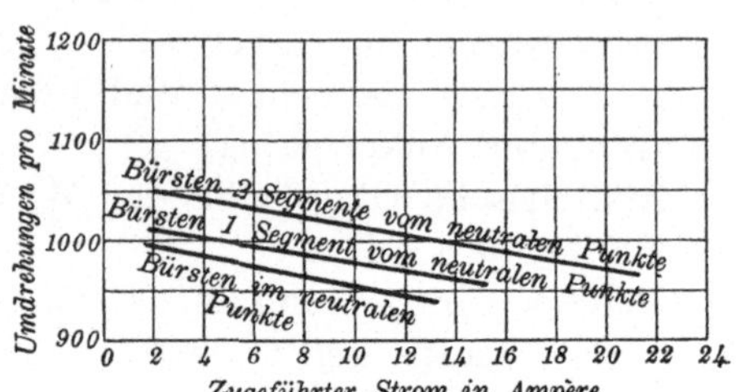

Fig. 99. 10 PS, 500 Volt-Nebenschlußmotor für 950 U. p. M.
Union Elektrizitätsgesellschaft.
Geschwindigkeitskurven,
0,45 Ampere im Felde.

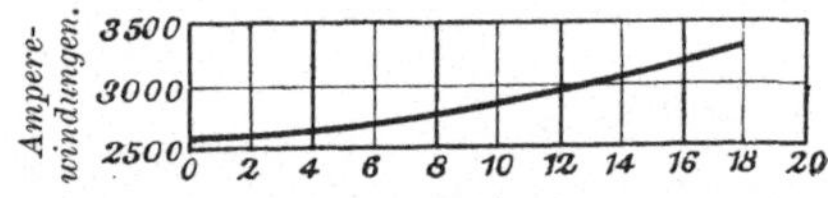

Fig. 100. 10 PS-500 Volt-Nebenschlußmotor für 950 U. p. M.
Union Elektrizitätsgesellschaft.
Feldcharakteristik als Generator, 1140 U. p. M., 550 Volt, die Bürsten sind um
ein Segment vom neutralen Punkte nach vorwärts verschoben.

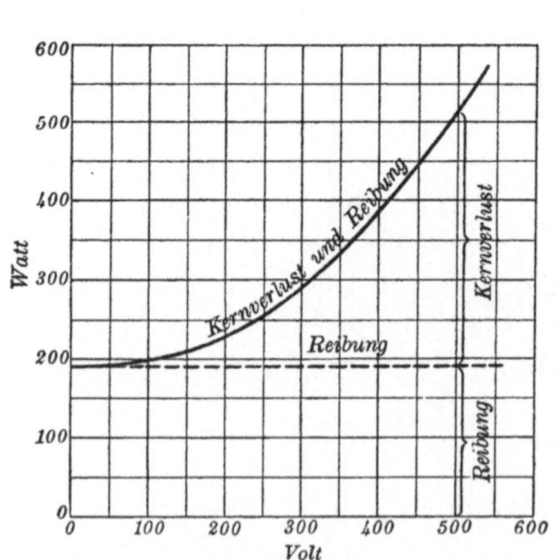

Fig. 101. 10 PS, 500 Volt Neben-
schlußmotor für 950 U. p. M.
Union Elektrizitätsgesellschaft.
Kernverlust und Reibung.

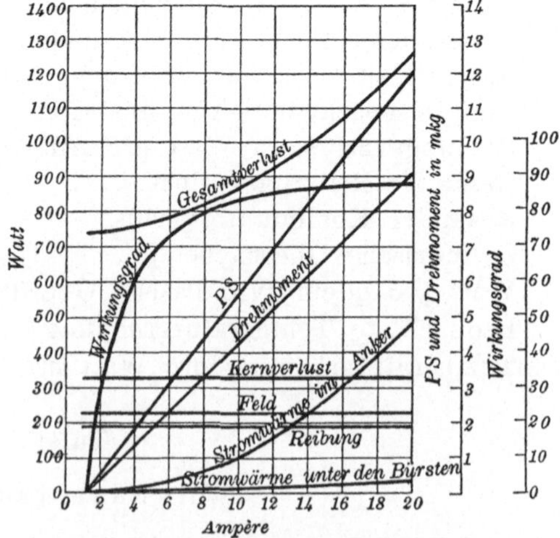

Fig. 102. 10 PS, 500 Volt-Nebenschlußmotor für 950 U. p. M.
Union Elektrizitätsgesellschaft.
Wirkungsgrad bei 500 Volt Klemmenspannung.

Bürstenreibungsverlust . . . .   30 Watt
Lagerverlust . . . .   160 „
Nebenschlußverlust . . . .   220 „
____
Konstante Verluste . . . .   740 Watt
Veränderliche Verluste . . . .   400 „
____
Gesamte Verlust . . . .   1140 Watt
Leistung bei Vollast . . . .   7350 „
____
Wattverbrauch bei Vollast . . . .   8490 Watt
Wirkungsgrad bei Vollast . . . . $86{,}5\,^0/_0$
    „   „ $1\,^1/_4$-Last . . . . . .   87,0 „
    „   „ $^3/_4$-Last . . . . . .   85,0 „
    „   „ $^1/_2$-Last . . . . . .   81,2 „
    „   „ $^1/_4$-Last . . . . . .   70,0 „

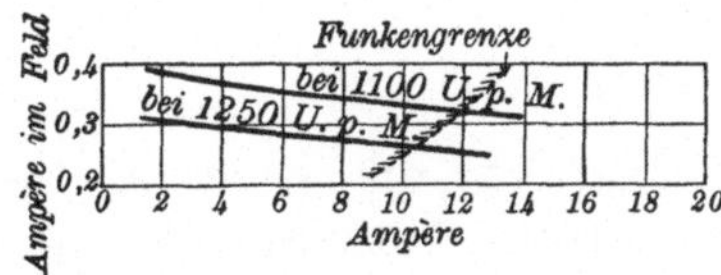

Fig. 103. 10 PS, 500 Volt-Nebenschlußmotor für 950 U. p. M.
Union Elektrizitätsgesellschaft.
Geschwindigkeitskurven bei geschwächtem Felde, Bürsten im neutralen Punkte.

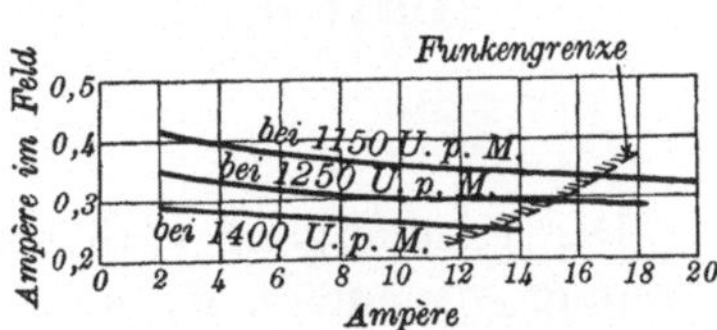

Fig. 104. 10 PS, 500 Volt-Nebenschlußmotor für 950 U. p. M.
Union Elektrizitätsgesellschaft.
Bürsten befinden sich zwei Segmente von dem neutralen Punkte.

Tafel XVII.
Gewichte und Kosten des wirksamen Materials

	Gewicht in kg	Kosten in Mark pro kg	Kosten in Mark
Ankerkupfer	6,2	2	12,4
Kommutatorkupfer	9,5	2	19
Feldkupfer	31,0	2	62
Ankerbleche	29	0,3	8,7
Joch- und Magnetkern (Gußstahl) . .	115	0,38	44
Laminertes Eisen für Polschuh . . .	10	0,3	3
Glimmer für Kommutator	1,8	2	3,6

Gesamte Kosten des wirksamen Materials   Mark 152,7

Gesamte Kosten des wirksamen Materials
   pro Pferdekraft   15,3

Gewicht des fertigen Motors ohne Riemenscheibe oder Riemenspanner . . . 310 kg

Die Diagramme Fig. 98—104 zeigen eine Reihe von Kurven, die aus den experimentellen Daten zusammengestellt sind.

Zehntes Kapitel.

Entwurf des Kommutators.

———

Der Kommutator muß sowohl in bezug auf die zulässige Erwärmung als auch auf einen funkenfreien Gang entworfen werden. Bei einem Motor, der bez. des Funkens sehr vorsichtig entworfen worden ist, läßt sich annehmen, daß die Erwärmung nur von dem Bürstenübergangswiderstande und von der Bürstenreibung herrührt.

Sehr ausführliche Untersuchungen sind von Arnold ausgeführt worden[1]) um den Wert des Bürstenübergangswiderstandes und seine Abhängigkeit von der Umfangsgeschwindigkeit, der Stromdichte, dem Bürstendrucke und dem Material der Bürsten zu bestimmen.

Während der Bürstenübergangswiderstand bedeutend von diesen Faktoren beeinflußt wird, so ist doch die Qualität der Bürsten und die Stromdichte bei weitem von der größten Wichtigkeit. Die nur noch selten angewandten Kupferbürsten haben einen äußerst geringen Übergangswiderstand pro qcm ($^1/_{10}$ von demjenigen der Kohlenbürsten) und würden, wenn ihre Anwendung zulässig wäre, die Länge des Kommutators bedeutend vermindern, da sowohl die Stromwärme als auch die Reibung sehr gering sein würden. Kupferbürsten sind aber schon seit vielen Jahren aufgegeben worden, weil sich herausgestellt hat, daß Motoren mit Kohlenbürsten funkenlos liefen, während sie mit Kupferbürsten ganz unzulässig funkten. Obgleich mit dem besseren Verständnis über das Wesen der Stromwendung eine Anwendung von Kupferbürsten unter Umständen wieder erlaubt sein dürfte, so ist doch zu bedenken, daß die Halt-

———

[1]) Siehe: Die Gleichstrommaschine Band I, 1902 von E. Arnold, worin auf Seite 476 eine Zusammenstellung der experimentellen Daten enthalten ist. Siehe auch Parshall und Hobarts „Electric Generators" Seite 271—281.

barkeit der Kupferbürsten bei weitem nicht so gut ist wie die der Kohlenbürsten, ganz abgesehen davon, daß die Kohlenbürste für umkehrbare Motoren ganz unentbehrlich ist. Während der spezifische Widerstand einer Kohlenbürste ungefähr 4000 Mal so groß ist als derjenige des Kupfers, so ist der Kontaktwiderstand nur 10—15 Mal so groß. Verschiedene Bürstensorten haben sehr verschiedenen spezifischen Widerstand. Aber der Kontaktwiderstand kann für die meisten praktischen Berechnungen $= 0,2$ Ohm pro qcm Auflagefläche bei Stromdichten von etwa 4 Ampere pro qcm genommen werden[1]), bei größeren Stromdichten ist er etwas kleiner. Graphit- und Kohlenbürsten sollten nicht mit höheren Stromdichten als 4—7 Ampere pro qcm belastet werden, obgleich für manche Sorten behauptet wird, daß viel höhere Werte genommen werden können. Im allgemeinen wird man aber mit den geringen Werten zufriedenstellendere Resultate erhalten, trotz der vergrößerten mechanischen Reibung.

Messungen bezüglich des spezifischen Widerstandes des Materials der Bürsten sind von wenig Wert. Man hat darauf zu achten, daß der Kontaktwiderstand ein passender ist und daß das Material und das Herstellungsverfahren der Bürsten ein glattes und ruhiges Laufen ermöglicht und sich die Kommutatoroberfläche in einem harten glänzenden Zustand erhält.

Es ist vorzuziehen, den Kommutator ganz mit Rücksicht auf die Kommutierung zu entwerfen und weniger Wert darauf zu legen, ob Reibungsverluste und Stromwärme ein Minimum der Kommutatorverluste ergeben. Eine Berechnung dieser zwei Komponenten geschieht mit Hilfe der Tafel XVIII.

---

[1]) Arnold gibt in seinem Buche „Die Gleichstrommaschine" (1902) auf Seite 481 die folgende Tabelle der Spannungen von verschiedenen Kohlenbürsten:

le Carbon: (Sorte X) sehr weich	0,45—0,6 Volt
Gewöhnliche weiche Sorte	0,7 —1,0 „
Härtere Sorte	1,0 —1,2 „
Sehr harte Sorte	1,2 —1,5 „

Bei einer Stromdichte von 4 Ampere pro qcm würde dieses die folgenden Übergangswiderstände in Ohm pro qcm ergeben.

Sehr weiche Sorte	0,13 Ohm pro qcm
Weiche Sorte	0,21 „ „ „
Härtere Sorte	0,28 „ „ „
Sehr harte Sorte	0,34 „ „ „

Tafel XVIII.

Berechnung der Kommutatorverluste mit Kohlenbürsten.

Stromdichte in Ampere pro qcm	Spannungsabfall an positiven u. negativen Bürsten			Reibungsverluste an positiven und negativen Bürsten ausgedrückt in Watt pro Ampere Bürstendruck = 0,1 kg. pro qcm. Reibungskoeffizient = 0,3.									
				Meter pro Sekunde									
	A	B	C	8	10	12	14	16	18	20	22	24	26
3	1,6	1,4	1,2	1,6	2,0	2,3	2,7	3,1	3,5	3,9	4,3	4,7	5,1
4	1,6	1,6	1,6	1,2	1,5	1,8	2,1	2,4	2,6	2,9	3,2	3,5	3,8
5	1,6	1,8	2,0	0,94	1,2	1,4	1,6	1,9	2,3	2,4	2,6	2,8	3,1
6	1,6	2,0	2,4	0,78	0,98	1,2	1,4	1,6	1,8	2,0	2,2	2,4	2,6
7	1,6	2,2	2,8	0,67	0,84	1,0	1,2	1,3	1,5	1,7	1,9	2,0	2,2

Bemerkungen für die Tabelle: Für Spalte A ist der Übergangswiderstand umgekehrt proportional der Stromdichte angenommen.

Für Spalte C ist der Übergangswiderstand für alle Stromdichten konstant = 0,2 Ohm pro qcm angenommen.

Für Spalte B ist als Übergangswiderstand das Mittel aus den Spalten A und B angenommen.

B wird im allgemeinen eine sichere Beurteilung ergeben, da A in der Praxis zu geringe und B zu hohe Werte für die gebräuchlichen Stromdichten von 4—7 Ampere pro qcm ergibt.

Ein Bürstendruck von 0,1 kg pro qcm kann nur für sehr gute Bürstenhalter und für stationäre Motoren angewandt werden. Für Bahnmotoren muß man diesen Druck mindestens um 40 % größer annehmen.

Wie wir bereits gesehen haben, ist im allgemeinen die Stromwendung um so besser, je größer die Anzahl der Segmente pro Pol und je geringer die mittlere Spannung und die Reaktanzspannung pro Segment ist. Von diesem Standpunkt aus muß man eine höhere Umfangsgeschwindigkeit des Kommutators erlauben, und erhält so einen großen Durchmesser und eine geringe Länge. Dann ist es aber nützlich, die Reibungsverluste durch die Wahl ziemlich hoher Stromdichten (6—7 Ampere) pro qcm besonders bei kleinen Motoren herunterzudrücken, denn der Bürstenreibungsverlust ist bei allen Belastungen konstant und sollte deshalb im Interesse eines hohen jährlichen Wirkungsgrades so klein gemacht werden, als es mit guter Stromwendung vereinbar ist. Der Kommutator sollte nicht länger gemacht werden, als es zur Erreichung der erforderlichen Ausstrahlungsfläche und der notwendigen Bürstenauflagefläche nötig ist. Wenn jedoch bei hohen Stromdichten an der Bürstenauflagefläche der Bürstenbogen groß ist, sollte genügend Aufmerksamkeit darauf verwendet werden, daß die Bürsten gleichmäßig an der Kommutatoroberfläche aufliegen. Dieses sind die besten

Ratschläge, nach denen ein Kommutator entworfen werden kann. Wollte man den Bürstenreibungsverlust durch Anwendung eines langen Kommutators von kleinem Durchmesser und verhältnismäßig kleiner Anzahl von Segmenten recht klein machen, dann wird aller Wahrscheinlichkeit nach ein zusätzlicher Verlust auftreten, welcher den erlangten Vorteil zum größten Teil wieder aufhebt und nicht nur dem Kommutator schädlich ist, sondern auch nach gewisser Zeit eine Vergrößerung der Verluste und somit eine abermalige Verminderung des Wirkungsgrades herbeiführt. Ein solcher Entwurf sollte somit in allen Fällen vermieden werden. Bei einer guten mechanischen Konstruktion des Kommutators, der Welle und des Bürstenhalters können viel höhere Umfangsgeschwindigkeiten

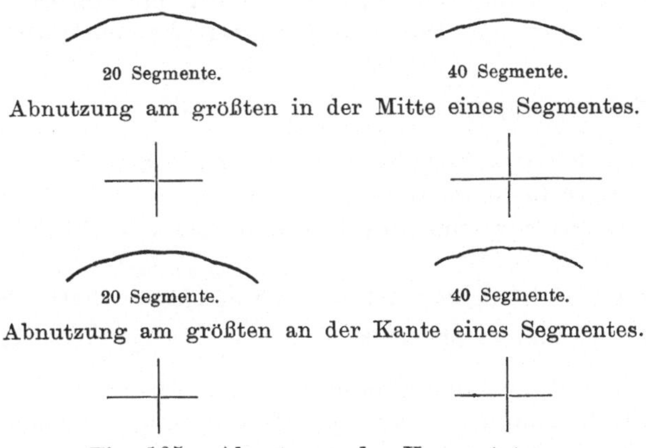

Fig. 105. Abnutzung des Kommutators.

des Kommutators zugelassen werden, als sie jetzt gebräuchlich sind. In Wirklichkeit trägt eine geringe Länge des Kommutators wesentlich zur Vergrößerung der Stabilität bei, und deshalb dürfte ein Kommutator bei einer gegebenen Ausstrahlungsfläche mechanisch nahezu ebensogut mit großem Durchmesser und kleiner Länge als umgekehrt entworfen werden. Die durch die vielen Segmente einesteils vergrößerten Arbeitskosten sind gegenüber dem erzielten Gewinn ganz außer Rücksicht zu lassen, und die Stabilität wird bei einer geeigneten Konstruktion durchaus nicht gefährdet. Die Oberfläche bleibt umsomehr zylindrisch, je größer die Unterteilung ist. Dies kann aus Fig. 105 ersehen werden, welche die Oberflächen zweier Kommutatoren mit je 20 und 40 Segmenten zeigt. Die Segmente sind in dem einen Falle in der Mitte, und in dem andern Falle an den Enden abgenutzt.

Selbstverständlich muß man sorgfältig auf die Wahl eines weichen, gleichmäßigen Glimmers für die Isolation zwischen den

Segmenten achten. Die Qualität der Kupfersegmente muß gleichförmig sein, aber es ist nicht ohne weiteres einzusehen, warum ihre Leitfähigkeit von großer Wichtigkeit sein sollte. Kupferbürsten sind von den Kohlenbürsten mit 4000 Mal größerem spezifischen Widerstande verdrängt worden, welche den Strom beständig leiten; aber die Kommutatorsegmente, welche den Strom nur mit Unterbrechungen und auch dann nur für eine äußerst geringe Zeit leiten, werden zumeist von äußerst hoher elektrischer Leitfähigkeit verlangt. In Wirklichkeit ist es noch niemals bewiesen worden, daß Kupfer in der Tat das beste Material für Kommutatorsegmente ist.

Der Gebrauch der Tafel XVIII zur Bestimmung der Kommutatorverluste soll für einen 30 PS 110 Volt-Motor erläutert werden, dessen Kommutator eine Umfangsgeschwindigkeit von 14 m hat und dessen Bürsten für eine Dichte von 5 Amp. pro qcm entworfen sind.

$$\text{Zugeführte Ampere} = \frac{30 \times 736}{110 \times 0{,}89} = 225$$

Stromwärme des Kommutators in Watt pro Amp.   1,8
Reibungsverluste in Watt pro Amp. 1,6
Gesamte Stromwärme des Kommutators $= 225 \times 1,8$
$= 405$ Watt
Gesamter Reibungsverlust $= 225 \times 1,6 = 360$ Watt
Totaler Kommutatorverlust . . . . . $= 765$ Watt.

Würde der Motor für dieselbe Leistung, aber für eine Spannung von 440 Volt bestimmt, so würden die Verluste pro Ampere immer noch 3,4 Watt ($=1,8+1,6$) sein, aber der Strom und folglich auch die gesamten Kommutatorverluste würden dann nur 25 % des entsprechenden 110 Volt-Motors betragen (also 57,5 Amp. und 195 Watt). Während also für die gebräuchlichen Temperaturerhöhungen von 40° C. der 110 Volt-Kommutator eine gesamte zylindrische Oberfläche von 15,6 qdcm brauchte, würde der 440 Volt-Motor für die gleiche Temperaturerhöhung nur 3,9 qdcm Ausstrahlungsfläche erfordern.

Im allgemeinen ist es viel leichter, einen 110 Volt-Motor für funkenfreien Lauf zu entwerfen, als einen 440 Volt-Motor. Der letztere wird wegen der größeren Segmentenzahl einen großen Durchmesser erhalten müssen, da er aber nur einer sehr geringen Ausstrahlungsfläche bedarf, so braucht er nur kurz zu sein. Der Kommutator des 110 Volt-Motors würde dagegen eine viermal größere Ausstrahlungsfläche besitzen, und um die Länge des Kommutators nicht allzusehr zu vergrößern, sollte man auch hier den Durchmesser groß halten. Aus diesen Gründen ist es gerechtfertigt, für alle Spannungen denselben Kommutatordurchmesser zu be-

durchmesser zu benutzen, während die Länge umgekehrt proportional der Spannung angenommen wird.

Motoren für 10 und weniger PS haben selbst für niedrige Spannungen so kurze Kommutatoren, daß es sich nicht verlohnt, ihre Länge für die höheren Spannungen zu ändern. Es ist jedoch selbst bei solchen kleinen Motoren ein großer Vorteil, wenn sich die Zahl der Segmente mit der Spannung ändert und für Motoren von 15 oder 20 PS aufwärts ist es entschieden angebracht, die Länge der Segmente umgekehrt proportional der Spannung anzunehmen,[1]) wobei dann der Ankerkern für die höhere Spannung länger gehalten werden kann, um dieselbe Gesamtlänge für alle Spannungen zu erhalten.

Die radiale Tiefe der Segmente wird oft bedeutend größer gehalten, als mit Rücksicht auf die mechanische Festigkeit nötig ist, weil die Abnutzung des Kommutators und gelegentliches Abdrehen diese Tiefe verringert. Eine allzugroße Berücksichtigung dieser Abnutzung ist jedoch bei einem vollkommenen Motor nicht nötig. Je nach der Leistung des Motors dürften 2—4 cm vollständig genügend sein, falls nicht die Länge des Kommutators zu groß ist. In dem letzteren Falle sind die Kommutatorsegmente leicht einer Durchbiegung vermöge der Wirkung der Fliehkräfte ausgesetzt.[2])

Kosten des Kommutatorkupfers.

In Motoren von 10 — 100 PS Leistung sind im allgemeinen 3 kg Kupfer pro qdcm äußerer zylindrischer Oberfläche notwendig. Bei offenen Motoren mit guter Ventilation im Innern des Kommutators und bei geringem Bürstendruck dürfte die Temperaturerhöhung $0{,}8\,^0$ C pro Watt pro qdcm nicht überschreiten und folglich dürften etwa 50 Watt pro qdcm erlaubt sein. Bei einem Einheitspreis von 1,70 Mark pro kg betragen die Kosten des Kommutatorkupfers $=$ $\dfrac{1{,}70 \times 3}{50} = 0{,}10$ Mark pro Watt. Mit Hilfe dieses Wertes und der

---

[1]) Eine Ausnahme ist dann zu machen, wenn die Firmen der Einfachheit halber die Anzahl der Segmente für ihre 500 Volt-Motore festsetzen und dieselbe Anzahl auch für die geringere Spannung anwenden, obgleich dieses nicht nötig wäre. Auf dieser Grundlage ist es nicht sehr schwierig, eine Ankerwicklung entsprechend der großen Anzahl Segmente zu wählen. Sehr oft aber wird dann die Zahl der Segmente für die 500 Volt-Motore etwas geringer angenommen, was der Verfasser entschieden verurteilt.

[2]) Fliehkraft $= 0{,}00000559\,D n^2$ kg pro kg, wenn $D =$ Durchmesser in cm, $n =$ Umdrehung pro Minute ist.

Konstanten aus Tafel XVIII, Spalte B sind in Tafel XIX die Kosten des Kommutatorkupfers pro Ampere für verschiedene Umfangsgeschwindigkeiten berechnet worden.

Tafel XIX.

Kosten des Kommutatorkupfers (1,70 Mark pro kg) in Mark pro Ampere für folgende Umfangsgeschwindigkeiten.

Stromdichte der Bürstenauflagefläche in Ampere pro qcm	Umfangsgeschwindigkeit in Meter pro Sekunde									
	8	10	12	14	16	18	20	22	24	26
3	0,30	34	37	41	45	49	52	57	60	64
4	0,26	29	32	35	38	40	43	46	49	52
5	0,23	26	28	30	33	35	38	40	42	45
6	0,21	23	26	28	30	32	34	36	38	40
7	0,20	22	24	26	27	29	31	33	34	36

Diese Tafel dürfte sich für oberflächliche Schätzungen sehr nützlich erweisen.

Während die Kosten aller anderen in einem Motor verwandten Materialien eine Funktion der Leistung und Umlaufszahl bilden, fallen die Kommutatorkosten in eine ganz andere Abteilung. Der Kommutator dient zur Sammlung des Stromes und sein Preis ist folglich von der Spannung und auch von der Tourenzahl nahezu unabhängig. Aus diesem Grunde bilden die Kosten der Kommutatorsegmente einen umso größeren Prozentsatz der gesamten Kosten des effektiven Materials, je geringer die Spannung und je höher die Umlaufszahl des Motors pro Minute ist.

Kosten des Anker- und Feldkupfers.

Die Kosten des Ankerkupfers, Feldkupfers und des magnetischen Materials können nicht auf diese Weise zusammengestellt werden, da sie ja zu einem großen Teile von dem Entwurfe und von den zu erfüllenden Bedingungen abhängen. So würde z. B. der eine Konstrukteur $50\,^0/_0$ für Feld- und Ankerkupfer und $50\,^0/_0$ für magnetisches Material aufwenden, während ein anderer vielleicht nur $25\,^0/_0$ für Kupfer und $75\,^0/_0$ für magnetisches Material verwendet. Die Meinung des Verfassers neigt dahin, daß das Verhältnis der Kosten des Feldkupfers und Ankerkupfers zu den gesamten wirksamen Materialkosten (mit Ausnahme des Kommutatorkupfers) umso höher gehalten werden müsse, je geringer die

Spannung ist, weil für eine niedere Spannung weniger Isolation auf jedes Kilogramm „Kupfergewicht" entfällt. Diese Betrachtungen führen zu solchen Entwürfen, wie sie in Fig. 64 und Tafel IV gezeigt sind.

Die gesamten Kosten (Feldkupfer, Ankerkupfer und wirksames

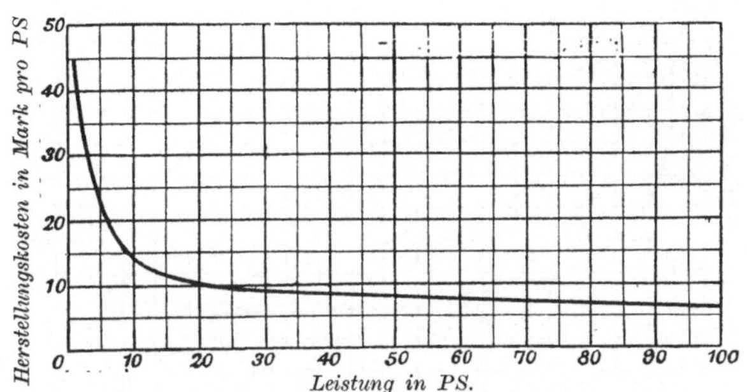

Fig. 106. Halbgeschlossene Gleichstrommotoren.
Kosten des wirksamen Materiales mit Ausnahme der Kommutatorsegmente.
700 U. p. M.

Eisen) sind in roher Annäherung in Fig. 106 dargestellt. In den zwei Kurven der Fig. 107, welche für 500 Volt- und 100 Volt-Motoren gelten, sind die Kosten für die Kommutatorsegmente mit

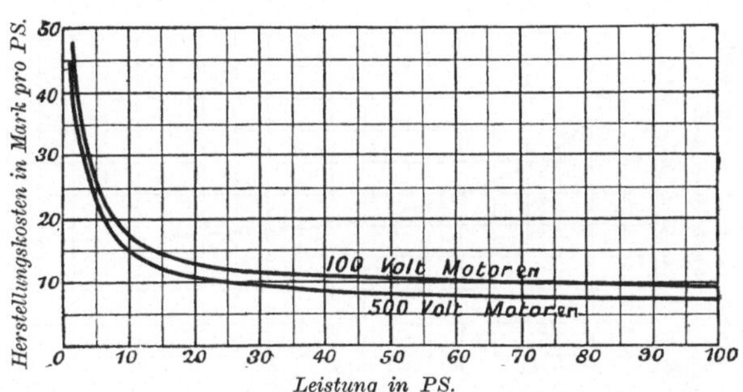

Fig. 107. Halbgeschlossene Gleichstrommotoren.
Kosten des wirksamen Materiales inkl. Kommutatorsegmente. 700 U. p. M.

eingeschlossen. Diese Kurven zeigen deutlich, daß man bei Motoren für weniger als 7 PS nur wenig sparen würde, wollte man die Kommutatorlänge umgekehrt proportional der Spannung nehmen, während der Unterschied in den Kosten des effektiven Materials bei 30 PS schon etwa 15 % ausmacht und mit den Leistungen rasch ansteigt. Deshalb dürften trotz der geringeren Isolations-

und Arbeitskosten 110 Volt·Motoren von mehr als 15 PS teurer
sein als die entsprechenden für 400 Volt.

Alle diese Zahlen können naturgemäß nur rohe Schätzungen
sein, aber der wichtige Punkt, der hier gezeigt werden sollte, ist
der Einfluß der Kosten des Kommutators auf den ganzen Entwurf.

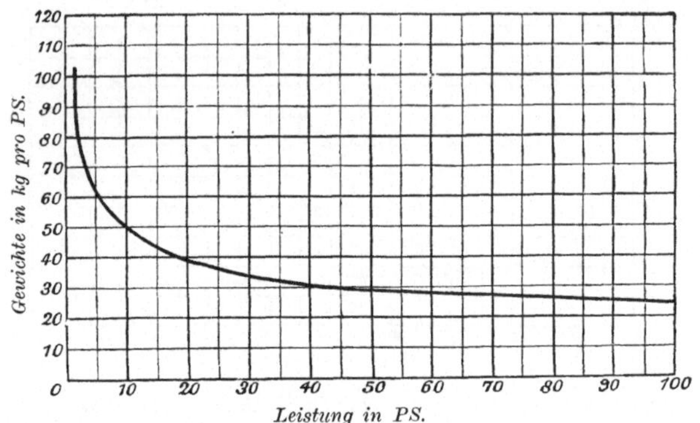

Fig. 108. Halbgeschlossene Gleichstrommotoren.
Gewichte pro PS bei 700 U. p. M.

Die Kurve in Fig. 108 gibt das Gewicht pro PS für halbgeschlossene Nebenschlußmotoren von ungefähr 700 Touren pro
Minute. Diese Gewichte variieren sehr bei den verschiedenen

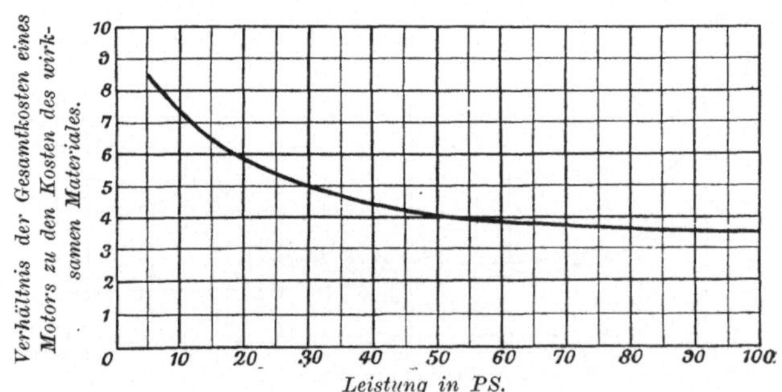

Fig. 109. Halbgeschlossene Gleichstrommotoren.
Verhältnis der gesamten Kosten zu den Kosten des wirksamen Materiales.
(250 Volt, 750 R. p. M.)

Firmen; in noch höherem Maße variieren aber die Herstellungskosten. Die in Fig. 109 gegebenen Werte sollen nur eine an-
genäherte Idee der Herstellungskosten pro PS geben. 250 Volt-
Motoren mit 700 Umdrehungen pro Minute sind den Kurven zugrunde gelegt worden.

Um wieviel solche Motoren in ihrer Leistung vermindert werden müssen, um innerhalb der erlaubten Temperaturgrenze als vollständig geschlossene Motoren angewandt werden zu können, hängt von dem Verhältnis der konstanten zu den veränderlichen Verlusten ab, worauf in einem früheren Abschnitt näher eingegangen worden ist. Meistens findet man ein zu hohes Verhältnis der konstanten zu den variablen Verlusten, so daß geschlossene Motoren für eine gegebene Leistung entweder viel zu teuer sind, oder unerwünscht heiß werden.

Elftes Kapitel

Normalisierung elektrischer Motoren.

Der Verband Deutscher Elektrotechniker hat vor einigen Jahren eine Anzahl einheitlicher Regeln für elektrische Motoren herausgegeben. Während diese die Grenzen darstellen, innerhalb welcher die Firmen in Deutschland, Österreich, Belgien, Schweden und in der Schweiz, eine Garantie für ihre Apparate übernehmen, darf nicht notwendigerweise daraus geschlossen werden, daß sie vollen Vorteil aus diesen ziemlich hohen Temperaturen, die als zulässig gelten, diesen äußerst geringen Isolationsbedingungen, sowie den ziemlich liberal abgefaßten Erfordernissen bezüglich der Kommutierung ziehen. In Wirklichkeit hat der Verfasser beobachtet, daß die kontinentalen Maschinen eine höhere Normalleistung haben, als die strengen Bedingungen der englischen und amerikanischen Praxis ermöglichen würden, daß diese Normalleistung andererseits aber viel geringer ist, als sie nach den Vorschriften des Verbandes Deutscher Elektrotechniker erlaubt wäre. Soweit sich diese Regeln auf Gleichstrommotoren beziehen, sollen sie im folgenden kurz zusammengefaßt werden.

In bezug auf die Leistung sind folgende drei Betriebsarten zu unterscheiden:

a) Der intermittierende Betrieb, bei dem nach Minuten zählende Arbeitsperioden und Ruhepausen abwechseln (z. B. Motoren für Kräne, Aufzüge, Straßenbahnen u. dgl.)

b) Der kurzzeitige Betrieb, bei dem die Arbeitsperiode so kurz ist, daß die Endtemperatur nicht erreicht wird, und die Ruhepausen lang genug sind, daß die Temperatur wieder annähernd auf die Lufttemperatur sinken kann.

c) Der Dauerbetrieb, bei dem die Arbeitsperiode so lang ist, daß die Endtemperatur erreicht wird.

Für Klasse A ist unter der normalen Leistung des Motors diejenige zu verstehen, welche ohne Unterbrechung eine Stunde lang abgegeben werden kann, ohne daß die Temperaturzunahme den weiter unten als zulässig bezeichneten Wert überschreitet.

Für Klasse B ist unter der normalen Leistung eines Motors diejenige zu verstehen, welche während der vereinbarten kurzzeitigen Beanspruchung abgegeben werden kann, ohne daß die Temperaturzunahme den weiter unten als zulässig bezeichneten Wert überschreitet.

Für Klasse C ist unter der normalen Leistung diejenige zu verstehen, welche während beliebig langer Zeit abgegeben werden kann, ohne daß die Temperaturzunahme den weiter unten als zulässig angegebenen Wert überschreitet.

Temperaturerhöhungen: Wenn die Temperatur der umgebenden Luft nicht größer als 35° C. ist, soll die Temperaturerhöhung über die der Luft die folgenden Daten nicht überschreiten.

Für Wicklungen, die sich in Bewegung befinden:

$$
\begin{array}{ll}
\text{Bei Baumwollisolierung} & 50°\text{ C.} \\
\text{Bei Papierisolierung} & 60°\text{ C.} \\
\text{Bei Glimmerisolierung} & 80°\text{ C.}
\end{array}
$$

Bei ruhenden Wicklungen sind um 10° höhere Werte zulässig.

Für das Eisen, in welchem die Wicklungen liegen, soll dieselbe zulässige Temperaturzunahme gelten als für die Wicklungen selbst.

Für Kommutatoren soll die Temperaturerhöhung 60° C. nicht überschreiten.

Die Temperatur der mit Gleichstrom erregten Feldspulen ist aus der Widerstandszunahme zu bestimmen. Dabei ist, wenn der Temperaturkoeffizient des Kupfers nicht für jeden Fall besonders bestimmt wird, dieser Koeffizient als 0,004 anzunehmen.

Für alle anderen Teile soll die Temperaturerhöhung mit Hilfe des Thermometers gemessen werden.

Wenn die Isolation aus mehr als einem der obigen Materialien besteht, soll die geringste in Betracht kommende Temperaturerhöhung genommen werden.

Bei Bahnmotoren sind höhere Werte zugelassen; die Temperaturerhöhung in irgend einem Teile des Motors (mit Ausnahme des Kommutators, der 80° C Temperaturerhöhung haben kann) soll die im Nachstehenden gegebenen Werte nicht überschreiten:

$$
\begin{array}{llll}
\text{Bei Anwendung von} & \text{Baumwollisolation} & 70°\text{ C.} \\
\quad\text{„} \qquad\qquad\text{„} & \text{„ Papierisolation} & 80°\text{ C.} \\
\quad\text{„} \qquad\qquad\text{„} & \text{„ Glimmerisolation} & 100°\text{ C.}
\end{array}
$$

Stromwendung: Wenn sich die Bürsten in der günstigsten Stellung befinden, soll der Motor bei allen Belastungen insoweit funkenfrei laufen, daß der Kommutator innerhalb 24 Stunden nicht mehr als einmal mit Sandpapier abgerieben oder durch ähnliche Maßnahmen wiederhergestellt zu werden braucht.

Überlastung: Im praktischen Betriebe sollen Überlastungen nur so kurze Zeit, oder bei einem solchen Temparaturzustand der Maschinen vorkommen, daß die erlaubte Temperaturerhöhung nicht überschritten wird.   Mit dieser Einschränkung sollen die Maschinen fähig sein, die folgenden Überlastungen zu leisten:

$$25\,\%\ \text{Überlastung für}\ ^{1}/_{2}\ \text{Stunde}$$
$$40\,\%\qquad\quad\text{„}\qquad\quad\text{„}\quad 3\ \text{Minuten.}$$

Die Stromwendung bei diesen Überlastungen soll derart sein, daß eine Abweichung von den im vorhergehenden Abschnitt enthaltenen Bedingungen nicht nötig ist.

Motoren, welche mit Hilfe geeigneter Feldregulierung für veränderliche Umlaufszahlen bestimmt sind, brauchen keinen Überlastungen ausgesetzt zu werden.

Isolation: Gleichstrommotoren sollen eine halbe Stunde in warmem Zustande mit der doppelten Normalspannung zwischen Wicklung und Eisenkörper geprüft werden.   Falls diese Prüfung mit Wechselstrom vorgenommen wird, braucht die effektive Spannung nur 1,4 mal so groß zu sein wie die normale Gleichstromspannung des Motors.[1])

Die Erfordernisse des „American Institute of Electrical Engineers“ sind in vielen Punkten bedeutend strenger.   Soweit sie sich auf Gleichstrommotoren beziehen, sollen sie in folgendem kurz wiedergegeben werden.

---

[1]) In der Elektrotechnischen Zeitschrift vom 3. Oktober 1902, Seite 839 erklärt Dettmar, daß die Regeln des Verb. Deutsch. Elektrotechn. sich nur auf die höchsten zulässigen Bedingungen beziehen, und daß die Güte der in Deutschland gefertigten Maschinen nicht im geringsten von Maschinen anderer Länder übertroffen wird.   Er sagt, daß alle guten deutschen Firmen viel höhere Garantien, als in den erwähnten Regeln festgesetzt sind, leisten und gibt als einen Erfahrungswert, der gewöhnlich innegehalten wird, die folgenden Bedingungen an:

25—30 % Überlastung für 3 Stunden, ohne schädliches Funken, beziehungsweise Erwärmung.

Thermometrisch bestimmte Temperaturerhöhung nicht über 35 oder 40° C.

Genügende Widerstandsfähigkeit augenblickliche Überlastungen bis zu 100 % ohne schädliches Funken oder allzugroße Erwärmung zu ertragen.

Konstante Bürstenstellung für alle diese Bedingungen.

In vielen Fällen werden noch höhere Garantien geleistet, und die Maschinen sind in der Regel bedeutend besser, als garantiert worden ist.

Temperaturerhöhungen: Die Temperaturerhöhungen des Feldes und des Ankers über die der umgebenden Luft sollen bei Vollast, nach der Widerstandsmethode gemessen, 50⁰ C, die des Kommutators, mit dem Thermometer gemessen, 50⁰ C und die der Lager und anderen Teile des Motors, ebenfalls mit dem Thermometer gemessen, 40⁰ C nicht überschreiten.

Wenn das Thermometer an irgend einer Stelle der Wicklung eine größere Temperaturerhöhung zeigt als die durch die Widerstandsmethode gegebene, dann ist die Thermometermessung als maßgebend anzusehen.

In dem Fall, daß der betreffende Apparat für intermittierenden Betrieb bestimmt ist, soll die aus der Widerstandszunahme bestimmte Temperaturerhöhung am Ende der betreffenden Periode 50⁰ C nicht überschreiten.

Isolation: Die Messung des Isolationswiderstandes sollte, wenn möglich, bei der Spannung gemacht werden, für welche der Apparat bestimmt ist. Der Isolationswiderstand der fertigen Maschine muß derart sein, daß die Normalspannung des Apparates nicht mehr als ein Millionstel des Vollaststromes durch die Isolation sendet.

Wenn der auf diese Weise gefundene Wert des zulässigen Widerstandes ein Megohm überschreitet, so ist dieser letztere Wert genügend.

Dielektrische Stärke: Um die dielektrische Stärke oder die Durchschlagsfähigkeit zu bestimmen, soll eine Minute lang zwischen Wicklung und Gehäuse eine effektive Wechselstromspannung von dem folgenden Werte aufrecht erhalten werden.

Klemmenspannung	Leistung in PS	Effektive Spannung zur Isolationsprüfung
kleiner als 400	kleiner als 15	1000
kleiner als 400	15 und darüber	1500
von 400 bis 800	kleiner als 15	1500
von 400 bis 800	15 und darüber	2000

Überlastung: Die Motoren sollten eine angemessene Überlastung ohne schädliche Folgen aushalten, und dabei sollte die Temperaturerhöhung die vorher angegebenen Grenzen um nicht mehr als 15⁰ C überschreiten.

Die folgenden Überlastungen werden empfohlen:

$$25\,{}^0/_0 \text{ Überlastung für } {}^1/_2 \text{ Stunde,}$$
$$50\,{}^0/_0 \qquad \text{ „ } \qquad \text{ „ } \quad 1 \text{ Minute.}$$

Eine Ausnahme hiervon machen Bahnmotoren und andere für intermittierenden Betrieb bestimmte Maschinen.

Viel strengere Erfordernisse als die von diesen beiden Vereinen empfohlenen Werte werden oft in England und Amerika verlangt, und es muß zugegeben werden, daß dies viel dazu beiträgt, die durchschnittliche Güte der Maschinen zu erhöhen.

Der Verfasser glaubt, daß die folgenden Isolationsprüfungen für Gleichstrommotoren gefordert werden könnten:

Normale Spannung	Garantierte Isolation, Prüfung von Kupfer zu Eisen bei 60° C während 1 Minute
100	2000 effektive Volt
200	2400 „ „
400	3000 „ „
600	3600 „ „

Bezüglich der Temperaturerhöhung und des Funkens schlägt der Verfasser die folgenden Bedingungen vor:

25 °/₀ Überlastung für ¹/₂ Stunde, ohne schädliches Funken oder Erhitzen. Thermometrisch gemessene Temperaturerhöhung von nicht mehr als 50° C über die umgebende Luft bei ununterbrochenem Betriebe und normaler Leistung. Kein schädliches Funken und keine schädliche Erwärmung für augenblickliche Überlastung von 50 °/₀. Feststehende Bürstenstellung für alle diese Bedingungen.

Wie bereits angegeben, ist die Basis zur Bestimmung der Leistung eines Bahnmotors (unabhängig von den Vorschlägen der Vereine) ganz allgemein derart angenommen worden, daß die thermometrisch gemessene Temperaturerhöhung nach einstündigem Laufe bei der Normalleistung 75° C nicht überschreiten darf.[1]

Es ist notwendig, die in den verschiedenen Ländern gebräuchlichen Garantien zu berücksichtigen, wenn man einen Vergleich von Gewicht und Kosten verschiedener Motoren anstellen will.

Gewichte von Nebenschlußmotoren.

In Fig. 110 sind schon an anderer Stelle veröffentlichte Gewichte von Gleichstrommotoren zusammengetragen worden. Kurve A ist einem Artikel von Seefehlner in der Zeitschrift für Elektrotechnik, Band XIX (1901, Seite 246), entnommen, Kurve B von Seite 910,

---

[1] Bezüglich dieser einheitlichen Regeln siehe auch Proceedings of the American Institute of Electrical Engineers, Band XV (1898), Seite 3—32, Band XVI (1899), Seite 255—268, Traction and Transmission, Band I, Nr. 1 (1900, Artikel von Parshall „Normalisierung elektrischer Apparate"); Elektrotechnische Zeitschrift (1900), Seite 727: Dettmar, „Normalisierung"; Elektrotechnische Zeitschrift (1900), Seite 1058: Ölschläger über die Leistung von Maschinen für intermittierenden Betrieb; Elektrotechnische Zeitschrift (1901), Seite 499: Dettmar über die Normalprüfung elektrischer Maschinen.

Band XVIII (1901) von Transactions of the American Institute of Electrical Engineers, von Goldsborough. In beiden Fällen sind von den Autoren die Gewichte von Gleichstrommotoren mit denjenigen von Induktionsmotoren verglichen, und infolgedessen sind

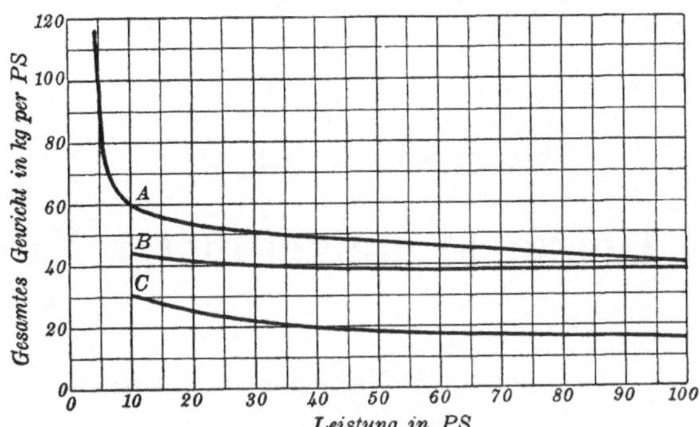

Fig. 110. Gewichte von Gleichstrommotoren.

Kurve A. Zeitschr. für Elektrot., Vol. XIX (1901), p. 246, Artikel von Seefehlner. Durchschnittswerte von 15 Firmen. Geschwindigkeiten sind nicht angegeben. — Kurve B. Transac. Am. Inst. Elec. Eng., Vol. XVIII (1901), p. 910. Vortrag von Goldsborough, bezieht sich auf Nebenschlußmotoren mittlerer Geschwindigkeit. — Kurve C. Von demselben Artikel wie Kurve A, bezieht sich auf Bahnmotoren.

die Umlaufszahlen außer Acht gelassen worden. Die Nützlichkeit der Kurven wird dadurch sehr vermindert. Kurve *C* ist ebenfalls dem Artikel von Seefehlner entnommen und gibt ähnliche Daten für Bahnmotoren.

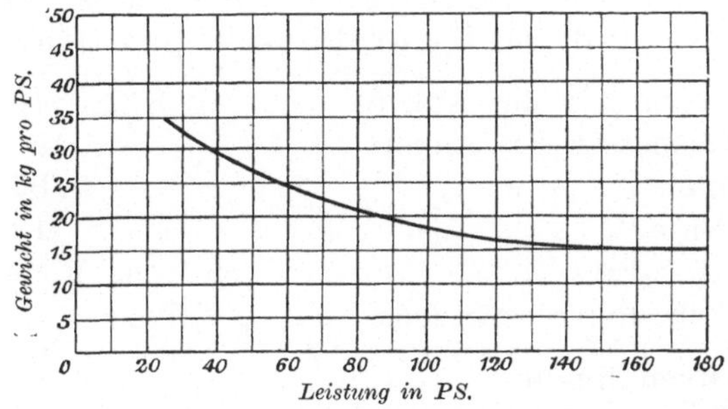

Fig. 111. Gewichte von 500 Volt Gleichstrommotoren für Bahnbetrieb.
(500 U. p. M.)

In Fig. 111 ist eine Kurve wiedergegeben, welche die Gewichte von 500 Volt - Gleichstrom - Bahnmotoren in Kilogramm pro PS darstellt, wenn 500 Touren pro Minute als einheitliche Umdrehungszahl angenommen wird. (Dieses ist eine sehr gebräuchliche Umlaufszahl bei Bahnmotoren mit einfacher Übersetzung.) Die Grundlagen für Bestimmung der Leistung sind dieselben wie oben schon angedeutet.

Zwölftes Kapitel

Weitere Beispiele ausgeführter Motoren.

Beschreibung eines 20 PS-Nebenschlußmotors (Clayton).

Fig. 112—118 zeigen einen vierpoligen 20 PS-Nebenschluß-motor für 500 Volt und 700 Umdrehungen pro Minute, der von der Elektriska Akticbolaget Magnet of Ludvika, Schweden, nach dem Entwurfe des Herrn Aubrey V. Clayton gebaut worden ist und dessen Daten dem Verfasser von obigem Herrn freundlichst zur Verfügung gestellt wurden.

Tafel XX.

Berechnung eines vierpoligen 20 PS-Motors für 20 PS, 500 Volt und 700 Umdrehungen pro Minute.

Äußerer Durchmesser des Ankers . . . . . . 340 mm
Innerer Durchmesser des Ankers . . . . . . 155 „
Zahl der Nuten 83
Leiter pro Nute 12
Wicklungsart . . . . einfache Reihenschaltung
Windungen in Reihe zwischen den positiven

und negativen Bürsten . . . . $\dfrac{6 \times 83}{2} = 249$

Kraftlinienfluß (480 Volt innere Spannung) (M) 2,08 Megalinien

$$\left(480 = 4 \times 249 \times \frac{700 \times 2}{60} M \times 10^{-8}\right)$$

Zugeführter Strom bei Vollast . . . . 33 Amp.

Anker-Amperewindungen pro Pol $\dfrac{248}{2} \times \dfrac{33}{2} = 2050$

Kappscher Koeffizient . . . . $= 1,08$
Dimensionen des blanken Leiters . . . . $\phi = 2,2$ mm
Dimensionen des isolierten Leiters . . . . $\phi = 2,52$ „

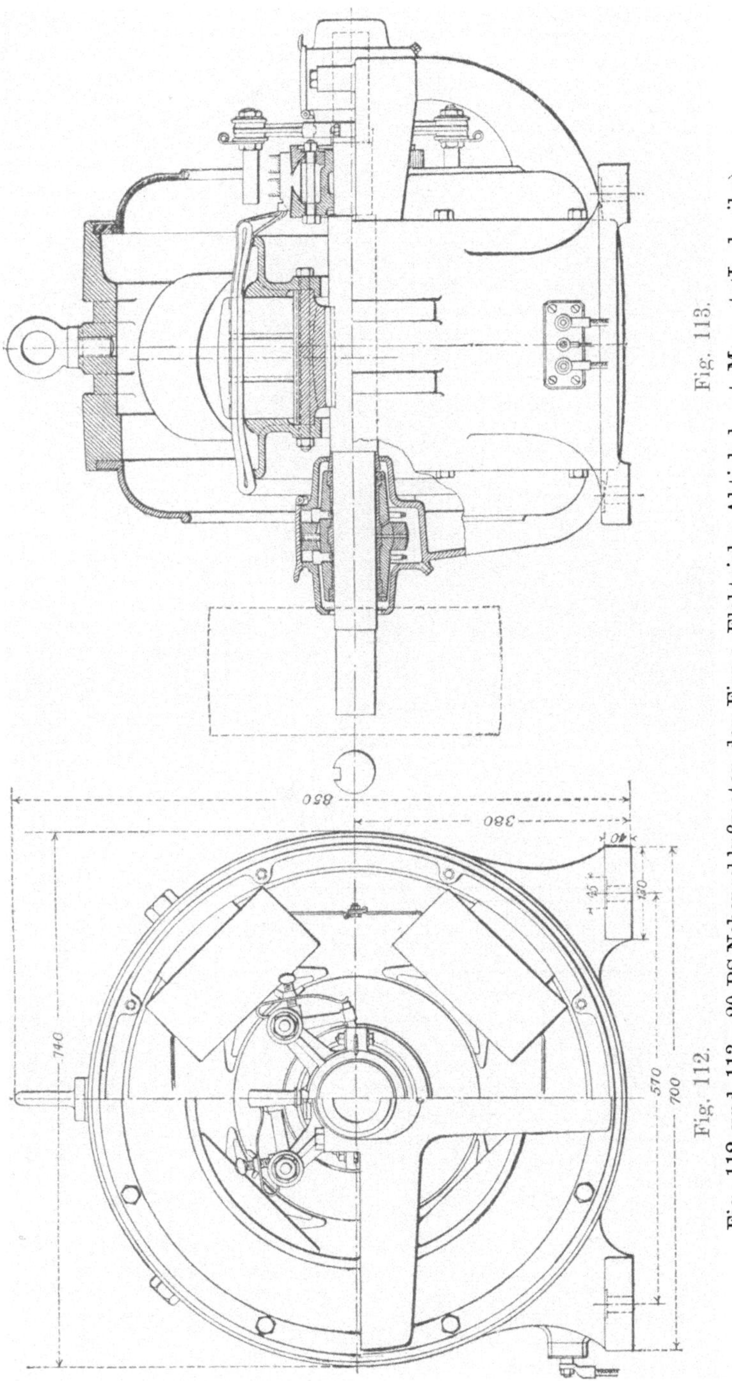

Fig. 113.

Fig. 112.

Fig. 112 und 113. 20 PS-Nebenschlußmotor der Firma Elektriska Aktiebolaget Magnet (Ludovika).

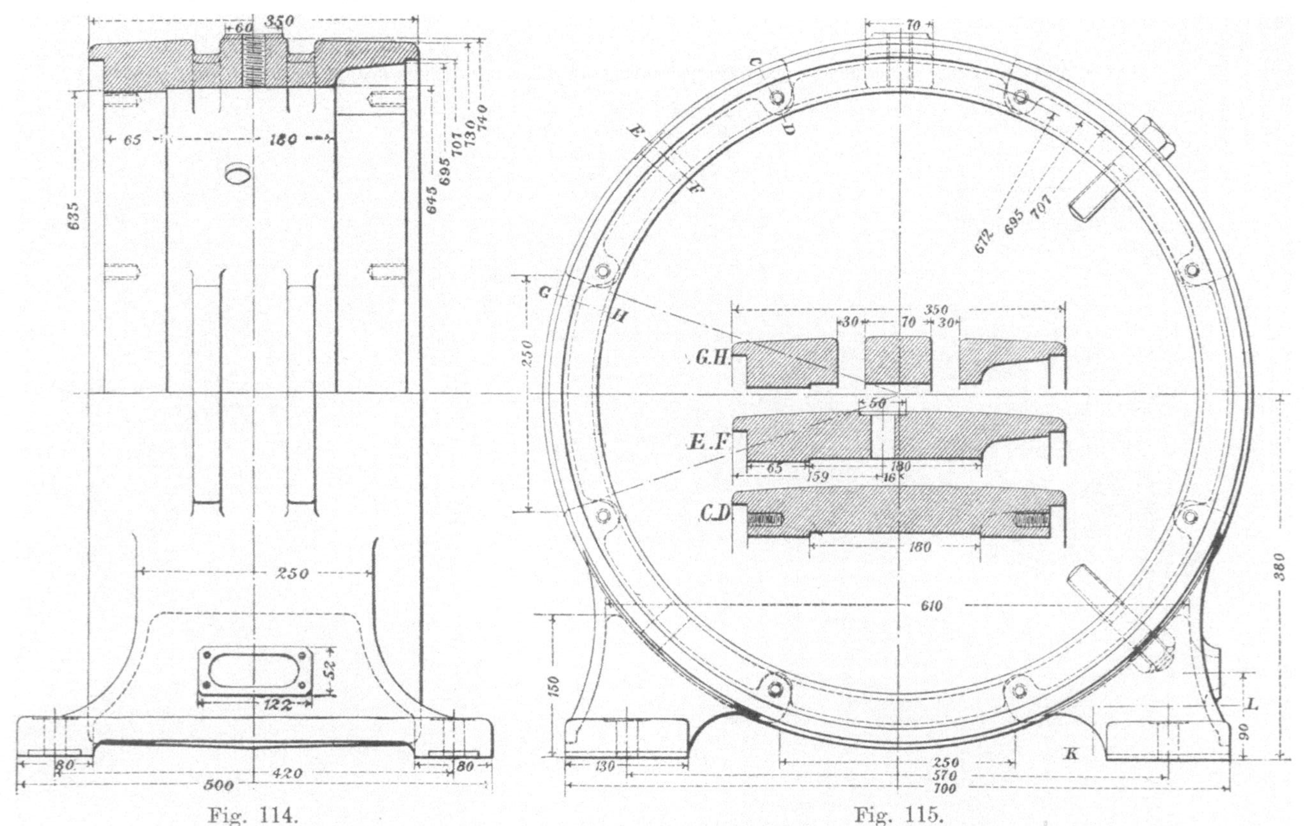

Fig. 114.   Fig. 115.

Fig. 114 und 115.   20 PS-Nebenschlußmotor der Firma Elektriska Aktiebolaget Magnet (Ludovika.)

Stromdichte im Leiter . . $\dfrac{33}{2\,(0,22^2 \times {}^{\pi}/_4)} = 430\,\text{Amp. p. qcm}$

Dimensionen einer Nute . . . . 7,3 mm $\times$ 20 mm

Breite eines Zahnes an der Oberfläche . . . 5,6 mm

Breite eines Zahnes an der Wurzel . . . . 4,0 „

Mittlere Breite eines Zahnes . . . . . . 4,8 „

Verhältnis von Zahnbreite zu Nutenbreite . . 0,66

Mittlere Länge eines Polbogens . . . . . . 187 mm

Wirksame Länge der Ankerbleche . . . . . 145 „

Mittlere magnetische Dichte in den Zähnen . . . . $\dfrac{2,08 \times 10^6}{16\,(4,8 \times 14,5)} = 18\,700$

Länge des Ankers zwischen den Flanschen . . . . 145 $\times$ 1,10 $+$ 2 $\times$ 6 mm $=$ 170 mm

Magnetische Dichte an der Polschuhoberfläche . . . . $\dfrac{2,08 \times 10^6}{18,7 \times 17,0} = 6500$

Magnetische Dichte des Magnetkernes (Stahl). . . . . $\dfrac{2,08 \times 1,12 \times 10^6}{14,7^2 \times {}^{\pi}/_4} = 13\,800$

Dichte im Magnetjoch (Stahl) . . $\dfrac{2,08 \times 1,12 \times 10^6}{2 \times 110} = 10\,600$

Dichte im Ankereisen . . . . . . $\dfrac{2,08 \times 10^6}{2\,(14,5 \times 7,25)} = 10\,000$

Berechnung der Feld-Amperewindungen.

	Länge	Magnetische Dichte	Amperewindungen
Ankerkern	9 cm	10000	55
Ankerzähne	2 „	17800	320
Luftspalt in der Mitte des Polbogens	3,5 mm	wirkliche	
Luftspalt an den Polschuhenden	7,0 „	} 6500	2050
Magnetkern	15 cm	13800	240
Magnetjoch	25 „	10600	200
Summe			2865
Zusätzliche Amperewindungen			300
Gesamte Amperewindungen .			3165

Berechnung der Feldspulen.

Wattverbrauch der Nebenschlußwicklung $= 1,7\,{}^0/_0 = 250$ Watt oder $\dfrac{250}{4} = 62,5$ Watt pro Spule.

Folglich: Ampere $= \dfrac{250}{500} = 0,5$.

Windungszahl pro Spule $= \dfrac{3165}{0,5} = 6330$.

Widerstand pro Spule $= \dfrac{500}{0,5 \times 4} = 250$ Ohm in warmem Zustande.

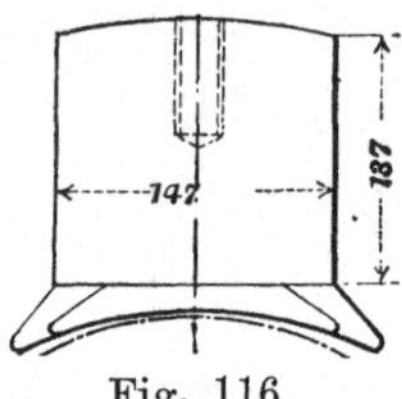
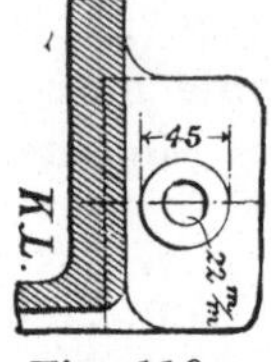
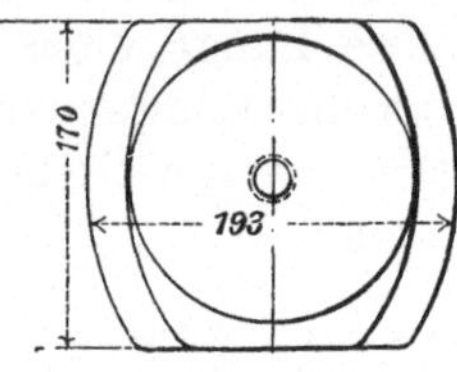

Fig. 116.   Fig. 116a.   Fig. 117.

Fig. 116, 116a und 117. Magnetkonstruktion des 20 PS-Nebenschlußmotors
der Firma Elektriska Aktiebolaget Magnet (Ludovika).

Unter der Annahme, daß 8,5 Watt pro qdcm äußerer zylindrischer Oberfläche der Spule erlaubt sind, erhalten wir eine zylindrische Oberfläche von $\dfrac{62,5}{8,5} = 7,4$ qdcm. Der Durchmesser des Magnetkernes ist 147 mm und schlägt man hierzu 5 mm für Isolation und 70 mm für die Wicklung, so erhält man einen äußeren Umfang von

$$\pi(147 + 5 + 70) = 700 \text{ mm},$$

folglich muß die Spulenlänge $\dfrac{74000}{700} = 105$ mm sein.

Der Querschnitt berechnet sich aus dem Widerstande, der mittleren Länge und der gesamten Windungszahl zu 0,3 qmm.

Man wird deshalb 0,65 mm starken Draht mit einem Querschnitt von 0,33 qmm nehmen. Der mit einfacher Baumwollbespinnung isolierte Draht wird einen Durchmesser von 0,77 mm haben und kann in 46 Lagen und je 142 Windungen gewickelt werden, bedarf also eines Wicklungsraumes von 115×38 mm. Der gemessene Widerstand der Spulen ist 208 Ohm bei 20° C.

Kommutator und Berechnung der Stromwendung.

Durchmesser . . . . 200 mm

Zahl der Segmente[1] 165

Mittlere Spannung pro Segment $500 : \dfrac{165}{4} = $ 12,2

---

[1] In einer Nute befindet sich eine Spule, welche nicht mit dem Kommutator oder mit den übrigen Ankerwicklungen verbunden ist.

Breite eines Segments an der Kommutator-

oberfläche . . . $\dfrac{\pi \times 200}{165} - 0{,}7 =$ 3,1 mm

Bürstenbogen . . . . 11 „

Frequenz der Kommutierung $=$

$$\dfrac{200\,\pi \times 700}{2 \times 11{,}1 \times 60} =\ 326$$

Zahl der kurzgeschlossenen Spulen pro

Bürste 3

Windungen pro Spule 3

Fig. 118.   20 PS-Nebenschlußmotor der Firma Elektriska Aktiebolaget **Magnet**
(Ludovika).

Zahl der gleichzeitig an der Stromwendung

teilnehmenden Leiter 18

Zahl der Kraftlinien pro Amperewindung

pro cm Ankerlänge 9

Ankerlänge . . . . 17 cm

Kraftlinien pro Amperewindung 153

Kraftlinien pro Ampere . . . . $18 \times 153 = 2750$

Induktanz . . . . 0,0000825 Henry

Reaktanz . . . . $0{,}0000825 \times 2\,\pi \times 326 = 0{,}17$ Ohm

Dieses ist die Reaktanz der kurzgeschlossenen Spulen, wenn
vier Bürstensätze benutzt werden.

Bei diesem Motor waren jedoch nur zwei Bürstensätze benutzt worden, folglich ergibt sich die Reaktanz zu 0,34 Ohm.

Ampere pro Leiter 16,5
Reaktanzspannung . . . . $16,5 \cdot 0,34 = 5,6$ Volt

Kommutatorverluste.

Bürsten pro Satz 2
$$(\text{je } 25 \times 10 \text{ mm})$$
Mittlere Stromdichte an der Auflagefläche . 6   Amp. p. qcm
Widerstand an positiven und negativen Bürsten   0,074 Ohm
Stromwärme an positiven und negativen
   Bürsten . . . . $33^2 \times 0,074 = 80$ Watt
Umfangsgeschwindigkeit des Kommutators . 7,3   m p. Sek.
Reibungsverlust der Bürsten 22   Watt
Wirbelstromverluste 10   „
Gesamte Verluste am Kommutator 112   „
Watt pro qdcm der Kommutatoroberfläche . 23

Es wird berichtet, daß der Motor bei einer Rückwärtsverschiebung der Bürsten um drei Segmente von Leerlauf bis zu $25\,^0/_0$ Überlastung funkenlos läuft.

Die Maschine wurde als Generator 6 Stunden lang mit 30 Amp., 50 Volt belastet. Bei 740 Umdrehungen pro Minute wurden die folgenden Temperaturerhöhungen mit dem Thermometer gemessen:

	Temperatur in Graden Cels.	Temperaturerhöhungen
Feldspulen	39	23
Magnetjoch	32	16
Polschuhe	40	24
Anker	42	26
Kommutator	37,5	21,5
Lager an der Riemenscheibe	39	23
Lager an der Kommutatorseite	36	20
Temperatur des umgebenden Raumes . .	16	—

Diese geringen Werte sind zum größten Teil durch die gute Ventilierung des Magnetjoches erreicht worden.

Wirkungsgrad:

Berechnete Verluste bei Leerlauf (Kernverluste,
   Reibungsverluste an Bürsten und Lagern)   700 Watt

Stromwärme im Anker (gemessener Widerstand
  $= 0{,}58$ Ohm bei 20^0 C.) $33^2 \times 0{,}65$ . . . .   710 Watt
Nebenschlußverluste . . . .   245 „
Stromwärme und Wirbelstromverluste am Kom-
  mutator . . . .   90 „
Gesamte Verluste . . . .   1745 Watt
Gesamte Leistung $20 \times 736 =$ . . . . . .   14720 „
Wattverbrauch . . . .   16465 Watt
Wirkungsgrad bei Vollast . . . . $89{,}5\,^0/_0$

Fig. 119. Vierpoliger 35 PS-Motor, entworfen von A. V. Clayton.

Die Photographie eines vierpoligen 35 PS, 440 Volt-Nebenschlußmotors für 950 Touren pro Minute ist in Fig. 119 gegeben. Dieser
hat dasselbe Joch, dieselben Endflanschen und Lager und dieselbe
Welle wie der soeben beschriebene 20 PS-Motor. (Die Lager sind
auch wieder für Drehstrommotoren benutzt worden.) Die Verluste
sind größer, aber dafür ist die Ventilation durch die höhere Umfangsgeschwindigkeit verbessert worden.

Beschreibung eines 35 PS-Motors (Clayton).

Der 35 PS-Motor für 950 Umdrehungen pro Minute, dessen Daten in Tafel XXI zusammengestellt sind, unterscheidet sich von dem in Fig. 119 dargestellten nur in dem Kommutator und der Wicklung, welche für 220 Volt berechnet sind. Dieselben Lager konnten benutzt werden, da die Stabwicklung für den 220 Volt-Anker weniger Raum einnimmt als die 440 Volt-Drahtwicklung und folglich genügend Platz für die erforderliche größere Länge des Kommutators vorhanden war.

Tafel XXI.

Berechnung eines vierpoligen 35 PS-Nebenschlußmotors für 220 Volt und 950 Umdrehungen pro Minute.

Anker:

Äußerer Kerndurchmesser	343 mm
Innerer Kerndurchmesser	155 „
Zahl der Nuten	71
Leiter pro Nute	8
Wicklungsart	einfache Parallel-schaltung
Zahl der Windungen in Reihe zwischen den Bürsten	71
Kraftlinienfluß (210 Volt innere Spannung) .	2,35 Mega-linien
Zugeführter Strom bei Vollast	129 Amp.
Anker-Amperewindung pro Pol $\dfrac{71 \times 129}{4} =$	2280
Kappscher Koeffizient . . . . $=$	1,4
Dimensionen des blanken Leiters	$1,3 \times 9$ mm
Stromdichte im Leiter	275 Ampere pro qcm
Widerstand der Ankerwicklung bei 20° Cels.	0,0255 Ohm
· Dimensionen der Nute . . . . $8,5 \times 23$	mm
Verhältnis von Nutenbreite zu Nutentiefe .	0,37
Breite eines Zahnes an der Ankeroberfläche	6,6 mm
Breite eines Zahnes an der Wurzel . . .	4,7 „
Mittlere Zahnbreite	5,65 „
Verhältnis von Zahnbreite zu Nutenbreite .	0,66 „
Mittlere Länge des Polbogens	187 „
Wirksame Länge der Ankerbleche	150 „

Magnetische Dichte in den Zähnen
$$\frac{2{,}35 \times 10^6}{14 \times 0{,}565 \times 15{,}0} = 19\,800$$
Länge des Ankers zwischen den Flanschen $150 \times 1{,}09 + 6 = 170\,\mathrm{mm}$
Magnetische Dichte an der Polschuhoberfläche
$$\frac{2{,}35 \times 10^6}{18{,}7 \times 17{,}0} = \quad . \quad . \quad . \quad . \quad . \quad . \quad . \quad 7400$$

Dichte im Magnetkern $\dfrac{2{,}35 \times 1{,}11 \times 10^6}{15{,}5^2 \times {}^{\pi}/_4} \quad . \quad . \quad 14\,400$

Magnetische Dichte im Joche $\dfrac{2{,}35 \times 1{,}11 \times 10^6}{2 \times 110} = 11\,900$

Magnetische Dichte im Ankerkern
$$\frac{2{,}35 \times 10^6}{2 \times 15{,}0 \times 7{,}2} = \quad 10\,800$$

Berechnung der Amperewindungen:

	Länge	Magnetische Dichte	Ampere-windungen
Ankerkern	9,0 cm	10800	60
Ankerzähne	2,3 „	19000 (wirkliche)	600
Luftraum in der Mitte des Pol-bogens	3,5 mm ⎫		
Luftraum an den Polschuhenden	7,0 „ ⎬	7400	2220
Mittlerer Luftspalt	3,8 „ ⎭		
Magnetkern	17,0 cm	14400	420
Magnetjoch	28,0 „	11900	320
			3620
Zusätzliche Amperewindungen .			380
Zahl der erforderlichen Ampere-windungen			4000

Feldspulen:

Zahl der Windungen 4100

Durchmesser des blanken Leiters . . . . 1,10 mm

Durchmesser des baumwollumsponnenen Leiters 1,23 „

Kommutator:

Durchmesser . . . . 200 „

Zahl der Segmente . . . . 142 „

Reaktanzspannung . . . . 2,7 Volt

Stromwärme am Kommutator . . 200 ⎫

Reibungsverluste am Kommutator . 160 ⎬ = 400 Watt

Wirbelstromverluste am Kommutator 40 ⎭ Gesamtverluste

Länge des Kommutators . . . .   152 mm

Watt pro qdcm zylindrischer Oberfläche

$$\frac{400}{\pi \times 2,0 \times 1,5} = 43$$

Bürsten:

Zahl der Sätze   4

Bürsten pro Satz   4

Dimensionen einer Bürste . . . . 10×25 mm

Wirkungsgrad:

Gemessener   Leerlaufsverlust   (Kernverlust,
Bürsten- und Lagerreibungsverlust). (Das
Mittel von mehreren Maschinen wurde ge-
nommen.)   1260

Stromwärme im Anker $129^2 \times 0,0295$ . . =   490

Wattverbrauch der Nebenschlußwicklung . .   220

Stromwärme und Wirbelströme des Kommutators   240

Gesamte Verluste 2 210

Leistung $(35 \times 736) =$ 25 750

Zugeführte Leistung . . . .   27 960 Watt

Wirkungsgrad bei Vollast . . . .   92,2 %

Versuche: Die Maschine läuft von Leerlauf bis 25 % Überlastung bei einer Verschiebung der Bürsten um zwei Segmente nach

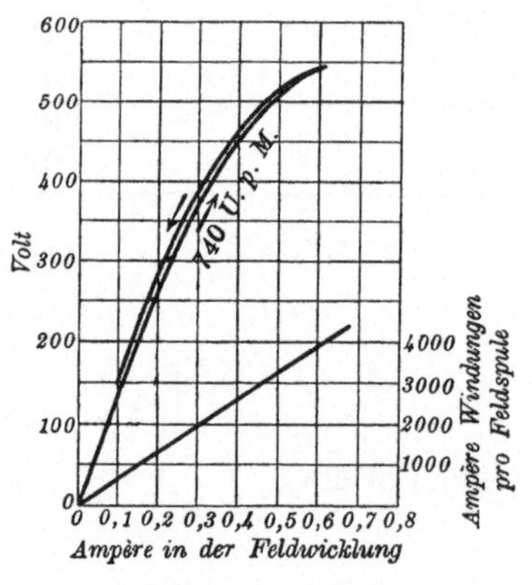

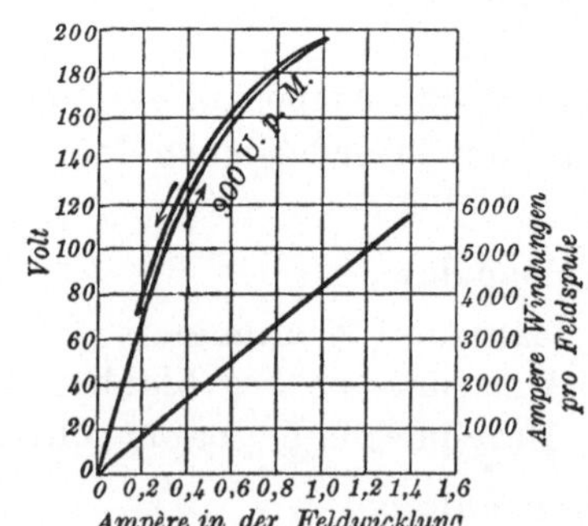

Fig. 120. Sättigungskurve des vierpoligen 20 PS, 500 Volt-Motors.

Fig. 121. Sättigungskurve des vierpoligen 35 PS, 220 Volt-Motors.

Fig. 120—123. Sättigungskurven und Wirkungsgrad der 20 PS und 35 PS-Motore.

rückwärts vollständig funkenlos. Vollständige Erwärmungsversuche
wurden nicht durchgeführt, dagegen wurden die Temperaturerhöhungen nach zweieinhalbstündigem Laufe mit voller Belastung

gemessen und betrugen für die Polschuhe 30^0, für den Kommutator 35^0 und für den Anker 32^0 C.

Gewicht der fertigen Maschine . . . . .   764 kg.

Versuchsresultate der Ludvika 20 PS und 35 PS-Motoren:
    In Fig. 120 und 121 sind Sättigungskurven und in Fig. 122 und 123 Kurven für Wirkungsgrade und Verluste dieser zwei Motoren enthalten.

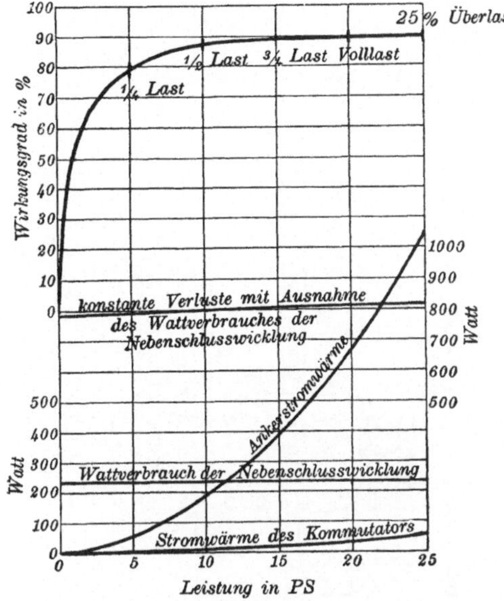

Fig. 122. Wirkungsgrad und Verluste des vierpoligen 20 PS, 500 Volt-Motors.

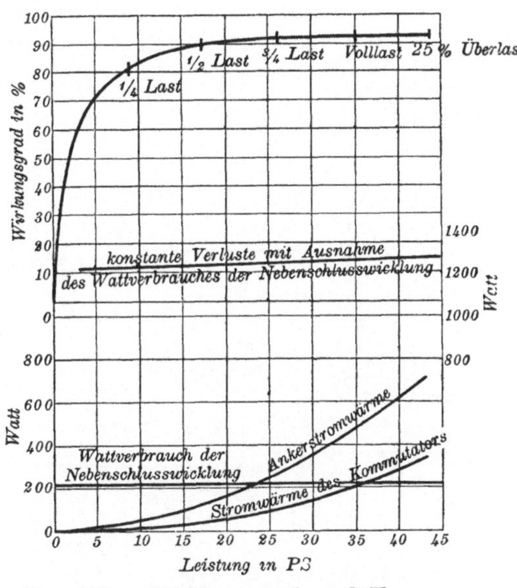

Fig. 123. Wirkungsgrad und Verluste des vierpoligen 35 PS, 220 Volt-Motors.

Zwei geschlossene Motoren der Firma Mavor & Coulson, Glasgow.

Geschlossene Motoren: Als Beispiele von geschlossenen Motoren sollen zwei Entwürfe des Herrn Henry A. Mavor (von der Firma Mavor & Coulson, Glasgow) beschrieben werden. Es sind vierpolige Nebenschlußmotoren von 5 resp. 30 PS. Die mechanische Konstruktion des 5 PS-Motors kann aus Fig. 124 und 125, die des 30 PS-Motors aus Fig. 126—131 ersehen werden. Fig. 132 ist eine Photographie des 30 PS-Motors.

Tafel XXII.
Daten zweier geschlossener Motoren.

Leistung	5 PS	30 PS
Umdrehungen pro Minute . . .	1000	600

Periodenzahl	33,3	20
Spannung	250	220
Vollaststrom	18,8	113
Leerlaufstrom	3	9,5
Wattverbrauch bei Leerlauf . .	750	2090
Kappscher Koeffizient	0,58	0,78

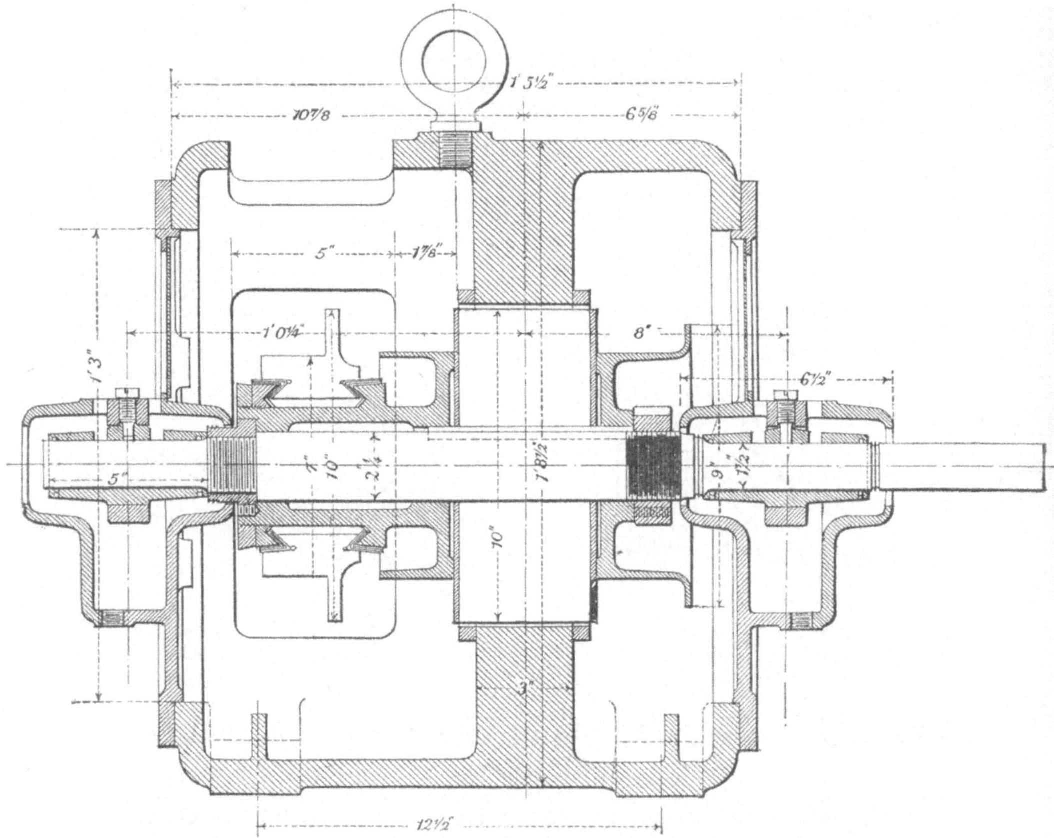

Fig. 124. Geschlossener 5 PS-Motor, entworfen von Henry A. Mavor.

Anker:

	Dimensionen in mm	
Äußerer Durchmesser	254	456
Länge zwischen den Enden der Wicklung	241	456
Innerer Durchmesser der Bleche .	57	191
Kernlänge zwischen den Flanschen	102	228
Wirksame Länge des Kernes . .	91	205
Nutentiefe	15,9	31,7

	Dimensionen in mm	
Nutenbreite	6,35	11,5
Zahl der Nuten	64	70
Breite des Zahnes an der Oberfläche	6,12	9,1
Geringste Zahnbreite	4,57	6,2

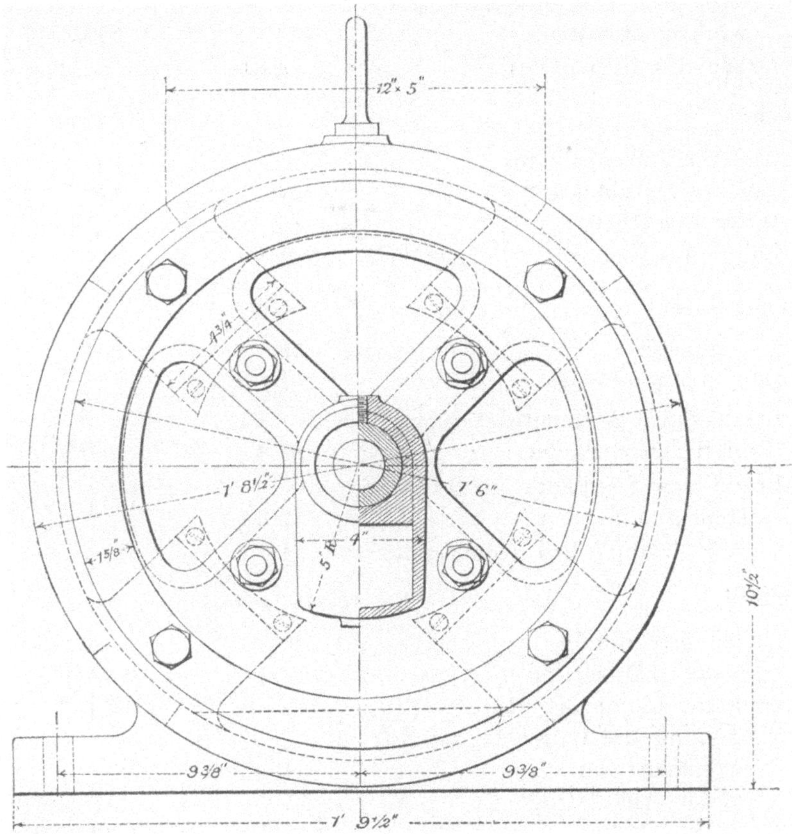

Fig. 125. Geschlossener 5 PS-Motor, entworfen von Henry A. Mavor.

Magnetkern:

Länge des Polschuhes parallel zur Welle	102	228
Bohrung des Polgehäuses . . .	262	465,5
Polteilung	206	367
Länge des Polbogens	127	267
Verhältnis von Polbogen zu Polteilung	0,61	0,73

	Dimensionen in mm	
Dicke des Polschuhes in der Mitte des Polbogens	9,5	30
Radiale Länge des Magnetkernes	89	95
Breite des Magnetkernes parallel zur Welle	76	228
Breite des Magnetkernes rechtwinklig zur Welle	121	165
Größe des Luftspaltes	3,81	4,75

Joch:

Äußerer Durchmesser	520	811
Innerer Durchmesser	476	709
Dicke des Joches	22	51
Länge des Joches parallel zur Welle	222	470

Kommutator:

Durchmesser	178	305
Zahl der Segmente	127	139
Breite eines Segmentes + Isolation an der Oberfläche	4,4	6,9
Breite eines Segmentes an der Oberfläche	3,6	6,1
Gesamte Länge des Kommutators	51	114

Anker:

Klemmenspannung	250	220
Zahl der Ankerleiter	762[1]	278[1]
Zahl der Leiter pro Nute . . .	12	4
Anordnung der Leiter in der Nute	2×6	2×2
Wicklungsart	Reihenschaltung	
Gesamter Ankerstrom	17,6	110
Strom pro Leiter	8,8	55
Mittlere Länge einer Windung in cm	72	136
Zahl der Windungen in Reihe zwischen den Bürsten	191	69,5
Gesamte Länge der Ankerwicklung zwischen den Bürsten in cm .	13,700	9450
Dimensionen des blanken Ankerdrahtes	1,63 ϕ	12,7 $\times$ 3,8

---

[1] Außer diesen befindet sich eine überzählige Spule im Anker, die nicht mit dem Kommutator verbunden ist.

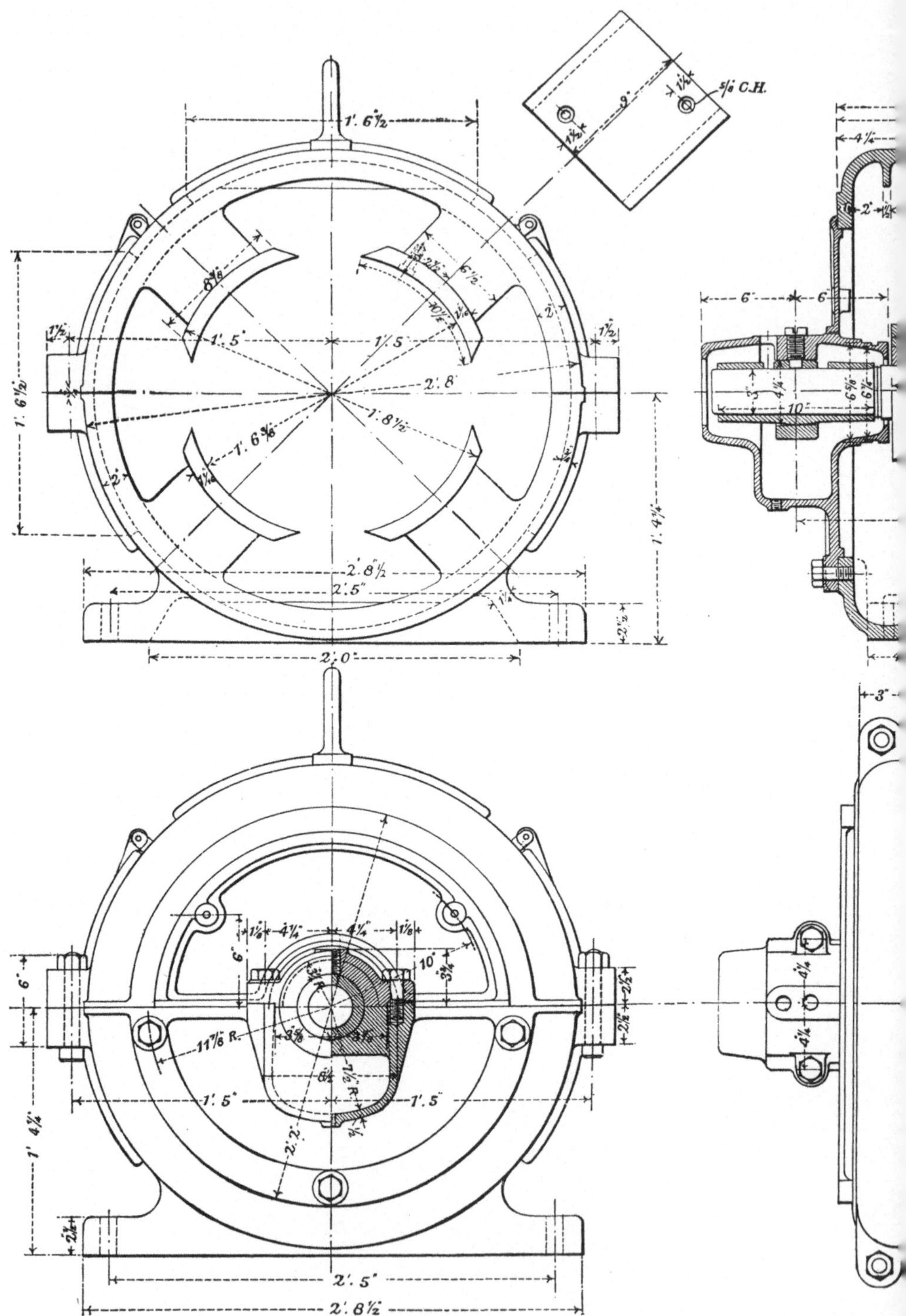

Fig. 126 bis 131. 30 PS-Mo

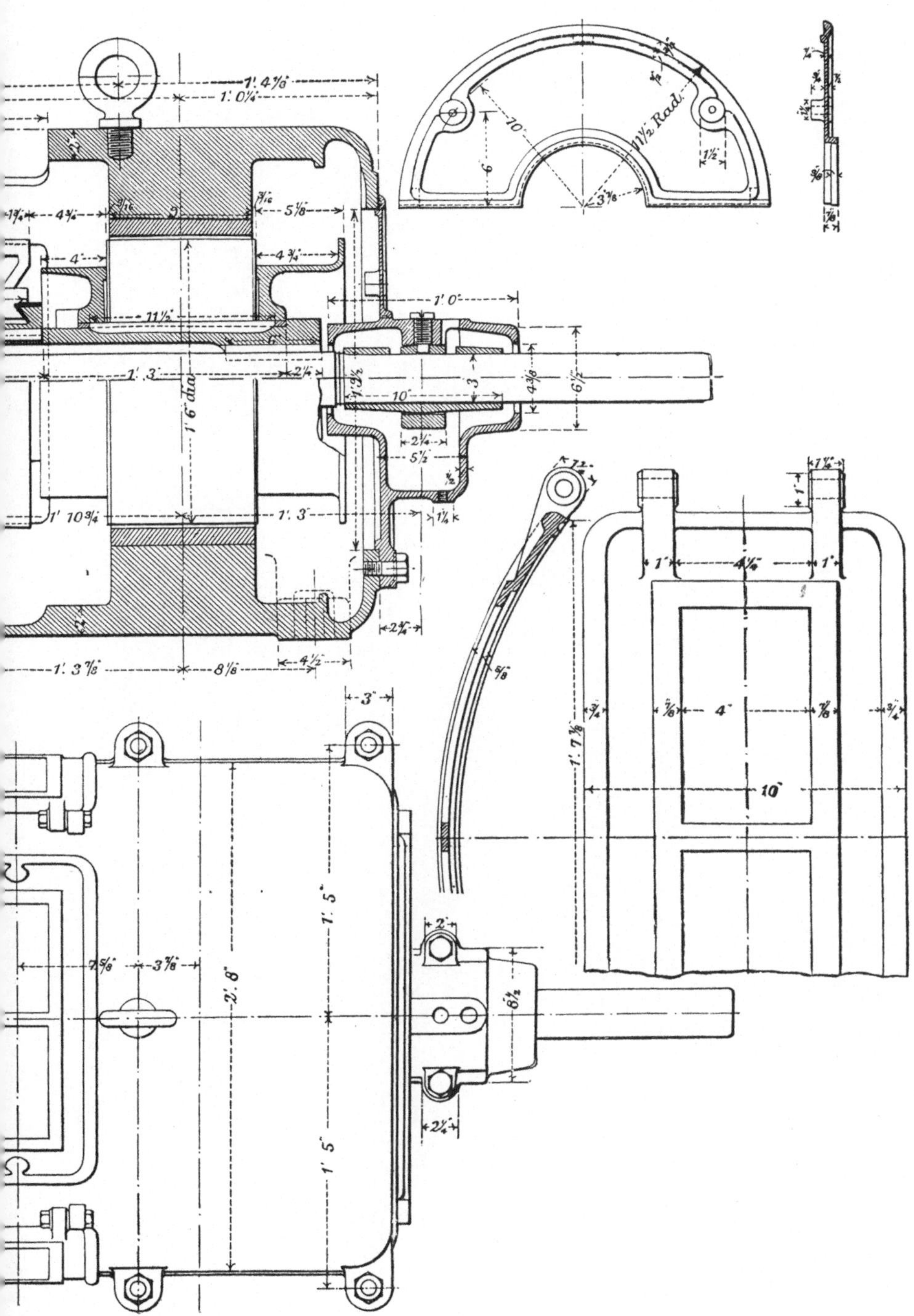

Firma Mavor & Coulson.

	Dimensionen in mm	
Dimensionen des isolierten Ankerdrahtes	1,93 ϕ	13,5 × 4,56
Querschnitt eines Leiters in qcm	0,0209	0,482
Querschnitt aller parallelen Leiter	0,0418	0,964
Spezifischer Widerstand bei 60⁰ C. in Ohm	0,000 002 00	
Widerstand der Wicklung zwischen positiven und negativen Bürsten in Ohm	0,65	0,0196
Spannungsabfall bei 60⁰ C. in Volt	12,2	2,25
Spannungsabfall unter den Bürsten in Volt.	1,5	1,4
Gesamter innerer Spannungsabfall in Volt	13,7	3,65
Innere Spannung bei Vollast . .	236,3	216,7
Gesamter Kupferquerschnitt pro Nute	0,250	1,93
Breite × Tiefe einer Nute in qcm	1,01	3,64
Raumausnutzung einer Nute . .	0,248	0,53
Strom pro qcm im Ankerleiter .	420	115

Berechnung der Reaktanzspannung:

Umfang des Kommutators in m .	0,560	0,959
Umdrehungen pro Sekunde . .	16,7	10
Umfangsgeschwindigkeit in m per Sekunde $(= A)$	9,35	9,59
Länge des Bürstenbogens in mm $(= B)$	13,5	20
Frequenz der Kommutierung $\left(= \dfrac{1000\,A}{2\,B} = n\right)$	347	240
Breite eines Segmentes am Umfang $+$ Isolation	4,4	6,9
Größte Anzahl gleichzeitig kurzgeschlossener Spulen pro Bürste	4	3
Windungen pro Spule (q) . . .	3	1
Größte Anzahl gleichzeitig an der Stromwendung teilnehmender Leiter pro Gruppe (r) . . .	24	6
Mittlere Länge einer Windung in cm	72	136
Wirksame Kernlänge in cm . .	9,2	20,5

Freie Länge einer Windung in cm (s)	54	95
Effektive Länge einer Windung (t)	18	41
Kraftlinien pro Amperewindung pro cm freie Länge (u) . . .	0,8	0,8
Kraftlinien pro Amperewindung pro cm effektive Länge (v) . .	4,0	4,0
Kraftlinien pro Amperewindung der freien Länge $(u \times s)$ . . .	43	76

Fig. 132. 30 PS geschlossener Motor, entworfen von Henry A Mavor.

Kraftlinien pro Amperewindung der effektiven Länge $(v \times t)$.	72	164
Kraftlinien pro Ampere der freien Länge $\left(\dfrac{r}{2} \times u \times s\right) = o$ . . .	515	228
Kraftlinien pro Ampere der effektiven Länge $(r \times v \times t) = p$ . .	1730	982
Gesamte Kraftlinien pro Ampere $(o + p)$	2245	1210

Induktanz pro Segment

$$\frac{q\,(o+p)}{10^8}=l \text{ Henry} \quad \ldots \quad \ldots$$

$\dfrac{q\,(o+p)}{10^8}=l$ Henry	0,0000672	0,0000121
Reaktanz pro Segment in Ohm $(2\pi n l)$	0,147	0,018
Zahl der benutzten Bürstensätze .	2	4
Gesamte in Betracht kommende Reaktanz	0,294	0,018
Strom pro Leiter	8,8	55
Reaktanzspannung	2,58	0,99

Berechnung des magnetischen Kreises:

Kraftlinienfluß im Anker pro Pol bei Vollast	0,94	3,90
Innere Spannung	217	236
Klemmenspannung	220	250
Streufaktor	1,2	1,2
Kraftlinienfluß pro Pol bei Vollast	1,12	4,68

Anker:

Querschnitt des Kernes in qcm .	151	415
Magnetische Dichte bei Vollast .	6200	9300
Amperewindungen pro cm bei Volllast	1,0	1,2
Magnetische Länge pro Pol in cm	7	13
Amperewindungen bei Vollast . .	7	16

Zähne:

Zahl der Zähne pro Pol	16	17,5
Zahl der Zähne unter einem mittleren Polbogen	9,8	12,8
Prozentuale Ausbreitung	10 %	10 %
Zahl der den Kraftlinienfluss leitenden Zähne pro Pol	10,8	14,1
Querschnitt eines Zahnes an der Wurzel in qcm	4,2	12,8
Gesamter Querschnitt an der Wurzel dieser Zähne in qcm	45	180
Scheinbare magnetische Dichte bei Vollast	21000	21600
Verhältnis von Zahnbreite zu Nutenbreite	0,85	0,67
Wirkliche Zahndichte bei Vollast	20100	19900
Amperewindungen pro cm bei Vollast	340	320

Länge in cm	1,59	3,17
Amperewindungen bei Vollast . .	540	1020

Luftspalt:

Querschnitt an der Polschuhoberfläche in qcm	129	610
Magnetische Dichte an der Polschuhoberfläche bei Vollast . .	7300	6400
Länge des Luftspaltes in cm . .	0,381	0,475
Amperewindungen bei Vollast . .	2230	2440

Magnetkern:

Querschnitt in qcm	92	377
Magnetische Dichte bei Vollast .	12 200	12 450
Amperewindungen pro cm bei Volllast	12	13
Kraftlinienpfad in cm	11	12
Amperewindungen bei Vollast . .	130	160

Joch:

Querschnitt in qcm	99	477
Magnetische Dichte bei Vollast .	11 400	10 000
Amperewindungen in cm bei Volllast	10	8
Länge des Kraftlinienpfades in cm	15	25
Amperewindungen bei Vollast . .	160	200

Amperewindungen pro Spule:

Ankerkern	10	20
Zähne	540	1020
Luftspalt	2230	2440
Magnetkern	130	160
Joch	160	200
Gesamte Anzahl Amperewindungen pro Spule	3070	3840
(Wirklich beobachtet)[1]	2600	4100

Berechnung der Nebenschlußwicklung:

Spannung pro Spule bei 60°C .	62,5	55,0
Wicklungstiefe in cm	5,5	9,0
Innerer Umfang der Spule in cm	39,4	79
Äußerer Umfang der Spule in cm	83,8	153

---

[1] Die Werte variierten entsprechend der Bürstenstellung.

Mittlere Länge einer Nebenschlußwindung in m (a)	0,616	1,16
Amperewindungen pro Nebenschlußspule (b)	2610	4100
$a\,b$	1610	5000
$0,000176\ a^2 b^2$	455	4400
Länge der Nebenschlußspule in cm	7,5	9
Querschnitt der Nebenschlußwicklung in qcm (r)	41,2	81
Raumausnutzung der Nebenschlußspule (s)	0,28	0,32
Querschnitt des Kupfers in der Nebenschlußspule $(t = r \times s)$.	11,6	26
Gewicht des Kupfers pro Nebenschlußspule (1 cbcm Kupfer = 0,0089 kg)	6,3	26,8
Wattverbrauch einer Nebenschlußspule $\left(\text{Watt} = \dfrac{0,000176\ a^2 b^2}{\text{Gewicht in kg}}\right)$.	72	164
Äußere zylindrische Oberfläche einer Spule in qdcm	6,3	13,8
Watt pro qdcm äußerer zylindrischer Oberfläche	11,5	11,9
Strom (Wattverbrauch dividiert durch die Spannung pro Spule)	1,17	2,97
Windungen pro Nebenschlußspule	2232	1384
Querschnitt des Kupfers pro Windung in qcm	0,0052	0,0188
Stromdichte in Ampere pro qcm .	225	158
Durchmesser des blanken Kupferleiters	0,81	1,55
Benutzte Isolation	Doppelte Baumwollbespinnung	
Gesamter Wattverbrauch aller Nebenschlußspulen bei 60° C .	290	657
Gewicht aller Nebenschlußspulen in kg	25,2	107
Widerstand der vier Nebenschlußspulen bei 60° C in Ohm . .	212	74
Mit dem Thermometer beobachtete Temperaturerhöhung	38° C	28° C
desgl. pro Watt pro qcm äußerer Ausstrahlungsoberfläche . . .	3,3° C	2,4° C

Mit der Widerstandsmethode gefundene Temperaturerhöhung .	47°C	44°C
desgl. pro Watt pro qdcm . . .	4,1°C	3,7°C
Dauer des Erwärmungsversuches in Stunden	4,5	3,0

Erwärmung des Ankers.

Ankerkupferverlust:

Widerstand der Windungen zwischen positiven und negativen Bürsten bei 60°C in Ohm . .	0.65	0,0196
Gesamter Ankerstrom	17,6	110
Stromwärme im Anker bei 60°C	200	235

Kernverluste:

Gewicht der Ankerzähne in kg .	4	27
Gewicht des Ankerkernes in kg .	26	146
Gesamtes Gewicht der Ankerbleche	30	173
Magnetische Dichte im Kerne (D)	6200	10000
Periodenzahl pro Sekunde (N) .	33,3	20
$\dfrac{D \times N}{100\,000}$	2,07	2,00
Wattverbrauch im Eisen pro kg [1])	5,3	5,0
Berechneter Kernverlust in Watt	159	865
Beobachteter Kernverlust in Watt	136 [2])	700

Temperaturerhöhung des Ankers:

Verluste im Ankerkupfer in Watt	200	235
Verluste im Ankerkern in Watt .	136	700
Verluste im ganzen Anker in Watt	336	935
Umfang des Ankers in dcm . .	8,0	14,4
Länge der Ankerwicklung in dcm	2,4	4,6
Zylindrische Oberfläche der Wicklung in qdcm	19	66
Watt pro qdcm der zylindrischen Oberfläche.	18	14
Mit dem Thermometer beobachtete Temperaturerhöhung	42°C [3])	24°C

---

[1]) Aus Fig. 19.

[2]) Durchschnittswerte von zwei Maschinen.

[3]) 37°C für die Wicklung und 47°C für den Kern.

desgl. pro Watt pro qdcm . . .	2,3° C	1,7° C
Dauer der Erwärmungsversuche in Stunden	4,5	3,0

Kommutatorverluste:

Länge des Bürstenbogens in mm	13,5	20
Breite einer Bürste in mm . . .	38	50
Bürstenauflagefläche in qcm . .	5,1	10
Zahl der Bürstensätze	2	4
Zahl der Bürsten pro Satz . . .	1	2
Gesamte Anzahl positiver Bürsten	1	4
Auflagefläche aller positiver Bürsten in qcm	5,1	40
Gesamter Ankerstrom	17,6	110
Strom pro qcm der Bürstenauflagefläche	3,4	2,7
Stromwärme in Watt pro Ampere[1]	1,5	1,4
Gesamte Stromwärme unter den Bürsten in Watt	26	154
Umfangsgeschwindigkeit des Kommutators in m pro Sekunde .	9,4	9,6
Verlust durch Bürstenreibung in Watt pro Ampere[2]	1,5	1,9
Reibungsverlust der Bürsten in Watt	26	208
Gesamter Verlust am Kommutator in Watt	52	362

Temperaturerhöhung des Kommutators:

Gesamter Verlust am Kommutator in Watt	52	362
Umfang in dcm	5,6	9,6
Länge des Kommutators in dcm .	0,51	1,14
Zylindrische Oberfläche des Kommutators in qdcm	2,9	10,9
Watt pro qdcm zylindrischer Oberfläche	18,0	34,8
Beobachtete Temperaturerhöhung	36° C	30° C
Gesamte Temperaturerhöhung pro Watt pro qdcm	2,0° C	0,86° C

---

[1] und [2] aus Tafel XVIII.

Zeit der Erwärmungsversuche in Stunden	4,5	3,0

Wirkungsgrad bei 60° C:

(a) Eisenverluste in Watt . . .	136	700
(w) Verluste im Ankerkupfer . .	200	235
(z) Verluste in dem Bürstenüber-gangswiderstande	26	154
Reibungsverluste der Bürsten in Watt	26	208
(b) Lagerreibungsverluste und Luft-widerstand in Watt	300	500
(c) Wattverlust in der Nebenschluß-wicklung	290	656
Gesamte Verluste	978	2 543
Leistung bei Vollast in Watt . .	3730	22 400
Wattverbrauch bei Vollast . . .	4708	24 853
Wirkungsgrad bei Vollast . . .	19,2	90
„ „ $1\,^1/_4$-Last . .	80,7	91,1
„ „ $^3/_4$-Last . .	76,1	87,6
„ „ $^1/_2$-Last . .	69,8	83,6
„ „ $^1/_4$-Last . .	55,0	72,5

Charakteristische Verluste:

$(a + b + c) =$ konstante Verluste in Watt	752	2064
$(w + z) =$ veränderliche Verluste in Watt	226	389
Äußere Ausstrahlungsfläche des Ge-häuses in qdcm	120	320
Watt pro qdcm äußerer Aus-strahlungsfläche des Gehäuses .	8,2	7,7

In vollständig geschlossenen Motoren sollte eine ausgezeich-nete innere Ventilation vorgesehen werden, um die Wärme schnell an die innere Wandung des Gehäuses gelangen zu lassen. Es ist nicht ratsam, für je 10° C erlaubte Temperaturerhöhung einen größeren Verlust als ein Watt pro qdcm äußerer Oberfläche zuzulassen.

Wenn mit perforiertem Zinkblech versehene Öffnungen vor-handen sind, ist die Temperaturerhöhung bedeutend geringer.

Gewichte des effektiven Materials in kg:

Ankerbleche	30	173
Ankerkupfer	5	82
Kommutatorsegmente	9	50
Magnetkerne	30	110
Polschuhe	—	50
Joch	65	450
Nebenschlußkupfer	25	107

Fig. 133. 10 PS, 110 Volt-Motor in geschlossener Ausführung.

Gesamtes wirksames Material	164	1022
Gesamtes wirksames Material pro PS	32,8	34
Gewicht des fertigen Motors	310	1530
Gewicht des fertigen Motors pro PS	62	51

Gesamte Kosten des wirksamen Materials in Mark:

Ankerkupfer (M. 2,— pro kg)	10	164
Kommutatorkupfer (M. 2,— pro kg)	18	100
Nebenschlußkupfer (M. 2,— pro kg)	50	214
Ankerbleche (M. 0,3 pro kg)	9	52
Stahlguß (M. 0,4 pro kg)	40	255

Kosten   des   gesamten   effektiven
   Materials in Mark   127   785
Kosten   des   gesamten   effektiven
   Materials pro PS in Mark   . .   25,4   26,2

Fig. 133 zeigt einen 10 PS, 110 Volt-Reihenschlußmotor für 700 Umdrehungen pro Minute, welcher aus dem soeben beschriebenen 5 PS-Motor durch Verlängerung des Ankerkernes von 102 mm auf 152 mm entstanden ist. Die oben angegebene Leistung gilt für

Fig. 134. Offener Motor (Mavor & Coulson).

intermittierenden Betrieb und ist ungefähr doppelt so groß wie die Normalleistung bei Dauerbetrieb.

Fig. 134 zeigt den nächstgrößeren Ankerdurchmesser derselben Firma, und zwar in einem offenen Gehäuse. In allen offenen Motoren verwendet diese Firma längere Magnetspulen.

Der soeben beschriebene 30 PS-Motor erhält als offener Motor bei 600 Umdrehungen pro Minute eine Normalleistung von 42 PS (220 Volt und 160 Ampere), und seine Temperaturerhöhung beträgt bei dieser Leistung 39° C. Mit Lagern und Grundplatte ist das Gewicht des Motors 2200 kg oder 52 kg pro PS.

Herr Mavor hat dem Verfasser eine Reihe sehr interessanter Versuche zur Verfügung gestellt, die an dem obigen 5 PS-Motor und an einem andern Motor angestellt wurden.

Der letztere Motor hatte dieselben Hauptabmessungen wie der 5 PS-Motor und unterschied sich von ihm nur im folgenden:

49 Ankernuten anstatt 64,
Nutentiefe 23,8 mm anstatt 15,9 mm,

Fig. 135.   Geschlossener Motor zum Antrieb einer Pumpe.

Nutenbreite 7,6 mm anstatt 6,4 mm,
Zahnbreite an der Oberfläche 8,7 mm anstatt 6,1 mm,
Zahnbreite an der Wurzel 5,6 mm anstatt 4,6 mm,
776 Ankerleiter anstatt 762,
16 Leiter pro Nute anstatt 12,
2,03 mm Durchmesser des Ankerleiters anstatt 1,63 mm,
Stromdichte des Ankerleiters 270 anstatt 420,
97 Kommutatorsegmente anstatt 127,
4 Windungen pro Segment anstatt 3 Windungen.

Der erstere Motor mit 3 Windungen pro Segment ist natürlich bezüglich der Kommutierung vorzuziehen, da seine Reaktanzspannung 2,6 Volt gegenüber 3,5 Volt bei dem zweiten Motor beträgt.

Fig. 136. Geschlossener Motor zum Antrieb von Pumpen (Mavor & Coulson).

Die folgenden Resultate sind Durchschnittswerte von mindestens zwei Ausführungen eines jeden Entwurfes:

	3 Windungen pro Segment	4 Windungen pro Segment
Stromwärme im Anker bei Vollast .	190	121
„ „ „ „ $^1/_2$ Last .	42	28
Eisenverluste im Anker	130	164
Reibungsverlust (geschätzt)	300	300
Kommutatorverluste bei Vollast . .	61	61
„ „ $^1/_2$ Last . .	41	41
Verluste in der Nebenschlußwicklung	293	293
Gesamte Verluste bei Vollast . . .	974	938
„ „ „ $^1/_2$ Last . . .	806	826
Wirkungsgrad bei Vollast	79,2	79,7
„ „ $^1/_2$ Last	70,0	69,5

Die mit dem Thermometer gemessene Temperaturerhöhung nach $4^1/_2$stündigem Laufe bei Vollast war:

	in Graden Celsius	
Temperatur der Luft	18	18
Temperaturerhöhung des Kommutators	36	27
Temperaturerhöhung des Ankerkernes	47	35
Temperaturerhöhung der Ankerwicklung	38	30
Temperaturerhöhung der Feldspulen	38	36

Umlaufszahl bei 220 Volt = 1000 Umdrehungen pro Minute in beiden Fällen.

Fig. 135 und 136 zeigen zwei kleine geschlossene Motoren derselben Firma zum Antrieb von Pumpen.

Dreizehntes Kapitel.

Formgewickelte Spulen.

Die bis jetzt beschriebenen Motoren zeigten bedeutende Unterschiede in der Art der formgewickelten Spulen und in den Einzelheiten ihrer Anordnung. Der Entwurf und die Ausführung dieser Spulen ist ein sehr wichtiger Punkt, besonders bei kleinen Motoren, wo mehr als eine Windung pro Kommutatorsegment ange-

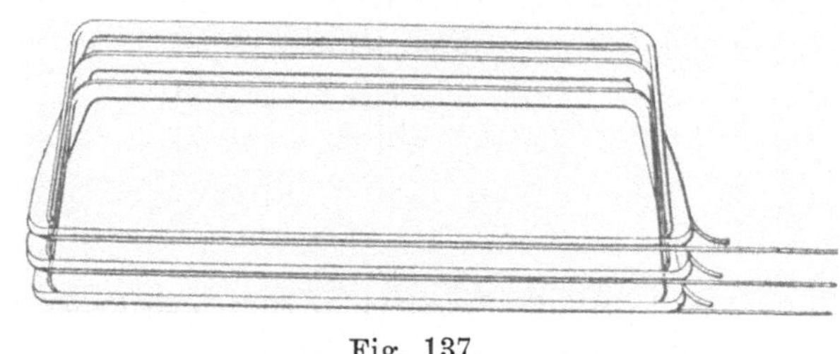

Fig. 137.

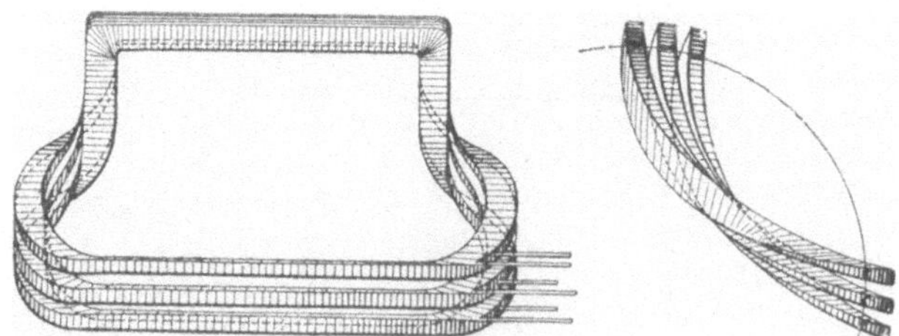

Fig. 138.

Fig. 137 und 138.   Formwicklung der Alioth-Gesellschaft.

wendet werden muß.   Eine der ersten Methoden der Formwicklung ist in dem deutschen Patente der Alioth-Gesellschaft (Nr. 34 783 vom 17. März 1885) beschrieben worden.   Fig. 137 wurde aus der Patentschrift und Fig. 138 aus Arnolds „Ankerwicklungen und Ankerkonstruktionen" (S. 323 der dritten Auflage) genommen;

besonders aus der letzteren Figur erhält man eine gute Idee von
der Erfindung. Arnold erwähnt, daß diese Wicklung die geringste Drahtlänge erfordert. Dieses ist naturgemäß ein bedeutender
Vorteil, der zu vergrößertem Wirkungsgrade, verkleinerter Induktanz und verkleinertem Kupfergewicht Veranlassung gibt. Auch

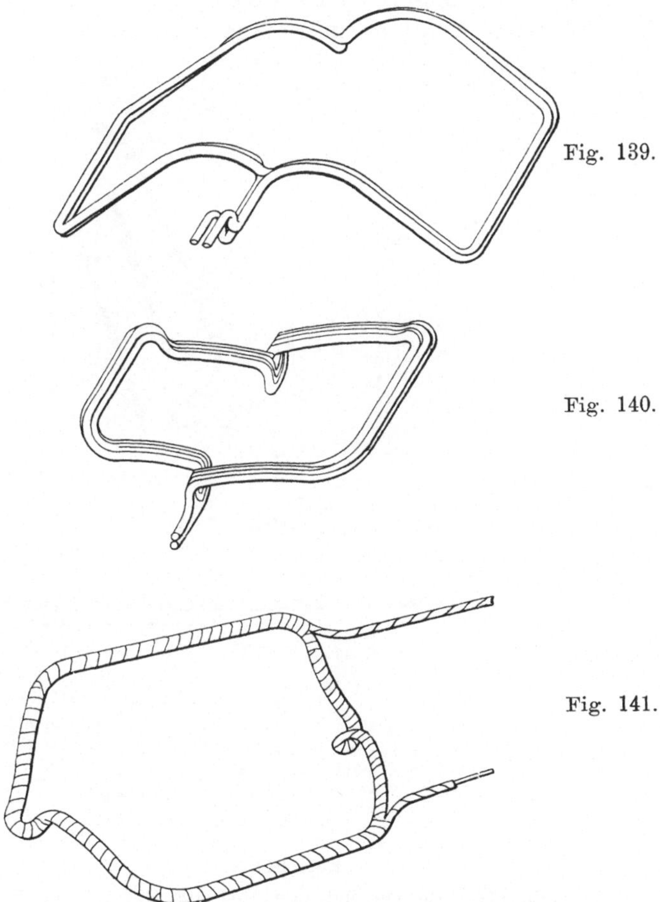

Fig. 139.

Fig. 140.

Fig. 141.

Fig. 139, 140 und 141. Die Eickemeyer- und Webber-Wicklungen.

ist zu bemerken, daß diese Wicklung von scharfen Krümmungen,
wie dieselben bei den meisten anderen Wicklungen vorkommen,
frei ist.

Die Eickemeyersche Wicklung (D. R. P. 45413 vom 14. Febr.
1888) ist die bekannteste und gebräuchlichste Formwicklung.
Fig. 139 und 140 sind der Patentschrift entnommen und zeigen
die Anwendung auf zwei- und vierpolige Motoren. Eine der vielen

neueren Methoden ist in Webbers U. S. A. Patent Nr. 561636 von 1896 beschrieben, und Fig. 141 gibt die Ansicht einer solchen Spule. Andere Methoden zur Wicklung der Ankerspulen sind in Langdon-Davies & Soames' British Patent Nr. 7373 von 1900 und in Rotherts U. S. A. Patent Nr. 660659 beschrieben.

Die Endverbindungen der Eickemeyerschen Type und ebenso der Stabwicklung wurden im Anfang allgemein in Ebenen aus-

Fig. 142.   Fig. 143.

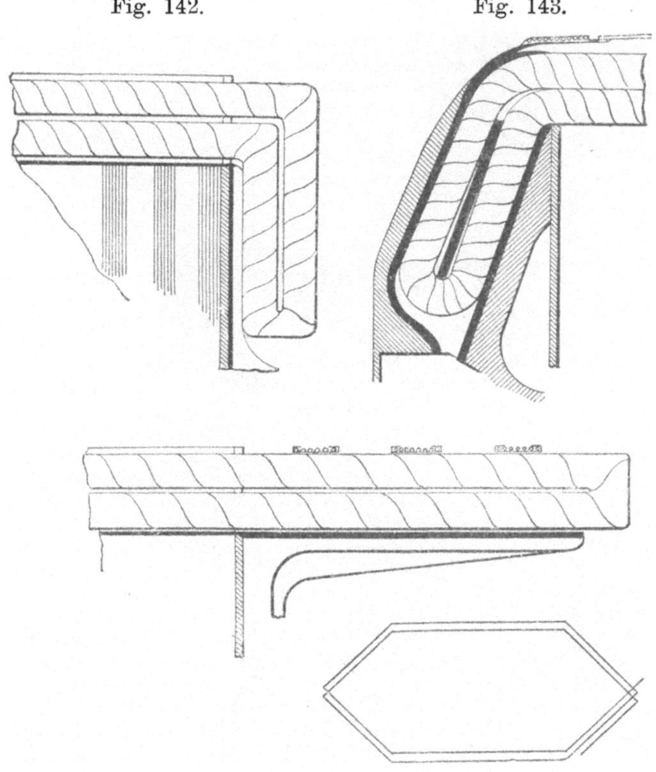

Fig. 144.

Fig. 142, 143, 144. Endverbindungen bei der Eickemeyer-Wicklung.

geführt, welche auf der Ankeroberfläche senkrecht standen (Figur 142). Aber bei dieser Anordnung entstanden oft große Schwierigkeiten, weil der Raum für den inneren Teil der Endverbindungen sehr beschränkt war. In einer verbesserten Type, die jetzt sehr häufig angewandt wird, wird diese Schwierigkeit zum Teil dadurch überwunden, daß die Endverbindungen als eine konische Oberfläche (Fig. 143) ausgeführt werden, um mehr Raum für die untern Enden der Wicklung zu gewinnen. Aber bei weitem die gebräuchlichste Konstruktion ist die der Fig. 144, nach welcher die Endverbindungen auf derselben zylindrischen Oberfläche wie die Ankerleiter liegen. Dieses führt zu einem besseren Entwurfe, sowohl in bezug auf die mechanische Stabilität als auch bezüglich der Ventilation. Die mittlere Länge einer Windung wird freilich vergrößert, der Unterschied ist aber nur gering. Bei dieser Wicklung müssen stets zwei Lagen pro Nute vorhanden sein.

Die Fig. 145, 146 und 147 zeigen eine Spule, die durch das Patent Perrson & Thomson (U. S. A. Patent Nr. 539 881) geschützt ist. Ein schweizerisches Patent Nr. 21 731 von 1900 (Mallett) beschreibt eine mit flachen Kupferstreifen gewickelte Spule. Fig. 148, 149 und 150

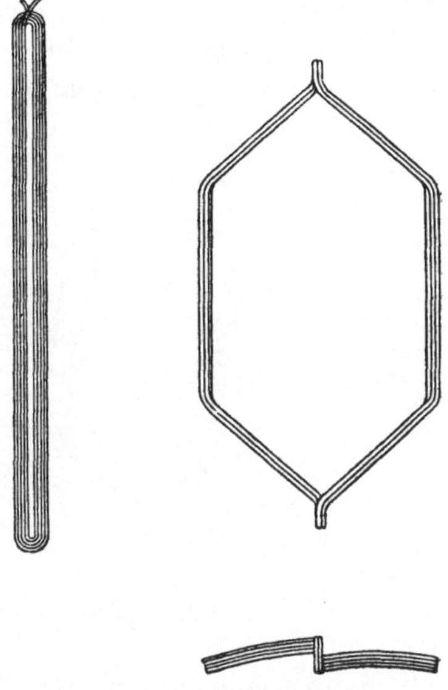

Fig. 145 bis 147. Perrsons und Thomsons Wicklung.

geben Ansichten einer nach dieser Methode gewickelten Spule mit vier Windungen. Eine neuere Type, die zwischen den in Fig. 142 und 144 dargestellten Methoden liegt, ist im Batchelder-

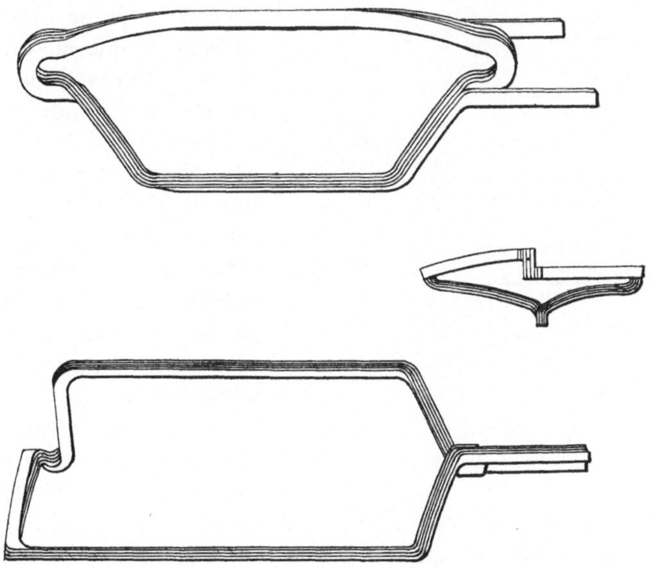

Fig. 148 bis 150. Mallets Streifenwicklung.

schen Patent (U. S. A. Patent Nr. 596136 von 1897) angegeben
und in den Fig. 151 und 152 dargestellt. In der ersten Hälfte
ähneln die Endverbindungen der Wicklung von Fig. 144, krümmen

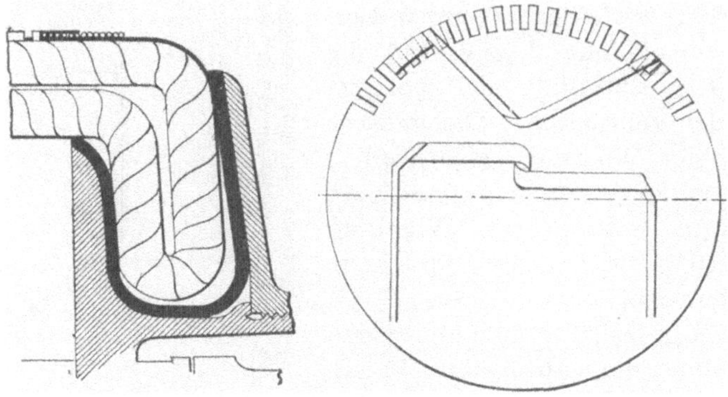

Fig. 151 und 152. Batchelders Wicklung.

sich dann nach unten und kehren zu den untersten Leitern auf
eine ähnliche Weise wie in Fig. 142 zurück. In den Wicklungen
der Fig. 142 bis 152 liegen
die oberen und unteren Endverbindungen nahe aneinan-
der und kein beträchtlicher
Spalt befindet sich zwischen
diesen beiden Schichten,
außerdem sind sie durch eine
scharfe Verdrehung an dem
äußerstem Ende gekenn-
zeichnet.

Wenn eine kurze dia-
gonale Verbindung (Fig. 153
und 154) zwischen den un-
teren und oberen Leitern
der in Fig. 144 dargestellten
Wicklung hergestellt wird,
so wird die Länge der Ankerwicklung etwas vermindert.

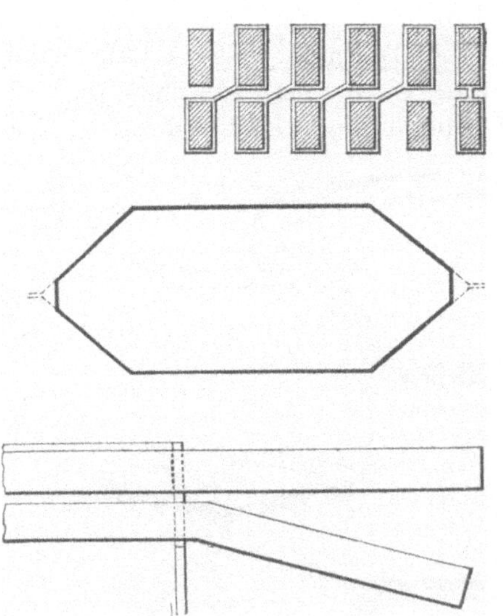

Fig. 153 bis 155. Diagonale Abkürzung
der Endverbindungen.

Noch kürzer kann man die
Wicklung halten, wenn man
die Länge dieser Diagonal-
verbindungen vergrößert. Dies kann geschehen, wenn man, um
Raum für die Verbindungen zu gewinnen, die unteren Leiter herab-
drückt (Fig. 155, 156, 157).

Auf diesem Prinzipe beruhende Wicklungen sind von Zeit zu Zeit vorgeschlagen worden. Sie lassen sich mit einer Lage pro Nute ausführen und sind dadurch gekennzeichnet, daß ein allseitig geschlossener, ringförmiger Raum durch die Endverbindungen gebildet wird. Die Krümmungen an den Enden sind im allgemeinen sanft, während scharfe Verdrehungen bei den älteren Methoden unvermeidlich waren.

Eine von dem Verfasser vorgeschlagene Wicklung ist in den Fig. 158, 159 und 160 dargestellt worden und beruht

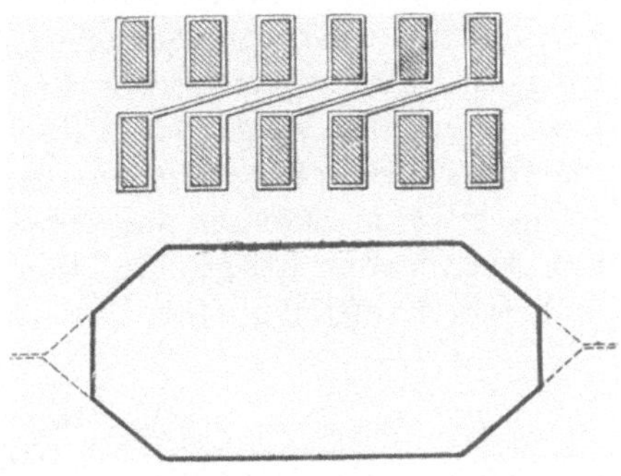

Fig. 156 und 157. Diagonale Abkürzung der Endverbindungen.

auf den Gedanken, daß die Form des gleichseitigen Dreiecks mit gut abgerundeten Ecken, wie Fig. 158 sie zeigt, die kürzeste Verbindung darstellt. Die Spule kann in einer Ebene gewickelt (Fig. 158), dann geöffnet und eingelegt werden (Fig. 159 u. 160). Aus der diagrammatischen Darstellung der Fig. 161 geht hervor, daß die Komponenten B und C auf einer konischen Oberfläche liegen, während A auf der Ebene der Mantelfläche des Ankers liegt.

Die punktierten Linien in Fig. 161 zeigen die Länge der Ankerwicklung für den Fall, daß die in Fig. 144 gezeigte Wicklung benutzt wird. Bei der in Fig. 158 und 160

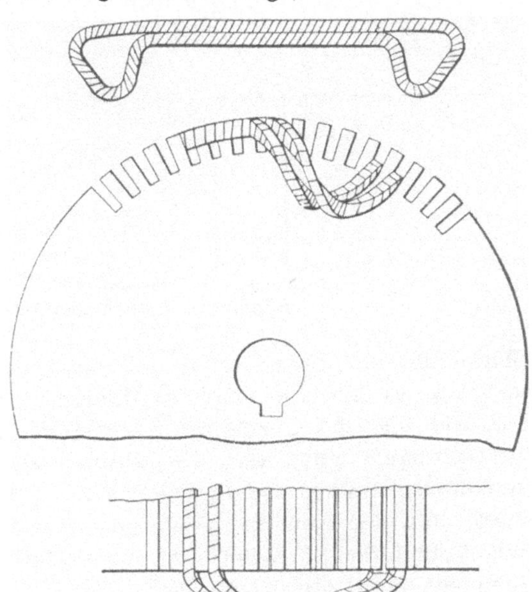

Fig. 158 bis 160. Hobart-Wicklung.

dargestellten Type kann der innere Zwischenraum dazu benutzt werden, um einen Ring aus gut leitendem Material aufzunehmen, der eventuell noch eine Kurzschlußwicklung enthält (Fig. 162 bis 164).

Ob im Inneren oder außen, immer werden die sekundären Stromkreise dazu dienen, die Induktanz der Endverbindungen zu verkleinern und so die Funkenbildung des Kommutators zu vermindern. Es wird manchen überraschen, daß eine Verminderung in der Induktanz der Endverbindungen die gesamte Induktanz zu einem so großen Prozentsatz vermindern soll; es dürfte dies aber bei sehr vielen modernen Motoren der Fall sein. Wie schon erwähnt, können im Mittel 4 Kraftlinien pro Amperewindung pro Zentimeter Länge für den effektiven Teil einer Windung und 0,8 Kraftlinien für den freien Teil angenommen werden.

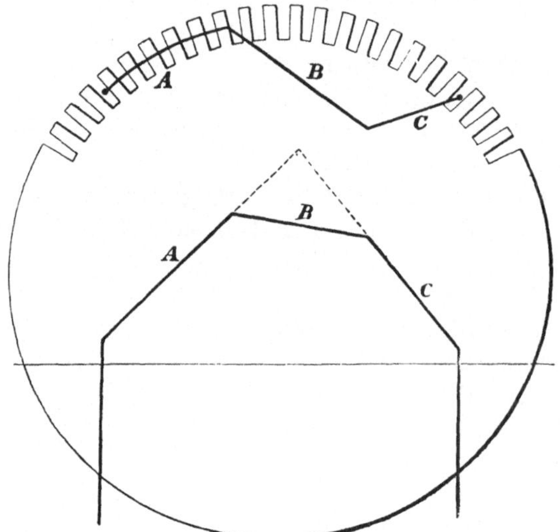

Fig. 161.　Zwei-Lagen-Wicklung.

Man findet nun sehr häufig, daß die freie Länge vier- bis achtmal so groß ist als die effektive Länge. Würde nun nach der in Fig. 162 bis 164 gezeigten Anordnung die Induktanz der Endverbindungen nur um die Hälfte verringert, so nähme die Reaktanzspannung pro Segment um 14 bis 22 $^0/_0$ ab, und dieses zeigt, daß der Gewinn nicht unbedeutend ist. Wenn man aber mit besonderer Rücksicht auf diese Methode den ganzen Entwurf abändert, dann kann man leicht eine Verbesserung von 20 bis 30 $^0/_0$ erreichen. Der Verfasser bemerkt ausdrücklich, daß eine solche Konstruktion für normale Fällen nicht anzuwenden ist. Wohl aber soll sie dann in Betracht kommen, wenn die Konstruktion eines bestimmten Motors für funkenlosen Gang mit großen Schwierigkeiten verbunden ist. Solche Fälle pflegen dann einzutreten, wenn Leistung, Umlaufszahl und Spannung verhältnismäßig groß sind.

So ist ein einfacher, umkehrbarer Nebenschlußmotor für eine Leistung von 600 PS, 600 Volt und 600 Umdrehungen pro Minute sehr schwierig zu entwerfen, wenn eine konstante Bürstenstellung erforderlich ist; kann man jedoch einen dieser drei Werte halbieren, z. B. 600 PS, 600 Volt und 300 Umdrehungen pro Minute,

600 PS, 300 Volt[1]) und 600 Umdrehungen pro Minute,

300 PS, 600 Volt und 600 Umdrehungen pro Minute, so werden die Schwierigkeiten betreffs der Kommutierung bedeutend vermindert; und ganz gute Motoren können für 600 PS, 300 Volt und 300 Umdrehungen pro Minute,

300 PS, 300 Volt und 600 Umdrehungen pro Minute oder 300 PS, 600 Volt und 300 Umdrehungen pro Minute gebaut werden. Noch viel bessere Motoren wird man natürlich erhalten, wenn man alle drei Größen halbieren kann, also Motoren für 300 PS, 300 Volt und 300 Umdrehungen entwirft.

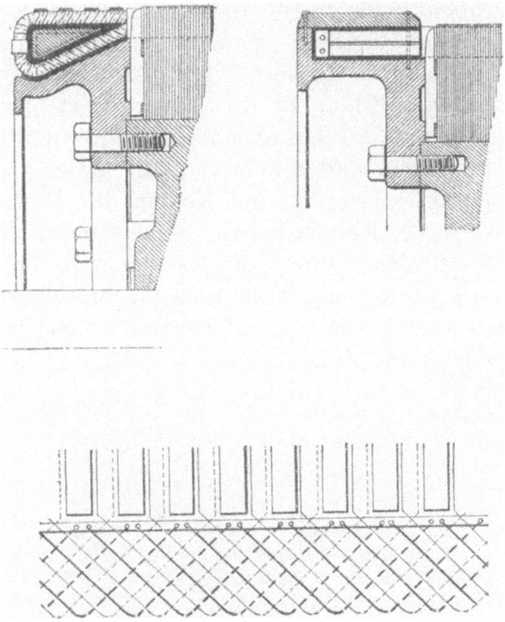

Für diese Vergleiche sind die zusätzlichen Kosten des Kommutatorkupfers bei den geringeren Spannungen nicht berücksichtigt worden und die wirklichen Annahmen in bezug auf alle relativen Herstellungskosten könnten hierdurch etwas geändert werden.

Die Rücksichten auf die Kommutierung beschränken also sehr oft den Entwurf eines Motors insofern, als für große Leistungen die Wahl einer hohen Tourenzahl große Schwierigkeiten bereitet, und selbst bei kleineren Motoren gibt es Umlaufszahlen, bei welchen man auf dieselbe Schwierigkeit stößt.

Fig. 162 bis 164. Formwicklung mit sekundären Stromkreisen.

---

[1]) Die Spannung ist bei so großen Maschinen von keiner so großen Wichtigkeit wie Leistung und Geschwindigkeit, ganz im Gegensatze zu kleinen Motoren, wo die Spannung von der größten Bedeutung ist.

Hieraus geht klar hervor, daß sich die Herstellungskosten des Motors für eine gegebene Leistung und Spannung mit zunehmender Umdrehungszahl zuerst verkleinern, dann ein Minimum erreichen und dann wieder größer werden. Je größer die Leistung und Spannung des Motors, um so geringer ist diese günstigste Umlaufszahl. Während die Mehrzahl von Motoren für Umdrehungen gebaut werden, die weit unter jener günstigsten Tourenzahl liegen und folglich mehr durch die Rücksicht auf die Temperaturerhöhung als durch die Rücksicht auf die Kommutierung in ihrer Leistung begrenzt sind, so ist doch zu bemerken, daß neuere Anforderungen größere Umdrehungszahlen verlangen, so daß man bereits häufiger in die Nähe dieser ökonomischen Grenze kommt. In solchen Fällen ist eine gute Kommutierung der Hauptpunkt des Entwurfes, und alle Methoden, die zur Verkleinerung der Induktanz beitragen, werden die Kosten der Maschine wesentlich verringern. Wenn die Kommutierung einer Maschine für geringe Umlaufszahlen zu wünschen übrig läßt, so ist dies auf einen fehlerhaften Entwurf zurückzuführen, und dieselbe Maschine könnte in anderer Weise mit geringeren Kosten verbessert werden als durch die oben angedeuteten Maßnahmen.

Vierzehntes Kapitel.

Beispiel eines 27 PS-Nebenschlußmotors, entworfen von Danielson und eines 400 PS-Doppelschlußmotors, entworfen von Clayton.

———

27 PS-Nebenschlußmotor in offener Ausführung.

Herr Ernest Danielson, Technischer Direktor der „Allmanna Svenska Elektriska Aktiebolaget, Westeras, Schweden, lieferte dem Verfasser Daten eines 110 Volt, 27 PS-Motors für 800 Touren pro Minute. Fig. 165 ist eine Photographie dieses Motors, und die entsprechenden Zeichnungen sind in Fig. 166 und 167 wiedergegeben. Fig. 168 und 169 zeigen Wirkungsgrad, Sättigung und Kompoundierung der Maschine, wenn sie als Generator mit normal 20 KW belastet wird.

Tafel XXIII.

Beschreibung eines offenen 27 PS-Nebenschlußmotors der
Allmanna Svenska Elektriska Aktiebolaget.

Dimensionen in mm

Zahl der Pole	4
Leistung in PS	27
Spannung in Volt	125
Umdrehungen pro Minute	800
Vollaststrom in Ampere	179
Leerlaufstrom in Ampere	12
Wattverbrauch bei Leerlauf.	1500
Kappscher Koeffizient	0,84

10*

Anker: Dimensionen in mm

Äußerer Durchmesser 400
Axiale Länge der Wicklung 360
Durchmesser am Boden der Nuten 333
Innerer Durchmesser der Bleche 200
Zahl der Ventilationskanäle . . . . 2 [1])
Breite der zwei Ventilationskanäle 24

Fig. 165.
Fig. 165—169.   27 PS-Nebenschlußmotor in offener Ausführung.
(Allmanna Svenska Elektriska Aktiebolaget, Schweden.)

Effektive Kernlänge 144
Kernlänge zwischen den Flanschen 184
Nutentiefe 33,5
Nutenbreite 7,0
Zahl der Nuten 89
Breite des Zahnes an der Peripherie 7,2
Geringste Zahnbreite 4,8
Mittlere Zahnbreite 6,0

---

[1]) Außerdem zwei Endkanäle, jeder 12 mm breit.

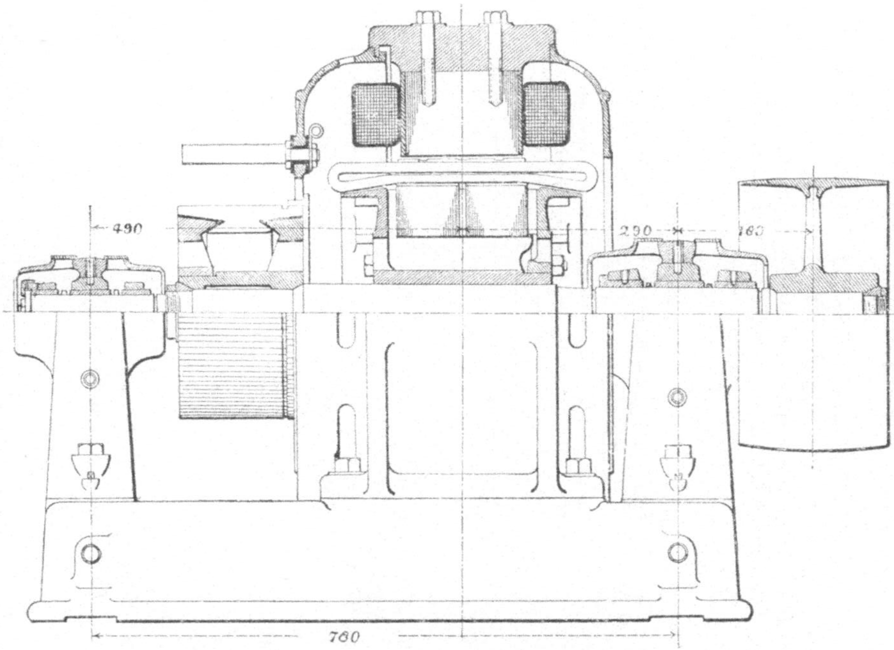

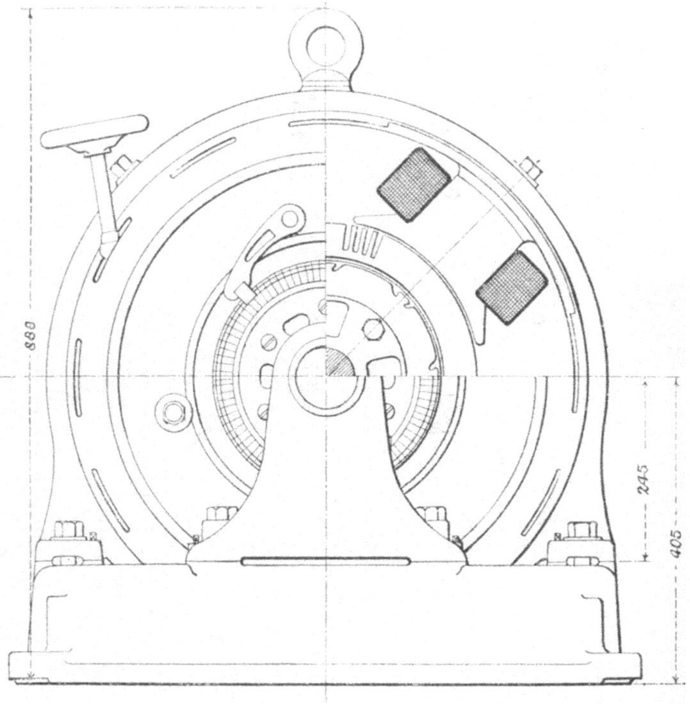

Fig. 166 und 167. 27 PS-Nebenschlußmotor in offener Ausführung.
(Allmanna Svenska Elektriska Aktiebolaget, Schweden.)

Magnetkern: Dimensionen in mm

Länge des Polschuhes parallel zur Welle . . .   162
Länge des Polbogens   238
Radiale Länge des Magnetkernes   112
Breite des Magnetkernes parallel zur Welle . .   162
Breite des Magnetkernes rechtwinklig zur Welle   125
Größe des Luftspaltes   2,25

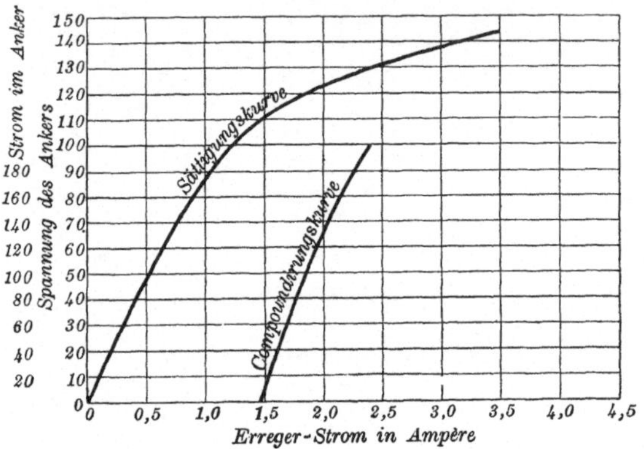

Fig. 168. Sättigungs- und Kompoundierungskurve des Generators.
180 Amp., 110 Volt, 800 U. p. M., 4 Pole. 4 Feldspulen, 1312 Windungen pro
Spule, Gesamtwiderstand im warmen Zustand = 44 Ω.

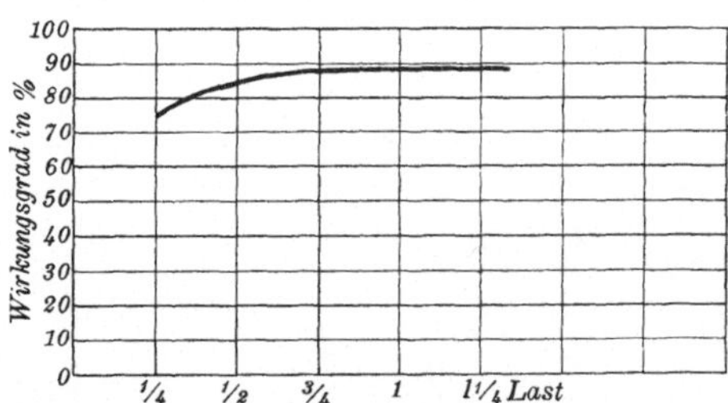

Fig. 169. Wirkungsgrad des Generators. 180 Amp., 110 Volt, 800 U. p. M.,
4 Pole. Maximale Temperaturerhöhung: Kommutator 26⁰ C (Thermometer),
Ankerkern 27⁰ C (Therm.), Feldwicklung 45⁰ C (Widerstandsmethode), Ankerwicklung 35⁰ C (Widerstandsmethode).

Magnetjoch:

Äußerer Durchmesser   746
Innerer Durchmesser   661
Dicke des Joches   47,5
Axiale Breite   250
Radiale Dicke des Polsitzes   14

Kommutator:

Durchmesser	280
Zahl der Segmente	89
Breite eines Segmentes + Isolation an Umfang .	9,9 mm
Dicke der Isolation zwischen den Segmenten. .	0,7 „
Größte Breite eines Segmentes.	9,2 „
Geringste Breite eines Segmentes	6,6 „
Gesamte Tiefe eines Segmentes	37 „
Gesamte Länge des Kommutators	140 „

Ankerwicklung:

Leiter pro Nute (jeder Leiter besteht aus zwei parallelen Drähten, Durchmesser des blanken Drahtes 3 mm, 8 Drähte pro Nute) 4

Wicklungsart . . . . Einfache Parallelschaltung mit 4 Stromkreisen

Strom pro Leiter in Ampere	44,8
Querschnitt eines Leiters in qcm	0,142
Stromdichte in Ampere pro qcm	316
Raumausnutzung einer Ankernute	0,24
Zahl der Windungen in Reihe zwischen den Bürsten	44,5
Mittlere Länge einer Windung in cm	128

Widerstand der Wicklung zwischen positiven und negativen Bürsten 0,020

Spannungsabfall in der Ankerwicklung bei Volllast . . . . 3,6 Volt

Spannungsabfall unter den Bürsten in Volt . .	1,7
Gesamte innere Spannung bei Vollast in Volt .	119,7

Berechnung der Reaktanzspannung:

Umfangsgeschwindigkeit des Kommutators in m pro Sekunde $(= a)$ 11,8

Länge des Bürstenbogens $(= b)$ in mm . . . 16

Frequenz der Kommutierung (Perioden pro Sekunde $= \dfrac{1000\,a}{2\,b} = n$) 368

Breite eines Segmentes an der Peripherie (+ Isolation) 9,9

Größte Anzahl gleichzeitig kurzgeschlossener Spulen 2

Windungen pro Spule (q) 2

Größte Anzahl gleichzeitig an der Kommutierung teilnehmender Leiter pro Gruppe (r) 8

Mittlere Länge einer Windung in cm 128

Wirksame Kernlänge 14,4

Freie Länge einer Windung (s)   99
Effektive Länge einer Windung (t)   29
Kraftlinien pro Amperewindung pro cm freie
Länge (u)   0,8
Kraftlinien pro Amperewindung pro cm effektive
Länge (v)   4,0
Kraftlinien der freien Länge $(u \times s)$ pro Ampere-
windung   79
Kraftlinien der effektiven Länge $(v \times t)$ pro Am-
perewindung   116
Kraftlinien der freien Länge pro Ampere

$$\left(\frac{r}{2} \times u \times s\right) = o \quad 316$$

Kraftlinien der effektiven Länge pro Ampere
$(r \times v \times t) = p$ 926
Gesamte Kraftlinien pro Ampere $(o + p)$ . . .   1242

Induktanz pro Segment $\left(\dfrac{q \times (o + p)}{10^8} = l\right)$ Henry   0,0000248

Reaktanz pro Segment $(2 \pi n l)$ in Ohm . . .   0,0573
Strom pro Leiter bei Vollast   44,8
Reaktanzspannung bei Vollast   2,6
Innere Spannung pro Segment   5,6
Anker Amperewindungen pro Pol bei Vollast   .   2000

Berechnung des magnetischen Kreises:

Innere Spannung bei Vollast (E)   119,7
Windungen in Reihe zwischen den Bürsten (T) .   44
Periodenzahl pro Sekunde (N)   26,7
Kraftlinienfluß pro Pol in Megalinien

$$M = \frac{E \cdot 10^8}{4 \cdot T \cdot N} \times 10^{-6}$$ 2,50

Angenommener Streufaktor   1,20
Kraftlinienfluß pro Pol in Megalinien   3,00

	Querschnitt in qcm	Magnetische Dichte	Länge des Kraftlinienpfades p. Pol in cm	Amperewindungen p. cm	Amperewindungen
Ankerkern . . .	190	13,2	10	10	100
Zähne	127	19,0	3,4	200	670
Luftspalt . . .	385	6,6	0,225	5250	1180
Magnetkern . .	200	15,0	11,2	20	220
Joch	236	12,8	26,0	14	360
Gesamte Amperewindungen pro Spule					2530

Berechnung der Nebenschlußwicklung:

Spannung pro Nebenschlußspule bei 60⁰ C . . 31,2

Tiefe der Wicklung in cm 6,3

Innerer Umfang einer Spule in cm 57

Äußerer Umfang einer Spule in cm 107

Mittlere Länge einer Nebenschlußwindung in m (a) 0,82

Erforderliche Amperewindungen pro Nebenschlußspule (b) 2530

$a \cdot b$. , ... 2080

$0{,}000176 \cdot a^2 b^2$ 760

Länge einer Nebenschlußspule in cm 8,5

Querschnitt einer Nebenschlußwicklung in qcm (r) 53,5

Raumausnutzung einer Nebenschlußspule (s) . . 0,49

Kupferquerschnitt einer Nebenschlußspule $(t = r \cdot s)$ 26,3

Kupfergewicht einer Nebenschlußspule (1 cbcm
Kupfer $= 0{,}0089$ kg) 19,2

Wattverluste einer Nebenschlußspule

$$\left(\mathrm{Watt} = \frac{0{,}000176 \cdot a^2 b^2}{\mathrm{Gewicht \ in \ kg}} \right) \qquad 39{,}6$$

Äußere zylindrische Oberfläche einer Spule in qdcm 9,1

Watt pro qdcm, äußerer zylindrischer Oberfläche 4,35

$$\mathrm{Ampere} \left(\frac{\mathrm{Watt}}{\mathrm{Volt}} \ \mathrm{pro \ Spule} \right) \qquad 1{,}27$$

Windungen pro Nebenschlußspule 2000

Kupferquerschnitt einer Windung in qcm . . . 0,0132

Stromdichte in Ampere pro qcm 96

Durchmesser des reinen Kupferdrahtes in mm . 1,3

Wattverlust in allen Nebenschlußspulen bei 60⁰ C 158

Gewicht aller Nebenschlußspulen in kg . . . 77

Aus der Widerstandszunahme berechnete Temperaturerhöhung in Graden Celsius 45

desgl. pro Watt pro qdcm 10,3

Ankerverluste und Ankererwärmung:

Gewicht der Ankerbleche in kg 83

Magnetische Dichte im Kern (D) 13200

Periodenzahl N 26,7

$$\frac{D \times N}{100000} \qquad 3{,}53$$

Wattverlust im Kerne pro kg (aus Fig. 19) . . 9,5

Gesamter berechneter Kernverlust in Watt . . 790

Stromwärme im Anker in Watt bei 60⁰ C . . 640

Gesamter Verlust im Anker in Watt 1430

Zylindrische Ausstrahlungsfläche in qdcm 12,6
Watt pro qdcm 45,3
Aus der Widerstandszunahme berechnete Temperaturerhöhung in Graden Celsius 35
desgl. pro Watt pro qdcm 1,1

Berechnung der Verluste und der Erwärmung des Kommutators:

Länge eines Bürstenbogens in mm 16
Breite einer Bürste in mm 29
Auflagefläche einer Bürste in qcm 4,64
Zahl der Bürsten pro Pol 4
Zahl aller positiven Bürsten 8
Auflagefläche aller positiven Bürsten in qcm . . 37
Gesamter Stromverbrauch in Ampere 179
Ampere pro qcm der Bürstenkontaktoberfläche 4,8
Stromwärme in Watt pro Ampere (aus Tafel XVIII) 1,8
Gesamte Stromwärme unter den Bürsten in Watt 320
Umfangsgeschwindigkeit des Kommutators in m
  pro Sekunde 11,8
Reibungsverlust der Bürsten in Watt pro Ampere
  (siehe Tafel XVIII) 1,4
Bürstenreibungsverlust in Watt 250
Gesamter Verlust am Kommutator in Watt . . 570
Zylindrische Oberfläche des Kommutators in qdcm 12,3
Watt pro qdcm zylindrischer Oberfläche . . . 46,5
Beobachtete Temperaturerhöhung des Kommutators
  in Graden Celsius 26
Beobachtete Temperaturerhöhung des Kommutators
  pro Watt, pro qdcm zylindrischer Oberfläche 0,56

Wirkungsgrad bei 60° C:

Kernverlust in Watt 790
Stromwärme im Anker 640
Stromwärme unter den Bürsten 320
Reibungsverlust der Bürsten 250
Reibungsverlust in den Lagern und durch Ventilation 300
Verlust in der Nebenschlußwicklung 160
Konstante Verluste 1 500
Veränderliche Verluste 960
Gesamte Verluste 2 460
Leistung bei Vollast in Watt 19 900
Wattverbrauch bei Vollast 22 360

Wirkungsgrad bei Vollast	89,0
„ „ $1\,^1/_4$-Last	89,2
„ „ $^3/_4$-Last	88,0
„ „ $^1/_2$-Last	85,0
„ „ $^1/_4$-Last	76,0

Tafel XXIV.

Gewichte und Kosten des wirksamen Materials.

	Gewicht in kg	Kosten in Mark pro kg	Gesamt- kosten in Mark
Ankerkupfer	29	2	58
Kommutatorkupfer	35	2	70
Feldkupfer	77	2	154
Ankerbleche	83	0,3	25
Magnetkern	70	0,3	21
Stahlgußjoch einschließlich der Füße . .	220	0,38	82
Gesamte Kosten des wirksamen Materials			410
desgl. pro PS			15,2
Gesamtgewicht des wirksamen Materials	514		
desgl. pro PS	19		
Gewicht des fertigen Motors ohne Spann- vorrichtung und Riemenscheibe . . .	900		
desgl. pro PS	33,4		

Achtpoliger 400 PS-Doppelschlußmotor für Walzwerke.

Die Eigenschaften des Doppelschlußmotors sind auf Seite 43 erörtert worden. Diese Motoren besitzen ein ausgedehntes Anwendungsgebiet für Bergwerke und Walzwerke, wo große Anforderungen an die Motoren gestellt werden.

Die Verwendung von Gleichstrommotoren ist für solche Fälle meist die beste Lösung, da bei Benutzung von zwei Kollektoren für Parallel- oder Reihenschaltung und außerdem einer passenden Feldregulierung ein hoher Wirkungsgrad für alle Geschwindigkeiten erreicht werden kann. Als die Prinzipien der Stromwendung noch nicht so genau erkannt waren, glaubte man, daß eine Veränderung der Tourenzahl innerhalb weiter Grenzen durch Feldregulierung mit einer guten Kommutation unvereinbar sei. Dieses ist aber nicht der Fall. Eine mit geringer Reaktanzspannung entworfene Maschine wird mit konstanter Bürstenstellung bei allen Feldstärken funkenlos laufen.

Fig. 170—191 enthalten ausführliche Zeichnungen eines achtpoligen 400 PS-Motors, der speziell für Walzwerke entworfen worden ist. Fig. 192 und 193 liefern eine allgemeine Ansicht dieses Motors.

Die Maschine ist hauptsächlich deshalb bemerkenswert, weil ihre Tourenzahl innerhalb eines großen Bereiches variiert werden kann. Der Anker ist mit zwei Kommutatoren und mit zwei Wicklungen entworfen worden, welche für die geringe Tourenzahl in Reihe und für die höheren Geschwindigkeiten mit Hilfe eines gewöhnlichen Reihen-Parallel-Kontrollers parallel geschaltet werden. Bei geringen Umlaufszahlen ist die Leistung des Motors nur die Hälfte von der bei den höheren Tourenzahlen, mehr ist aber auch nicht erforderlich, da das Drehmoment das gleiche, ja noch etwas größer ist und dies gerade den Anforderungen entspricht.

Der erwähnte Motor treibt eine Walzenzugmaschine für Stahldraht und ist speziell mit Rücksicht auf die ganz bedeutenden Stöße in der Belastung konstruiert worden. Der Motor wird von zwei direkt mit Turbinen gekuppelten 175 KW-Generatoren gespeist, welche ungefähr $^1/_2$ km von dem Walzwerke entfernt sind. Diese Generatoren sind derart überkompoundiert, daß sie nicht nur den Spannungsabfall in der Linie aufheben, sondern sogar die Spannung an dem Motor von 500 Volt bei Leerlauf bis 600 Volt bei Vollast steigern. Der Motor selbst ist nur für 500 Volt bei Leerlauf bis zu 550 Volt bei Vollast kompoundiert und folglich wird die Umlaufszahl für höhere Belastungen etwas zunehmen. Der Zweck dieser Anordnung war der, die Geschwindigkeit gegen das Ende des Walzens, welches zugleich die Zeit der schwersten Belastung ist, automatisch zu steigern. Die höchste Tourenzahl der Maschine war ursprünglich zu 450 Umdrehungen pro Minute angenommen worden, später stellte sich jedoch heraus, daß für manche Stahlsorten, besonders für diejenigen, welche einen großen Prozentsatz Kohle enthalten, 500 Touren notwendig wurden.

Die Betriebsverhältnisse stellen sehr hohe Anforderungen an den Motor. Die Belastung bei der höheren Geschwindigkeit wächst ganz plötzlich von 30 PS bis über 200 PS an, sinkt dann für einige Sekunden unter 200 PS, um dann wieder in zwei oder drei schroffen Stufen auf über 400 PS anzusteigen, und dieser Vorgang wiederholt sich ungefähr alle drei Minuten. Sehr oft ereignet es sich auch, daß der Draht zu kalt geworden ist, wenn aus irgend einem Grunde die Maschine angehalten werden mußte, und beim Wiederanlassen kam es vor, daß die Belastung plötzlich von 100 PS auf 600 PS anstieg.

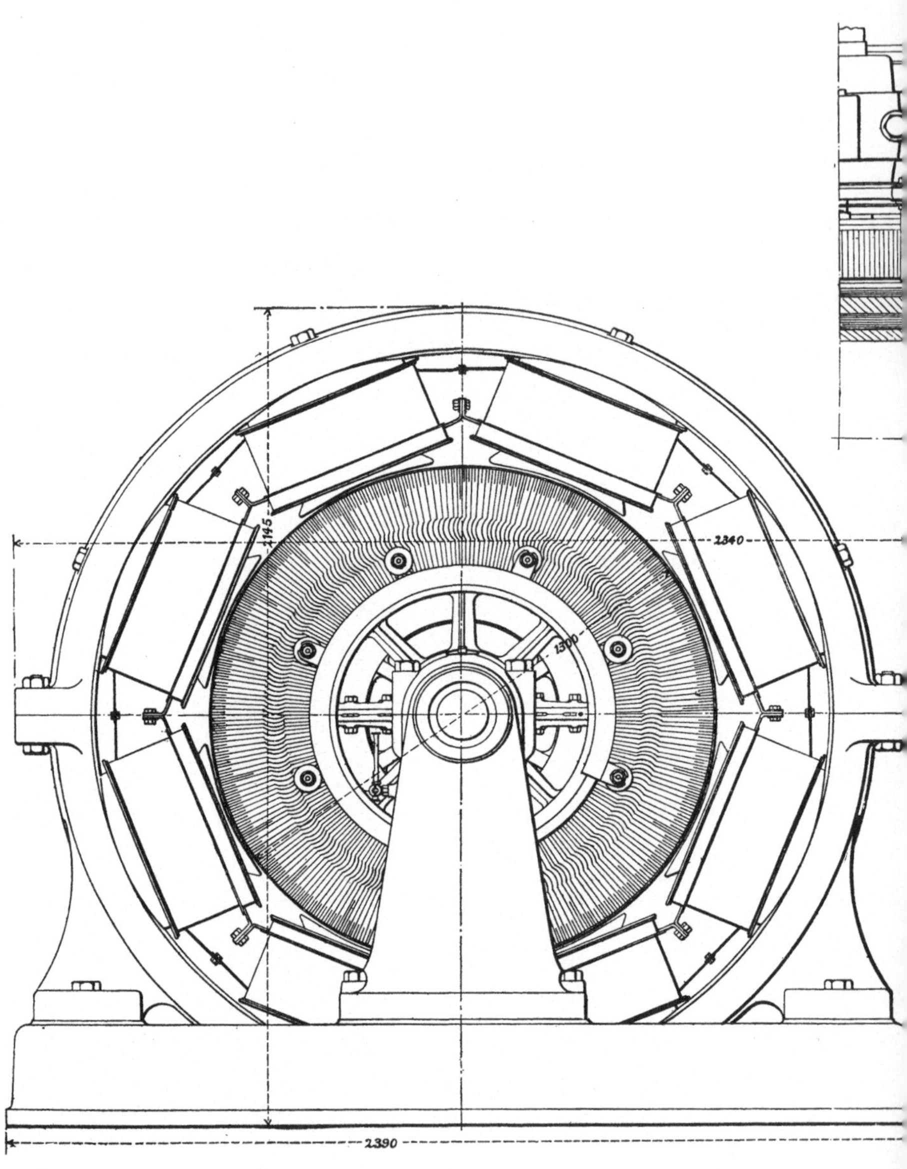

Fig. 170 bis 172.   400

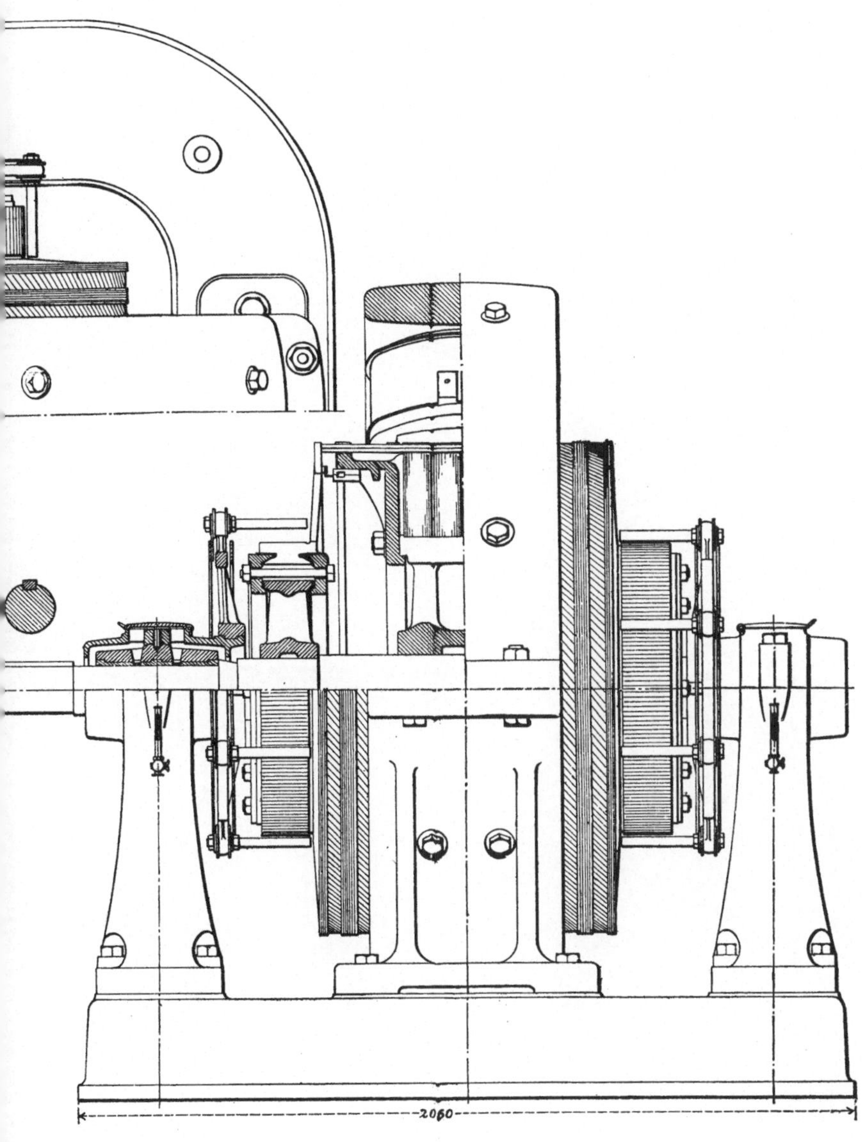

oppelschlußmotor.

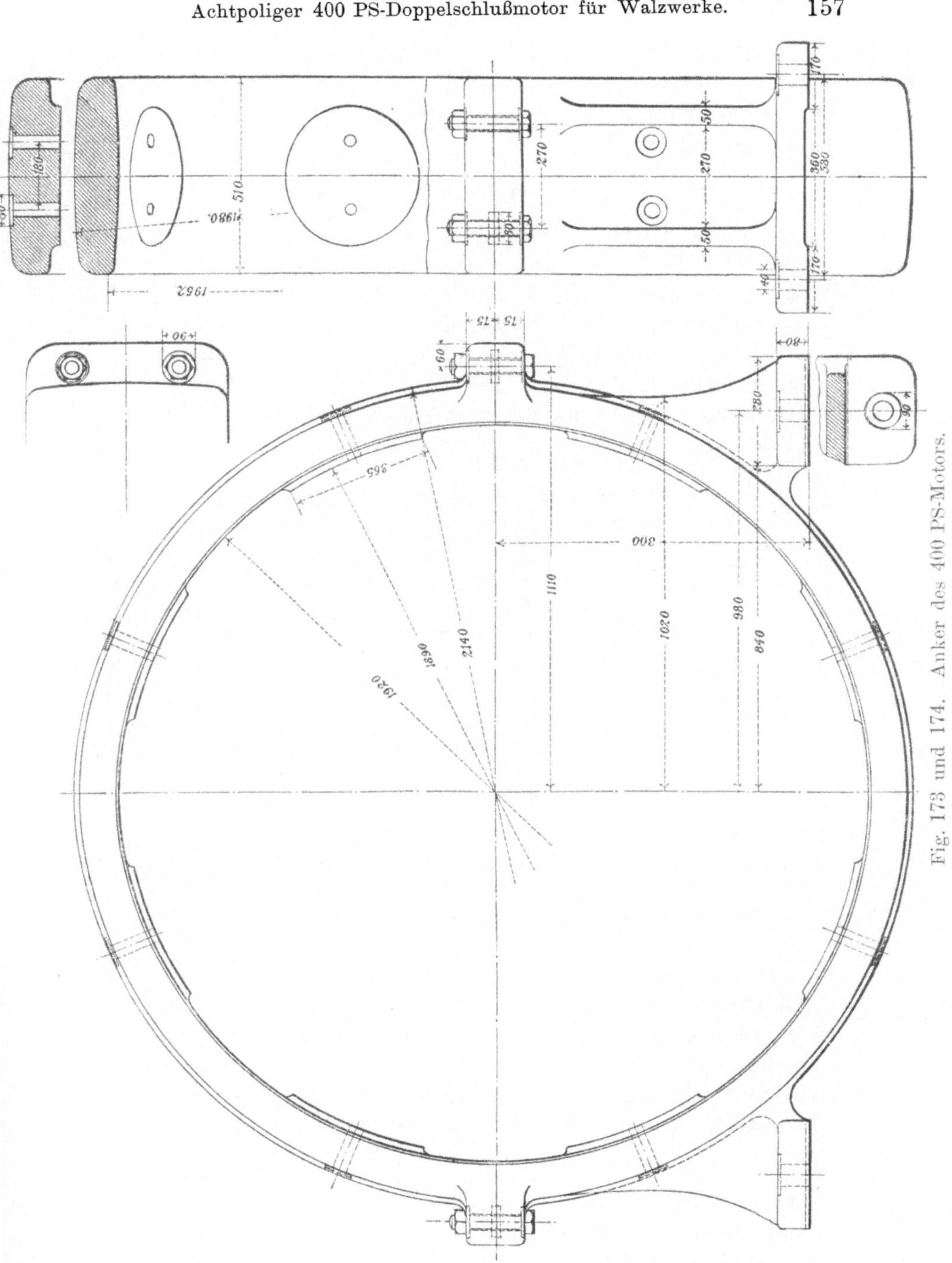

Fig. 173 und 174. Anker des 400 PS-Motors.

Der Motor wurde für die Elektriska Aktiebolaget Magnet-Ludwika, Schweden, von Herrn A. V. Clayton entworfen, welcher dem Verfasser Dimensionen und Prüfungsdaten freundlichst zur Verfügung gestellt hat.

Tafel XXV.

Berechnung eines achtpoligen, 400 PS-Motors für 135 bis 450 Umdrehungen pro Minute und 550 Volt.

Zahl der Pole   8
Zugeführter Strom bei Vollast in KW   318
Normale Leistung in PS   400
Umlaufszahl variiert von 135 bis zu 500 Umdrehungen pro Minute, die normale Umlaufszahl ist   450

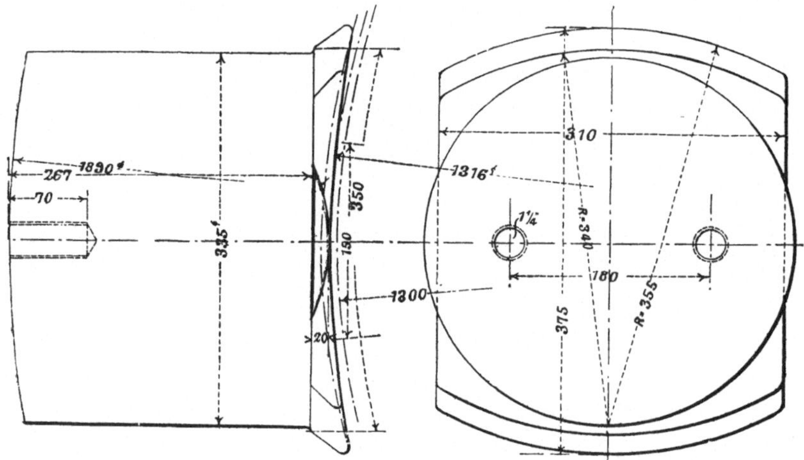

Fig. 175 und 176.   Magnetkern des 400 PS-Motors.

Periodenzahl pro Sekunde bei normaler Geschwindigkeit   30
Klemmenspannung bei Vollast 550—600, die normale Spannung ist . . . .   550 Volt
Klemmenspannung bei Leerlauf   500
Zugeführter Strom bei Vollast in Ampere . . .   580

Anker: Dimensionen in mm

Äußerer Durchmesser   1300
Axiale Länge der Wicklung   650
Durchmesser an der Wurzel der Zähne . . .   1246
Innerer Durchmesser der Bleche   800

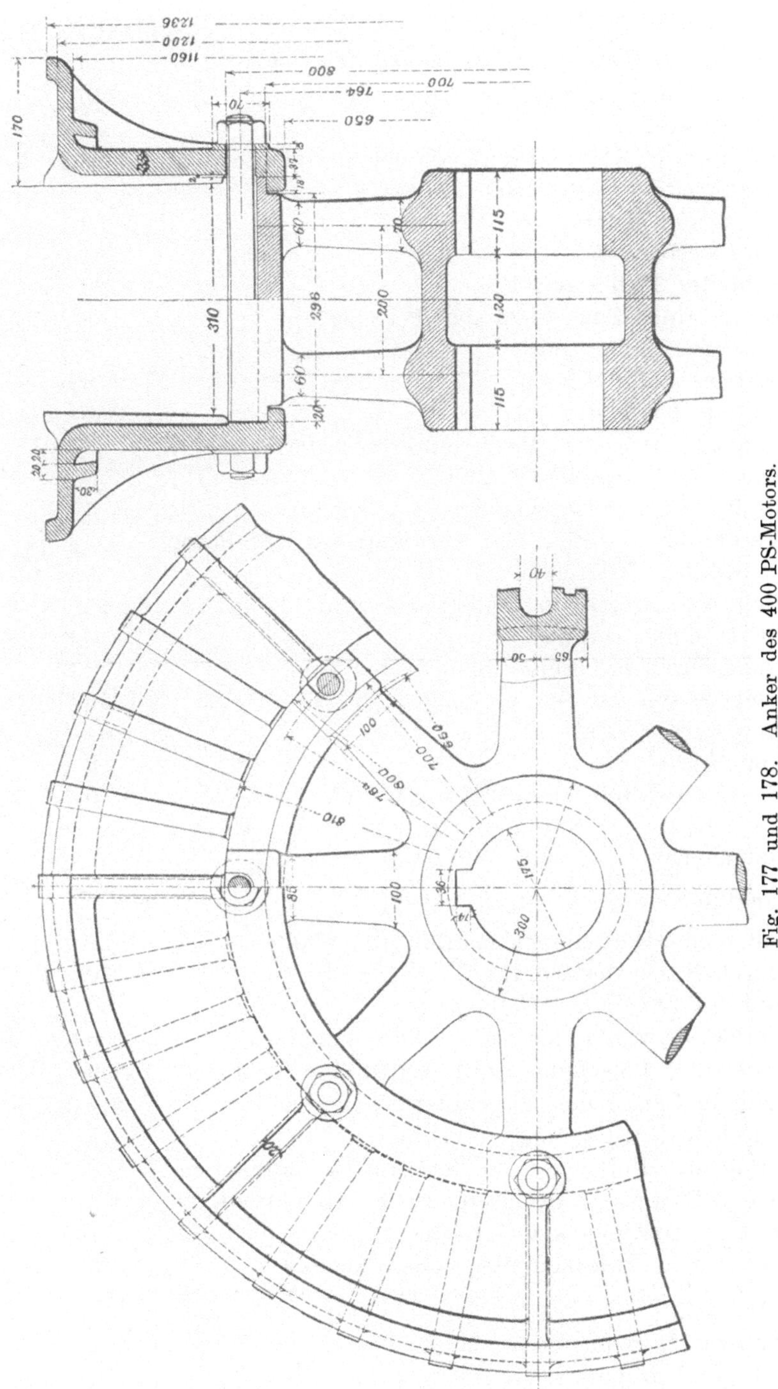

Fig. 177 und 178. Anker des 400 PS-Motors.

Dimensionen in mm

Länge des Ankers zwischen den Flanschen . .	310
Wirksame Kernlänge	265
Nutentiefe	27
Zahnbreite $+$ Nutenbreite an der Peripherie . .	18,2
Zahnbreite $+$ Nutenbreite an der Wurzel der Zähne	17,5
Breite der Nuten	9,0
Zahl der Nuten	224
Zahl der Nuten pro Pol	28
Breite eines Zahnes an der Peripherie	9,2
Geringste Zahnbreite	8,5
Mittlere Zahnbreite	8,9
Radiale Tiefe der Bleche	250
Radiale Tiefe der Bleche unterhalb der Nuten .	223
Zahl der Ventilationskanäle	3
Breite eines jeden Kanales	7
Verhältnis von effektiver Kernlänge zu Kernlänge zwischen Flanschen	0,854
Höhe eines blanken Leiters	10,0
Breite eines blanken Leiters	0,9
Querschnitt pro Leiter in qcm	0,09
Ampere pro Leiter	36,3
Ampere pro qcm	404
Leiter pro Nute	8
Gesamter Kupferquerschnitt pro Nute	0,72
Nutenbreite $\times$ Nutentiefe in qcm	2,43
Raumausnutzung einer Nute	0,30

Magnetkern:

Länge des Polschuhes parallel zur Welle . . .	310
Durchmesser der Bohrung	1316
Mittlere Länge des Polbogens	350
Verhältnis von Polbogen zu Polteilung	0,68
Dicke des Polschuhes in der Mitte des Polbogens	20
Radiale Länge des Magnetkernes	267
Durchmesser des Magnetkernes	335
Größe des Luftspaltes in der Mitte des Polbogens	8
Größe des Luftspaltes an den Enden des Polschuhes	16
Mittlere Größe des Luftspaltes	9
Entfernung zwischen den Polschuhenden . . .	166

Joch:

Äußerer Durchmesser	2140
Innerer Durchmesser	1920

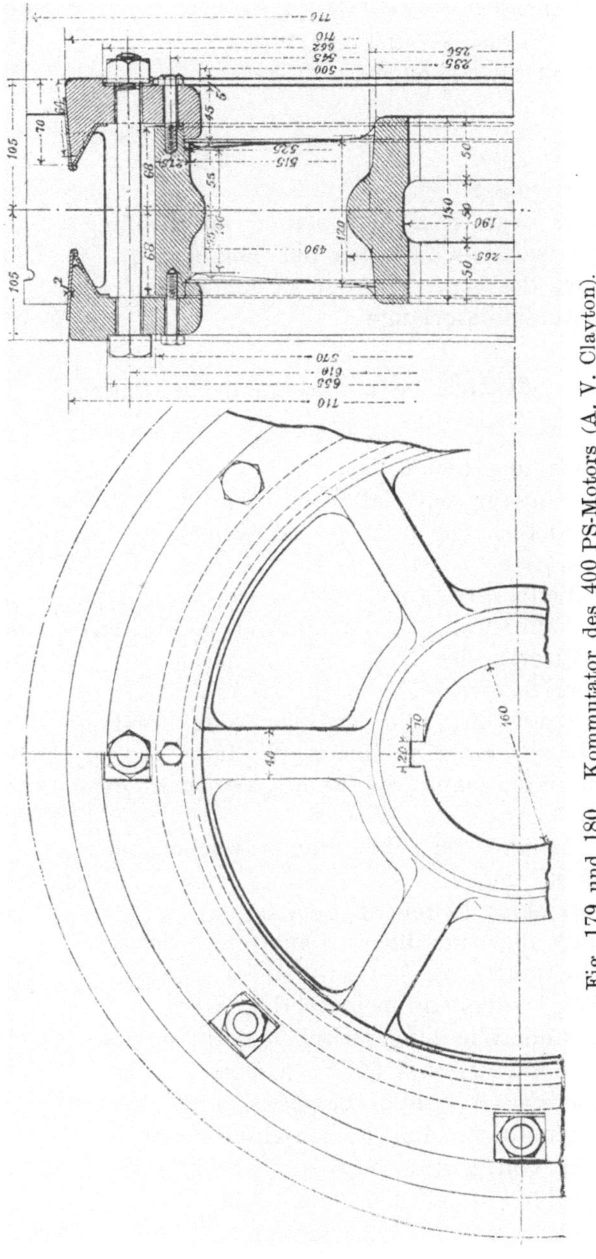

Fig. 179 und 180. Kommutator des 400 PS-Motors (A. V. Clayton).

Dimensionen in mm

Dicke des Joches   110
Länge des Joches parallel zur Welle   510
Radiale Tiefe des Polsitzes   15

Kommutator:

Durchmesser   770
Zahl der Segmente   448
Breite eines Segmentes $+$ Isolation am Umfang   5,4
Dicke der Isolation zwischen den Segmenten .   0,7
Breite eines Segmentes an der Peripherie . . .   4,7
Gesamte Kommutatorlänge   125

Elektrische und magnetische Daten.

Anker:

Innere Spannung bei Vollast   540
Klemmenspannung bei Vollast   550
Zahl der Ankerleiter in beiden Wicklungen . . 1792
Zahl der Nuten   224
Zahl der Leiter pro Nute   8
Gesamter Ankerstrom, (Kommutatoren in Parallel)   580
Zahl der Stromkreise   16
Ampere pro Stromkreis   36,3
Zahl der Leiter in Reihe zwischen den Bürsten 112
Mittlere Länge einer einfachen Windung in cm 183
Zahl der Windungen in Reihe zwischen den
　　Bürsten   56
Gesamte Länge der Wicklung zwischen den
　　Bürsten in cm 10 250
Querschnitt eines Leiters in qcm   0,092
Querschnitt aller parallelen Leiter in qcm für
　　eine Wicklung   0,72
Spezifischer Widerstand bei 60° C in Ohm . .   0,0000020
Widerstand der Wicklung zwischen positiven und
　　negativen Bürsten bei 60° C in Ohm . . .   0,0284
Spannungsabfall im Anker bei 60° C in Volt .   8,2
Spannungsabfall in den Reihenschlußspulen bei
　　60° C in Volt   1,1
Spannungsabfall unter den Bürsten bei 60° C in
　　Volt   0,9
Gesamter innerer Spannungsabfall in Volt . .   10,2
Gewicht des Ankerkupfers in beiden Wicklungen
　　in kg   132

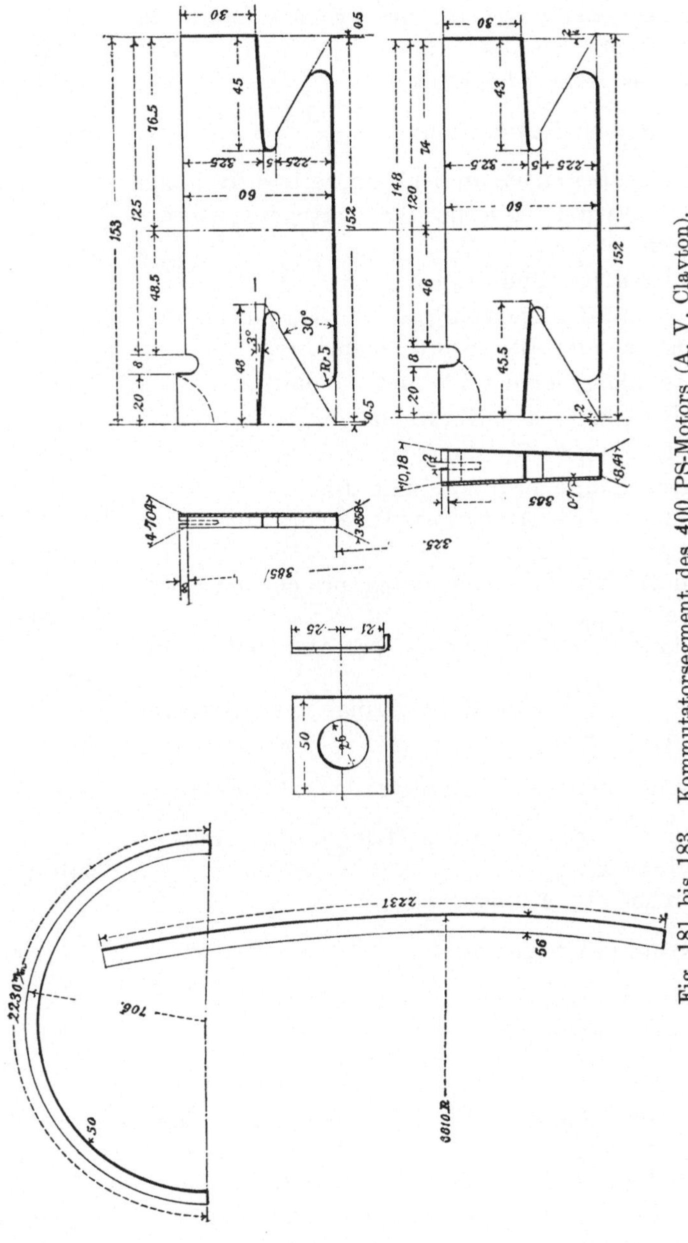

Fig. 181 bis 183. Kommutatorsegment des 400 PS-Motors (A. V. Clayton).

Berechnung der Reaktanzspannung:

Spannung pro Segment in Volt 9,8

Umfangsgeschwindigkeit des Kommutators in
Metern pro Sekunde (A) 18,2

Länge des Bürstenbogens (b) 16

Frequenz der Kommutierung $\left(\dfrac{1000\,A}{2\,b}=n\right)$ . . 570

Breite eines Segments an der Peripherie $+$ Isolation   5,4

Größte Anzahl gleichzeitig kurzgeschlossener
Spulen 3

Windungen pro Spule (q) 1

Größte Anzahl gleichzeitig an der Stromwendung
teilnehmender Leiter pro Gruppe (r) 12

Mittlere Länge einer Windung in cm 183

Effektive Länge des Kernes in cm 26,5

Freie Länge pro Windung (s) 130

Effektive Länge pro Windung (t) 53

Kraftlinien pro Amperewindung pro cm freie
Länge (u) 0,8

Kraftlinien pro Amperewindung pro cm der effektiven Länge (v) 4,0

Kraftlinien der freien Länge pro Amperewindung
($u\cdot s$) 104

Kraftlinien der effektiven Länge pro Amperewindung ($v\cdot t$) 212

Kraftlinien der freien Länge pro Amp. $\left(\dfrac{r}{2}\cdot u\cdot s=o\right)$ 624

Kraftlinien der effektiven Länge pro Ampere
($r\cdot v\cdot t=p$) 2540

Kraftlinien pro Ampere ($o+p$) 3164

Induktanz pro Segment $\dfrac{q\cdot(o+p)}{10^8}=l$ Henry . 0,0000316

Reaktanz pro Segment in Ohm ($2\,\pi\,n\,l$) 0,11

Reaktanzspannung in Volt 4,05

Die obige Berechnung der Reaktanzspannung gründet sich auf
die Annahme, daß die Bürsten an beiden Kommutatoren relativ
dieselbe Stellung einnehmen, bei der wirklichen Ausführung aber
waren die Bürsten des einen Kommutators um ungefähr ein Segment
und die Bürsten des anderen um ungefähr $1\frac{1}{2}$ Segment nach
rückwärts verschoben. Es wird behauptet, daß diese Anordnung
die von der kurzgeschlossenen Spule erzeugte Kraftlinienzahl und

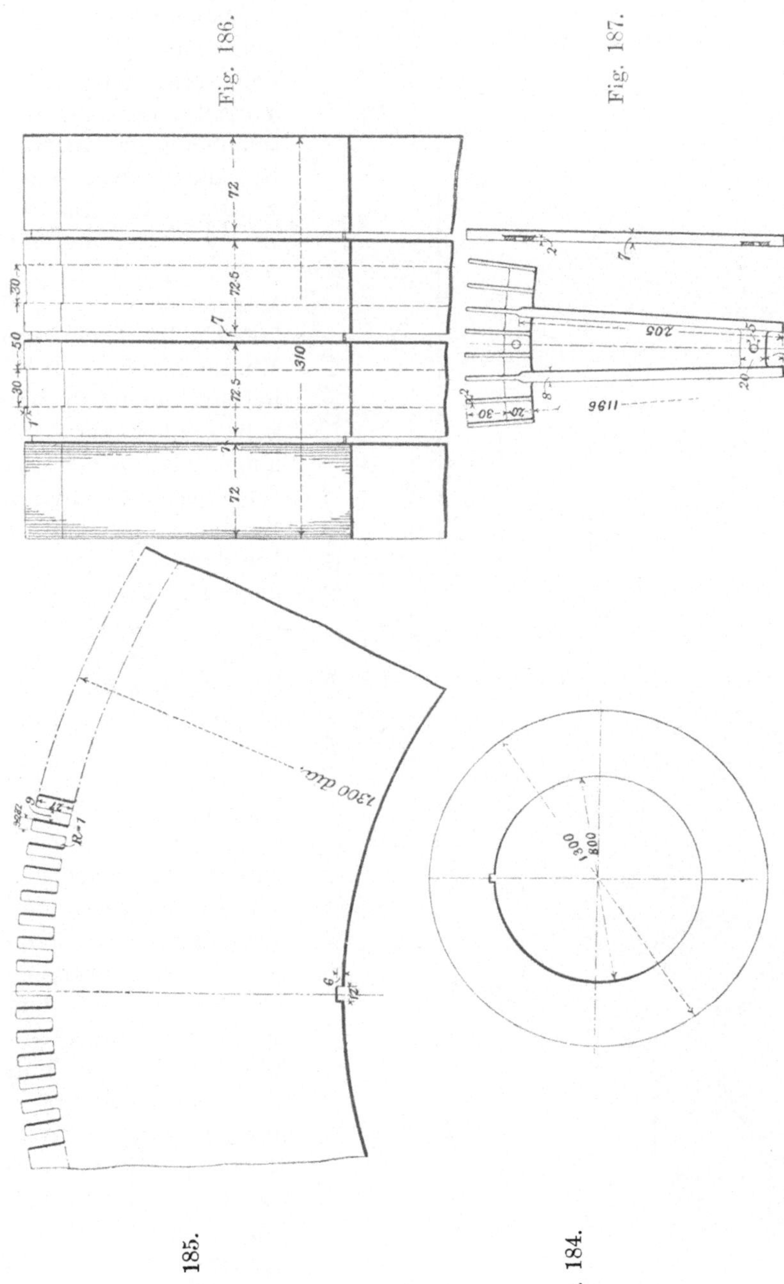

Fig. 184 u. 185. Ankerblech des 400 PS-Motors.   Fig. 186 u. 187. Ventilationskanäle des 400 PS-Motors.

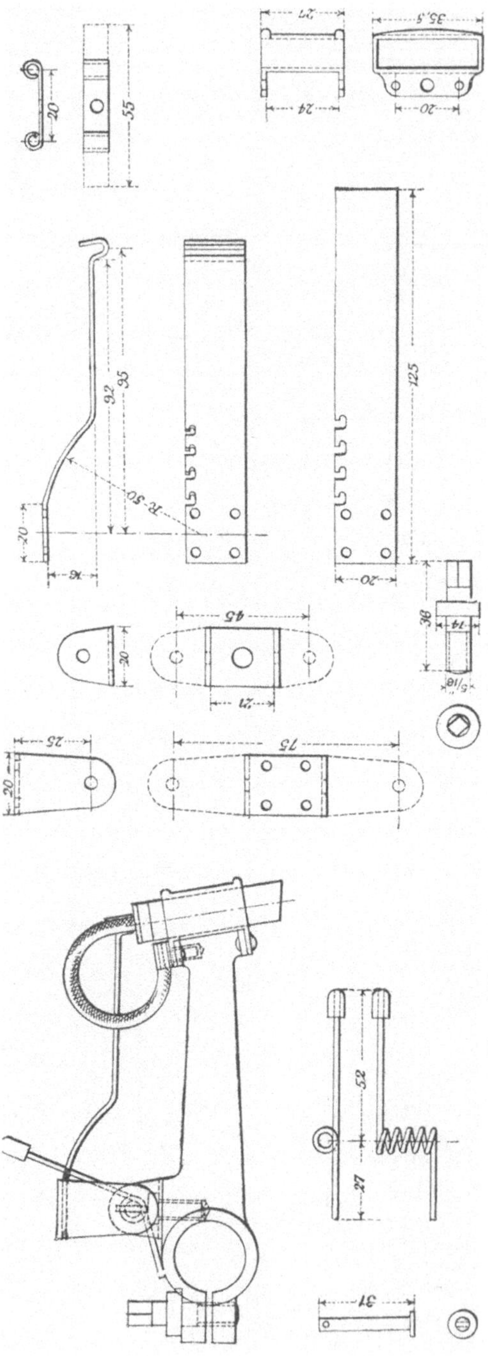

Fig. 188 bis 191. Bürstenhalter des 400 PS-Motors (A. V. Clayton).

folglich auch die Reaktanzspannung wesentlich verkleinert. Eine Vorrichtung zum Verschieben der Bürsten ist nicht vorgesehen worden, die Bürsten sind in ihrer Stellung fest verschraubt. Die Maschine wurde bei 500 Umdrehungen pro Minute bis zu 600 PS belastet, dennoch war kein Funken am Kommutator zu bemerken. Auch bei einem anderen Versuch, bei dem die Maschine $1^1/_4$ Stunde lang mit 640 Ampere bei 450 Volt und 450 Umdrehungen pro Minute belastet war, zeigte sich kein Funken. Fig. 194 bis 198 geben Aufschluß über die Sättigung, die verschiedenen Verluste und den Wirkungsgrad.

Die Berechnung des magnetischen Kreises ist in parallelen Spalten für 450 und 300 Umdrehungen pro Minute bei 550 Volt Klemmenspannung durchgeführt worden. Dabei sind die Kommutatoren in Parallelschaltung gedacht, bei Reihenschaltung würde dieselbe Rechnung für 225 und 150 Umdrehungen gelten.

Tafel XXVI.

Berechnung des magnetischen Stromkreises bei Vollast.

	450 Umdrehungen pro Minute	350 Umdrehungen pro Minute
Kraftlinienfluß im Anker pro Pol in Megalinien	8,05	12,10
Innere Spannung	539	539

Fig. 192. 400 PS-Motor, entworfen von A. V. Clayton, Ludvika in Schweden.

	450	350
Klemmenspannung	550	550
Streufaktor	1,10	1,10
Kraftlinienfluß im Magnetkern in Megalinien	8,85	13,3

Anker:

	450	350
Querschnitt des Kernes in qcm .	1180	1180
Magnetische Dichte	6800	10300

	450 Umdrehungen pro Minute	350 Umdrehungen pro Minute
Amperewindungen in cm . . .	3	5
Länge des Kraftlinienpfades pro Pol	20	20
Amperewindungen	60	100

Fig. 193. 400 PS-Motor, entworfen von A. V. Clayton, Ludvika in Schweden.

Zähne:

Zahl der Zähne pro Pol . . .	28
Zahl der Zähne unterhalb eines mittleren Polbogens	19
Ausbreitung in Prozenten . . .	10
Gesamte Anzahl der den Kraftlinienfluß leitenden Zähne . .	21
Querschnitt eines Zahnes an der Wurzel in qcm	22,5
Gesamter Querschnitt an der Wurzel dieser Zähne in qcm . .	470

	450 Umdrehungen pro Minute	350 Umdrehungen pro Minute
Scheinbare magnetische Dichte .	17 200	25 800
Mittlere Zahnbreite in mm . .		8,9
Breite der Nuten in mm . . .		9,0
Mittlere Zahnbreite zu Nutenbreite		1,0
Wirkliche magnetische Dichte .	17 200	22 800
Amperewindungen pro cm . . .	70	900
Länge in cm	2,7	2,7
Amperewindungen	190	2 430

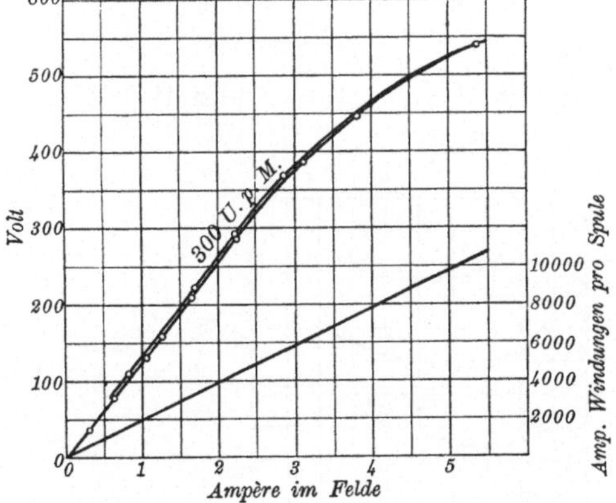

Fig. 194. Sättigungskurve des 400 PS-Motors.

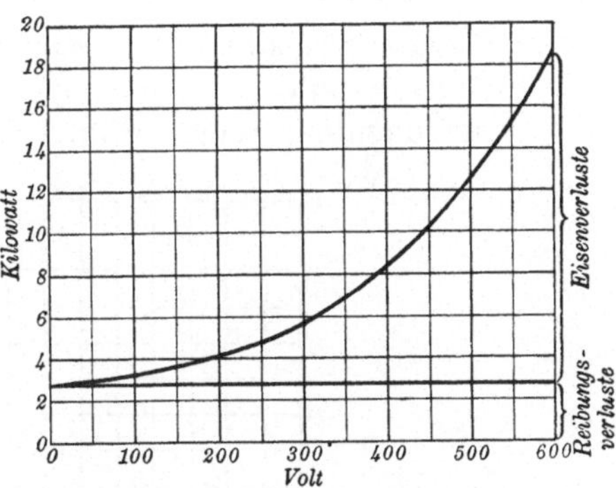

Fig. 195. Verluste durch Reibung, Hysteresis und Wirbelströme des 400 PS-Motors bei 300 U. p. M.

Luftspalt:

Querschnitt an der Polschuhoberfläche in qcm	1 090	1 090
Magnetische Dichte an der Polschuhoberfläche	7 400	11 100
Mittlere Größe des Luftspaltes in cm	0,9	0,9
Amperewindungen	5 300	8 000

Magnetkern:

Querschnitt in qcm	885	885
Magnetische Dichte	10 000	15 000
Amperewindungen pro cm . .	8	29
Länge des Kraftlinienpfades . .	29	29
Amperewindungen	230	840

Joch:

Querschnitt in qcm	1 120	1 120
Magnetische Dichte	7 900	11 900

	450 Umdrehungen pro Minute	350 Umdrehungen pro Minute
Amperewindungen pro cm . .	6	11
Länge des Kraftlinienpfades pro Pol in cm	39	39
Amperewindungen	230	430

Amperewindungen pro Spule:

Ankerkern	60	100
Ankerzähne	190	2 430
Luftspalt	5 300	8 000
Magnetkern	230	840
Joch	230	430
Gesamte Anzahl Amperewindungen pro Spule	6 010	11 800
Beobachtete Werte (Fig. 194) . .	5 400	10 500

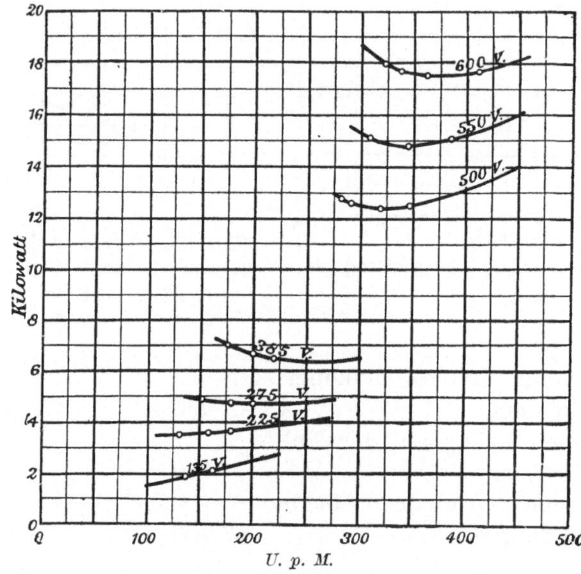

Fig. 196.   Verluste durch Reibung, Hysteresis und Wirbelströme des 400 PS-Motors bei 400 U. p. M.

Tafel XXVII.

Berechnung der Nebenschlußwicklung.

Spannung an den Klemmen der Nebenschlußwicklung	550
Spannung pro Nebenschlußspule bei 60° C . . .	69
Innerer Durchmesser einer Spule in cm	33,5
Radiale Tiefe der Wicklung in cm	7,0

Äußerer Durchmesser der Spule in cm 47,5
Innerer Umfang der Spulen in cm 105,5
Äußerer Umfang der Spulen in cm 150,0
Mittlere Länge einer Nebenschlußwindung in m (a) 1,28
Amperewindungen pro Nebenschlußspule (b) . . 11 200
$a\,b$ 14 300
$0{,}000176 \cdot a^2 b^2$ 36 000
Axiale Länge der Nebenschlußspulen in cm . . 19

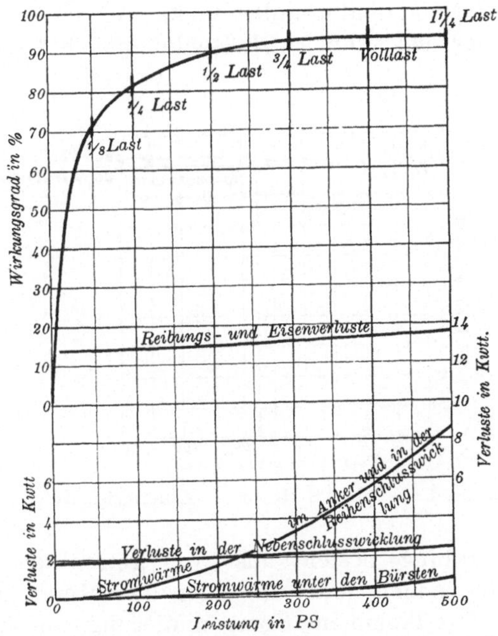

Fig. 197. Wirkungsgrad des 400 PS-Motors. Wirkungsgrad und Verluste des 400 PS-Motors für 135/450 U. p. M. und 500 Volt Klemmenspannung. Kurven beziehen sich auf 300 U. p. M.

Querschnitt der Nebenschlußwicklung in qcm (r) .   133
Raumausnutzung der Nebenschlußspule (s) . . .   0,60
Querschnitt des Kupfers in der Nebenschlußspule
   $(t = r \cdot s)$ 80
Gewicht des Kupfers pro Nebenschlußspule (1 cbcm
   Kupfer = 0,0089 kg)   91
Wattverbrauch einer Nebenschlußspule
$$\left(\text{Watt} = \frac{0{,}000176 \cdot a^2\, b^2}{\text{Gewicht in kg}}\right)$$ 396
Äußere zylindrische Oberfläche einer Spule pro qdcm   28,5
Watt pro qdcm äußerer zylindrischer Oberfläche .   13,9
Strom in der Nebenschlußspule (Wattverbrauch divi-
   diert durch die Spannung pro Spule)   5,75

Windungen pro Nebenschlußspule   1940
Querschnitt des Kupfers pro Windung in qcm . .   0,0415
Stromdichte in Ampere pro qcm   140
Durchmesser des blanken Kupferleiters   2,30
Durchmesser des isolierten Kupferleiters   2,45
Benutzte Isolation . . . . . Einfache Baumwollbespinnung
Gesamter Wattverbrauch aller Nebenschlußspulen
    bei 60° C   3160
Gewicht aller Nebenschlußspulen in kg   728
Widerstand der acht Nebenschlußspulen bei 60° C
    in Ohm   96

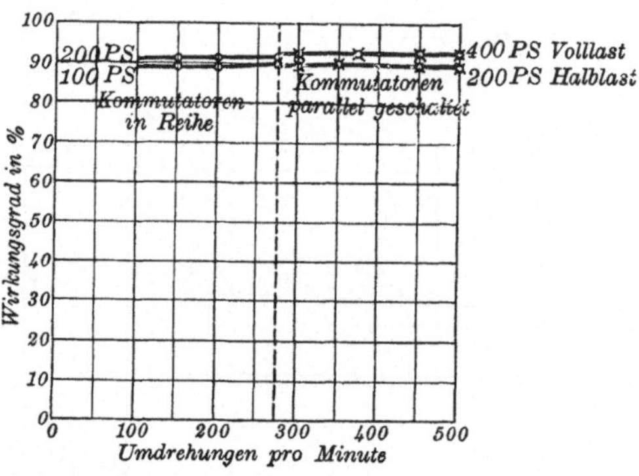

Fig. 198. Wirkungsgrad des 400 PS-Motors in Abhängigkeit von der Tourenzahl.

Die Feldwicklung besteht aus zwei getrennten Reihenschlußwicklungen, von denen jede an einen der Kommutatoren angeschlossen ist, um vollkommene Kompoundierung sowohl bei Reihenals bei Parallelschaltung der Kollektoren zu erhalten. Die konstruktive Anordnung wurde so getroffen, daß alle positiven Pole die eine, alle negativen die andere Reihenschlußwicklung erhalten.

Reihenschlußwicklung:

Amperewindungen der Reihenschlußwicklung bei
    Vollast   1800
Gesamter Vollaststrom pro Wicklung   290
Strom in den zu den Spulen parallel geschalteten
    Widerständen   90
Strom in der Reihenschlußwicklung   200
Windungen pro Spule   9
Dimensionen des Leiters in mm . . . . 30×2
Zahl der Leiter in parallel   3
Gesamter Querschnitt in qcm   1,8

Ampere pro qcm   111
Mittlere Länge einer Windung in cm   140
Gesamte Länge des Leiters pro Spule in cm . .   1260
Widerstand pro Spule bei 60° C Ohm   0,0014
Wattverlust pro Spule bei 60° C   56
Zylindrische Oberfläche in qdcm   12,5
Wattverbrauch pro qdcm bei 60° C   4,5
Widerstand von 4 Spulen bei 60° C   0,0056
Wattverbrauch in 8 Reihenschlußspulen bei 60° C   448
Kupfergewicht pro Spule in kg   20
Gesamtes Kupfergewicht der Reihenschlußwicklung
  in kg   160
Gesamter Kupferquerschnitt einer Spule   16,2
Querschnitt der gesamten Spule nebst Isolation .   40
Raumausnutzung   0,40

Stromwärme im Ankerkupfer:

Widerstand einer Wicklung zwischen positiven und
  negativen Bürsten bei 60° C in Ohm   0,0284
Gesamter Ankerstrom in Ampere   290
Stromwärme pro Ankerwicklung bei 60° C . . .   2380

	450 Umdrehungen pro Minute	300 Umdrehungen pro Minute
Kernverluste:		
Gewicht der Ankerzähne in kg .	110	
Gewicht des Ankerkernes in kg	1490	
Gesamtgewicht der Ankerbleche in kg	1600	
Magnetische Dichte im Ankerkern (D)	6800	10300
Periodenzahl pro Sekunde (N) .	30	20
$D \cdot N : 100000$	2,04	2,06
Wattverlust im Eisen pro kg (aus Fig. 19)	5,1	5,3
Gesamter Kernverlust in Watt (berechnet)	8150	8450
Gesamter Kernverlust in Watt (beobachtet).	—	11700
Stromwärme im Anker	—	4760
Eisenverlust im Anker	—	11300
Gesamter Verlust im Anker . .	—	16060
Umfang des Ankers in dcm . .	—	40,8
Länge der Ankerwicklung in dcm	—	6,5

	450 Umdrehungen pro Minute	300 Umdrehungen pro Minute
Zylindrische Oberfläche der Ankerwicklung in qdcm	—	265
Wattverbrauch pro qdcm zylindrischer Oberfläche	—	60

Kommutatorverluste:

Länge eines Bürstenbogens in mm	16
Breite einer Bürste in mm . .	32
Auflagefläche pro Bürste in qcm	5,1
Zahl der Bürsten pro Pol pro Kommutator	3
Gesamte Anzahl positiver Bürsten	12
Auflagefläche aller positiven Bürsten in qcm	61
Stromstärke pro Kommutator in Ampere	290
Ampere pro qcm Bürstenauflagefläche	4,75
Stromwärme in Watt pro Ampere (aus Tafel XVIII)	1,8
Stromwärme unter den Bürsten eines Kommutators	520

	450 Umdr.	300 Umdr.
Umfangsgeschwindigkeit des Kommutators in m pro Sekunde .	18,2	12,2
Reibungsverlust der Bürsten in Watt pro Ampere	3,0	2,0
Reibungsverlust der Bürsten in Watt	870	580
Gesamte Verluste eines Kommutators in Watt	1390	1100

Temperaturerhöhung des Kommutators:

Umfangsgeschwindigkeit in dcm	24,2
Länge der Kommutatoroberfläche in dcm	1,25
Zylindrische Oberfläche eines Kommutators in qdcm	30,2

	450 Umdr.	300 Umdr.
Watt pro qdcm zylindrischer Oberfläche	43,5	36,5

Wirkungsgrad bei 60° C:

	450 Umdr.	300 Umdr.
Eisenverlust in Watt	11300	11700
Stromwärme im Anker in Watt	4760	4760

	450 Umdrehungen pro Minute	300 Umdrehungen pro Minute
Stromwärme unter den Bürsten in Watt	1040	1040
Bürstenreibungsverlust	1740	1160
Reibungsverlust in den Lagern und durch Ventilierung . .	1700	1540
Wattverbrauch der Nebenschlußwicklung	400	1500
Wattverbrauch der Reihenschlußwicklung	450	450
Wattverbrauch des Nebenschlußrheostates	700	700
Wattverbrauch des Reihenschlußrheostates	200	200
Gesamte Verluste	22290	23050
Leistung in Watt	295000	295000
Wattverbrauch bei Vollast . .	317290	318050
Wirkungsgrad bei Vollast in $^0/_0$	93,0	92,6

Fünfzehntes Kapitel.

Beispiel eines 35 PS-Motors, entworfen vom Verfasser.

———

Von der großen Zahl von Beispielen moderner Motoren, die in diesem Buche und in anderen Veröffentlichungen gegeben worden sind, läßt sich leicht für eine erforderliche Umlaufszahl, Leistung und Spannung ein sicherer Entwurf ableiten. Dies Verfahren wird leider nur zu oft angewandt, Originalität zeigt sich nur bezüglich der allgemeinen Dimensionierung. Die Folge davon ist, daß veraltete Ideen vorherrschend geblieben sind und daß Konstrukteure, wenn sie eine so allgemeine Übereinstimmung in den Maschinen verschiedener Firmen finden, dazu verleitet werden, hieran nicht zu rühren und deshalb ihre Eigenart nur in der Ausbildung der Details zeigen.

Die folgenden Entwürfe sind veröffentlicht worden, um zu zeigen, daß sich unter den bisher vernachlässigten Verhältnissen noch ein weites Feld für eine vorteilhaftere Wahl der Dimensionen vorfindet. Sie sollen außerdem Anhaltspunkte geben, wie man für einen bestimmten Motor diese Wahl trifft und inwiefern die hierdurch erzielten Resultate diejenigen gewohnter Praxis übertreffen. —

Wir wollen einen offenen 35 PS 220 Volt-Nebenschluß-Motor für 600 Umdrehungen pro Minute berechnen.

Entweder können wir dann, wie es meist geschieht, einen großen Kraftlinienfluß und nur wenige Ankerwindungen verwenden; wir können uns auch dem entgegengesetzten Extreme nähern oder einen mittleren Weg einschlagen. Es ist ganz unmöglich, diese Fragen in anderer Weise zu behandeln als in einer ausführlichen Berechnung; nur so ist man sicher, daß kein wichtiger Punkt übersehen wird.

In den Spalten A, B, C und D der folgenden Tabelle sind für die Anker-Amperewindungen und für die Feldstärke vier verschiedene Annahmen gemacht worden:

	A	B	C	D
Anker-Amperewindungen . . .	2260	3550	4750	6120
Kraftlinienfluß Megalinien . .	3,94	2,46	1,78	1,41

Tafel XXVIII.

Vergleichende Entwürfe eines vierpoligen Nebenschlußmotors für 35 PS, 220 Volt und 600 Umdrehungen pro Minute. (Fig. 200 — 207.)

	A[1])	B[1])	C[1])	D[1])
Zahl der Pole	4	4	4	4
Wattverbrauch des Motors bei Vollast	28,7	28,9	29,8	30,3
Leistung in PS		35		
Umdrehungszahl pro Min.		600		
Umdrehungszahl pro Sek.		10		
Periodenzahl pro Sekunde		20		
Klemmenspannung in Volt		220		
Zugeführter Strom bei Vollast	131	132	135,5	138
Leerlaufstrom.	7,3	5,7	5,5	5,5
Wattverbrauch bei Leerlauf	1600	1250	1220	1200
Kappscher Koeffizient . .	1,12	1,55	1,80	2,06

Anker: Dimensionen in mm

	A	B	C	D
Äußerer Durchmesser . .	360	395	430	460
Länge des Ankers zwischen den Enden der Wicklung	460	390	360	330
Durchmesser an der Wurzel der Zähne	304	337	370	392
Innerer Durchmesser der Bleche	180	200	225	240
Isolation zwischen den Blechen in Prozenten .		10		
Material für die Isolation		Schellack		
Dicke eines jeden Bleches		0,5		

---

[1]) Bezgl. Nuten und Leiter siehe Fig. 199.

	Dimensionen in mm			
	A	B	C	D
Nutentiefe	28	29	30	34
Nutenbreite (ausgestanzt), (siehe Fig. 199) . . .	10,1	7,9	11,0	9,2
Nutenbreite (im fertigen Motor)	9,8	7,6	10,7	8,9
Zahl der Nuten	45	71	57	71
Zahnbreite am Umfang .	15,1	9,7	12,7	11,2
Geringste Zahnbreite . .	11,1	7,0	9,4	8,1

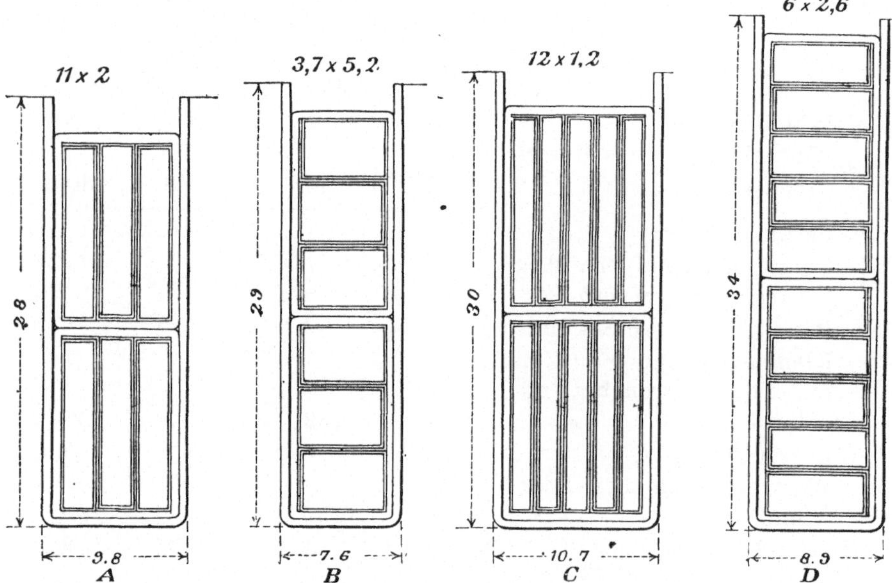

Fig. 199.   Nuten für die vier Entwürfe eines 35 PS, 600 U. p. M., 220 Volt-Nebenschlußmotors.

	A	B	C	D
Mittlere Zahnbreite . . .	13,1	8,4	11,1	9,7
Radiale Tiefe der Bleche	90,0	97,5	102,5	110,0
do. unterhalb der Nuten	62,0	68,0	72,5	76,0
Zahl der Ventilationskanäle	2	1	1	1
Breite eines Ventilations-kanales	10	10	10	10
Wirksame Kernlänge . .	252	155	110	82
Länge des Kernes zwischen den Flanschen . . .	300	181	131	100
Verhältnis von Kernlänge zum Durchmesser . .	0,835	0,460	0,304	0,247

	Dimensionen in mm			
	A	B	C	D
Dimensionen der Ankerleiter:				
Höhe des blanken Leiters	11,0	3,7	12,0	6,0
Breite des blanken Leiters	2,0	5,2	1,2	2,6
Höhe des isolierten Leiters	11,3	4,0	12,3	6,3
Breite des isolierten Leiters	2,3	5,5	1,5	2,9

Berechnung der Raumausnutzung der Ankernute und der Stromdichte eines Leiters:

	A	B	C	D
Querschnitt eines blanken Leiters in qcm . . .	0,220	0,193	0,144	0,156
Ampere pro Leiter . . .	65,5	66,0	67,8	69,0
Ampere pro qcm . . .	305	342	470	442
Leiter pro Nute	6	6	10	10
Gesamter Kupferquerschnitt pro Nute . . .	1,32	1,16	1,44	1,56
Nutenbreite $\times$ Nutentiefe in qcm	2,82	2,29	3,30	3,13
Raumausnutzung einer Nute	0,467	0,505	0,435	0,496

Dimensionen des Magnetkernes:

	A	B	C	D
Länge des Polschuhes parallel zur Welle . . .	300	181	131	100
Durchmesser der Bohrung des Polschuhes . . .	368	403	438	468
Polteilung	290	317	344	367
Mittlere Länge des Polbogens	200	220	240	255
Verhältnis von Polbogen zu Polteilung	0,695	0,695	0,695	0,695
Dicke des Polschuhes in der Mitte des Polbogens	11	11	11	11
Radiale Länge des Magnetkernes	100	100	140	140
Durchmesser des Magnetkernes	200	155	130	114
Radiale Tiefe des Luftspaltes	4	4	4	4
Entfernung zwischen den Enden der Polschuhe .	90	97	104	112

Dimensionen des Joches:

	Dimensionen in mm			
	A	B	C	D
Äußerer Durchmesser . .	760	760	930	930
Innerer Durchmesser . .	640	665	770	770
Jochdicke (mit Ausnahme der Rippen)	60	47,5	80	70
Breite des Joches . . .	320	250	300	260
Radiale Dicke des Polsitzes	25	20	15	10

In den Entwürfen A und B ist Stahlguß für das Joch verwandt worden, da der für den magnetischen Kraftlinienfluß erforderliche Querschnitt bei Anwendung von Gußeisen zu unbequeme Dimensionen annehmen würde, in den Entwürfen C und D jedoch, wo der magnetische Fluß viel kleiner ist, ist Gußeisen für das Joch verwandt worden. Die Magnetkerne in Entwurf A und B sind aus Stahl und mit dem Joch in einem Stück gegossen, in den Entwürfen C und D ist jedoch für die Magnetkerne schwedisches Schmiedeeisen genommen worden, die Verbindung mit dem Joch wird in solchem Fall durch Eingießen hergestellt. Dies Verfahren vermeidet den hohen magnetischen Widerstand beim Übertritt der Kraftlinien von dem Magnetkern in das Gußeisen gegenüber angeschraubten Magnetkernen. Die Polschuhe sind in allen vier Fällen lamelliert.

Dimensionen des Kommutators:

	A	B	C	D
Durchmesser	250	300	350	400
Umfang	785	942	1100	1260
Zahl der Segmente . . .	135	213	285	355
Breite eines Segmentes + Isolation	5,81	4,42	3,86	3,54
Dicke der Isolation zwischen den Segmenten .	0,70	0,65	0,56	0,54
Breite eines Segmentes an der Oberfläche . . .	5,11	3,77	3,30	3,00
Gesamte Kommutatorlänge	100	92	83	75

Dimensionen der Bürsten:

	A	B	C	D
Zahl der Sätze	4	4	4	4
Zahl pro Satz	4	3	3	3
Breite der Bürsten . . .	22	25	22	20
Länge des Bürstenbogens	15	18	21	24
Auflagefläche einer Bürste in qcm	3,3	4,5	4,6	4,8

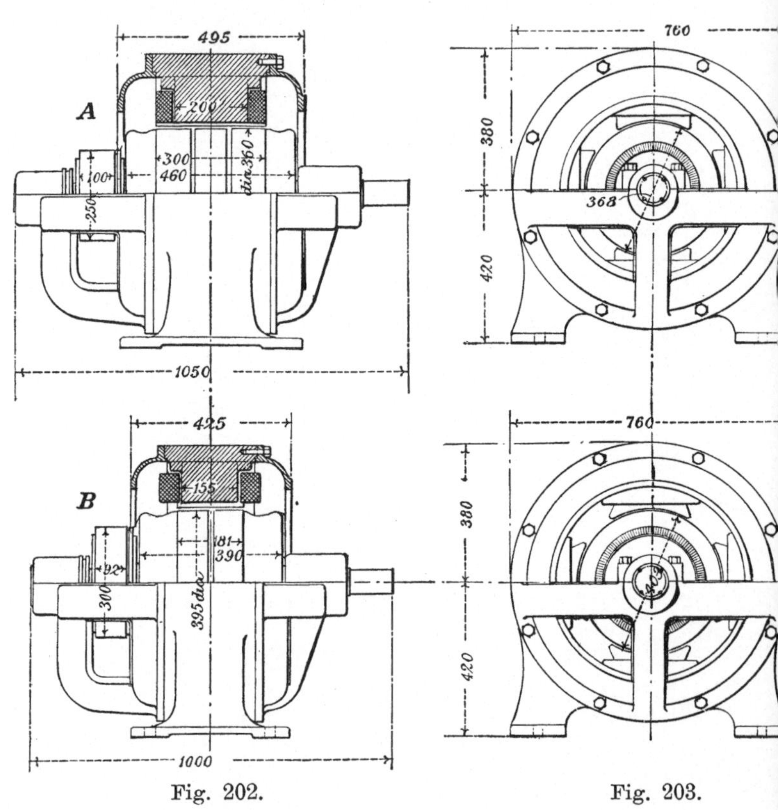

Fig. 200 bis 207. Vier verschiedene Ausführungen

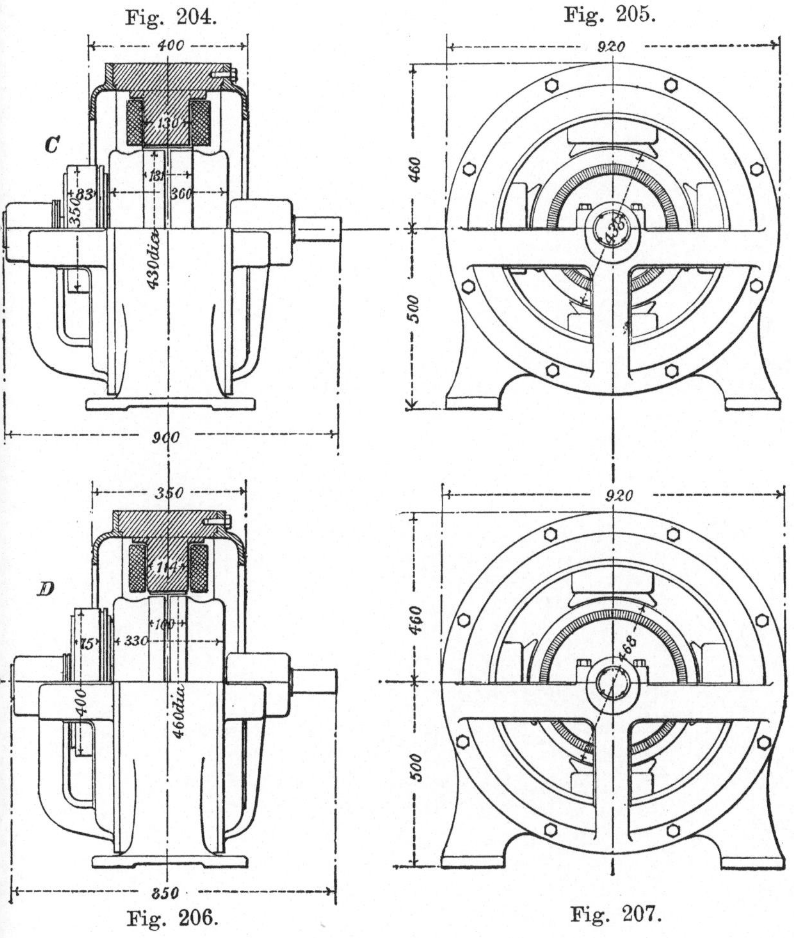

PS, 220 Volt-Motors für 600 Umdrehungen pro Minute.

	A	B	C	D
Material der Bürsten . .		Karbon		
Ampere pro Bürstensatz .	65,5	66,0	68,0	69,0
Ampere pro Bürste . .	16,4	22,0	22,7	23,0
Ampere pro qcm . . .	4,95	4,90	4,95	4,80

Elektrische und magnetische Daten.

Anker:

	A	B	C	D
Klemmenspannung . . .	220	220	220	220
Zahl der Ankerleiter . .	270	426	570	710
Zahl der Nuten	45	71	57	71
Zahl der Leiter pro Nute	6	6	10	10
Anordnung der Leiter in der Nute	3×2	1×6	5×2	1×10
Wicklungsart		einfache Reihenschaltung		
Gesamter Ankerstrom . .	131	132	135,5	138
Zahl der Stromkreise im Anker	2	2	2	2
Strom pro Kreis	65,5	66,0	68,0	69,0
Mittlere Länge einer Windung in cm	130	123	120	120
Gesamte Zahl der Windungen	135	213	285	355
Zahl d. Windungen in Reihe zwischen den Bürsten .	67,5	106,5	142,5	177,5
Gesamte Wicklungslänge zwischen den Bürsten in cm	8770	13100	17100	21300
Querschnitt eines Leiters in qcm	0,220	0,183	0,144	0,156
Querschnitt aller parallelen Leiter in qcm	0,440	0,386	0,288	0,312
Spezifischer Widerstand bei 60° C in Ohm . . .		0,0000020		
Widerstand der Wicklung von positiven zu negativen Bürsten	0,04	0,068	0,12	0,14
Spannungsabfall im Anker bei 60° C in Volt . .	5,2	9,0	16,1	18,9
Spannungsabfall unter den Bürsten in Volt . . .	1,8	1,8	1,8	1,8

	Dimensionen in mm			
	A	B	C	D
Gesamter Spannungsabfall in Volt	7,0	10,8	17,9	20,7
Innere Spannung bei Volllast	213,0	209,6	202,1	199,3

Reaktanzspannung:

	A	B	C	D
Zahl der Pole	4	4	4	4
Zahl der Segmente . . .	135	213	285	355
Zahl der Segmente pro Pol	33,8	53,3	71,3	88,8
Spannung		220		
Spannung pro Segment .	6,5	4,1	3,1	2,5
Zahl der Nuten	45	71	57	71
Zahl der Nuten pro Pol .	11,3	17,8	14,3	17,8
Gesamte Anzahl der Ankerleiter	270	426	570	710
Zahl der Leiter pro Nute	6	6	10	10
Ankerwindungen pro Pol	33,8	53,3	71,3	88,8
Ankerwindungen pro Segment	1	1	1	1
Gesamter Ankerstrom . .	131	132	135,5	138
Wicklungsart		einfache Reihenwicklung		
Ampere pro Stromkreis .	65,5	66,0	68,0	69,0
Anker - Amperewindungen pro Pol	2260	3550	4750	6120
Durchmesser des Kommutators in m	0,250	0,300	0,350	0,400
Kommutatorumfang in m	0,785	0,942	1,10	1,26
Umdrehungen pro Sekunde	10	10	10	10
Umfangsgeschwindigkeit in m pro Sekunde ($=A$)	7,85	9,42	11,0	12,6
Länge des Bürstenbogens in mm ($=b$)	15	18	21	24
Frequenz der Kommutierung $=\dfrac{1000\,A}{2\,b}=n$.	262	262	262	262
Breite eines Segmentes an der Oberfläche $+$ Isolation in mm	5,81	4,42	3,86	3,54
Größte Anzahl gleichzeitig von einer Bürste kurzgeschlossener Spulen .	3	5	6	7

	Dimensionen in mm			
	A	B	C	D
Windungen pro Spule (q)	1	1	1	1
Größte Anzahl gleichzeitig an der Kommutierung teilnehmender Leiter pro Gruppe (r)	6	10	12	14
Mittlere Länge einer Windung in cm	130	123	120	120
Wirkliche Kernlänge in cm	25,2	15,5	11,0	8,2
Freie Länge einer Windung (s)	79,6	92,0	98,0	103,6
Effektive Länge einer Windung (t)	50,4	31,0	22,0	16,4
Kraftlinien pro Amperewindung pro cm freie Länge (u)		0,8		
Kraftlinien pro Amperewindung pro cm effektiver Länge (v) . . .		4,0		
Kraftlinien der freien Länge pro Amperewindung ($u \cdot s$)	64	74	78	83
Kraftlinien der effektiven Länge pro Amperewindung ($v \cdot t$)	200	124	88	65,5
Kraftlinien der freien Länge pro Ampere $\left(\dfrac{r}{2} \cdot u \cdot s\right) = o$	192	370	468	580
Kraftlinien der effektiven Länge pro Ampere $(r \cdot v \cdot t) = p$	1200	1240	1050	920
Kraftlinien einer Spule pro Ampere ($o + p$) . . .	1392	1610	1518	1500
Induktanz pro Segment in Henry	0,0000139	0,0000152		
		0,0000161		0,0000150
Reaktanz pro Segment in Ohm	0,0229	0,0265	0,0250	0,0247
Zahl der Bürstensätze .	4	4	4	4
Reaktanzspannung . . .	1,50	1,75	1,70	1,71

Berechnung der erforderlichen Amperewindungen bei Vollast.

	A	B	C	D
Kraftlinienfluß im Anker pro Pol (Megalinien) .	3,94	2,46	1,78	1,41
Innere Spannung . . .	213,0	209,6	202,1	199,3
Klemmenspannung . . .	220	220	220	220
Streufaktor	1,2	1,2	1,2	1,2
Kraftlinienfluß im Pole in Megalinien	4,73	2,95	2,14	1,69

Anker:

	A	B	C	D
Querschnitt des Kernes in qcm	312	218	160	125
Magnetische Dichte. . .	12600	11300	11100	11300
Amperewindungen pro cm	8	6	6	5
Länge des Kraftlinienpfades pro Pol in cm . .	10	11	12	13
Amperewindungen . . .	80	70	70	80

Zähne:

	A	B	C	D
Zahl der Zähne pro Pol .	11,3	17,8	14,3	17,8
do. unterhalb eines mittleren Polbogens . . .	7,9	12,3	10,0	12,3
Ausbreitung in Prozenten		$10^0/_0$		
Gesamte Anzahl der den Kraftlinienfluß leitenden Zähne pro Pol . . .	8,7	13,5	11,0	13,5
Querschnitt eines Zahnes an der Wurzel in qcm	28,0	10,8	10,4	6,7
Gesamter Querschnitt an der Wurzel dieser Zähne in qcm	241	146	115	90
Magnetische Dichte . .	16300	16800	15600	15800
Amperewindungen pro cm	29	45	21	23
Länge des Kraftlinienpfades in cm	2,8	2,9	3,0	3,2
Amperewindungen . . .	80	130	60	70

Luftspalt:

	A	B	C	D
Querschnitt des Luftspaltes an der Polschuhoberfläche in qcm . . .	600	398	314	455
Magnetische Dichte an der Polschuhoberfläche . .	6550	6200	5650	5500

	A	B	C	D
Länge des Luftspaltes in cm	0,4	0,4	0,4	0,4
Amperewindungen . . .	2100	1980	1810	1770

Magnetkern:

	A	B	C	D
Querschnitt in qcm. . .	315	190	132	103
Magnetische Dichte. . .	15000	15500	16200	16400
Amperewindungen pro cm	29	35	29	30
Länge des Kraftlinienpfades in cm	10	10	14	14
Amperewindungen . . .	290	350	410	420

Joch:

	A	B	C	D
Querschnitt pro qcm . .	384	238	480	364
Magnetische Dichte . .	12300	12400	4450	4650
Amperewindungen pro cm	13	13	19	20
Länge des Pfades pro Pol in cm	28	29	32	33
Amperewindungen . . .	360	380	610	660

Amperewindungen einer Spule:

	A	B	C	D
Klemmenspannung . . .	220	220	220	220
Innere Spannung . . .	213,0	209,6	202,1	199,3
Ankerkern	80	70	70	80
Ankerzähne	80	130	60	70
Luftspalt	2100	1980	1810	1770
Magnetkern	290	350	410	420
Joch	360	380	610	660
Gesamte Anzahl Amperewindungen pro Spule .	2910	2910	2960	3000
Amperewindungen für die Berechnung der Feldspulen		3200		

Berechnung der Nebenschlußwicklung:

	A	B	C	D
Spannung an den Klemmen der Nebenschlußwicklung		220		
Spannung pro Nebenschlußspule bei 60° C . . .		55		
Innerer Durchmesser einer Spule in cm	20,0	15,5	13,0	11,4
Radiale Tiefe der Wicklung in cm	4,5	4,4	2,6	2,5

	A	B	C	D
Äußerer Durchmesser der Spulen in cm	29,0	24,3	18,2	16,4
Innerer Umfang der Spulen in cm	62,8	48,8	41,0	35,8
Äußerer Umfang der Spulen in cm	91,0	76,5	57,2	51,6
Mittlere Länge einer Nebenschlußwindung (a) . .	0,769	0,627	0,491	0,437
Amperewindungen pro Nebenschlußspule (b) . .	3200	3200	3200	3200
$a \cdot b$	2460	2010	1570	1400
$0,000176 \cdot a^2 b^2$	1060	710	433	345
Axiale Länge der Nebenschlußspule in cm . .	10	10	14	14
Querschnitt der Nebenschlußwicklung in qcm (r)	45,0	44,0	36,4	35,0
Raumausnutzung der Nebenschlußspule (s) . .	0,50	0,50	0,45	0,45
Kupferquerschnitt in der Nebenschlußspule . .	22,5	22,0	16,4	15,8
Gewicht des Kupfers pro Nebenschlußspule 1 cbcm Kupfer $= 0{,}0089$ kg . .	15,4	12,3	7,15	6,15
Wattverbrauch einer Nebenschlußspule $\left(\text{Watt} = \dfrac{0,000176 \cdot a^2 b^2}{\text{Gewicht in kg}}\right)$	69,0	58,0	60,5	56,0
Äußere zylindrische Oberfläche der Spule in qdcm	9,10	7,65	8,00	7,25
Watt pro qcm äußerer zylindrischer Oberfläche .	7,6	7,6	7,6	7,7
Strom pro Nebenschlußspule (Wattverbrauch dividiert durch die Spannung der Spule) . . .	1,25	1,05	1,10	1,02
Windungen pro Nebenschlußspule	2560	3050	2910	3140
Querschnitt des Kupfers pro Windung in qcm .	0,0088	0,0072	0,0056	0,0050
Stromdichte in Ampere pro qcm	142	146	196	204

	A	B	C	D
Gesamter Wattverbrauch aller Nebenschlußspulen bei 60° C	276	232	242	224
Gewicht aller Nebenschluß- spulen in kg	62	49	29	25

Ankerverluste:

	A	B	C	D
Widerstand der Wicklung zwischen positiven und negat. Bürsten bei 60° C	0,040	0,068	0,12	0,14
Gesamter Ankerstrom . .	131	132	135,5	138
Stromwärme im Anker .	680	1180	2180	2600
Gewicht der Ankerzähne	31	21	18	16
Gewicht des Ankerkernes	93	60	55	50
Gesamtes Gewicht der Ankerbleche	124	81	73	66
Magnetische Kraftlinien- dichte in dem Kerne (D)	12600	11300	11100	11300
Periodenzahl (C) . . .	20	20	20	20
$D \cdot C \div 100000$	2,52	2,26	2,22	2,26
Wattverlust im Eisen pro kg	6,4	5,6	5,5	5,6
Gesamter Kernverlust in Watt	790	460	400	370

Ankererwärmung:

	A	B	C	D
Stromwärme im Anker .	680	1180	2180	2600
Kernverlust im Anker .	790	460	400	370
Gesamter Ankerverlust .	1470	1640	2580	2970
Umfang in dcm	11,35	12,45	13,50	14,50
Länge der Wicklung in dcm	4,6	3,9	3,6	3,3
Zylindrische Oberfläche der Wicklung in qdcm . .	52,0	48,5	48,5	48,0
Watt pro qdcm zylindri- scher Oberfläche . . .	28	34	53	62

Kommutatorverluste:

	A	B	C	D
Gesamter Strom in Ampere	131	132	135,5	138
Ampere pro qcm Bürsten- auflagefläche	4,85	4,90	4,95	4,80
Stromwärme in Watt pro Ampere (aus Fig. 19) .	1,8	1,8	1,8	1,8
Stromwärme unter den Bürsten in Watt . . .	236	240	244	250

	A	B	C	D
Umfangsgeschwindigkeit des Kommutators in m per Sekunde	7,85	9,42	11,0	12,6
Bürstenreibungsverlust in Watt pro Ampere . .	1,0	1,2	1,35	1,5
Bürstenreibungsverlust in Watt	131	160	184	207

Erwärmung des Kommutators:

	A	B	C	D
Gesamter Kommutatorverlust in Watt	367	400	438	457
Umfang in dcm	7,85	9,42	11,0	12,6
Kommutatorlänge in dcm	1,00	0,92	0,83	0,75
Zylindrische Oberfläche des Kommutators in qdcm	7,85	8,66	9,15	9,40
Watt pro qdcm zylindrischer Oberfläche . . .	46,5	46,0	46,8	48,5

Wirkungsgrad bei 60° C:

	A	B	C	D
Eisenverluste in Watt . .	790	460	400	370
Stromwärme im Anker .	680	1180	2180	2600
Stromwärme unter den Bürsten	240	240	240	240
Reibungsverluste der Bürsten	130	160	180	210
Reibungsverluste in den Lagern und durch Ventilation	400	400	400	400
Verluste in den Nebenschlußwicklungen . .	280	230	240	220
Konstante Verluste . . .	1600	1250	1220	1200
Veränderliche Verluste .	920	1420	2420	2850
Gesamte Verluste . . .	2520	2670	3640	4050
Leistung in Watt . . .	26200	26200	26200	26200
Wattverbrauch bei Vollast	28720	28870	29840	30250
Wirkungsgrad bei Vollast	91,0	90,6	87,8	86,5
„ bei $1\frac{1}{4}$-Last	91,4	90,5	86,8	85,2
„ „ $\frac{3}{4}$-Last	90,3	90,5	88,1	87,4
„ „ $\frac{1}{2}$-Last	87,6	89,0	87,6	87,1
„ „ $\frac{1}{4}$-Last	79,7	83,0	82,7	82,6

Gewichte des wirksamen Materials in kg:

	A	B	C	D
Ankerbleche	124	81	73	57
Ankerkupfer	34	45	44	60
Kommutatorsegmente . .	20	21	23	24
Magnetkerne	118	71	70	54
Polschuhe (lamelliert) . .	20	12	8	6
Joch	335	213	508	390
Kupfer der Nebenschluß-spulen	62	49	29	25
Gesamtes wirksames Material	713	492	755	616
Wirksames Material pro PS	20,4	14,1	21,6	17,6

Kosten der benutzten Materialien in Mark pro kg:

Ankerkupfer	Mk. 2,—
Kommutatorkupfer	„ 2,—
Spulenkupfer	„ 2,—
Ankerbleche	„ 0,3
Gußeisen	„ 0,18
Stahlguß	„ 0,38
Schmiedeeisen	„ 0,25

Kosten des wirksamen Materials:

	A	B	C	D
Ankerkupfer	68	90	88	120
Kommutatorkupfer . . .	40	42	46	48
Spulenkupfer	124	98	58	50
Ankerbleche	37	24	22	17
Polschuhe (lamelliert) . .	6	4	3	2
Gußeisen	—	—	93	72
Gußstahl	170	107	—	—
Schmiedeeisen	—	—	18	14
Gesamtes wirksames Material	445	365	328	323
Wirksames Material pro PS	12,7	10,5	9,4	9,2

Gesamtes Gewicht der Motoren:

	A	B	C	D
Gewicht des unwirksamen Materials in kg . . .	250	250	250	250
Gesamtes Gewicht des Motors	963	742	1005	866
Gesamtes Gewicht pro PS	27,5	21,2	28,6	24,8

Die vier Entwürfe sind in Fig. 200 bis 207 dargestellt.

Um zu entscheiden, welches der beste Entwurf ist, muß man die Kosten und die Wirkungsgrade dieser Motoren miteinander vergleichen. Aber auch das Verhalten dieser Entwürfe, im Falle sie als vollständig geschlossene Motoren verwandt werden sollen, ist zu berücksichtigen, da es von großem Vorteil ist, wenn man ein und denselben Motor in offener und geschlossener Ausführung benutzen kann. Erlaubt man 7,5 Watt gesamten inneren Verlust pro qdcm äußerer Oberfläche bei einer Temperaturerhöhung von 65°C, so erhält man auf dieser Basis die folgende Tafel:

Tafel XXIX.

Berechnung der geschlossenen Motoren.

	A	B	C	D
Breite der Motoren in dcm	6,4	5,6	5,2	4,7
Durchmesser des Gehäuses in dcm	7,6	7,6	9,2	9,2
Äußere Ausstrahlungsoberfläche in qdcm	243	224	285	270
Erlaubte Wattzahl pro qdcm	7,5	7,5	7,5	7,5
Gesamte innere Verluste (a)	1820	1680	2140	2020
Konstante Verluste (b) (ebenso groß wie für offene Motoren)	1600	1250	1220	1200
Veränderliche Verluste ($a-b$)	220	430	920	820
Veränderliche Verluste als offener Motor	920	1420	2420	2850
Verhältnis von variablen Verlusten des geschlossenen Motors zu den des offenen Motors	0,238	0,225	0,381	0,288
Quadratwurzel aus obigem Verhältnis	0,488	0,475	0,618	0,537
Leistung des geschlossenen Motors in PS	17,1	16,6	21,6	18,8
Kosten des wirksamen Materials in Mark	445	365	328	332
desgl. pro PS	26,0	22,0	15,2	17,2
Wirkungsgrad des geschlossenen Motors bei $\frac{1}{4}$ Last	66,4	70,9	75,7	73,6
bei $\frac{1}{2}$ Last	79,4	82,5	84,7	83,4
bei $\frac{3}{4}$ Last	85,1	86,3	87,4	86,5
bei Vollast	87,4	88,1	88,2	87,5
bei $1\frac{1}{4}$ Last	89,1	88,9	88,4	87,6

Aus den Kurven in den Fig. 208 bis 214 kann man ersehen, daß der beste Entwurf bei Berücksichtigung der Kosten, des Wirkungsgrades und der Leistung des geschlossenen Motors einen Kraftlinienfluß von ungefähr 2,0 Megalinien pro Pol haben muß.

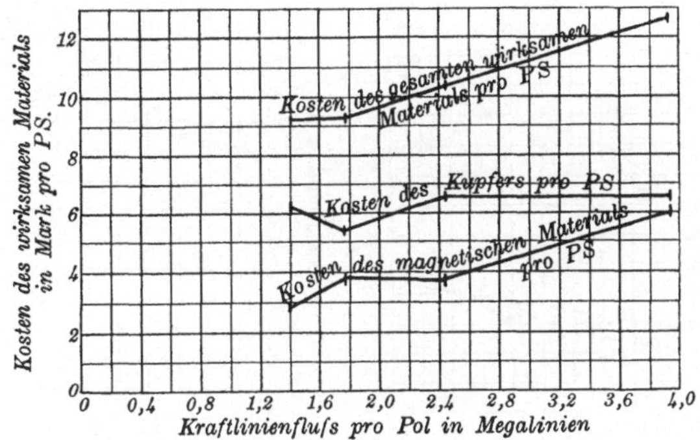

Fig. 208. Kosten des wirksamen Materiales eines 35 PS-Motors in vier verschiedenen Entwürfen.

Da moderne Motoren derselben Leistung und Tourenzahl einen Kraftlinienfluß von 3,5 bis 5,0 Megalinien pro Pol besitzen, so ersieht man, daß große Ersparnisse gegenüber der jetzigen Praxis bei offenen und besonders aber bei geschlossenen Motoren erzielt

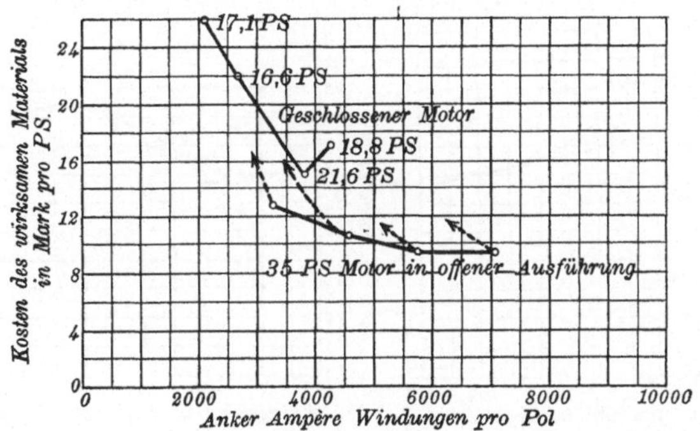

Fig. 209. Kosten des wirksamen Materiales eines 35 PS-Motors in verschiedenen Entwürfen.

werden können. Dabei würde sich der Wirkungsgrad nur bei Volllast etwas verschlechtern, während er bei geringer Belastung viel besser wird. In geschlossenen Motoren würde man auch bei Volllast einen etwas höheren Wirkungsgrad haben. Natürlich ist es zu empfehlen, nicht nur einen Entwurf in Betracht zu ziehen, sondern man sollte dabei auch andere Leistungen, Geschwindigkeiten und Spannungen im Auge haben.

Nachdem die günstigsten Dimensionen des Motors für eine gegebene Leistung festgelegt sind, kann man auf sehr einfache Weise ähnliche Entwürfe für andere Tourenzahlen erhalten, indem man die Länge des Ankerkernes zwischen den Flanschen im um-

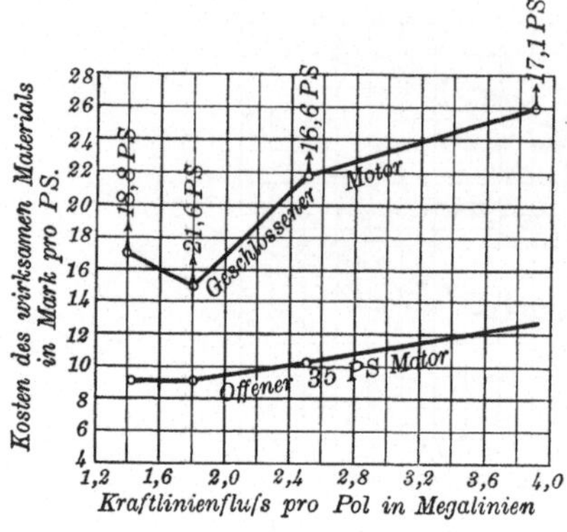

Fig. 210. Kosten des wirksamen Materiales.

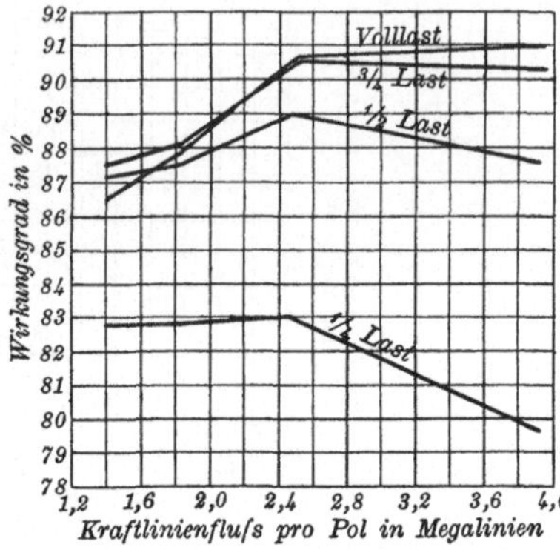

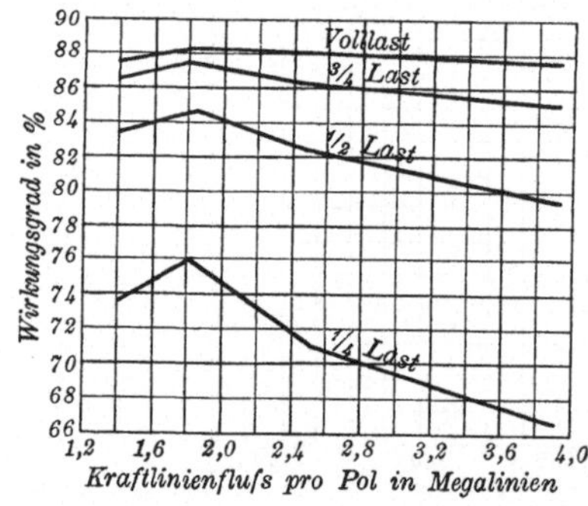

Fig. 211. Wirkungsgrad des offenen Motors.

gekehrten Verhältnis zu der Umlaufzahl verändert. Es ist jetzt gebräuchlich, große Durchmesser für geringe Tourenzahlen anzuwenden, und man geht dabei von dem Prinzipe aus, daß hohe Umfangsgeschwindigkeiten mit einer guten Ausnutzung des Materials

Fig. 212. Wirkungsgrad des geschlossenen Motors.

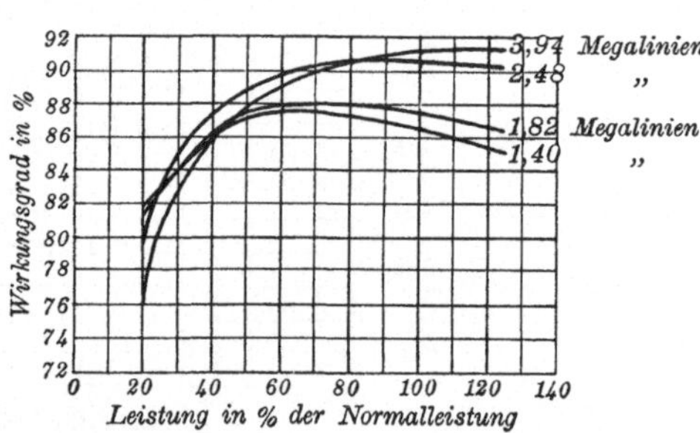

Fig. 213. Wirkungsgradkurve des 35 PS-Nebenschlußmotors (offene Ausführung).

gleichbedeutend sind. Aber die Erreichung dieses letzteren Zieles wird in der Praxis durch viele andere Erwägungen bedingt, und der Verfasser glaubt, daß die besten Resultate erhalten werden, wenn man bei einer bestimmten Leistung und Spannung denselben Durchmesser für alle Umlaufzahlen benutzt. Dieser Plan geht Hand in Hand mit den Erfordernissen einer guten Kommutierung. Maschinen für hohe Tourenzahlen müssen vom Standpunkte der Kommutierung

aus schmal sein, je kleiner aber
die Umdrehungszahl ist, um so
geringer ist die Frequenz der
Kommutierung und um so breiter
kann die Maschine sein, ohne daß
eine unerwünscht hohe Reaktanzspannung erhalten wird.

Der 35 PS - Motor, der für
600 Umdrehungen pro Minute in
Spalte B der folgenden Tabelle aufgenommen wurde, ist in Spalte A
um 100 % in seiner Kernlänge
vergrößert worden, entsprechend
einer Umlaufzahl von 300 pro

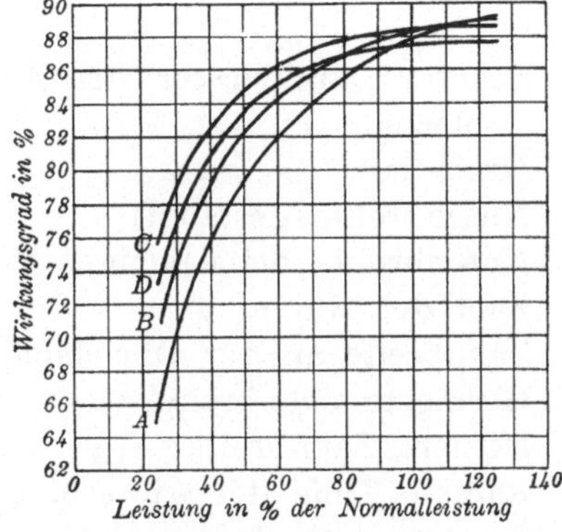

Fig. 214. Wirkungsgradkurven des
geschlossenen Motors.

Minute und in Spalte C wurde er um $33^1/_3 \%$ verringert, entsprechend einer Umdrehungszahl von 900 pro Minute. Alle drei
Motoren sind für 220 Volt.

Tafel XXX.

**Entwurf eines vierpoligen offenen Nebenschlußmotors
für 35 PS, 220 Volt und 300 bzw. 600 und 900 Umdrehungen
pro Miuute.**

	A	B	C
Zahl der Pole	4	4	4
Kilowattverbrauch bei Vollast .	30,3	29,7	29,2
Leistung in PS	35	35	35
Geschwindigkeiten in Umdrehun- gen pro Minute	300	600	900
desgl. in Umdrehungen pro Se- kunde	5	10	15
Periodenzahl	10	20	30
Klemmenspannung	220	220	220
Zugeführter Strom bei Vollast .	138,0	135,0	134,5
desgl. bei Leerlauf	5,5	5,7	6,0
Wattverbrauch bei Leerlauf . .	1200	1250	1330
Kappscher Koeffizient . . .	1,72	1,72	1,72

Anker: Dimensionen in mm

	A	B	C
Äußerer Durchmesser	410	410	410
Länge des Ankers zwischen den Enden der Wicklung . . .	535	385	335
Durchmesser des Ankers an der Wurzel der Zähne	338	338	338

Hobart, Motoren.   13

	A	B	C
	Dimensionen in mm		
Innerer Durchmesser der Ankerbleche	200	200	200
Nutentiefe	36	36	36
Nutenbreite (gestanzt)	8,3	8,3	8,3
Nutenbreite (beim fertigen Motor)	8,0	8,0	8,0
Zahl der Nuten	51	51	51
Zahnbreite an der Oberfläche	16,9	16,9	16,9
Geringste Zahnbreite	12,5	12,5	12,5
Mittlere Zahnbreite	14,7	14,7	14,7
Radiale Tiefe der Ankerbleche	105	105	105
desgl. unterhalb der Nuten	69	69	69
Zahl der Ventilationskanäle	4	2	1
Breite eines Ventilationskanales	10	10	10
Wirksame Kernlänge	234	114	81
Länge des Kernes zwischen den Flanschen	300	150	100
Verhältnis von Kernlänge zum Durchmesser	0,73	0,37	0,24
Kappscher Koeffizient	1,72	1,72	1,72

Dimensionen der Ankerleiter:

	A	B	C
Höhe des blanken Leiters	5,0	5,0	5,0
Breite des blanken Leiters	2,7	2,7	2,7
Höhe des isolierten Leiters	5,3	5,3	5,3
Breite des isolierten Leiters	3,0	3,0	3,0

Raumausnutzung und Stromdichte:

	A	B	C
Querschnitt eines blanken Leiters in qcm	0,135	0,135	0,135
Ampere pro Leiter	69,0	67,5	67,3
Ampere pro qcm	510	500	500
Leiter pro Nute	10	10	10
Gesamter Kupferquerschnitt pro Nute	1,35	1,35	1,35
Nutenbreite mal Nutentiefe in qcm	2,99	2,99	2,99
Raumausnutzung einer Nute	0,45	0,45	0,45

Magnetkern:

	A	B	C
Länge des Polschuhes parallel zur Welle	300	150	100
Durchmesser des Polschuhbogens	418	418	418
Polteilung	330	330	330
Mittlere Länge des Polbogens	230	230	230

	A	B	C
Verhältnis von Polbogen zu Polteilung	0,695	0,695	0,695
Dicke des Polschuhes in der Mitte des Polbogens	11	11	11
Radiale Länge des Magnetkernes	130	130	130
Durchmesser des Magnetkernes .	192	137	112
Radiale Tiefe des Luftspaltes .	4	4	4
Entfernung zwischen den Polspitzen	100	100	100

Joch:

	A	B	C
Äußerer Durchmesser	890	890	890
Innerer Durchmesser	730	730	730
Jochdicke	80	80	80
Breite parallel zur Welle . . .	310	310	310
Dicke des Polsitzes	15	15	15
Material des Joches	Stahlguß	Gußeisen	Gußeisen

Anmerkung: Motoren für 300, 600 und 900 Umdrehungen pro Minute sind entsprechend den obigen Dimensionen in Fig. 215 bis 218 aufgezeichnet. Die drei Motoren besitzen in der Zeichnung ein Joch aus Gußeisen, dessen Länge umgekehrt proportional der Geschwindigkeit ist, während in der obigen Berechnung für alle drei Umlaufzahlen gleiche Jochdimensionen angenommen worden sind, und zwar für den ersten Motor aus Gußstahl, für die anderen aus Gußeisen. Vom Fabrikationsstandpunkt aus ist dies zweckmäßiger.

Kommutator:

	A	B	C
Durchmesser	325	325	325
Umfang	1020	1020	1020
Zahl der Segmente	255	255	255
Dicke eines Segmentes $+$ Isolation an der Peripherie	4,00	4,00	4,00
Dicke der Isolation zwischen den Segmenten	0,50	0,50	0,50
Dicke eines Segmentes an der Oberfläche	3,50	3,50	3,50
Wirksame Kommutatorlänge . .	85	85	85

Dimensionen der Bürsten:

	A	B	C
Zahl der Bürstensätze	4	4	4
Zahl der Bürsten pro Satz . .	3	3	3
Breite der Bürsten	22	22	22
Länge des Bürstenbogens . . .	21	21	21
Auflagefläche einer Bürste in qcm	4,6	4,6	4,6
Material der Bürsten		Carbon	

	A	B	C
Ampere pro Bürstensatz . . .	69,0	67,5	67,3
Ampere pro Bürste	23,0	22,5	22,4
Ampere pro qcm	5,0	4,9	4,9

Fig. 215. Leiter.   Fig. 216. Leiter.

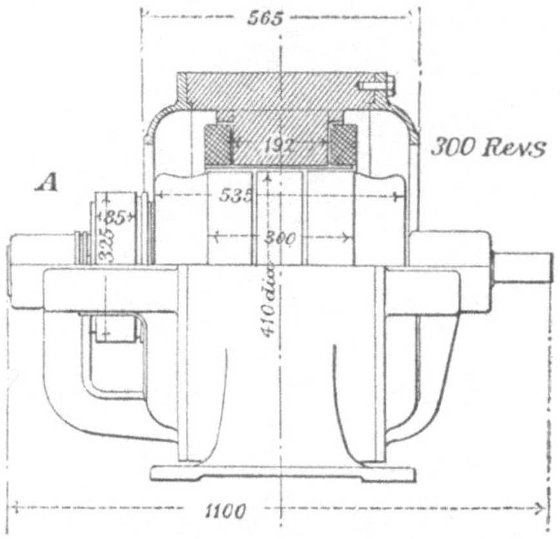

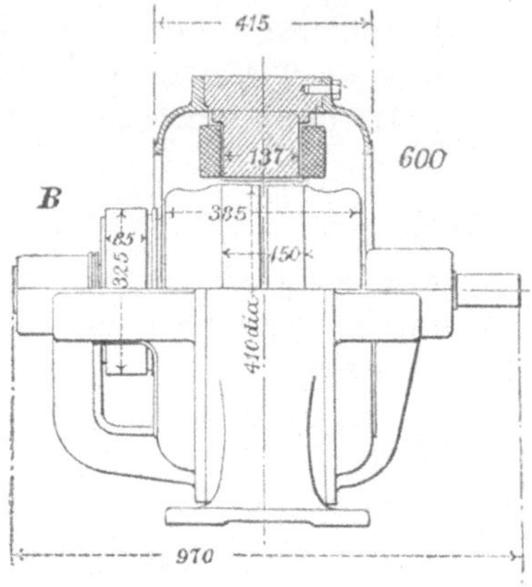

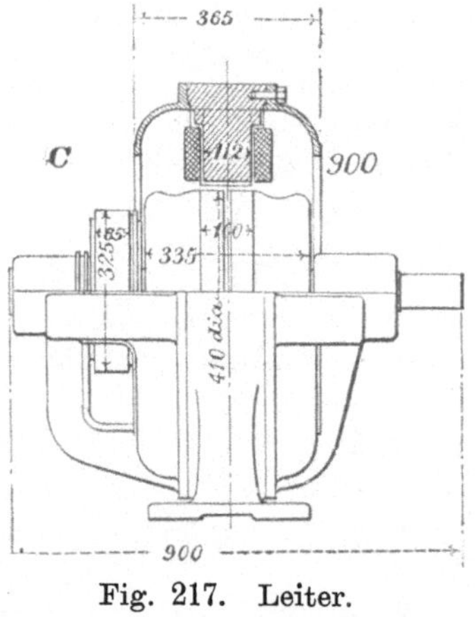

Fig. 217. Leiter. 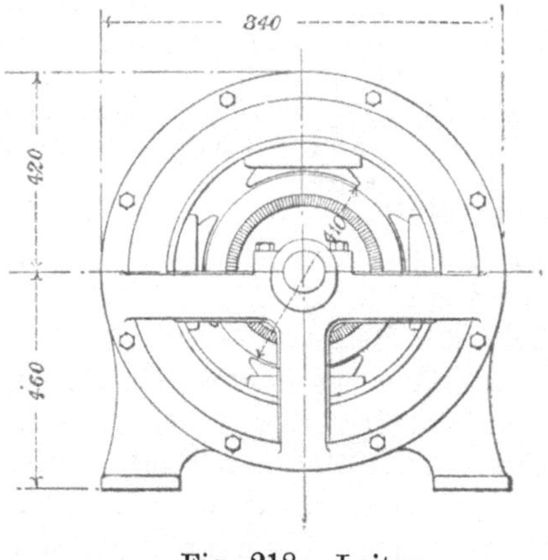   Fig. 218. Leiter.

Fig. 215 bis 218. 35 PS-Nebenschlußmotoren für 300, 600 und 900 U. p. M.

Elektrische und magnetische Daten.

Anker:	A	B	C
Klemmenspannung	220	220	220
Zahl der Ankerleiter	510	510	510
Zahl der Nuten	51	51	51
Zahl der Leiter pro Nute . . .	10	10	10
Anordnung der Leiter in der Nute	1×10	1×10	1×10

	A	B	C
Wicklungsart	Einfache Reihenwicklung		
Gesamter Ankerstrom	138,0	135,0	134,5
Zahl der Stromkreise im Anker .	2	2	2
Strom pro Kreis	69,0	67,5	67,3
Mittlere Länge einer Windung in cm	150	120	110
Gesamte Anzahl Windungen . .	225	225	225
Zahl der Windungen in Reihe zwischen den Bürsten . . .	127,5	127,5	127,5
Gesamte Wicklungslänge zwischen den Bürsten in cm	19100	15300	14000
Querschnitt eines Leiters in qcm	0,135	0,135	0,135
Querschnitt aller parallelen Leiter in qcm	0,270	0,270	0,270
Spezifischer Widerstand bei 60° C in Ohm	0,000002	0,000002	0,000002
Widerstand einer Wicklung von positiven zu negativen Bürsten	0,141	0,113	0,104
Spannungsabfall im Anker bei 60° C in Volt	19,0	15,2	13,9
Spannungsabfall unter den Bürsten in Volt	1,8	1,8	1,8
Gesamter Spannungsabfall in Volt	20,8	17,0	15,7
Innere Spannung bei Vollast . .	199,2	203,0	204,3

Reaktanzspannung:

	A	B	C
Zahl der Pole	4	4	4
Zahl der Segmente	255	255	255
Zahl der Segmente pro Pol . .	63,8	63,8	63,8
Spannung	220	220	220
Spannung pro Segment . . .	3,45	3,45	3,45
Zahl der Nuten	51	51	51
Zahl der Nuten pro Pol . . .	12,75	12,75	12,75
Gesamte Anzahl Ankerleiter . .	510	510	510
Zahl der Leiter pro Nute . . .	10	10	10
Ankerwindungen pro Pol . . .	63,7	63,7	63,7
Ankerwindungen pro Segment .	1	1	1
Gesamter Ankerstrom	138,0	135,0	134,5
Wicklungsart	Einfache Reihenwicklung		
Zahl der Stromkreise	2	2	2
Ampere pro Stromkreis . . .	69,0	67,5	67,3
Anker-Amperewindungen pro Pol	4400	4300	4290

	A	B	C
Durchmesser des Kommutators in m	0,325	0,325	0,325
Kommutatorumfang in m . . .	1,02	1,02	1,02
Umdrehungen pro Sekunde . .	5	10	15
Umfangsgeschwindigkeit in m pro Sekunde $(= A)$	5,1	10,2	15,3
Länge des Bürstenbogens in mm $(= b)$	21	21	21
Frequenz der Kommutierung, Perioden pro Sekunde $\left(= \dfrac{1000\,A}{2\,b} = n\right)$	121	242	363
Breite eines Segmentes an der Oberfläche $+$ Isolation in mm	4,00	4,00	4,00
Größte Anzahl gleichzeitig von einer Bürste kurzgeschlossener Spulen	6	6	6
Windungen pro Spule (q) . . .	1	1	1
Größte Anzahl gleichzeitig an der Kommutierung teilnehmender Leiter (r)	12	12	12
Mittlere Länge einer Windung in cm	150	120	110
Wirkliche Kernlänge in cm . .	23,4	11,4	8,1
Freie Länge einer Windung (s) .	103	97	94
Effektive Länge einer Windung (t)	47	23	16
Kraftlinien pro Amperewindung pro cm freie Länge (u) . . .	0,8	0,8	0,8
desgl. pro Amperewindung pro cm effektive Länge (v) . . .	4,0	4,0	4,0
desgl. der freien Länge pro Amperewindung $(u \cdot s)$	82	78	75
desgl. der effektiven Länge pro Amperewindung $(v \cdot t)$ . . .	188	92	64
desgl. der freien Länge pro Ampere $\left(\dfrac{r}{2}\,u \cdot s\right) = o$	492	468	450
desgl. der effektiven Länge pro Ampere $(r \cdot v \cdot t) = p$	2260	1102	765
desgl. einer Spule pro Ampere $(o + p)$	2752	1570	1215

	A	B	C
Induktanz pro Segment			
$\dfrac{q\cdot(o+p)}{10}=l$ Henry . . .	0,0000275	0,0000157	0,0000122
Reaktanz pro Segment $(2\pi n l)$ in Ohm	0,0209	0,0238	0,0275
Zahl der Bürstensätze	4	4	4
Reaktanzspannung in Volt . .	1,44	1,61	1,85

Berechnung der bei Vollast erforderlichen Feld-Amperewindungen:

	A	B	C
Kraftlinienfluß im Anker pro Pol in Megalinien	3,92	2,00	1,34
Innere Spannung	199,2	203,0	204,3
Klemmenspannung	220	220	220
Streufaktor	1,2	1,2	1,2
Kraftlinienfluß im Pol in Megalinien	4,70	2,40	1,61

Anker:

	A	B	C
Querschnitt des Kernes in qcm .	320	155	110
Magnetische Dichte	12300	12900	12200
Amperewindnngen pro cm . .	7	9	7
Länge des Kraftlinienpfades pro Pol in cm	11	11	11
Amperewindungen	80	100	80

Zähne:

	A	B	C
Zahl der Zähne pro Pol . . .	12,75	12,75	12,75
desgl. unterhalb eines mittleren Polbogens	8,85	8,85	8,85
Ausbreitung in Prozenten . . .	10	10	10
Gesamte Anzahl der den Kraftlinienfluß leitenden Zähne pro Pol	9,7	9,7	9,7
Querschnitt eines Zahnes an der Wurzel in qcm	29,2	14,2	7,7
Gesamter Querschnitt an der Wurzel dieser Zähne in qcm . .	283	138	75
Scheinbare magnetische Dichte .	13900	14500	17900
Wirkliche magnetische Dichte .	13900	14500	17600
Amperewindungen pro cm . .	13	15	80
Länge des Kraftlinienpfades in cm	3,6	3,6	3,6
Amperewindungen	50	50	290

Luftspalt:	A	B	C
Querschnitt des Luftspaltes an der Polschuhoberfläche in qcm . .	690	345	230
Magnetische Dichte an der Polschuhoberfläche	5680	5800	5820
Länge des Luftspaltes in cm .	0,4	0,4	0,4
Amperewindungen	1820	1860	1860

Magnetkern:	A	B	C
Querschnitt in qcm	290	148	100
Magnetische Dichte	16 200	16 200	16 200
Amperewindungen pro cm . .	29	29	29
Länge des Kraftlinienpfades in cm	13	13	13
Amperewindungen	380	380	380

Joch:	A	B	C
Querschnitt in qcm	495	495	495
Magnetische Dichte	9500	4850	3250
Material des Joches	Stahlguß	Gußeisen	Gußeisen
Amperewindungen pro cm . .	7	21	13
Länge des Kraftlinienpfades pro Pol in cm	31	31	31
Amperewindungen	220	650	400

Amperewindungen einer Spule:	A	B	C
Klemmenspannung	220	220	220
Innere Spannung	199,2	203,0	204,3
Ankerkern	80	100	80
Ankerzähne	50	50	80
Luftspalt	1820	1860	1860
Magnetkern	380	380	380
Joch	220	650	400
Gesamte Anzahl Amperewindungen pro Spule	2550	3040	2800
Amperewindungen für die Berechnung der Feldspulen . .	2800	3300	3000

Tafel XXXI.

Berechnung der Nebenschlußwicklung.

	A	B	C
Spannung an den Klemmen der Nebenschlußwicklung . . .	220	220	220
Spannung pro Nebenschlußspule bei 60° C	55	55	55

	A	B	C
Innerer Durchmesser einer Spule in cm	19,2	13,7	11,2
Radiale Tiefe der Wicklung in cm	2,4	3,0	2,5
Äußerer Durchmesser der Spulen in cm	24,0	19,3	16,2
Innerer Umfang der Spulen in cm	60,3	43,0	35,2
Äußerer Umfang der Spulen in cm	75,5	62,0	51,0
Mittlere Länge einer Nebenschlußwindung in m (a)	0,678	0,525	0,431
Amperewindungen pro Nebenschlußspule (b)	2800	3300	3000
$a\,b$	1890	1730	1300
$0,000176 \cdot a^2\,b^2$	628	525	296
Axiale Länge der Nebenschlußspulen in cm	13	13	13
Querschnitt der Nebenschlußwicklung in qcm (r)	31,2	39,0	32,5
Raumausnutzung der Nebenschlußspule (s) . . . , ...	0,45	0,45	0,45
Querschnitt des Kupfers in der Nebenschlußspule $(t = r \cdot s)$ . .	14,0	17,6	14,7
Gewicht des Kupfers pro Nebenschlußspule (1 cbcm Kupfer $= 0,0089$ kg)	8,45	8,25	5,65
Wattverbrauch einer Nebenschlußspule $\left(\text{Watt} = \dfrac{0,000176 \cdot a^2\,b^2}{\text{Gewicht in kg}}\right)$	74,5	63,5	52,3
Äußere zylindrische Oberfläche pro Spule qdcm	9,80	8,05	6,65
Watt pro qdcm äußerer zylindrischer Oberfläche	7,60	7,90	7,86
Strom pro Nebenschlußspule (Wattverbrauch dividiert durch die Spannung der Spule) . . .	1,36	1,16	0,95
Windungen pro Nebenschlußspule	2060	2840	3160
Querschnitt des Kupfers pro Windung in qcm	0,0068	0,0062	0,0047
Stromdichte in Ampere pro qcm	200	187	205
Gesamter Wattverbrauch aller Nebenschlußspulen bei 60° C .	298	254	209
Gewicht aller Nebenschlußspulen in kg	33,8	33,0	22,6

	A	B	C
Widerstand der vier Nebenschlußspulen bei 60° C in Ohm . .	162	190	232

Ankerverluste:

	A	B	C
Widerstand der Wicklung zwischen positiven und negativen Bürsten bei 60° C in Ohm	0,141	0,113	0,104
Gesamter Ankerstrom	138,0	135,0	135,5
Stromwärme im Anker	2660	2050	1880
Gewicht der Ankerzähne . . .	50	24	17
Gewicht des Ankerkernes . . .	107	52	37
Gesamtes Gewicht d. Ankerbleche	157	76	54
Magnetische Kraftliniendichte in dem Kerne (D)	12300	12900	12200
Periodenzahl (C)	10	20	30
D·C ÷ 100000	1,23	2,58	3,66
Wattverlust im Eisen pro kg (Diese Werte sind aus Fig. 19 entnommen)	3,0	6,5	9,9
Gesamter Kernverlust in Watt .	470	495	540

Ankererwärmung:

	A	B	C
Stromwärme im Anker	2660	2050	1880
Kernverlust im Anker	470	495	540
Gesamter Ankerverlust	1330	2545	2420
Umfang in dcm	12,9	12,9	12,9
Länge der Wicklung in dcm .	5,4	3,9	3,4
Zylindrische Oberfläche der Wicklung in qdcm	69	50	43
Watt pro qdcm zylindrische Oberfläche	45	50	56

Kommutatorverluste:

	A	B	C
Gesamter Strom in Ampere . .	138,0	135,0	134,5
Ampere pro qcm Bürstenauflagefläche	5,0	4,9	4,9
Stromwärme in Watt pro Ampere (Die Werte sind aus Tafel XVIII entnommen)	1,8	1,8	1,8
Stromwärme unter den Bürsten in Watt	250	240	240
Umfangsgeschwindigkeit des Kommutators in m per Sekunde .	5,1	10,2	15,3

	A	B	C
Bürstenreibungsverlust in Watt pro Ampere	0,6	1,2	1,8
Bürstenreibungsverlust in Watt .	80	160	240

Erwärmung des Kommutators:

	A	B	C
Gesamter Kommutatorverlust in Watt	330	400	480
Umfang in dcm	10,2	10,2	10,2
Kommutatorlänge in dcm . . .	0,85	0,85	0,85
Zylindrische Oberfläche des Kommutators in qdcm	8,7	8,7	8,7
Watt pro qdcm zylindrischer Oberfläche	37	46	55

Wirkungsgrad bei 60° C:

	A	B	C
Eisenverluste in Watt	470	500	540
Stromwärme im Anker	2660	2050	1880
Stromwärme unter den Bürsten .	250	240	240
Bürstenreibungsverluste . . .	80	160	240
Reibungsverluste in den Lagern und durch Ventilation . . .	400	400	400
Verluste in der Nebenschlußwicklung	300	250	210
Konstante Verluste	1250	1310	1390
Veränderliche Verluste	2910	2290	2120
Gesamte Verluste	4160	3600	3450
Leistung in Watt	26200	26200	26200
Wattverbrauch bei Vollast .	30360	29800	29710
Wirkungsgrad bei Vollast .	86,5	88,0	88,5
„ „ $1\,^1/_4$-Last . .	85,3	87,2	87,6
„ „ $^3/_4$-Last .	87,4	88,7	88,7
„ „ $^1/_2$-Last . .	87,2	87,8	87,5
„ „ $^1/_4$-Last . .	82,5	82,5	81,7

Gewichte des wirksamen Materials in kg:

	A	B	C
Ankerbleche	157	76	54
Ankerkupfer	46	37	34
Kommutatorsegmente	22	22	22
Magnetkerne	142	72	48
Polschuhe (lamelliert)	20	10	7
Joch	505	505	505
Kupfer der Nebenschlußspulen .	34	33	23
Gesamtes wirksames Material .	926	755	693
Wirksames Material pro PS . .	26,5	21,6	19,8

Kosten des benutzten Materials in Mark pro kg:

Ankerkupfer	Mk. 2,—
Kommutatorkupfer	„ 2,—
Spulenkupfer	„ 2,—
Ankerbleche	„ 0,3
Gußeisen	„ 0,18
Stahlguß	„ 0,38
Schmiedeeisen	„ 0,25

Gesamte Kosten des wirksamen Materials:

	A	B	C
Ankerkupfer	92	74	68
Kommutatorkupfer	44	44	44
Spulenkupfer	68	66	46
Ankerbleche	42	20·	14
Polschuhe (lamelliert)	6	3	2
Gußeisen	—	93	93
Gußstahl	190	—	—
Schmiedeeisen	35	18	12
Gesamtes wirksames Material .	482	321	281
Wirksames Material pro PS . .	13,8	9,4	8,1 [1])

Gesamtes Gewicht der Motoren:

	A	B	C
Gewicht des unwirksamen Materials in kg	250	250	250
Gesamtes Gewicht des Motors .	1150	1000	946
Gesamtes Gewicht pro PS . .	32,8	28,5	27,0 [2])

Tafel XXXII.

Berechnung der geschlossenen Motoren.

	A	B	C
Gesamte äußere Ausstrahlungsfläche	320	265	250
Erlaubte Wattzahl pro qdcm . .	7,5	7,5	7,5
Gesamte innere Verluste (a) . . .	2400	2000	1880
Konstante Verluste (b)	1250	1310	1390
Veränderliche Verluste ($a-b$) . .	1200	750	550
Veränderliche Verluste als offener Motor	2910	2290	2120
Verhältnis der veränderlichen Verluste des geschlossenen Motors zu dem des offenen	0,41	0,3	0,23

---

[1]) Dieser letztere Wert könnte bis zu 7 heruntergedrückt werden, wenn man das Joch unabhängig von den anderen Entwürfen mit dem günstigsten Querschnitte konstruieren würde.

[2]) Dieses würde 22,2 kg, wenn das Joch mit dem günstigsten Querschnitte entworfen würde.

	A	B	C
Quadratwurzel dieses Verhältnisses	0,64	0,55	0,48
Leistung des geschlossenen Motors in PS	22,4	19,2	16,8
Kosten d. wirksamen Materials in M.	482	321	279

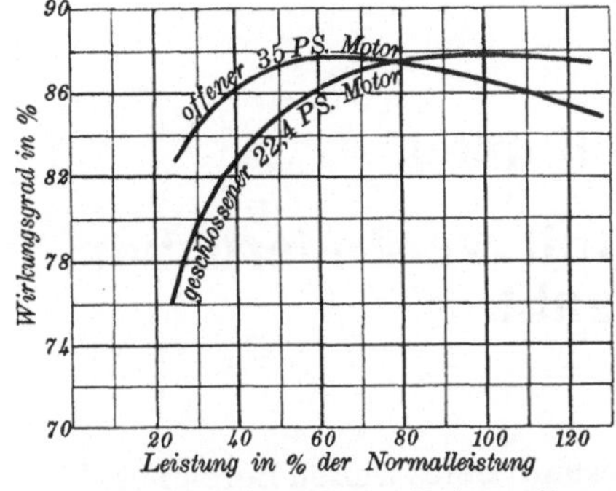

Fig. 219. Wirkungsgrad eines offenen 35 PS-, bezw. eines geschlossenen 25,4 PS-Motors für 300 U. p. M.

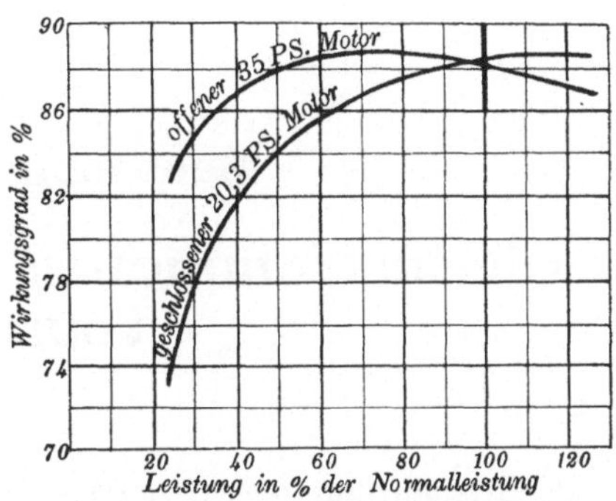

Fig. 220. Wirkungsgrad eines offenen 35 PS-, bezw. eines geschlossenen 20,3 PS-Motors für 600 U. p. M.

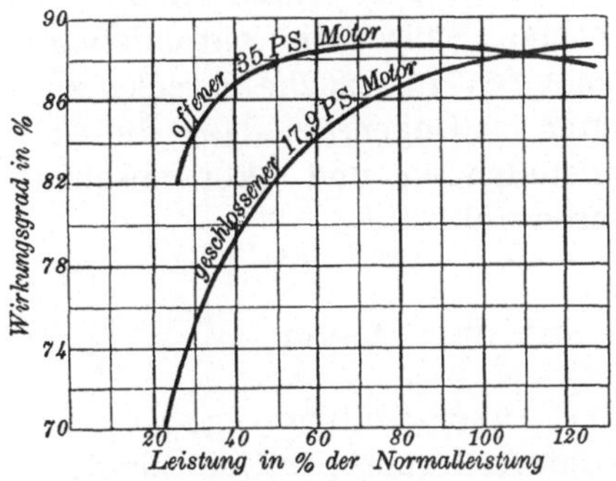

Fig. 221. Wirkungsgrad eines offenen 35 PS-, bezw. geschlossenen 17,9 PS-Motors für 900 U. p. M.

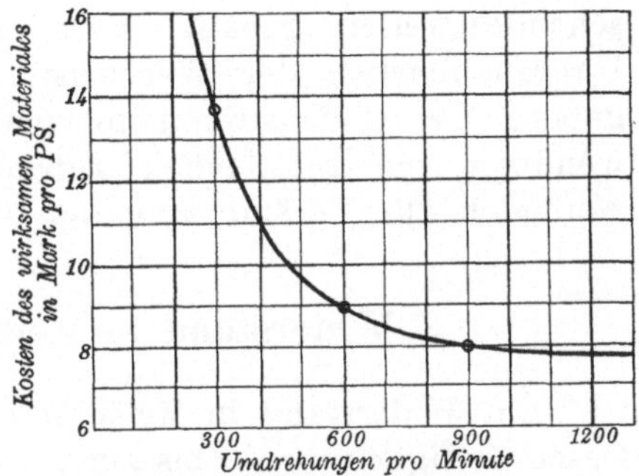

Fig. 222. Kosten des wirksamen Materials eines offenen 35 PS-Motors in Abhängigkeit von d. normalen Tourenzahl.

	A	B	C
desgl. pro PS	21,6	16,7	16,7
Wirkungsgrad des geschlossenen Motors bei Vollast	87,5	87,5	87
„ $1\,^1/_4$-Last	87,5	88	88
„ $^3/_4$-Last	87	86,2	85,2
„ $^1/_2$-Last	84	83	80
„ $^1/_4$-Last	76	72,8	69

In den Figuren 219, 220 u. 221 sind Wirkungsgradkurven dieser drei Motoren, sowohl für die offene als auch für die geschlossene Type enthalten. Fig. 222 zeigt, in welchem Maße die Kosten des wirksamen Materiales von der Umlaufszahl beeinflußt werden.

Sechzehntes Kapitel.

Gleichstrommotoren mit veränderlicher Tourenzahl.

Hinsichtlich der Eigenschaft, innerhalb eines weiten Bereiches der Umlaufszahl einen hohen Wirkungsgrad zu besitzen, wird der Gleichstrommotor von keiner Type des Wechselstrommotors übertroffen. Es werden wohl Drehstrommotoren mitunter für veränderliche Geschwindigkeiten gebaut, aber jedermann wird die entschiedene Unbrauchbarkeit der Wechselstrommotoren für solche Zwecke zugeben. Der Gleichstrommotor gestattet im Gegensatz dazu die Anwendung von zahlreichen zufriedenstellenden und ökonomischen Methoden zur Veränderung der Tourenzahl.

Widerstand in Reihe mit dem Anker.

Ein Widerstand in Reihe mit der Ankerwicklung erlaubt die Geschwindigkeit von 0 bis zur normalen Änderung der Umdrehungszahl. Diese Methode ist nicht nur sehr verschwenderisch, sondern besitzt außerdem noch den Nachteil, daß sich die Tourenzahl für einen gegebenen Wert des Widerstandes mit dem erforderlichen Drehmoment ändert, denn der durch den Widerstand erzeugte Spannungsabfall hängt von dem Strome, d. h. von dem Drehmomente ab.

Widerstand im Nebenschlußkreise.

Eine weit wirksamere Methode zur Regulierung der Umlaufszahl besteht in der Anwendung eines Widerstandes im Nebenschlußkreise; die hierbei verursachten Verluste sind verhältnismäßig sehr gering.

Man hat jedoch diese Methode als unzufriedenstellend bezeichnet, weil man glaubte, daß ein Motor auf diese Weise nur innerhalb 30 bis 40 $^0/_0$ seiner Tourenzahl verändert werden könne, ohne zu Funken Veranlassung zu geben. Dieses ist zweifellos bei denjenigen Motoren der Fall, deren Stromwendung von dem Felde der Polspitzen abhängt. Entwirft man, wie der Verfasser vorgeschlagen hat, den Motor mit einer sehr geringen Reaktanzspannung, so daß seine Kommutierung von dem äußeren Felde ganz unabhängig ist, so kann man den Motor ohne irgend eine Schwierigkeit innerhalb eines weiten Bereiches seiner Umlaufszahl verändern.

Die Ursache nun, daß die gebräuchlichen Typen von Motoren mit hoher Reaktanzspannung im allgemeinen funken, wenn das Feld geschwächt und die Umlaufszahl vergrößert wird, ist darin zu suchen, daß sie ihrer hohen Reaktanzspannung wegen von der elektromagnetischen Kommutation, d. h. von einem genügend starken magnetischen Felde abhängig sind. Bei der vergrößerten Tourenzahl aber sind solche Motoren mehr als vorher von dieser Kommutation abhängig, weil sich die Reaktanzspannung vergrößert hat. Folglich ist es klar, daß Motoren mit veränderlicher Umlaufszahl so entworfen werden müssen, daß ihre Reaktanzspannung äußerst gering ist, so gering, daß sie innerhalb des verlangten Bereiches der Belastung und Geschwindigkeit niemals zum Funken Veranlassung geben kann.

Noch viel mehr aber müssen umkehrbare Motoren unabhängig von der magnetischen Kommutierung sein, da die Bürsten in der neutralen Stellung verharren und deshalb ein günstig wirkendes magnetisches Feld gar nicht vorhanden ist. Wenn man die von dem Verfasser vorgeschlagene Methode weit genug treibt, kann man die Kommutierung vollständig unabhängig von der Feldstärke machen

Für einen bestimmten Strom wird sich jedoch die Reaktanzspannung auch dann noch proportional mit der Tourenzahl vergrößern, und deshalb sollte dieselbe für einen richtig entworfenen Motor bei der höchsten Umlaufszahl und bei der größten Belastung einen bestimmten Wert nicht überschreiten.

Wenn dieser Gegenstand besser verstanden wäre, würde die Methode der Geschwindigkeitsveränderung mit Hilfe von Widerständen in dem Nebenschlußkreise viel mehr Verbreitung finden, und es würde kaum nötig sein, auf die im folgenden Abschnitte beschriebenen Methoden weiter einzugehen.

Regulierung durch verschiedene Spannungen.

Verschiedene Formen dieses Systems sind besonders in Amerika gebräuchlich. Das Prinzip versteht man am besten durch Erklärung eines interessanten Dreileitersystems, welches Herr N. W. Storer in einem Vortrag vor the American Institute of Electrical Engineers (21. November 1902) eingehend behandelt. Der 250 Volt-Gleichstromgenerator (Fig. 223), welcher den Strom für das System liefert, besitzt außer einem Kommutator vier Schleifringe, zwischen denen zwei Kompensatoren liegen, wie aus der Zeichnung zu ersehen ist. Die vier Schleifringe sind mit vier Punkten der Ankerwicklung verbunden, welche bei Reihenschaltung symmetrisch in bezug auf den ganzen Ankerumfang und bei Parallelwicklung symmetrisch in bezug auf ein einziges Polpaar liegen. Die mittleren Punkte dieser zwei Kompensatorspulen besitzen offenbar das Potential Null, und wenn die zwei Seiten des Dreileitersystems gleich belastet sind, so wird Strom weder durch die Schleifringe, noch durch die Kompensatoren fließen, abgesehen von geringen Ausgleichsströmen, die durch Unregel-

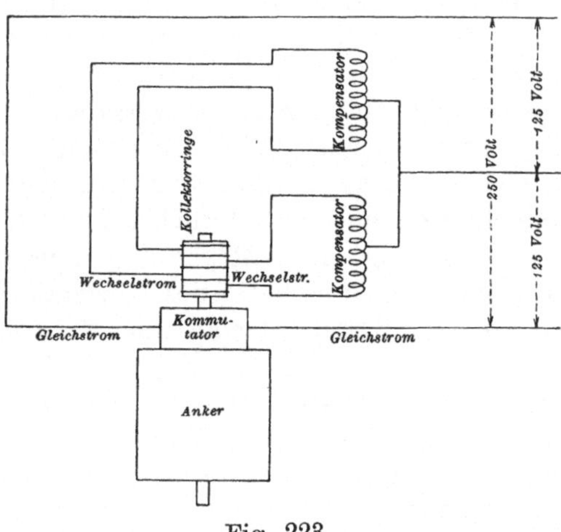

Fig. 223.

mäßigkeiten des Feldes verursacht werden. Der Motor ist mit einem Kontroller versehen, der den Anker entweder zwischen die 250 Volt-Außendrähte oder zwischen einen Außendraht und einen neutralen Draht schaltet. Ebenso kann die Nebenschlußwicklung entweder durch 250 Volt oder 125 Volt, sowie in Reihe mit regulierbaren Widerständen erregt werden.

Wird das Feld durch 250 Volt erregt und werden dem Anker 125 Volt zugeführt, so erhält man die geringste Geschwindigkeit, z. B. 100 Umdrehungen pro Minute.

200 Umdrehungen pro Minute erhält man, wenn man dem Anker 250 Volt zuführt und die Erregung unverändert läßt, und 300 bis 400 Umdrehungen pro Minute je nach der Sättigung, wenn man die Nebenschlußwicklung mit 125 Volt erregt.

Ein Motor mit zwei Kommutatoren gibt bei einem Zweileitersystem dieselben Vorteile wie der eben beschriebene einfache Kommutatormotor bei einem Dreileitersystem.

Ein gutes praktisches Beispiel der geschickten Anwendung dieser und ähnlicher Prinzipien ist in dem von der Johnson-Lundell Electric Traction Company in Anwendung gebrachten System zu finden, welches zwei Doppelschlußmotoren mit je zwei Kommutatoren benutzt.

Bahnmotoren der Johnson-Lundell Electric Traction Company.

Die Zeichnungen in Fig. 224 bis 234 stellen einen 35 PS-Motor der Johnson-Lundell Electric Traction Company dar, der vier mit

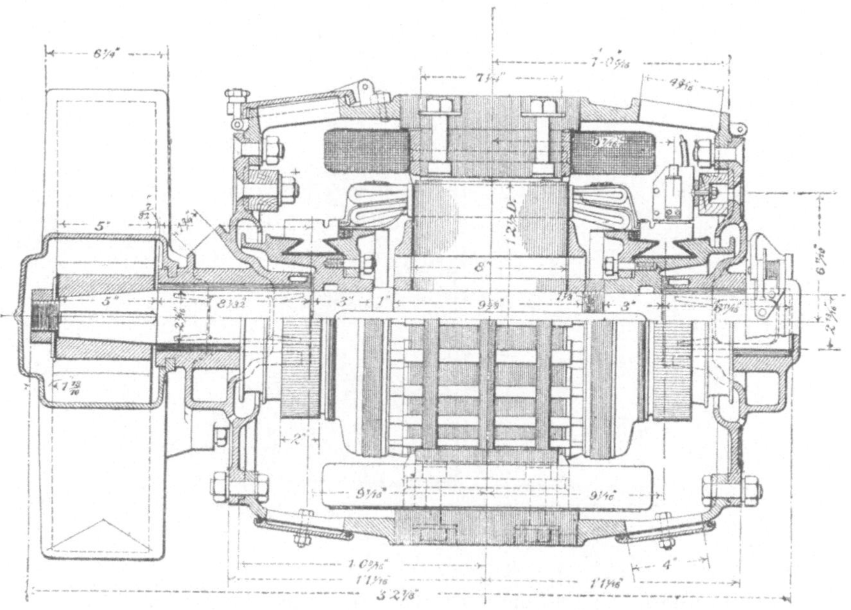

Fig. 224. 35 PS-Doppelschlußmotor (Johnson-Lundell).

Doppelschlußwicklung versehene Pole besitzt. Der von Herrn Robert Lundell entworfene Motor zeigt einige interessante Neuheiten, von denen besonders zu nennen sind: der vollständig laminierte Stromkreis, zwei Kommutatoren, formgewickelte Spulen und flachkantige Leiter sowohl für die Reihen- als auch für die Nebenschlußwicklung.

Ein jeder Kommutator hat 115 Segmente, je 3 Ankerwindungen pro Segment und je 5 Segmente pro Nute. Jede der 23 Ankernuten erhält im ganzen 60 Leiter, 5 nebeneinander und 12 übereinander. Die Rahmen derjenigen Wicklung, welche im unteren Teile der Nuten liegt, umschließen einen Zahn mehr als die oberen, dadurch wird ihre weniger günstige Stellung mit Rücksicht auf den magne-

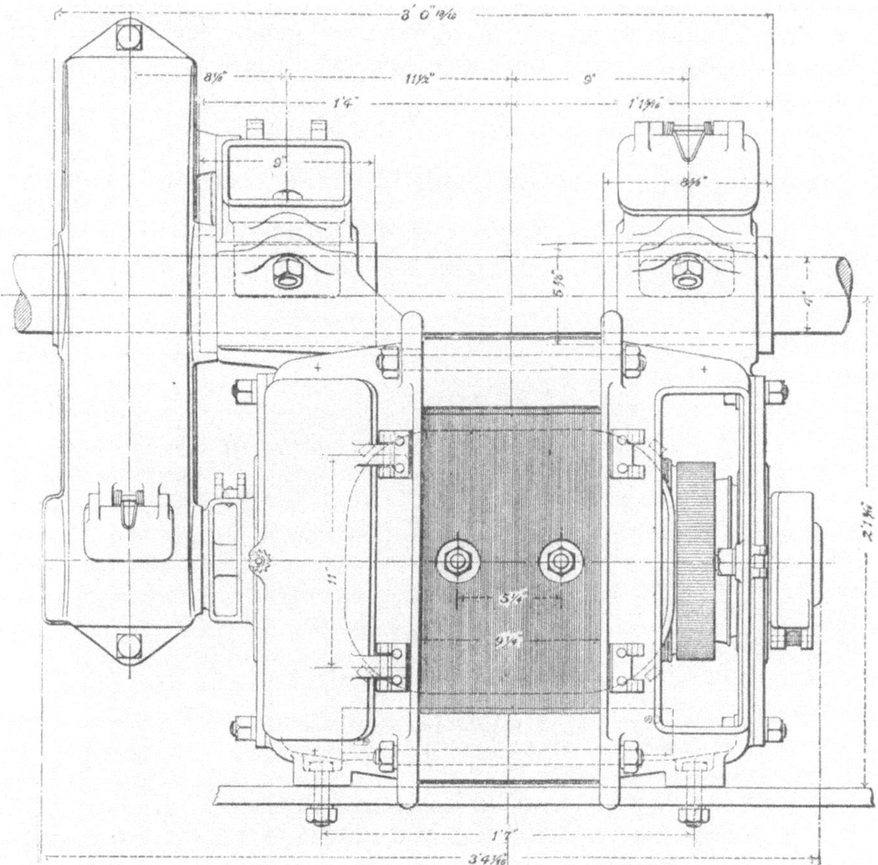

Fig. 225. 35 PS-Doppelschlußmotor (Johnson-Lundell).

tischen Fluß ausgeglichen, und sie können zugleich auf derselben Form wie die des anderen Kommutators gewickelt werden.

Der Motor besitzt bei Parallelschaltung der Kommutatoren und bei einer Klemmenspannung von 500 Volt eine normale Tourenzahl von 560 Umdrehungen pro Minute. Die doppelte Ankerwicklung hat, wie wir gesehen haben, 60 Leiter pro Nute, folglich $30 \cdot 23 = 690$ Gesamtwindungen oder 345 Windungen pro Kommutator. Da Reihenwicktung angewandt ist, so haben wir 172 Windungen zwischen den Bürsten.

Blanker Durchmesser eines Ankerleiters   2,30   mm
Isolierter Durchmesser   2,62   „
Kupferquerschnitt . . . .   0,0415 qcm

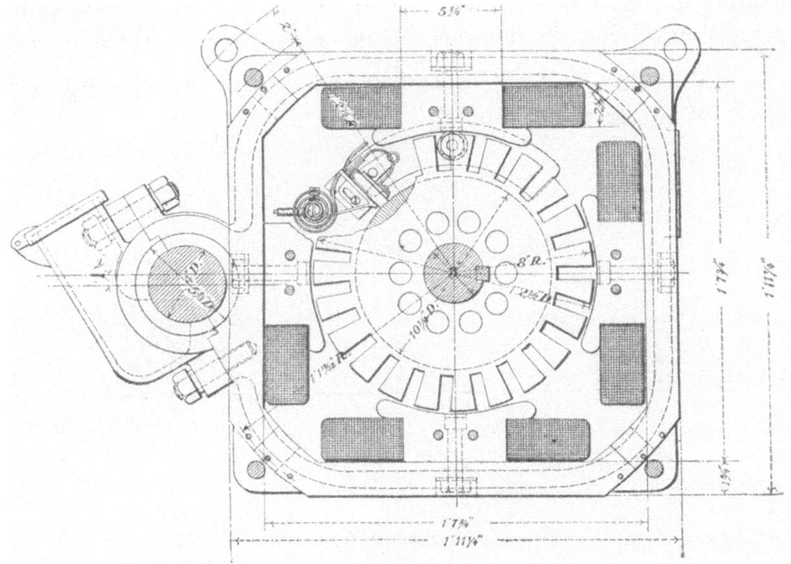

Fig. 226.   35 PS-Doppelschlußmotor (Johnson-Lundell).

Die Reihenschlußwicklung besteht aus 102 Windungen pro Spule, die flachkantig gewickelt sind.

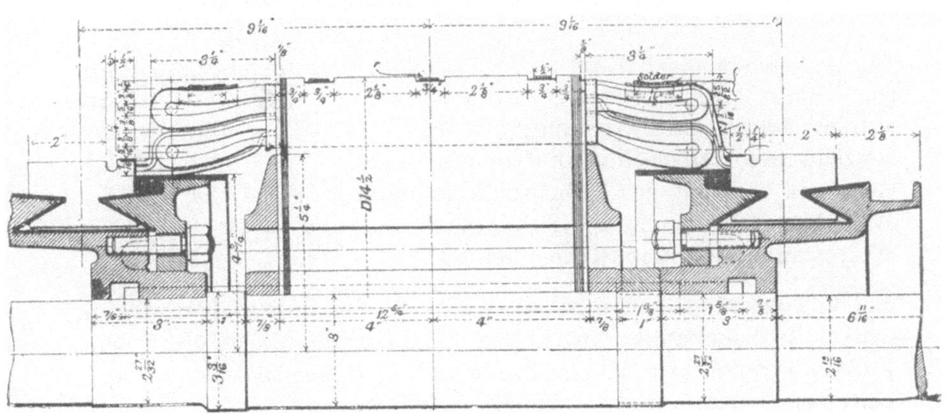

Fig. 227.   35 PS-Doppelschlußmotor (Johnson-Lundell).

Dimensionen eines Leiters in der Reihenschlußwicklung . . . .   7,0 mm $\times$ 1,9   mm
Querschnitt eines Leiters . . . .   0,133 qcm

14*

Mittlere Länge einer Windung 105   cm
Gewicht des Kupfers pro Reihenschluß-Spule   . .   12,3   kg
Gesamtgewicht des Kupfers für Reihenschluß . .   49   „
Widerstand der Spulen bei 60° C . . . .   0,154 Ohm
Widerstand aller vier Spulen bei 60° C   0,62   „

Die Nebenschlußspulen bestehen aus 1100 flachkantig gewickelten Windungen pro Spule.

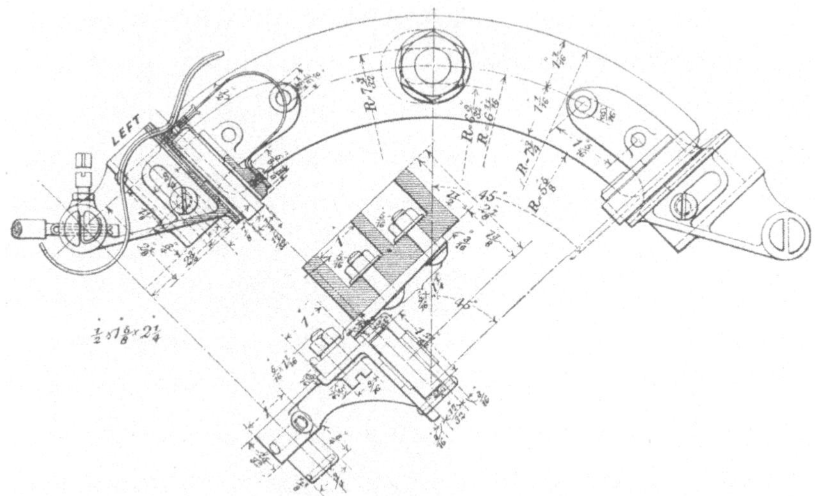

Fig. 228.   Bürstenhalter des 35 PS-Johnson-Lundell-Motors.

Dimensionen eines Leiters . . . .   7,0 mm × 0,30   mm
Querschnitt eines Leiters . . . .   0,0210 qcm
Mittlere Länge einer Windung   100   cm
Gewicht des Nebenschlußkupfers pro Spule . . .   22   kg
Gesamtes Gewicht des Nebenschlußkupfers . . .   84   „
Widerstand pro Spule bei 60° C   11   Ohm
Widerstand aller vier Spulen bei 60° C   44   „

Sowohl für die Reihen- als auch für die Nebenschlußwicklung
waren die flachkantig gewickelten Kupferstreifen durch einen baum-
wollnen Streifen von 10 mm Breite und 0,06 mm Dicke voneinander
getrennt.

Die Sättigungskurve für 700 Umdrehungen pro Minute ist in
Fig. 235 gegeben, während Fig. 236 experimentell gefundene Werte
des Kernverlustes bei 600 und bei 1000 Umdrehungen pro Minute
liefert.

Als Mittelwert von vielen Prüfungen ist ein Reibungsverlust

in den Lagern, der Übersetzung und durch Ventilation $= 2500$ Watt bei 700 Umdrehungen pro Minute angenommen worden.

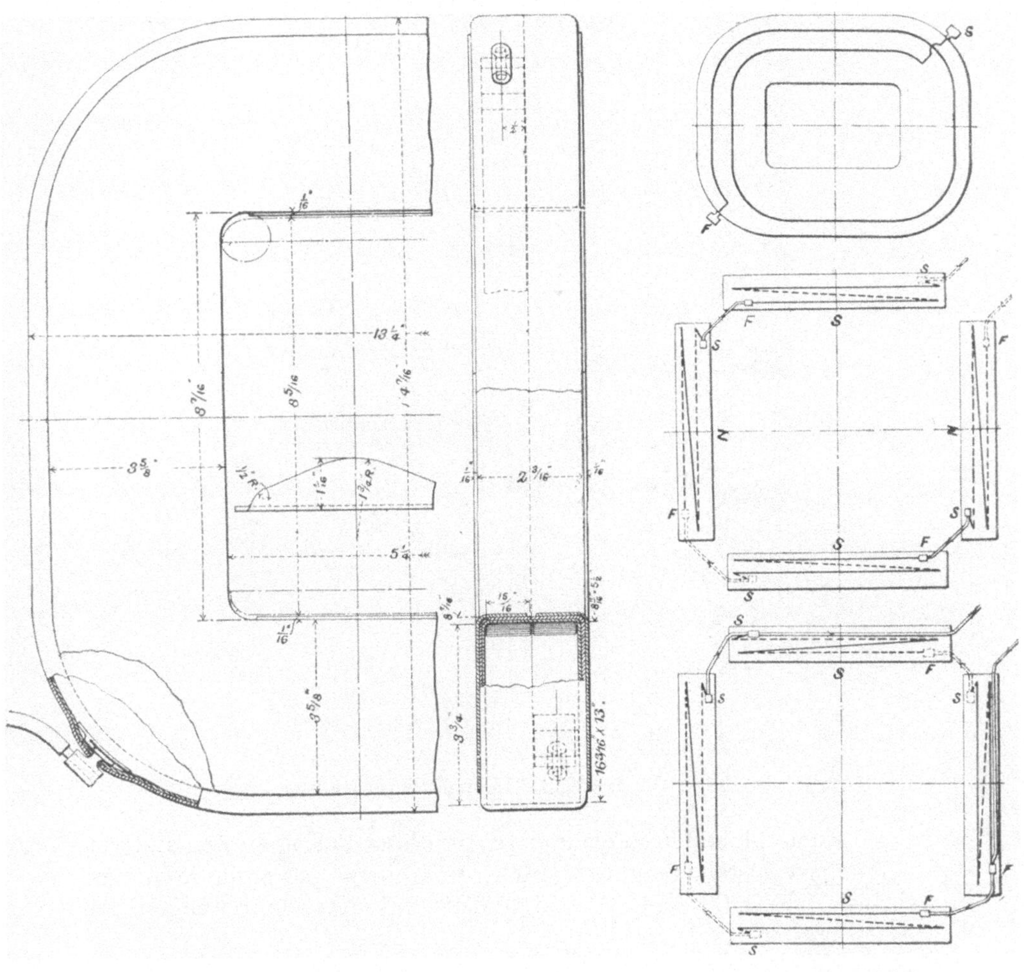

Fig. 229 und 230.   Feldspulen des 35 PS-Johnson-Lundell-Motors.

Die vorhandene Auflagefläche pro Kommutatorbürste ist $13 \text{ mm} \times 41 \text{ mm} = 5{,}3$ qcm.   Da nur zwei Bürsten pro Kommutator vorhanden sind, ist die gesamte Bürstenauflagefläche pro Kommutator $= 10{,}6$ qcm.   Bei $0{,}2$ kg Bürstendruck pro qcm beträgt der gesamte Bürstendruck beider Kommutatoren eines Motors

$$2 \cdot 10{,}6 \cdot 0{,}2 = 4{,}3 \text{ kg.}$$

Der Kommutatordurchmesser ist $10{,}25'' = 26{,}0$ cm.   Sein Umfang ist $26{,}11'' = 82$ cm.   Folglich ist der Bürstenreibungsverlust bei 700 Umdrehungen pro Minute

$$= \frac{0{,}82 \cdot 4{,}3 \times 700}{6} = 410 \text{ Watt.}$$

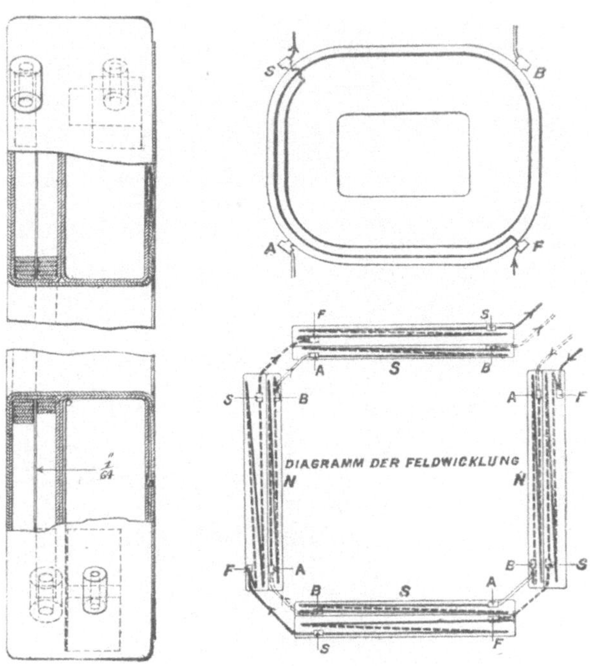

Fig. 231 und 232.   Doppelschlußwicklung.

In den folgenden Berechnungen ist dieser Betrag zu den anderen Reibungsverlusten gezählt worden, was einen gesamten Reibungsverlust von $2500 + 410 = 2910$ Watt bei 700 Umdrehungen pro Motor ergibt.

Mittlere Werte der Widerstände zur Berechnung der charakteristischen Kurven des Johnson Lundell-Doppelschlußmotors mit zwei Kommutatoren.

	Widerstand in Ohm	
	Messungen bei 15,5° C	Reduziert auf 60° C
Reihenschlußwicklung (vier Spulen)	0,53	0,62
Nebenschlußwicklung (vier Spulen)	36,0	44,0
Ankerwicklung pro Kommutator	0,35	0,41

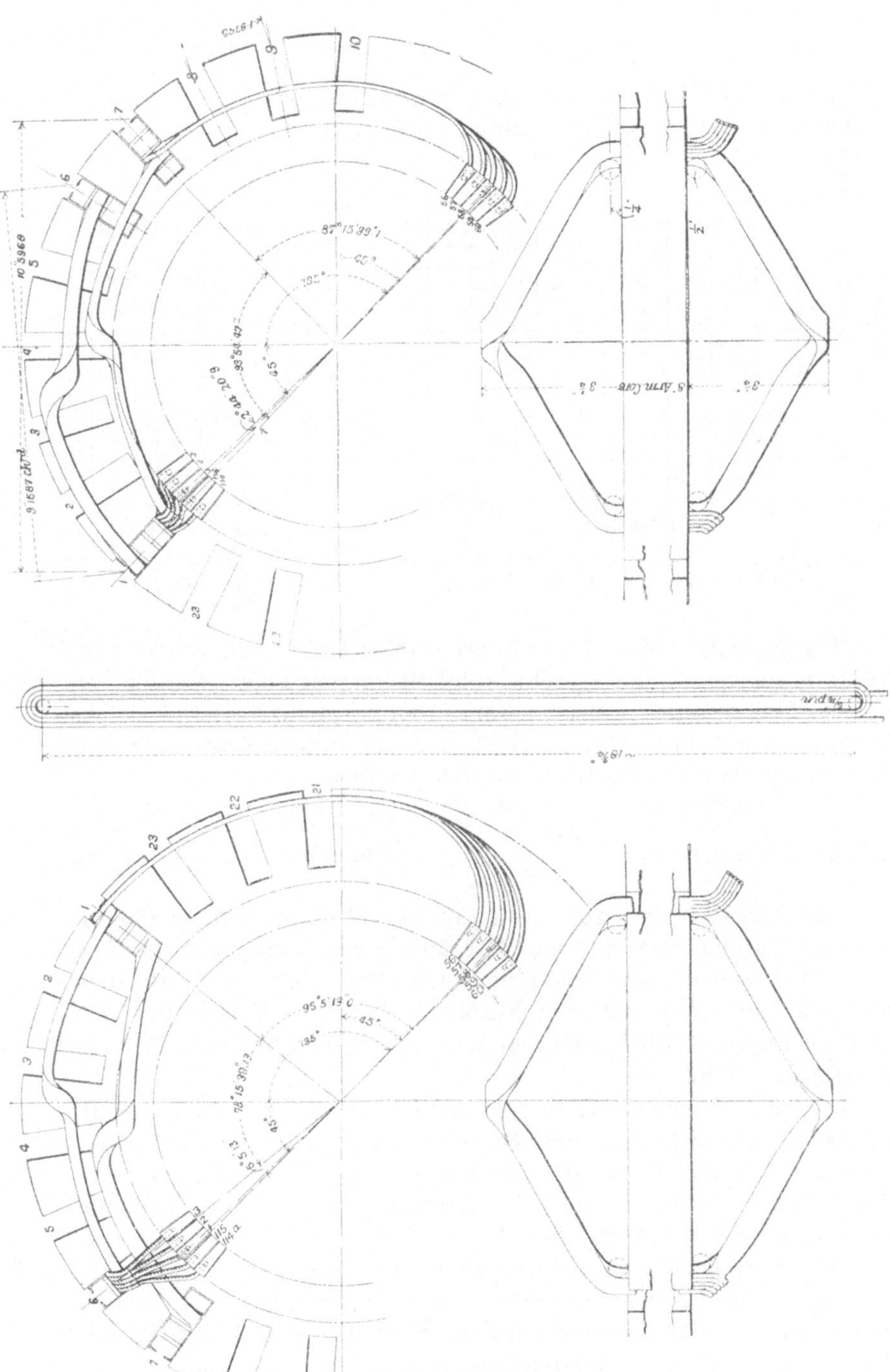

Fig. 233 und 234. Feld- und Ankerwicklung eines 35 PS-Johnson-Lundell-Motors.

Bemerkung: Der Anker hat 23 Nuten, eine jede Nute besitzt 5 Spulen von der einen Ankerwicklung und 5 Spulen von der anderen Wicklung; eine jede Spule hat 3 Windungen.

Widerstand in Ohm
Messungen   Reduziert
bei 15,5° C   auf 60° C

Übergangswiderstand der Bürsten pro Kommutator   0,08   0,08

Widerstand einer Ankerwicklung nebst eines

Bürstensatzes   0,43   0,49

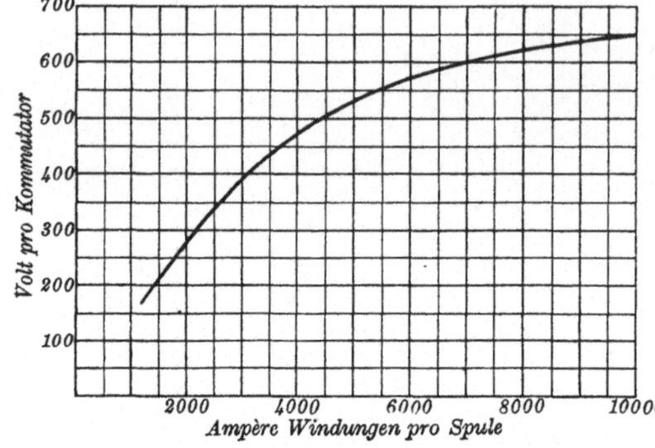

Fig. 235.   35 PS-Doppelschluß-Bahnmotor.
Sättigungskurven für 700 U. p. M.

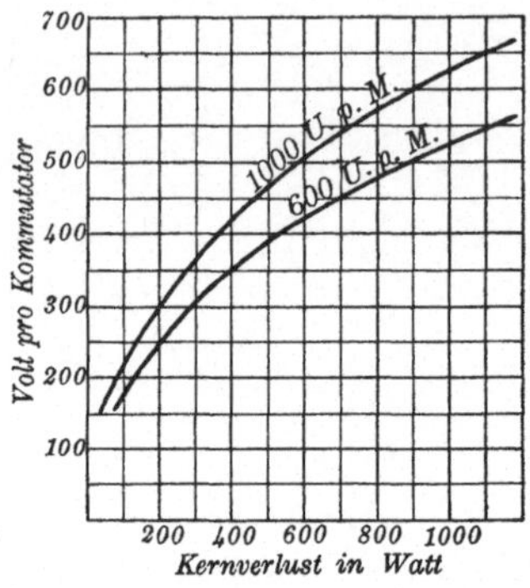

Fig. 236. Kernverluste des
35 PS-Doppelschluß-Bahn-
motors.

Die Reibung bei anderen Tourenzahlen ist in roher Annäherung direkt proportional der Geschwindigkeit angenommen worden, obgleich es vorzuziehen gewesen wäre, wenn anstelle dessen Versuchsresultate über die Abhängigkeit der Reibungsverluste von der Umlaufszahl hätten angeführt werden können.

Der Bürstenwiderstand kann gleich 0,2 Ohm pro qcm Bürstenauflagefläche, folglich $= \dfrac{0,2 \cdot 2}{5,3} = 0,08$ Ohm pro Kommutator angenommen werden.

Das Übersetzungsverhältnis ist $69 : 14 = 4,93$ und Räder von $33''= 84$ cm Durchmesser sind der Berechnung zugrunde gelegt worden.

Aus diesen Versuchsdaten und dem Diagramm des Kontrollers, sowie der Fig. 237 hat der Verfasser für eine Temperatur von 60° C die Resultate für irgend eine Kontrollerstellung in Tafel XXXIII zusammengestellt.

Die neun Kurvensätze in Fig. 238 bis 246 zeigen die charakteristischen Eigenschaften des Systems für die neun Kontrollerstellungen für alle Werte des Stromes von Null bis zu 200 Ampere. Diese Kurven zeigen viele interessante Punkte und erlauben ein sorgfältiges Studium der Eigenschaften eines Doppelschlußmotors für verschiedene Belastungen. Des Interesses wegen sind für einige der Kontrollerpunkte auch experimentell bestimmte Tourenzahlen aufgenommen worden, welche mit den berechneten Werten eine gute Übereinstimmung zeigen.

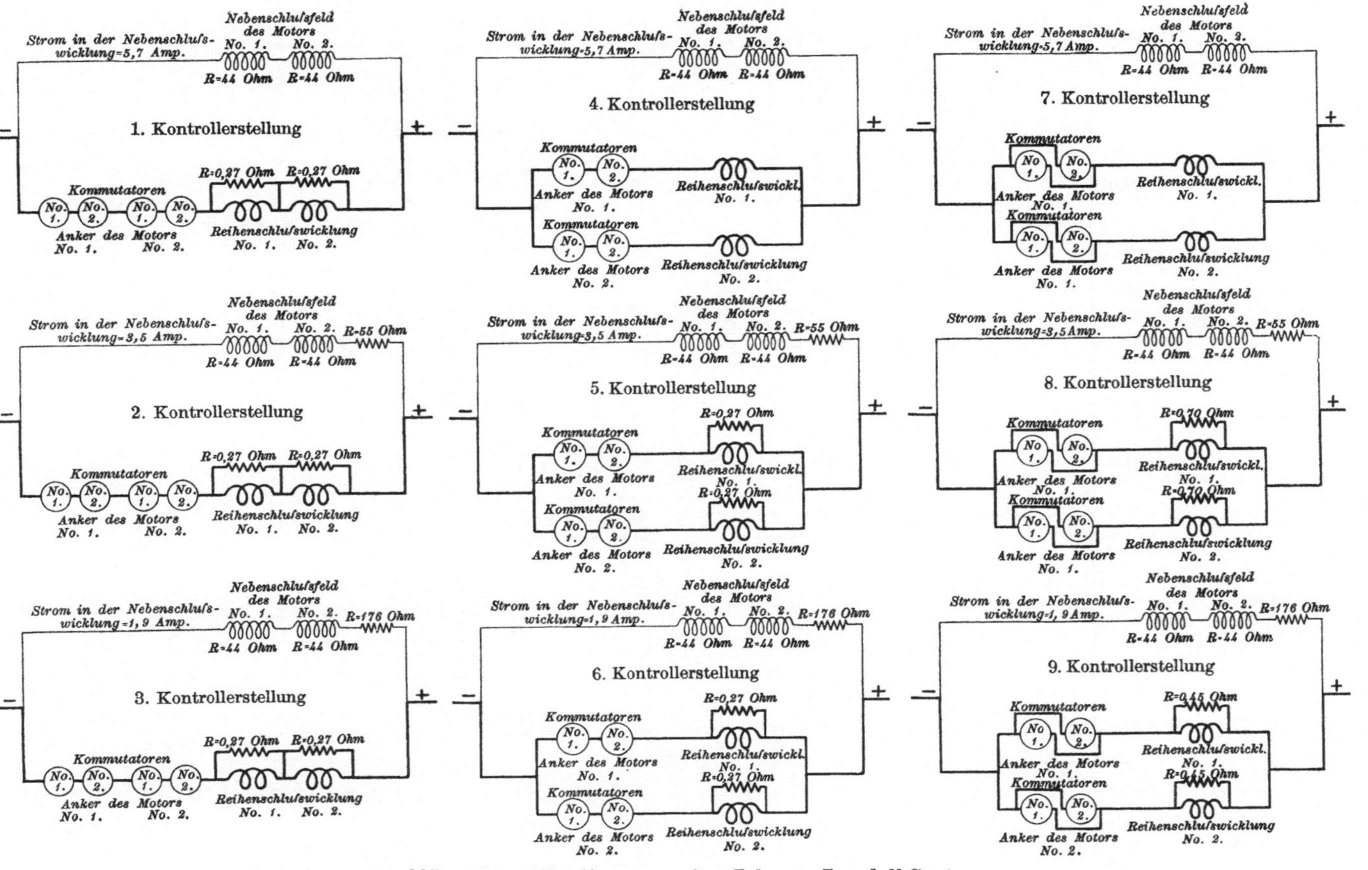

Fig. 237.   Kontrollerdiagramm für Johnson-Lundell-System.

Tafel

Kontrollerstellung	Stromverbrauch pro Wagen (2 Motoren)	Strom in der Nebenschlußwicklung	Gesamter Ankerstrom von beiden Motoren	Strom pro Kommutator	Strom in der Reihenschlußwicklung	Strom im Widerstand parallel zur Reihenschlußwicklung	Stromwärme im Anker und unter den Bürsten pro Motor	Stromwärme in der Reihenschlußwicklung eines Motors	Stromwärme im Widerstand parallel zur Reihenschlußwicklung	Verluste in der Nebenschlußwicklung pro Motor	Kernverlust pro Motor	Gesamte Reibungsverluste pro Motor	Gesamte Verluste pro Motor	Wattverbrauch pro Wagen	Wattverbrauch pro Motor	Kontrollerstellung
1	20	5,7	14,3	14,3	4,4	9,9	200	12	27	1 430	120	580	2 369	10 000	5 000	1
2	20	3,5	16,5	16,5	5,0	11,5	270	16	36	880	130	700	2 032	10 000	5 000	2
3	20	1,9	18,1	18,1	5,5	12,6	320	19	43	480	160	950	1 972	10 000	5 000	3
4	20	5,7	14,3	7,2	7,2	0	50	32	0	1 430	260	1 200	2 972	10 000	5 000	4
5	20	3,5	16,5	8,3	2,5	5,8	67	39	9	880	240	1 500	2 735	10 000	5 000	5
6	20	1,9	18,1	9,1	2,8	6,3	81	49	11	480	220	2 240	3 081	10 000	5 000	6
7	20	5,7	14,3	3,6	7,2	0	13	32	0	1 430	900	2 400	4 775	10 000	5 000	7
8	20	3,5	16,5	4,1	4,4	3,9	16	12	11	880	770	2 910	4 599	10 000	5 000	8
1	30	5,7	24,3	24,3	7,4	16,9	580	34	77	1 430	110	540	2 771	15 000	7 500	1
2	30	3,5	26,5	26,5	8,1	18,4	690	41	91	880	120	620	2 442	15 000	7 500	2
3	30	1,9	28,1	28,1	8,5	19,6	780	45	103	480	150	830	2 388	15 000	7 500	3
4	30	5,7	24,3	12,2	12,2	0	146	92	0	1 430	300	1 140	3 108	15 000	7 500	4
5	30	3,5	26,5	13,3	4,0	9,3	173	10	23	880	270	1 430	2 786	15 000	7 500	5
6	30	1,9	28,1	14,1	4,3	9,8	194	12	26	480	250	2 080	3 042	15 000	7 500	6
7	30	5,7	24,3	6,1	12,2	0	37	92	0	1 430	900	2 320	4 779	15 000	7 500	7
8	30	3,5	26,5	6,6	7,0	6,3	43	30	28	880	800	2 830	4 611	15 000	7 500	8
9	30	1,9	28,1	7,0	6,0	8,1	48	22	30	480	600	4 000	5 180	15 000	7 500	9
1	40	5,7	34,3	34,3	10,4	23,9	1 150	67	154	1 430	100	510	3 411	20 000	10 000	1
2	40	3,5	36,5	36,5	11,1	25,4	1 310	69	174	880	110	590	3 133	20 000	10 000	2
3	40	1,9	38,1	38,1	11,6	26,5	1 420	83	190	480	130	740	3 043	20 000	10 000	3
4	40	5,7	34,3	17,2	17,2	0	290	184	0	1 430	220	1 110	3 234	20 000	10 000	4
5	40	3,5	36,5	18,3	5,6	12,7	330	20	43	880	250	1 400	2 923	20 000	10 000	5
6	40	1,9	38,1	19,1	5,8	13,3	360	21	48	480	300	1 980	3 189	20 000	10 000	6
7	40	5,7	34,3	8,6	17,2	0	73	184	0	1 430	850	2 280	4 817	20 000	10 000	7
8	40	3,5	36,5	9,1	9,7	8,6	81	58	52	880	820	2 760	4 651	20 000	10 000	8
9	40	1,9	38,1	9,5	8,0	11,0	88	40	54	480	620	3 800	5 082	20 000	10 000	9
1	50	5,7	44,3	44,3	13,4	30,9	1 920	111	258	1 430	90	480	4 289	25 000	12 500	1
2	50	3,5	46,5	46,5	14,1	32,4	2 120	123	285	880	100	540	4 043	25 000	12 500	2
3	50	1,9	48,1	48,1	14,6	33,5	2 270	132	304	480	120	660	3 966	25 000	12 500	3
4	50	5,7	44,3	22,2	22,2	0	480	305	0	1 430	210	1 080	3 505	25 000	12 500	4
5	50	3,5	46,5	23,3	7,1	14,2	530	31	54	880	240	1 380	3 115	25 000	12 500	5
6	50	1,9	48,1	24,1	7,4	14,5	570	34	57	480	270	1 850	3 261	25 000	12 500	6
7	50	5,7	44,3	11,1	22,2	0	120	305	0	1 430	820	2 250	4 925	25 000	12 500	7
8	50	3,5	46,5	11,6	12,4	10,8	132	95	81	880	800	2 680	4 668	25 000	12 500	8
9	50	1,9	48,1	12,0	10,1	14,0	141	63	88	480	580	3 600	4 952	25 000	12 500	9
1	70	5,7	64,3	64,3	19,5	44,8	4 040	235	550	1 430	80	410	6 745	35 000	17 500	1
2	70	3,5	66,5	66,5	20,2	46,3	4 350	252	580	880	90	450	6 602	35 000	17 500	2
3	70	1,9	68,1	68,1	20,7	47,4	4 550	265	610	480	110	520	6 535	35 000	17 500	3
4	70	5,7	64,3	32,2	32,2	0	1 020	640	0	1 430	190	1 020	4 300	35 000	17 500	4
5	70	3,5	66,5	33,3	10,1	23,2	1 090	63	146	880	220	1 300	3 699	35 000	17 500	5
6	70	1,9	68,1	34,1	10,4	23,7	1 140	67	152	480	250	1 660	3 749	35 000	17 500	6
7	70	5,7	64,3	16,1	32,2	0	260	640	0	1 430	840	2 160	5 330	35 000	17 500	7
8	70	3,5	66,5	16,6	17,7	15,6	270	194	170	880	870	2 550	4 934	35 000	17 500	8
9	70	1,9	68,1	17,0	14,4	19,7	280	128	175	480	670	3 220	4 953	35 000	17 500	9

XXXIII.

Kontrollerstellung	Leistung eines Motors in Watt	Wirkungsgrad in %	Leistung eines Motors in PS	Leistung eines Wagens in PS	Amperewindungen pro Pol, erzeugt von der Nebenschlußwicklung	Amperewindungen pro Pol, erzeugt von der Reihenschlußwicklung	Gesamte Amperewindungen pro Pol	Klemmenspannung pro Kommutator	Innere Spannung pro Kommutator	Undrehungen pro Min. (aus d. Sättigungskurve)	Drehmoment pro Motor in m/kg pro Sek.	Geschwindigkeit in m/sek. bei einem Radius von 1 Meter	Drehmoment pro Motor in kg bei einem Radius von 1 Meter	Drehmoment pro Motor in kg bei einem Rad-durchmesser von 84 cm u. einem Übersetzungsverhältnis von 4,93	Geschwindigkeit in Kilometer pro Stunde	Kontrollerstellung
1	2 631	52,5	3,53	7,0	6 270	450	6 720	124	117	140	268	14,7	18,2	214	4,4	1
2	2 968	59,4	3,98	8,0	3 850	510	4 360	124	116	166	303	17,4	17,4	205	5,15	2
3	3 028	60,5	4,06	8,1	2 090	560	2 650	124	115	230	308	24,1	12,8	151	7,3	3
4	2 028	40,5	2,72	5,4	6 270	730	7 000	247	243	286	207	30,0	6,9	81	9,1	4
5	2 265	45,4	3,04	6,1	3 850	250	4 100	248	244	360	231	37,8	6,1	72	11,4	5
6	1 909	38,1	2,56	5,1	2 090	280	2 370	248	244	540	195	56,5	3,5	41	17,2	6
7	225	4,5	0,30	0,60	6 270	730	7 000	494	492	580	23	60,8	0,38	4,5	18,5	7
8	401	8,0	0,54	1,1	3 850	450	4 300	496	494	700	41	73,5	0,56	6,6	22,3	8
1	4 729	63,0	6,31	12,62	6 270	750	7 020	123	111	130	480	13,60	35,3	415	4,16	1
2	5 053	67,5	6,77	13,54	3 850	830	4 680	123	110	150	515	15,7	32,8	386	4,77	2
3	5 112	68,2	6,86	13,72	2 090	870	2 960	123	109	200	522	21,0	24,9	294	6,35	3
4	4 392	58,5	5,88	11,76	6 270	1 240	7 510	246	240	274	447	28,7	15,6	184	8,75	4
5	4 714	62,9	6,31	12,62	3 850	410	4 260	248	241	344	480	36,0	13,4	158	11	5
6	4 458	59,5	5,98	11,96	2 090	440	2 530	248	241	500	454	52,4	8,66	102,5	15,9	6
7	2 721	36,3	3,65	7,30	6 270	1 240	7 510	492	489	558	278	58,5	4,75	56,0	17,9	7
8	2 889	38,5	3,87	7,74	3 850	710	4 560	495	492	680	294	71,2	4,12	48,5	21,7	8
9	2 320	31,0	3,11	6,22	2 090	610	2 700	496	493	970	236	10,2	2,32	27,4	31	9
1	6 590	65,9	8,80	17,6	6 270	1 060	7 330	123	106	123	670	12,9	52,0	612	3,9	1
2	6 870	68,7	9,20	18,4	3 850	1 130	4 980	123	105	141	700	14,8	47,3	557	4,46	2
3	6 960	69,6	9,32	18,6	2 090	1 180	3 270	123	104	178	710	18,7	38,0	448	5,65	3
4	6 770	67,7	9,06	18,1	6 270	1 750	8 020	245	237	268	690	28,1	24,6	290	8,5	4
5	7 080	70,8	9,48	19,0	3 850	570	4 420	247	238	338	720	35,5	20,3	239	10,7	5
6	6 810	68,1	9,13	18,3	2 090	590	2 680	247	238	476	695	50,0	13,9	164	15,2	6
7	5 180	51,8	6,93	13,8	6 270	1 750	8 020	490	486	550	527	57,6	9,13	108	17,5	7
8	5 350	53,5	7,16	14,3	3 850	990	4 840	494	490	665	545	69,7	7,81	92,0	21,2	8
9	4 920	49,2	6,60	13,2	2 090	810	2 900	495	490	920	502	96,5	5,20	61,2	29,3	9
1	8 211	65,6	11,0	22,0	6 270	1 360	7 630	122	100	115	835	12,1	69,0	812	3,65	1
2	8 452	67,5	11,3	22,6	3 850	1 440	5 290	122	99	130	860	13,6	63,2	745	4,14	2
3	8 634	69,0	11,5	23,0	2 090	1 490	3 580	122	98	159	875	16,7	52,4	616	5,02	3
4	8 995	71,7	12	24,0	6 270	2 260	8 530	244	233	260	912	27,2	33,6	396	8,28	4
5	9 385	74,8	12,5	25,0	3 850	720	4 570	246	235	330	950	34,6	27,5	324	10,5	5
6	9 239	73,7	12,3	24,6	2 090	750	2 840	246	234	443	635	46,4	20,2	238	14,1	6
7	7 575	60,5	10,1	20,2	6 270	2 260	8 530	488	482	540	767	56,5	13,6	160	17,3	7
8	7 832	62,5	10,5	21,0	3 850	1 260	5 110	492	486	645	798	67,5	11,8	139	20,5	8
9	7 548	60,3	10,1	20,2	2 090	1 030	3 120	493	487	860	767	90,0	8,55	101	27,4	9
1	10 755	61,5	14,4	28,8	6 270	1 990	8 260	119	87	98	1 100	10,3	107	1 260	3,1	1
2	10 898	62,3	14,6	29,2	3 850	2 060	5 910	119	86	108	1 110	11,3	98,0	1 160	3,42	2
3	10 965	62,6	14,7	29,4	2 090	2 110	4 200	119	85	124	1 120	13,0	86,0	1 020	3,95	3
4	13 200	75,4	17,7	35,4	6 270	3 280	9 550	240	224	245	1 350	25,6	52,6	620	7,8	4
5	13 801	79,0	18,6	37,2	3 850	1 030	4 880	247	231	314	1 420	32,9	43,1	507	10	5
6	13 751	78,7	18,5	37,0	2 090	1 060	3 150	247	230	400	1 410	41,9	33,6	396	12,7	6
7	12 170	69,5	16,3	32,6	6 270	3 280	9 550	480	472	520	1 270	53,0	23,4	275	16,6	7
8	12 566	71,8	16,9	33,8	3 850	1 800	5 650	490	482	615	1 290	64,4	20,0	236	19,6	8
9	12 547	71,7	16,9	33,8	2 090	1 470	3 560	492	483	775	1 290	81,0	15,9	187	20,5	9

Tafel XXXIII

Kontrollerstellung	Stromverbrauch pro Wagen (2 Motoren)	Strom in der Nebenschlußwicklung	Gesamter Ankerstrom von beiden Motoren	Strom pro Kommutator	Strom in der Reihenschlußwicklung	Strom im Widerstand parallel zur Reihenschlußwicklung	Stromwärme im Anker und unter den Bürsten pro Motor	Stromwärme in der Reihenschlußwicklung eines Motors	Stromwärme im Widerstand parallel zur Reihenschlußwicklung	Verluste in der Nebenschlußwicklung pro Motor	Kernverlust pro Motor	Gesamte Reibungsverluste pro Motor	Gesamte Verluste pro Motor	Wattverbrauch pro Wagen	Wattverbrauch pro Motor	Kontrollerstellung
1	100	5,7	94,3	94,3	28,6	65,7	8 700	505	1 160	1 430	70	320	12 185	50 000	25 000	1
2	100	3,5	96,5	96,5	29,3	67,2	9 100	530	1 220	880	80	340	12 150	50 000	25 000	2
3	100	1,9	98,1	98,1	29,8	68,3	9 400	550	1 260	480	100	370	12 160	50 000	25 000	3
4	100	5,7	94,3	47,2	47,2	0	2 200	1 380	0	1 430	170	950	6 130	50 000	25 000	4
5	100	3,5	96,5	48,3	14,7	33,6	2 300	134	305	880	200	1 200	5 019	50 000	25 000	5
6	100	1,9	98,1	49,1	14,9	34,2	2 370	137	315	480	230	1 460	4 992	50 000	25 000	6
7	100	5,7	94,3	23,6	47,2	0	550	1 380	0	1 430	830	2 070	6 260	50 000	25 000	7
8	100	3,5	96,5	24,1	25,6	22,7	570	405	360	880	830	2 370	5 415	50 000	25 000	8
9	100	1,9	98,1	24,5	20,6	28,5	590	262	365	480	700	2 860	5 257	50 000	25 000	9
1	150	5,7	144	144	44	100	20 400	1 200	2 700	1 430	50	190	25 970	75 000	37 500	1
2	150	3,5	146	146	44	102	20 900	1 200	2 800	880	50	190	26 020	75 000	37 500	2
3	150	1,9	148	148	45	103	21 500	1 250	2 850	480	50	190	26 320	75 000	37 500	3
4	150	5,7	144	72	72	0	5 100	3 200	0	1 430	200	850	10 780	75 000	37 500	4
5	150	3,5	146	73	22	51	5 200	300	700	880	250	1 050	8 380	75 000	37 500	5
6	150	1,9	148	74	22	52	5 300	300	730	480	250	1 200	8 260	75 000	37 500	6
7	150	5,7	144	36	72	0	1 260	3 200	0	1 430	760	1 950	8 600	75 000	37 500	7
8	150	3,5	146	36,5	39	34	1 300	940	810	880	800	2 160	6 890	75 000	37 500	8
9	150	1,9	148	37	31	43	1 350	600	840	480	750	2 500	6 520	75 000	37 500	9

Die Fig. 247 bis 250 enthalten eine Zusammenstellung der wichtigsten Kurven aus den vorhergehenden Kurvensätzen.

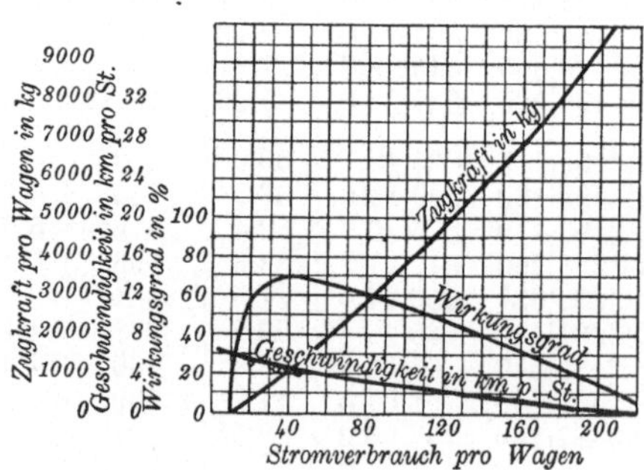

Fig. 238.   1. Kontrollerstellung.
Johnson-Lundell-System.
Zwei 35 PS-Motoren.   Raddurchmesser = 84 cm, Zahnradübersetzung = 4,93, Klemmenspannung 500 Volt.

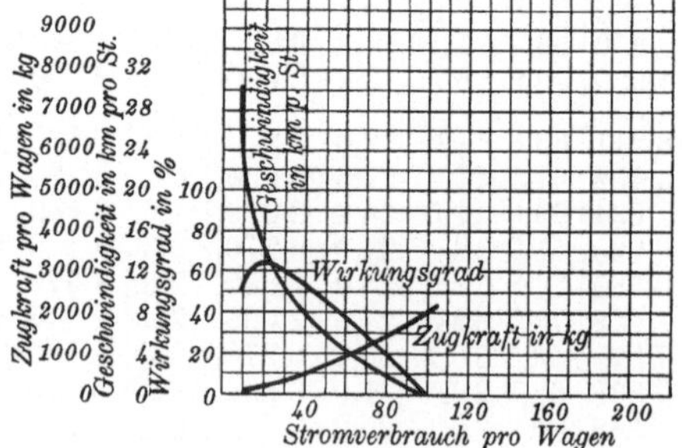

Fig. 251.   1. Kontrollerstellung.
Motoren in Reihe.
Normales System.
Zwei 35 PS-Motoren mit je einem Kommutator.

Herr Gustav Lang hat dem Verfasser freundlichst eine Reihe von Kurven zur Verfügung gestellt (Fig. 251 bis 263), die das

(Fortsetzung).

Kontrollerstellung	Leistung eines Motors in Watt	Wirkungsgrad in %	Leistung eines Motors in PS	Leistung eines Wagens in PS	Amperewindungen pro Pol, erzeugt von der Nebenschlußwicklung	Amperewindungen pro Pol, erzeugt von der Reihenschlußwicklung	Gesamte Amperewindungen pro Pol	Klemmenspannung pro Kommutator	Innere Spannung pro Kommutator	Umdrehungen pro Min. (aus d. Sättigungskurve)	Drehmoment pro Motor in m/kg pro Sek.	Geschwindigkeit in m/sek bei einem Radius von 1 Meter	Drehmoment pro Motor in kg bei einem Radius von 1 Meter	Drehmoment pro Motor in kg bei einem Raddurchmesser von 84 cm u. einem Übersetzungsverhältnis von 4,93	Geschwindigkeit in Kilometer pro Stunde	Kontrollerstellung
1	12 815	51,2	17,2	34,4	6 270	2 920	9 190	116	69	76	1 310	8,0	164	1 930	2,45	1
2	12 850	51,3	17,2	34,4	3 850	2 990	6 840	116	68	81	1 310	8,5	154	1 820	2,57	2
3	12 840	51,3	17,2	34,4	2 090	3 040	5 130	116	67	88	1 310	9,2	143	1 690	2,8	3
4	18 870	75,5	25,3	50,6	6 270	4 810	11 080	235	212	230	1 920	24,0	80,0	940	7,3	4
5	19 980	79,9	26,8	53,6	3 850	1 500	5 350	246	222	288	2 040	30,2	67,5	795	9,3	5
6	20 000	80,1	27,0	54,0	2 090	1 520	3 610	246	222	353	2 060	37,0	55,5	655	11,2	6
7	18 740	75,0	25,1	50,2	6 270	4 810	11 080	470	458	475	2 000	49,7	36,5	450	16	7
8	19 590	78,1	26,3	52,6	3 850	2 610	6 460	484	472	570	2 000	59,6	33,5	395	18,2	8
9	19 740	79,0	26,5	53,0	2 090	2 100	4 190	486	474	690	2 020	72,0	28,0	330	22	9
1	11 530	30,8	15,5	31,0	6 270	4 490	10 760	112	40	43	1 180	4,50	262	3 080	1,36	1
2	11 480	30,6	15,4	30,8	3 850	4 490	8 340	112	39	43	1 170	4,50	260	3 060	1,36	2
3	11 180	29,8	15,0	30,0	2 090	4 590	6 680	112	38	45	1 140	4,72	241	2 840	1,43	3
4	26 720	71,3	35,8	71,6	6 270	7 340	13 610	230	194	205	2 720	21,50	126	1 480	6,5	4
5	28 120	75,0	37,7	75,4	3 850	2 240	6 090	242	206	253	2 870	26,60	108	1 270	8	5
6	29 240	78,1	39,3	78,6	2 090	2 240	4 330	242	205	290	2 990	30,40	98,2	1 160	8,1	6
7	28 901	77,1	38,8	77,6	6 270	7 340	13 610	460	442	420	3 650	44,30	59,8	702	13,4	7
8	30 610	81,8	41,2	82,4	3 850	3 980	7 830	477	459	520	3 140	54,50	57,5	676	16,6	8
9	30 980	82,6	41,5	83,0	2 090	3 160	5 250	480	462	600	3 160	62,30	50,2	590	19,1	9

Verhalten eines normalen Reihenschlußmotors von ungefähr derselben Kapazität zeigen und eine gute Gelegenheit gewähren,

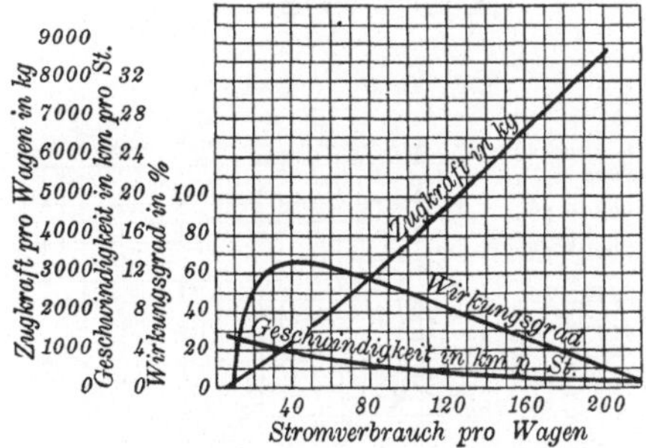

Fig. 239. 2. Kontrollerstellung.

Johnson-Lundell-System.

Zwei 35 PS-Motoren. Raddurchmesser = 84 cm, Zahnradübersetzung = 4,93, Klemmenspannung 500 Volt.

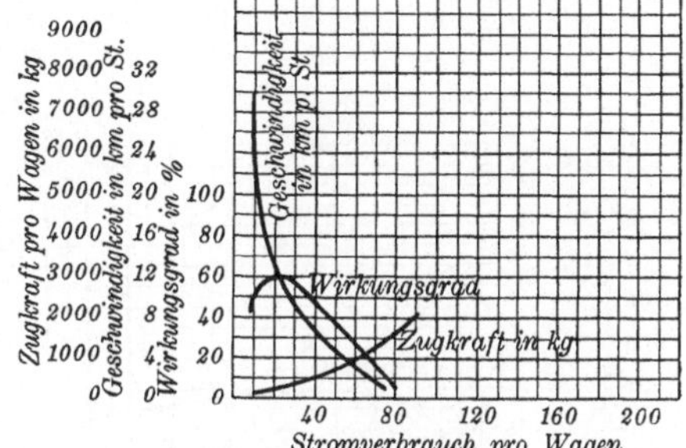

Fig. 252. 2. Kontrollerstellung.

Motoren in Reihe.

Normales System.

Zwei 35 PS-Motoren mit je einem Kommutator.

die charakteristischen Eigenschaften der zwei verschiedenen Typen von Bahnmotoren zu vergleichen.

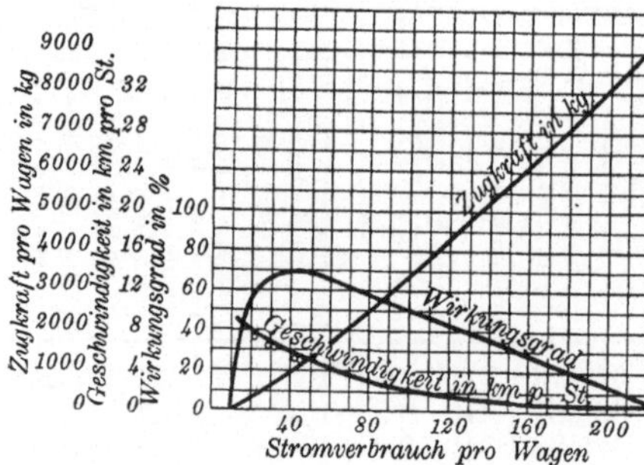

Fig. 240.   3. Kontrollerstellung.

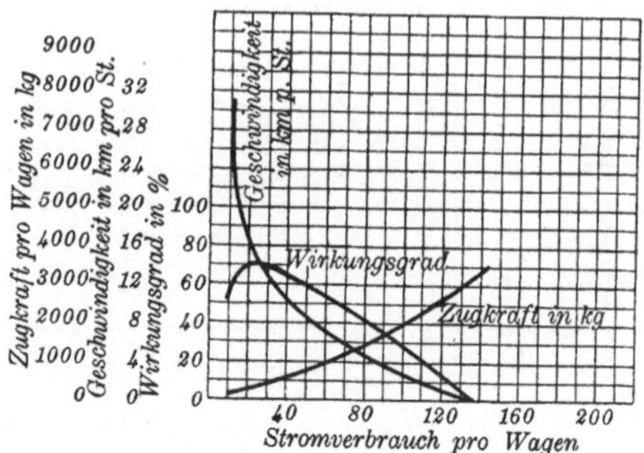

Fig. 253.   3. Kontrollerstellung.
Motoren in Reihe.

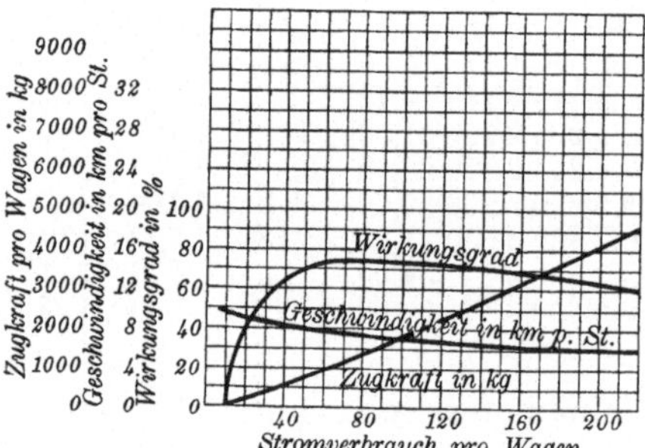

Fig. 241.   4. Kontrollerstellung.

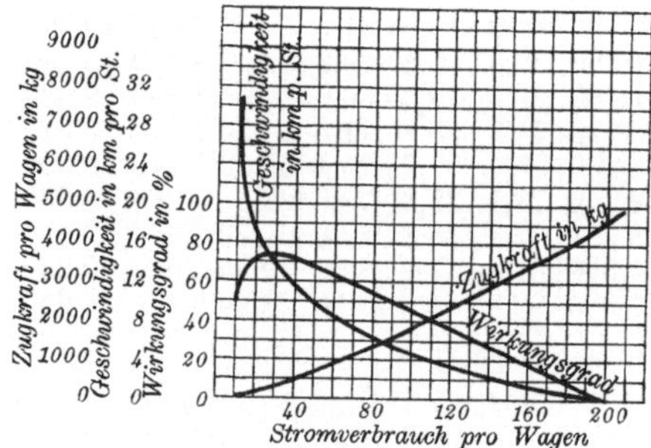

Fig. 254.   4. Kontrollerstellung.
Motoren in Reihe.

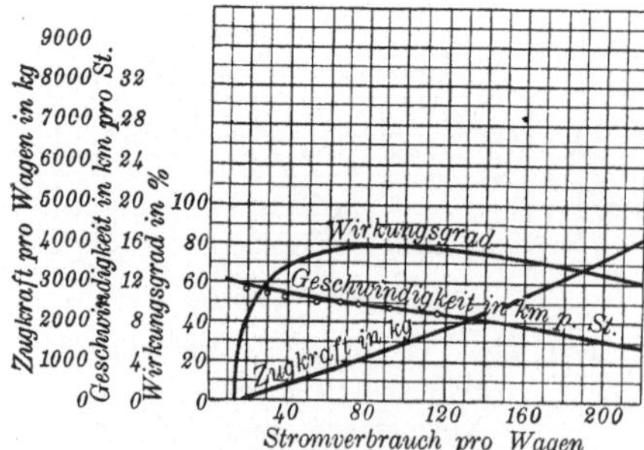

Fig. 242.   5. Kontrollerstellung.
Johnson-Lundell-System.

Zwei 35 PS-Motoren. Raddurchmesser = 84 cm, Zahnradübersetzung
= 4,93, Klemmenspannung 500 Volt.

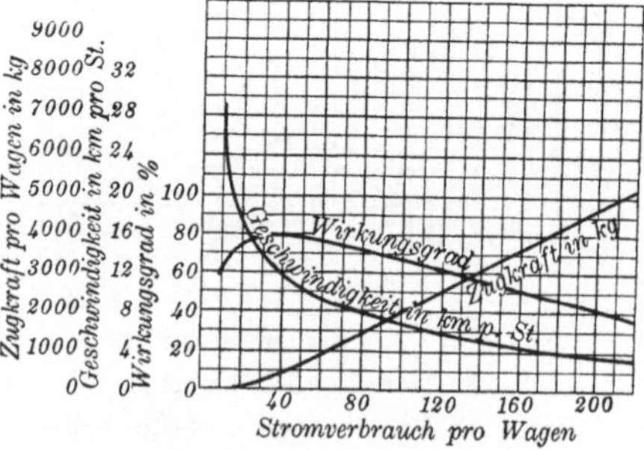

Fig. 255.   5. Kontrollerstellung.
Motoren in Reihe.

Normales System.

Zwei 35 PS-Motoren mit je einem
Kommutator.

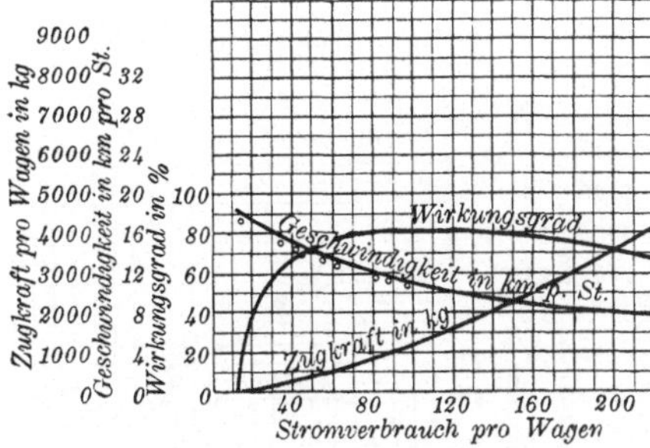

Fig. 243.   6. Kontrollerstellung.

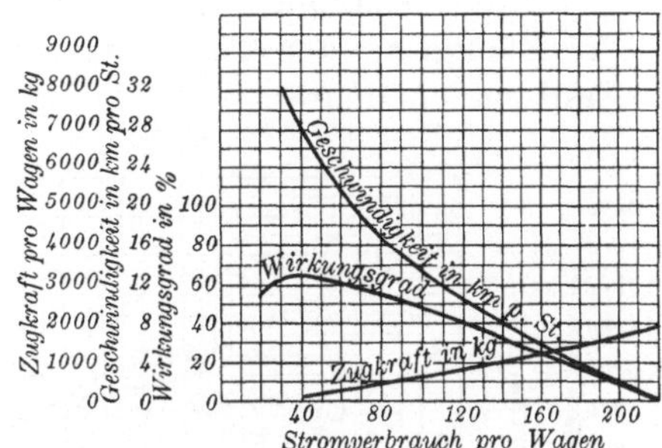

Fig. 256.   6. Kontrollerstellung.
Motoren in Reihe.

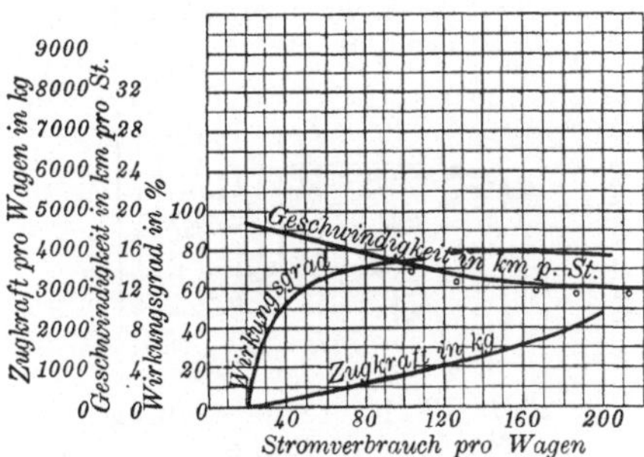

Fig. 244.   7. Kontrollerstellung.

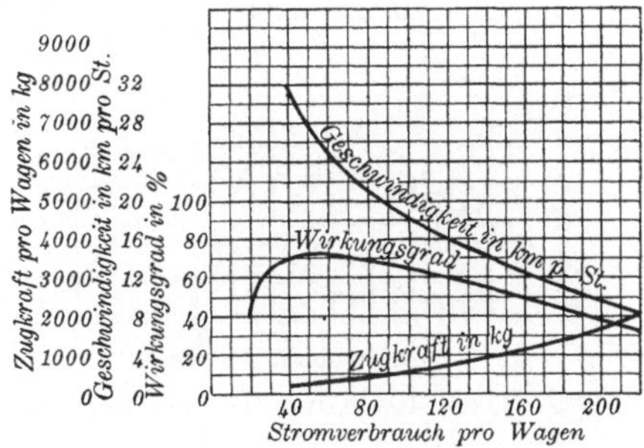

Fig. 257.   7. Kontrollerstellung.
Motoren in Reihe.

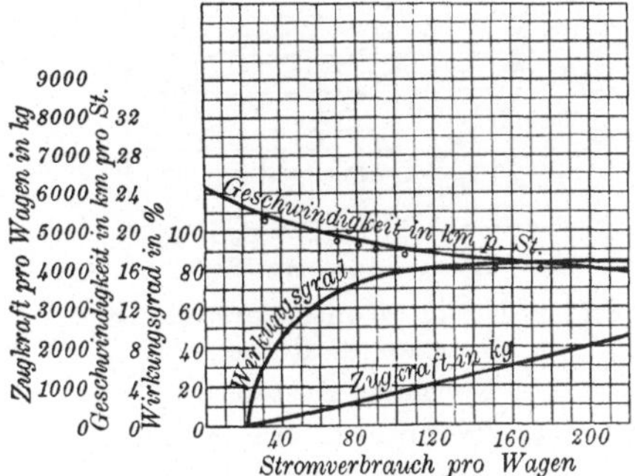

Fig. 245.   8. Kontrollerstellung.

Johnson-Lundell-System.

Zwei 35 PS-Motoren. Raddurchmesser = 84 cm, Zahnradübersetzung
= 4,93, Klemmenspannung 500 Volt.

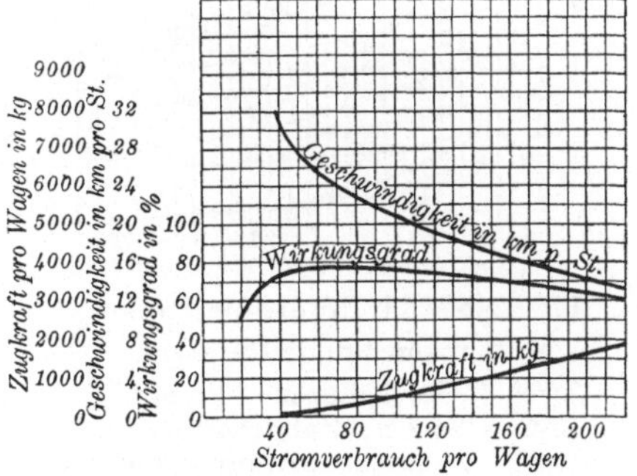

Fig. 258.   8. Kontrollerstellung.
Motoren in Reihe.

Normales System.

Zwei 35 PS-Motoren mit je einem
Kommutator.

Eine wichtige Eigenschaft des Johnson-Lundel-Systems ist die Rückgabe der Trägheitsenergie an die Linie, was eine große Ersparnis bedeutet.

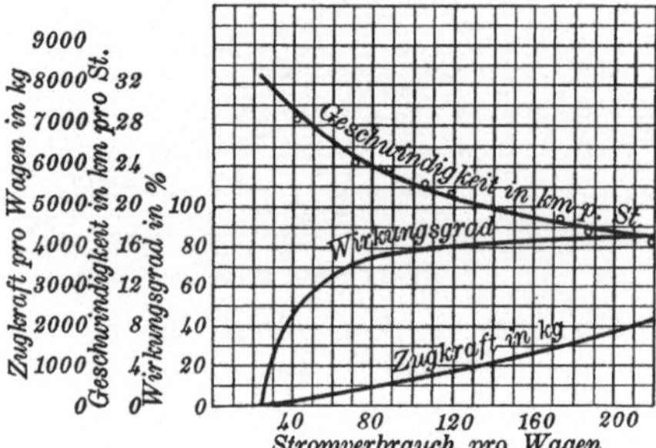

Fig. 246.   9. Kontrollerstellung.

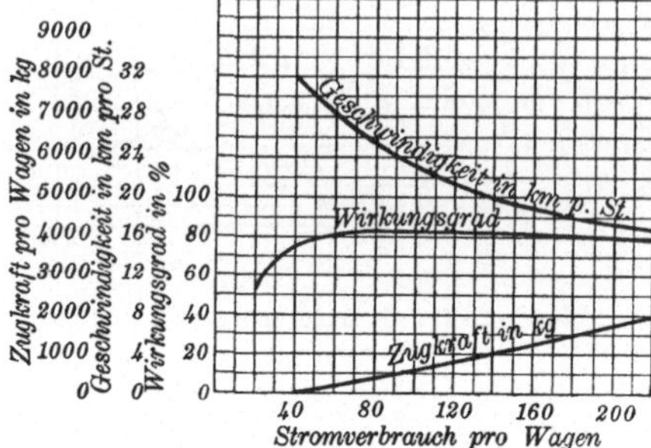

Fig. 259.   9. Kontrollerstellung.
Motoren in Reihe.

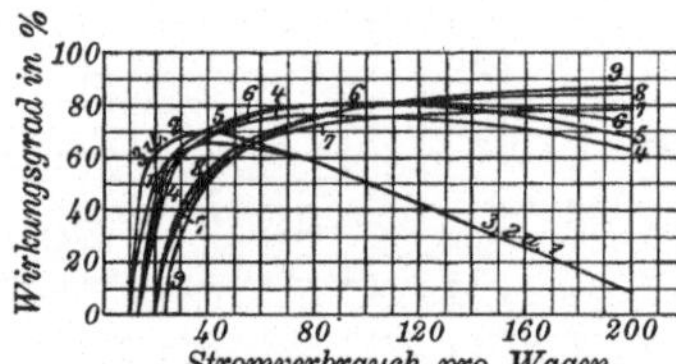

Fig. 247.   10. Kontrollerstellung.

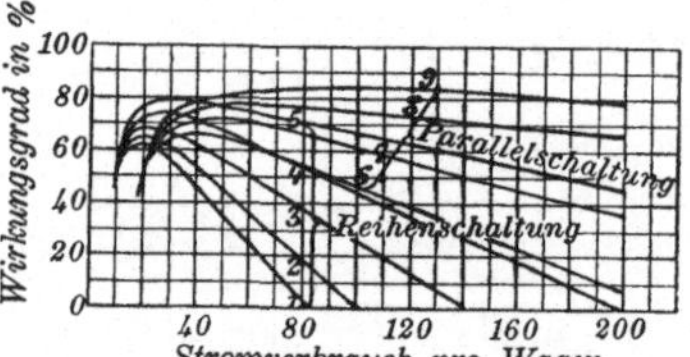

Fig. 260.   10. Kontrollerstellung.
Motoren in Reihe.

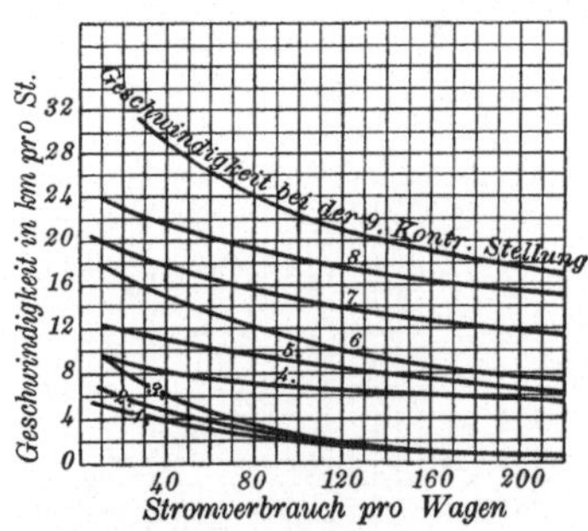

Fig. 248.   11. Kontrollerstellung.
Johnson-Lundell-System.
Zwei 35 PS-Motoren. Raddurchmesser = 84 cm, Zahnradübersetzung
= 4,93, Klemmenspannung 500 Volt.

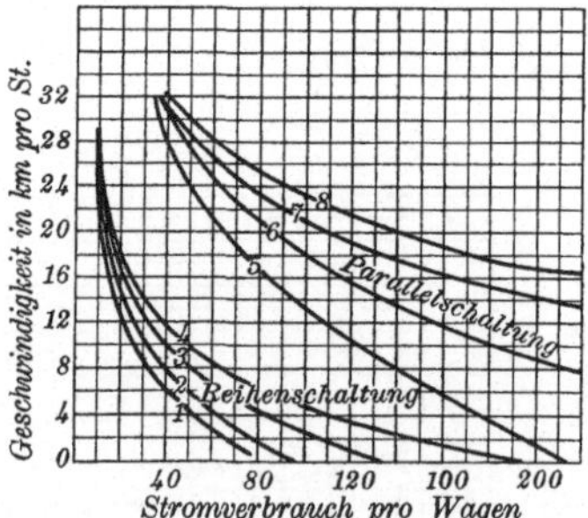

Fig. 261.   11. Kontrollerstellung.
Motoren in Reihe.
Normales System.
Zwei 35 PS-Motoren mit je einem
Kommutator.

Da außerdem keine Widerstände in Reihe mit der Ankerwicklung vorhanden sind, so dürfte dieses System zu einem viel höheren Wirkungsgrade führen als die gebräuchliche Methode durch einfache Reihen- oder Parallelschaltung zweier Motoren.

Im wesentlichen sind diese Vorteile durch die Anwendung zweier Kommutatoren pro Motor erzielt worden, auch die dadurch ermöglichte Benutzung dreier Schaltungsstufen (erstens alle vier Ankerwicklungen in Reihe, zweitens je zwei Wicklungen in Reihe,

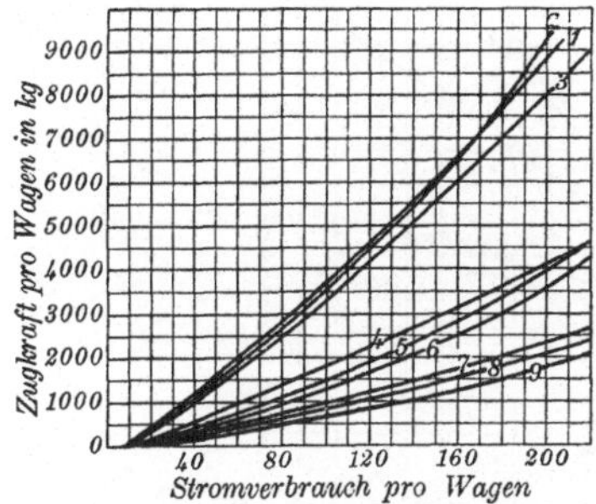

Fig. 249.   12. Kontrollerstellung.
Johnson-Lundell-System.
Zwei 35 PS-Motoren.   Raddurchmesser = 84 cm, Zahnradübersetzung = 4,93, Klemmenspannung 500 Volt.

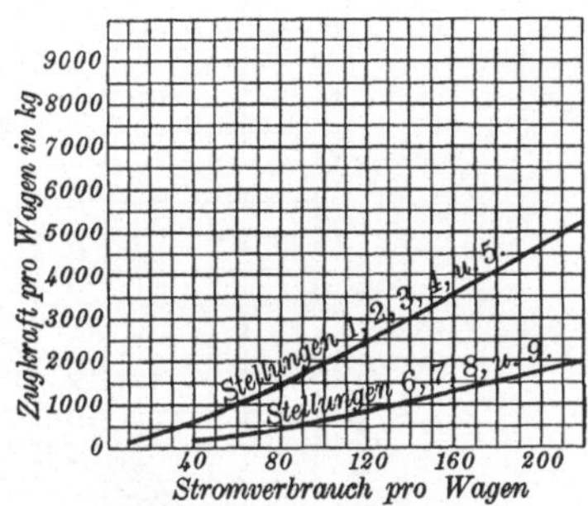

Fig. 262.   12. Kontrollerstellung.
Motoren in Reihe.
Normales System.
Zwei 35 PS-Motoren mit je einem Kommutator.

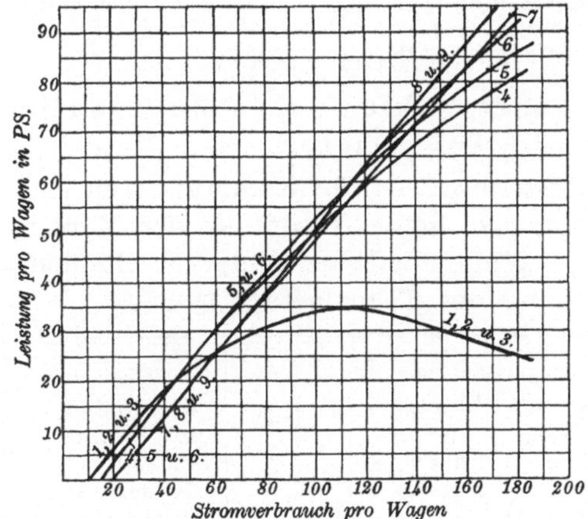

Fig. 250.   Johnson-Lundell-Wagenausrüstung mit zwei 35 PS-Motoren, Doppelschlußwicklung, zwei Kommutatoren pro Wagen.
Leistung pro Wagen in Abhängigkeit von dem aufgenommenen Strom und der Kontrollerstellung.

drittens alle Wicklungen in Parallel) in Verbindung mit der Regulierung der Erregung durch Widerstände.   Die Erreichung der gleichförmigen Geschwindigkeitsabstufungen (wie aus Fig. 248 ersichtlich), erfordert ein besonders sorgfältiges Studium der zu erfüllenden Bedingungen, und die Resultate werfen ein sehr gün-

stiges Licht auf Herrn Lang, welcher die Ausführung und Berechnung dieses Teiles des Entwurfes übernommen hatte.

Die Versuchsresultate, über Geschwindigkeit und Verbrauchs-
strom eines Wagens, sind in Tafel XXXIV dargestellt.

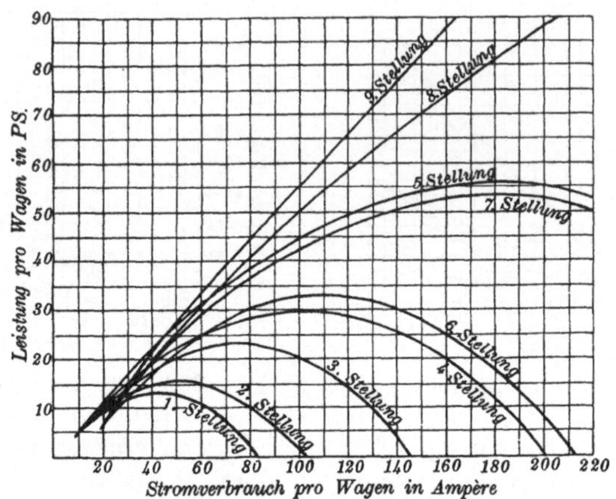

Fig. 263. Normale Wagenausrüstung mit zwei 35 PS-Motoren,
Reihenschlußwicklung, Kommutator pro Motor.

Tafel XXXIV.

**Beobachtete Tourenzahlen eines Johnson-Lundell-Bahn-
motors.[1])**

3. Kontrollerstellung. — Alle Kommutatoren in Reihe, 250 Volt
Klemmenspannung pro Motor, Strom in der Nebenschlußwicklung
= 1,9 Ampere, Widerstand parallel zur Reihenschlußwicklung
0,27 Ohm, Konstante des Tachometers 1,035.

Klemmen-spannung	Aufge-nommener Strom pro Wagen	Ablesung des Tacho-meters	Umdreh-ungen pro Minute	Um-drehungen pro Minute bei 250 Volt Klemmen-spannung	Geschwindigkeit in km pro Stunde bei einem Rad-durchmesser von 84 cm und einem Übersetzungs-verhältnis v. 4,93
504	48,1	156	161	161	5,15
505	43,2	162	168	167	5,35
500	36,8	173	179	179	5,75
501	32,2	182	188	188	6
500	23,2	204	211	211	6,75
500	17,6	224	232	232	7,4

[1]) Die Messungen beziehen sich auf die 3., 5., 6., 7., 8. und 9. Kontrollerstellung.

5. Kontrollerstellung. — Kommutatoren pro Motor in Reihe, Motoren parallel geschaltet, 500 Volt Klemmenspannung pro Motor, Strom in der Nebenschlußwicklung = 3,5 Ampere, Widerstand parallel zur Reihenschlußwicklung 0,27 Ohm, Konstante des Tachometers 1,035.

Klemmen-spannung	Aufge-nommener Strom pro Wagen	Ablesung des Tacho-meters	Umdreh-ungen pro Minute	Um-drehungen pro Minute bei 500 Volt Klemmen-spannung	Geschwindigkeit in km pro Stunde bei einem Rad-durchmesser von 84 cm und einem Übersetzungs-verhältnis v. 4,93
505	104,5	283	293	290	9,2
505	86,8	295	306	303	9,7
505	73,7	304	315	312	9,82
503,5	67,6	310	321	319	10,2
508	57,5	317	328	383	10,3
505	41,5	330	342	338	10,65
504	32,6	336	348	346	11
505	23,8	345	357	253	11,3

6. Kontrollerstellung. — Kommutatoren pro Motor in Reihe, Motoren parallel geschaltet, 500 Volt Klemmenspannung pro Motor, Strom in der Nebenschlußwicklung = 1,9 Ampere, Widerstand parallel zur Reihenschlußwicklung 0,27 Ohm, Konstante des Tachometers 2,055.

Klemmen-spannung	Aufge-nommener Strom pro Wagen	Ablesung des Tacho-meters	Umdreh-ungen pro Minute	Um-drehungen pro Minute bei 500 Volt Klemmen-spannung	Geschwindigkeit in km pro Stunde bei einem Rad-durchmesser von 84 cm und einem Übersetzungs-verhältnis v. 4,93
503	99,9	172	354	353	11,15
503	89,0	178	366	364	11,6
503	82,6	184	378	376	11,9
505	62,6	198	407	403	12,7
505,5	55,9	206	424	419	13,4
504	49,5	214	440	436	13,8
503	44,3	220	452	450	14,3
504	34,3	234	481	478	15,3
505	15,8	268	550	545	17,3

7. Kontrollerstellung. — Kommutatoren pro Motor und Motoren parallel geschaltet, 500 Volt Klemmenspannung pro Motor, Strom in der Nebenschlußwicklung = 5,75 Ampere, die Reihenschlußwicklung führt den vollen Strom, Konstante des Tachometers 2,055.

Klemmenspannung	Aufgenommener Strom pro Wagen	Ablesung des Tachometer	Umdrehungen pro Minute	Umdrehungen pro Minute bei 500 Volt Klemmenspannung	Geschwindigkeit in km pro Stunde bei einem Raddurchmesser von 84 cm und einem Übersetzungsverhältnis v. 4,93
510	217,6	178	368	361	11,5
510	189,8	187	384	376	11,9
511,5	171,3	193	396	387	12,3
512	150,7	203	417	407	12,9
512	133,6	210	431	421	13,4
513	109,5	225	426	450	14,3
513	86,8	237	486	474	15,1
512	69,2	251	515	503	16,1
513	31,1	280	575	560	17,8
514	19,4	291	598	582	18,5

8. Kontrollerstellung. — Kommutatoren pro Motor und Motoren parallel geschaltet, 500 Volt Klemmenspannung pro Motor, Strom in der Nebenschlußwicklung = 3,5 Ampere, Widerstand parallel zur Reihenschlußwicklung 0,7 Ohm, Konstante des Tachometers 2,055.

Klemmenspannung	Aufgenommener Strom pro Wagen	Ablesung des Tachometers	Umdrehungen pro Minute	Umdrehungen pro Minute bei 500 Volt Klemmenspannung	Geschwindigkeit in km pro Stunde bei einem Raddurchmesser von 84 cm und einem Übersetzungsverhältnis v. 4,93
570	193,4	243	499	489	15,4
510	177,2	247	508	498	15,8
511	156,5	256	526	515	16,4
512	107,0	280	575	562	17,8
512	92,7	290	596	583	18,6
510	82,2	298	613	600	19,1
512	72,2	305	627	612	19,4
513	34,8	335	689	671	21,35

9. Kontrollerstellung. — Kommutatoren pro Motor und Motoren parallel geschaltet, 500 Volt Klemmenspannung pro Motor, Strom in der Nebenschlußwicklung = 1,9 Ampere, Widerstand parallel zur Reihenschlußwicklung 0,45 Ohm, Konstante des Tachometers 2,055.

Klemmen-spannung	Aufge-nommener Strom pro Wagen	Ablesung des Tacho-meters	Umdreh-ungen pro Minute	Um-drehungen pro Minute bei 500 Volt Klemmen-spannung	Geschwindigkeit in km pro Stunde bei einem Rad-durchmesser von 84 cm und einem Übersetzungs-verhältnis v. 4,93
483,5	200,0	259	532	551	17,5
485	187,6	267	549	566	18
486,5	175,7	275	565	581	18,4
487,5	149,9	290	596	611	19,4
488,5	121,1	312	641	656	20,8
489,5	107,0	326	670	684	21,8
489,5	87,6	345	709	724	23
489,5	70,7	366	752	768	24,5
489,5	36,6	434	891	910	29

Von Interesse sind die Erwärmungsversuche dieser Motoren. Es wurden zuerst die Widerstände der Wicklungen kalt ge-messen:

Tafel XXXV.

(Der Kommutator auf der Antriebsseite ist mit I bezeichnet.)

Widerstand der Ankerwicklung No. II bei 15° C . .   0,349 Ohm
  „   „   „   „ I „ 14° C . .   0,348 „
  „   „   „   „ I „ 15° C . .   0,354 „
  „   „   „   „ I „ 14° C . .   0,353 „
Widerstand der Nebenschlußwicklung bei 15° C . .   36,25 „
  „   „   „   „ 14° C . .   36,11 „
Nebenschlußstrom = 1,9 Ampere konstant . . . .
Widerstand der Reihenschlußwicklung bei 15° C . .   0,550 „
  „   „   „   „ 14° C . .   0,548 „
Im Nebenschluß zu der Reihenschlußwicklung befindet
  sich ein Nikelinwiderstand von 0,45 Ohm[1]) . . .
Der kombinierte Widerstand der Reihenschlußwicklung
  beträgt bei 15° C . . . .   0,247 „
desgl. bei 14° C . . . .   0,246 „

---

[1]) Für die Widerstandszunahme des Nikelin-Nebenschlusses sind keine Korrektionen angebracht worden.

Es wurden zwei Erwärmungsversuche gemacht, der eine bei einer Belastung von 35 PS pro Motor entsprechend einem zugeführten Strom von 65,2 Ampere und bei einer Raumtemperatur von 15° C; die Resultate sind in Tafel XXXVI dargestellt. Der zweite Versuch erfolgte bei einer mittleren Belastung von 23 PS pro Motor, und bei einer Raumtemperatur von 14° C. Diese Versuche sind in Tafel XXXVII wiedergegeben. Bei beiden Versuchen entsprach die Schaltung der in Fig. 237 beziehungsweise Tafel XXXIII dargestellten neunten Kontrollerstellung.

Tafel XXXVI.

Erwärmungsversuche an einem 35 PS-Johnson-Lundell-Bahnmotor, mit einer mittleren Belastung von 65,2 Amp. (35 PS).

Zeit der Beobachtung	Zeit seit Beginn des Versuches in Minuten	Ampere für den Kommutator No. I	Ampere für den Kommutator No. II	Gesamter Strom	Spannungsabfall in der Reihenschlußwicklung	Widerstand der Reihenschlußwicklung nebst parallel geschaltetem Nickelindraht	Widerstand der Reihenschlußwicklung allein	Widerstandszunahme in Proz.	Temperaturerhöhung in Graden Celsius
9^{55}	—	30	34	64,0	—	0,247	0,549	—	—
$10^{03,5}$	$8^{1}/_{2}$	30,8	33,65	64,45	16,4	0,254	0,583	6,2	15,5
10^{07}	12	31,2	34,9	66,1	16,9	0,256	0,594	8,2	20,5
10^{10}	15	30,7	34,3	65,0	—	—	—	—	—
10^{12}	17	30,5	33,7	64,2	16.6	0,259	0,610	11,1	27,8
10^{16}	21	31,3	33,8	65,1	16,8	0,259	0,610	11,1	27,8
$10^{17,5}$	$22^{1}/_{2}$	31,4	34,1	65,5	17,0	0,260	0,616	12,2	30,5
10^{22}	27	31,8	33,8	65,6	17,15	0,2615	0,624	13,7	34,3
10^{29}	34	32,0	33,5	65,5	17,0	0,262	0,627	14,2	35,5
10^{37}	42	31,5	33,5	65,0	17,1	0,263	0,633	15,3	38,3
10^{47}	52	31,8	33,8	65,6	17,4	0,2655	0,646	17,7	44,3
10^{52}	57	32,0	34,0	66,0	17,6	0,267	0,656	18,9	47,3
10^{55}	60	—	—	—	—	—	—	—	—

Mit dem Thermometer gemessene Temperatur.

	Gemessen	Temperaturerhöhung in Graden C
Anker	65	50
Kommutator No. II	71	56
Kommutatnr No. I	83	68
Ankerlager No. II .	50	35
Ankerlager No. I .	54	39
Achsenlager . . .	30	15

Widerstandsmessungen unmittelbar nach dem Versuche.

Wicklung	Volt	Ampere	Widerstand	Zunahme in Proz.	Temperaturerhöhung in Graden C
Nebenschlußwicklung . . .	77,7	1,9	40,9	12,8	32,0
Anker (auf der Seite von					
Kommutator No. II . . .	15,40	30,0	—	—	—
	15,15	30,5	—	—	—
	15,60	30,75	—	—	—
	13,55	30,20	—	—	—
	14,46	29,75	—	—	—
	13,55	30,75	—	—	—
Mittlere Werte	14,12	30,32	0,466	33,6	84,0
Anker (auf der Seite von					
Kommutator No. I . . .	13,52	30,75	—	—	—
	13,50	30,25	—	—	—
	13,02	30,00	—	—	—
	13,18	30,50	—	—	—
Mittlere Werte	13,305	30,375	0,439	24,0	60,0
Mittlere Widerstandszunahme und Temperaturerhöhung	—	—	—	28,8	72,0

Tafel XXXVII.

Erwärmungsversuche an einem 35 PS-Johnson-Lundell-Bahnmotor, mit einer mittleren Belastung von 45,7 Amp. (23 PS).

Zeit der Beobachtung	Zeit seit Beginn des Versuches in Minuten	Ampere für den Kommutator No. I	Ampere für den Kommutator No. II.	Gesamter Strom	Spannungsabfall in der Reihenschlußwicklung	Widerstand der Reihenschlußwicklung nebst parallel geschaltetem Nickelindraht	Widerstand der Reihenschlußwicklung allein	Widerstandszunahme in Proz.	Temperaturerhöhung in Graden Celsius
8^{40}	—	—	—	—	—	0,246	0,548	—	—
8^{45}	5	21,6	23,1	44,7	11,2	0,251	0,568	3,65	9,2
9^{25}	45	20,3	25,3	45,6	11,78	0,258	0,605	10,4	26,0
10^{40}	120	20,4	26,5	46,9	12,65	0,270	0,675	23,2	58,0

Mit dem Thermometer gemessene Temperatur.

	Gemessen	Temperaturerhöhung in Graden C
Anker	69	55
Kommutator No. II	77	63
Kommutator No. I	81	67
Feldspulen . . .	43	29

Widerstandsmessungen unmittelbar nach den Versuchen.

Wicklung	Volt	Amp.	Widerstand	Zunahme in Proz.	Temperaturerhöhung in Graden C
Nebenschlußwicklung	80	1,91	41,95	15,4	38,5
Anker (auf der Seite von Kommutator II)	13,35	28,4	—	—	—
	12,92	28,5	—	—	—
	13,2	28,1	—	—	—
	13,2	28,0	—	—	—
	13,35	28,7	—	—	—
Mittlere Werte	13,20	28,34	0,466	33,9	84,8
Anker (auf der Seite von Kommutator I)	12,66	27,94	—	—	—
	12,85	28,05	—	—	—.
	12,52	28,32	—	—	—
	13,12	28,50	—	—	—
Mittlere Werte	12,79	28,20	0,454	28,6	72,5
Mittlere Widerstandszunahme und Temperaturerhöhung für beide Ankerwicklungen . .	—	—	—	31,25	78,6

Geschwindigkeitsregulierung mit Hilfe von Zusatzmaschinen.

Von Wichtigkeit sind noch solche Methoden zur Veränderung der Umlaufszahl von Gleichstrommotoren, bei denen die Spannung an den Klemmen des Motors mit Hilfe von Zusatzmaschinen verändert wird. Im allgemeinen besteht die Zusatzmaschine aus einer von einem Motor angetriebenen Dynamo, deren Anker in Reihe mit dem Motor, dessen Tourenzahl veränderlich sein soll, geschaltet ist. Wenn der zusätzliche Motor eine konstante Geschwindigkeit besitzt, so wird die von der Dynamo erzeugte Spannung nur von der Feldstärke abhängen, welche von einem positiven Maximum über Null bis zu einem negativen Maximum verändert werden kann. Liegen die auf diese Weise erhältlichen Spannungsgrenzen zwischen + 300 und — 300 Volt, und beträgt die Spannung der Leitung 600 Volt, so läßt sich die Spannung an dem Anker des Motors zwischen 600 + 300 = 900 Volt und 600 — 300 = 300 Volt variieren, folglich kann eine große Geschwindigkeitsänderung erzielt werden, selbst wenn der Hauptmotor konstant mit 600 Volt erregt wird. Diese Anordnung ist diagrammatisch in Fig. 264 wiedergegeben. Die Methode läßt sich noch dadurch verbessern, daß man auch die Erregung der beiden Motoren veränderlich macht, wodurch das System eine viel größere Geschwindigkeitsregulierung gestattet.

Außerdem können die verschiedenen Maschinen doppelte Kommutatoren haben, und so eine Reihen- oder Parallelschaltung ermög-

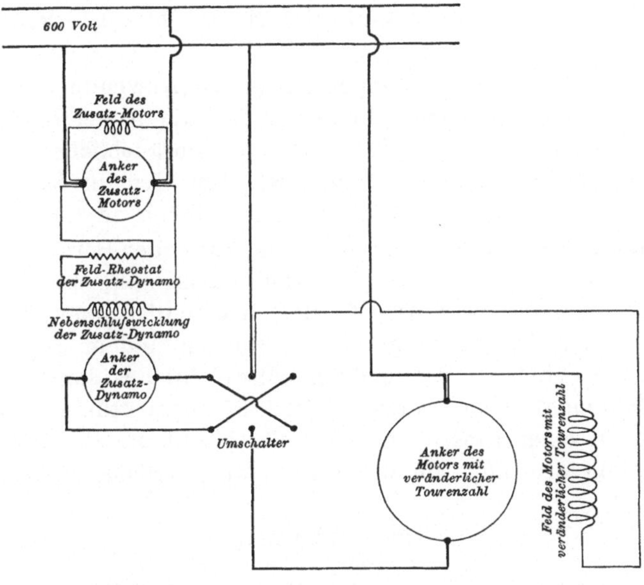

Fig. 264.

lichen, oder sie können als Doppelschlußmaschinen gewickelt werden. Durch geeignete Kombination dieser und anderer Prinzipien kann der Gleichstrommotor innerhalb sehr weiter Geschwindigkeits- und Leistungsgrenzen variiert werden. Die Anwendung des elektrischen Antriebes in Eisen- und Stahlwerken, in Bergwerken und selbst in Werkstätten hat zur Einführung vieler geistreicher Anwendungen dieses Prinzips geführt; die Auswahl unter den verschiedenen Methoden hängt ganz von den Bedingungen jedes speziellen Falles ab.

Gleichstrom-Bahnmotor von 45 PS, 500 Volt und 4 Polen.

Gleichstrom-Bahnmotor von 45 PS, 500 Volt und 4 Polen.

Die Zeichnungen in Fig. 265[1]) und 266 und die Photographien der Fig. 267 und 268 sind dem Verfasser von Herrn A. V. Clayton freundlichst zur Verfügung gestellt worden und beziehen sich auf

---

[1]) Der mechanische Teil des Motors ist von Herrn Sylvander entworfen worden.

einen von diesem Herrn für die Elektriska Aktiebolaget Magnet (Ludvika, Schweden) entworfenen Motor. Dieser Motor war in erster Ausführung für eine schon bestehende Schmalspurbahn bestimmt, und da derselbe noch außerdem auf den vorhandenen Radgestellen montiert werden mußte, war der zur Verfügung stehende Raum sehr gering. Die axiale Länge des Motors beträgt deshalb nur 800 mm.

Eine Neuerung bei diesem Motor ist die Anwendung von dreifach mit Seide umsponnenen Leitern[1]) für die Ankerwicklung, da nach der Ansicht des Konstrukteurs die gebräuchliche Baumwollumspinnung nicht dauerhaft genug ist, um den in Bahnmotoren vorkommenden hohen Temperaturen widerstehen zu können.

In Bahnmotoren verursacht die Abnutzung der Bürsten und des Kommutators besonders hohe Unterhaltungskosten; mit Rücksicht darauf ist bei diesem Entwurfe den Kommutierungsverhältnissen besondere Aufmerksamkeit geschenkt worden, indem die Zahl der Segmente viel höher angenommen wurde, als es sonst bei vierpoligen Bahnmotoren gebräuchlich ist (165 Segmente), ferner wurde auf die Wahl einer passenden Kohle für die Bürsten besondere Aufmerksamkeit verwandt, um die Abnutzung möglichst zu verringern.

Tafel XXXVIII.

Dimensionen und Daten eines 45 PS-Bahnmotors.

Umdrehungen pro Minute	750
Verhältnis der Übersetzung	4 zu 1
Durchmesser der Wagenräder	800 mm
Geschwindigkeit des Wagens in km pro Stunde	28,2
Leistung in PS	45
Wirkungsgrad bei Vollast (exklusive der Übersetzung)	$88\,^0/_0$ [2])

---

[1]) Vor dem Bau des Motors wurden einige interessante Prüfungen bezgl. der Isolationseigenschaften des mit Seide umsponnenen Drahtes gemacht, und es wurde gefunden, daß die Durchschlagspannung für zwei nebeneinander liegende und fest zusammengedrehte Leiter ohne Anwendung von Lack 1300 bis 1500 effektive Volt war. Der Verfasser glaubt, daß die Verwendung von mit Seide umsponnenen Drähten in diesem Falle kaum berechtigt war, denn im Großen und Ganzen können ähnliche Durchschlagsspannungen bei einer gleichen Dicke von Baumwolle erreicht werden. Seideumspinnung ist mehr geeignet für kleinere Drähte, wo eine bessere Raumausnutzung dadurch erreicht werden kann.

[2]) Der gemessene Wirkungsgrad (exkl. Übersetzung) war $89\,^1/_2\,^0/_0$, aber $88\,^0/_0$ wurden dieser Berechnung zugrunde gelegt. Die Reibungsverluste in der Übersetzung betragen im allgemeinen 5—$7\,^0/_0$ der Vollastleistung.

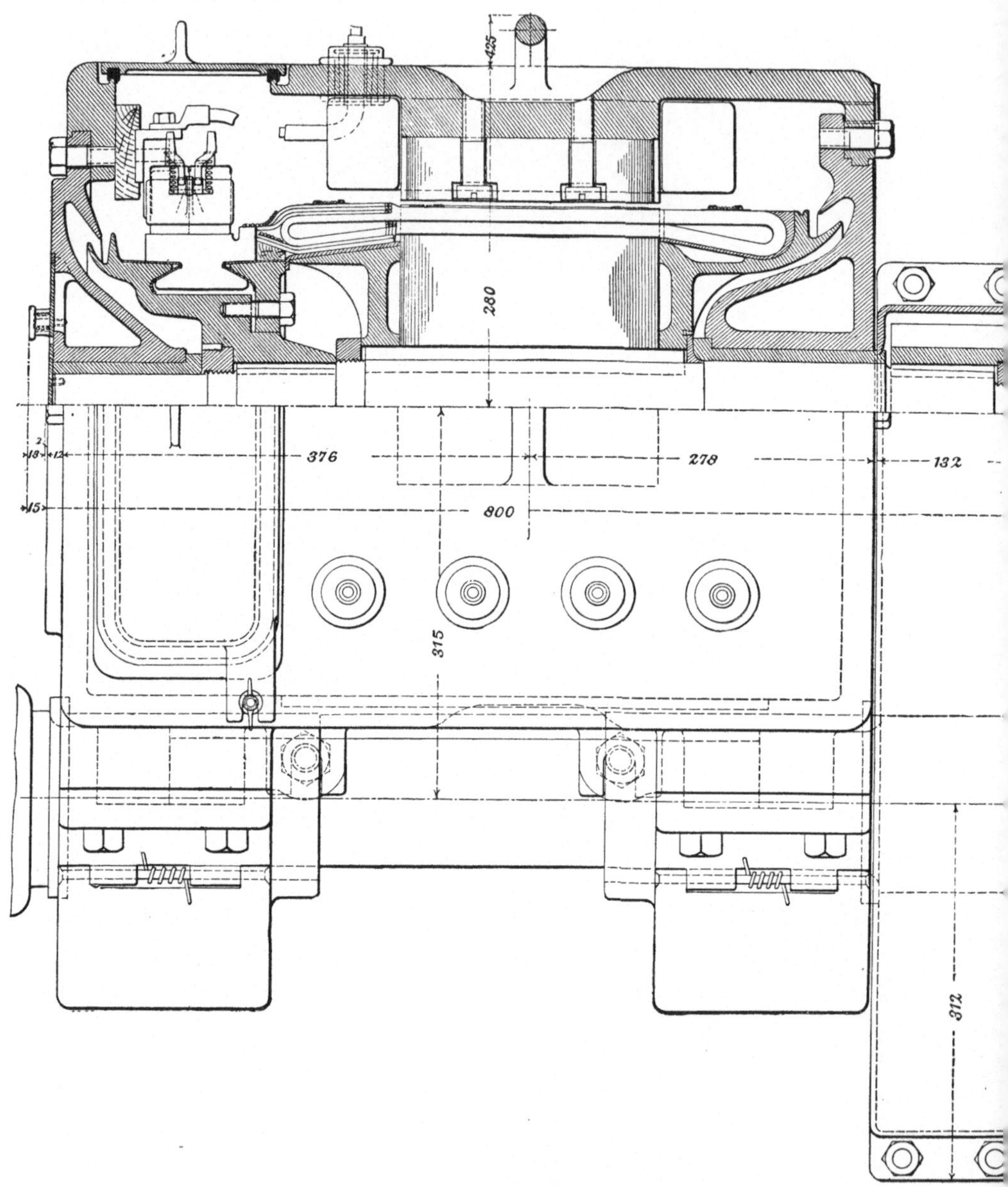

Fig. 265.

Fig. 265 und 266. 45 PS, 550 Volt, 4 poli[g

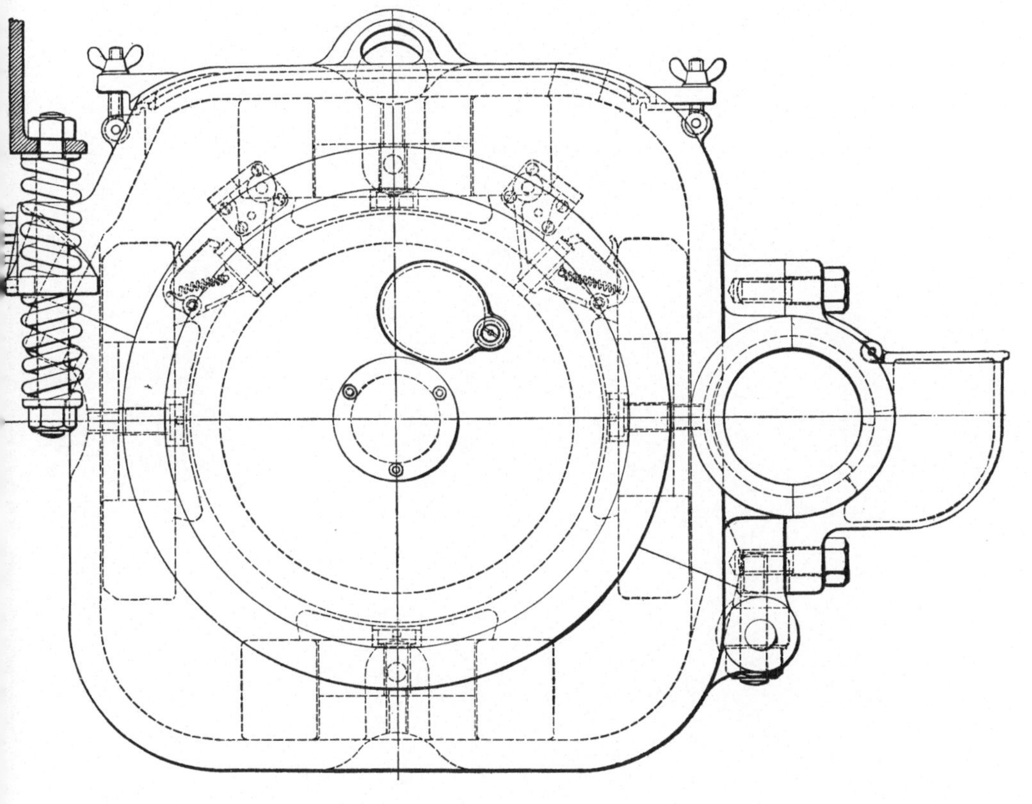

Fig. 266.

notor der Elektriska Aktiebolaget Magnet.

Zugeführter Strom bei 550 Volt   68
Äußerer Ankerdurchmesser . . . .   330 mm
Innerer Ankerdurchmesser   75   „
Zahl der Nuten   55
Wirksame Leiter pro Nute   12
Wicklungsart . . . .   Einfache Reihenwicklung
Windungen in Reihe   165

Fig. 267. 45 PS, 550 Volt, 4poliger Bahnmotor der Elektriska Aktiebolaget
Magnet.

Kraftlinienfluß bei einer inneren Spannung von
510 Volt . . . .   3,1 Mega-
linien
Ankeramperewindungen pro Pol   2800
Dimensionen eines blanken Leiters . . . . . ϕ 2 mm
2 Drähte parallel
Dimensionen eines dreifach mit Seide umsponnenen
Leiters . . . .   2,25 mm
Stromdichte im Leiter, Ampere pro qcm . . .   540
Widerstand der Wicklung bei 20° C . . . . .   0,223 Ohm

Dimensionen der Nute. . . . . 24,5 mm · 10,1 mm
Zahnbreite am Umfang   8,75   „
Zahnbreite an der Wurzel   6,0   „
Mittlere Zahnbreite   7,35   „
Verhältnis von Zahnbreite zu Nutenbreite . . .   0,73   „

Fig. 268.   45 PS, 550 Volt, 4 poliger Bahnmotor der Elektriska Aktiebolaget
Magnet.

Länge des Polbogens   168   mm
Länge des Ankers zwischen den Flanschen . .   210   „
                                              (keine Kanäle)
Wirksame Kernlänge   190
Magnetische Dichte in den Zähnen   22000
Magnetische Dichte in der Polschuhoberfläche . . 8800
Magnetische Dichte im Magnetkern (zum Teil Stahl-
    guß, zum Teil lamelliert) 16000
Magnetische Dichte im Joch (Stahlguß)   16000
Magnetische Dichte im Ankerkern   8100

Berechnung des magnetischen Stromkreises.

	Länge	Dichte	Amperewindungen
Ankerkern	8,5 cm	8100	40
Ankerzähne	2,45 cm	20500	1300
Mittlerer Luftspalt . . .	3,5 mm	8800	2500
Magnetkern	8 cm	16000	500
Magnetjoch	22 cm	16000	1000
Summe			5340
Beobachtete Zahl[1]) . . .			6940

Spulen:

Alle vier Pole tragen Wicklungen (zwei kleine und zwei große Spulen sind vorhanden).

Wicklungsraum für die Seitenspulen . .	50 ·75 mm
Dimensionen eines blanken Leiters . . .	5,4· 5,4 „
Dimensionen eines Leiters mit doppelter Baumwollumspinnung	6,0· 6,0 „
Windungen	84
Wicklungsraum für die oberen und unteren Spulen	66 ·75 „
Dimensionen des Leiters für dieselben .	5,4· 5,4 „
Windungen in Reihe	120

Mittlere Anzahl Windungen pro Pol $\dfrac{120 + 84}{2}$ 102

Amperewindungen pro Pol bei Vollast

$$68 \cdot 102 = 6940$$

Stromdichte im Leiter pro qcm	230 Amp.
Widerstand der ganzen Feldwicklung bei 20^{0} C	0,23 Ohm

Kommutator:

Durchmesser	280 mm
Zahl der Segmente	165
Effektive Länge eines Segmentes . . .	70 „
Zahl der Bürstensätze	2

---

[1]) Einer der Motoren wurde zuerst mit Versuchsspulen ausgerüstet, um richtige Werte für die Felderregung zu erhalten. Der große Unterschied zwischen den berechneten und wirklichen Werten rührt wahrscheinlich von den Stahlgußgehäusen her, die ihres geringen Querschnittes wegen aus einem Material bestanden, welches einen großen Prozentsatz von Silicium enthielt, um die Gußstücken von Blasen frei zu halten. Es ist auch anzunehmen, daß der Streufaktor in einem so beschränkten Raum, mit so hohen magnetischen Dichten viel größer als 1,28 ist, welcher Wert für die Berechnung benutzt wurde.

Bürsten pro Satz   2
Dimensionen einer Bürste . . . .   13 mm·32 mm
Stromdichte unter den Bürsten in Ampere

$$\text{pro qcm} \quad \frac{68}{2\,(1,3 \times 3,2)} = \quad \ldots \ldots \quad 8,1$$

Qualität der Bürsten . . . .   Kohle, hart

Versuche: (Kommutierung). Die Maschine wurde bis zu einer Überlastung von 100 % in beiden Drehrichtungen geprüft und lief vollständig funkenlos. Bürsten von verschiedener Beschaffenheit wurden geprüft, von der härtesten Kohle bis zu der weichsten, ebenso Bürsten von reinem Graphit, und, obwohl alle bis zu der erwähnten Überlastung funkenlos liefen, so wurden doch die weichsten Kohlensorten nach einigen Minuten sehr heiß. Harte Kohle dürfte demnach für Bahnmotoren das Beste sein.

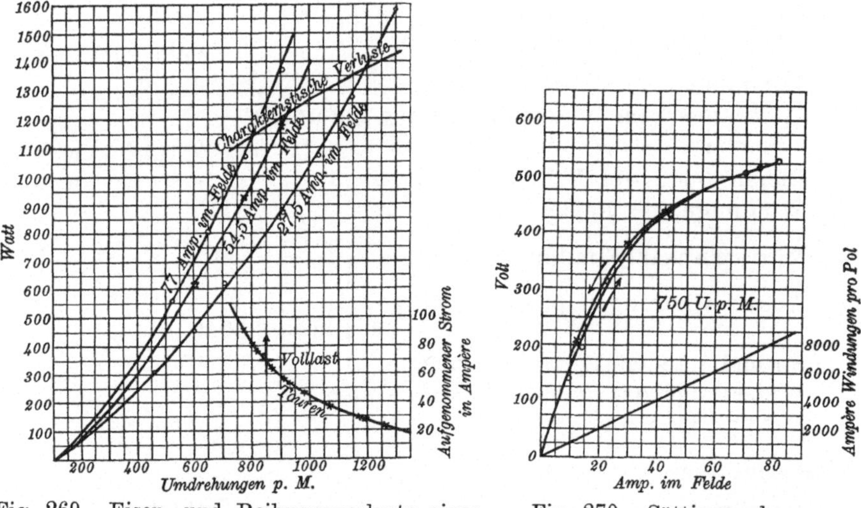

Fig. 269. Eisen- und Reibungsverluste eines 4 poligen 45 PS Bahnmotors (exkl. Übersetzung).   Fig. 270. Sättigungskurve eines 4 pol. 45 PS Bahnmotors.

Mit dem Thermometer gemessene Temperaturerhöhung.

	Nach 1 Stunde bei Vollast in Celsius	Nach 1 1/2 Stunde bei Vollast in Celsius
Anker	56	78
Feldspulen	46	65
Kommutator	53	75

Aus Widerstandszunahme bestimmt.

	Nach 40 Minuten bei Vollast	Nach 1 Stunde bei Vollast
Ankerwicklung	41,5° C	63° C

Kurven für Eisen- und Reibungsverluste, für die Erregung und das Drehmoment sind in Fig. 269, 270 und 271 dargestellt.[1])

Wirkungsgrad:

Resultate bei Vollast nach einstündiger Betriebsdauer.

	Watt
Gemessene Eisen- und Reibungsverluste	1130
Ankerstromwärme $68^2 \cdot 0{,}28$	1300
Stromwärme in der Serienwicklung $68^2 \cdot 0{,}292 =$ . .	1350
Stromwärme im Kommutator (berechnet)	0185
Gesamte Verluste	3965
Leistung (45 PS)	33100
Wirkungsgrad (exklusive Übersetzung)[2])	89,4 %

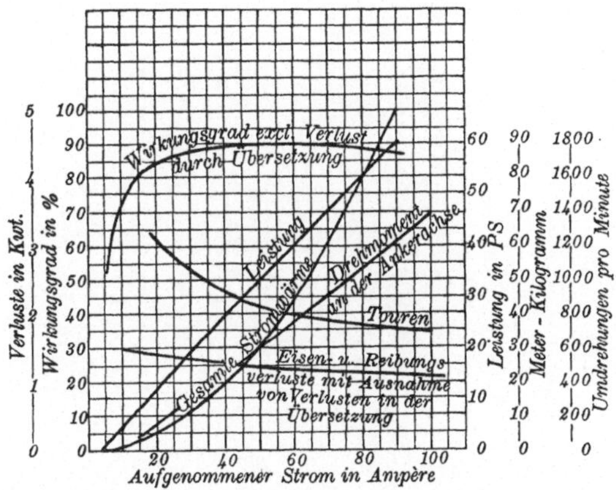

Fig. 271. Wirkungsgrad, Verluste, Leistung, Tourenzahl und Drehmoment eines 4 poligen 45 PS Bahnmotors in Abhängigkeit von dem aufgenommenen Strome.

Gewichte:

Fertiger Motor mit Zahnrad und Achslagern . . .	864 kg
Großes Zahnrad	67 „
Gehäuse für die Übersetzungsräder	43 „

---

[1]) Die von Herrn A. V. Clayton getroffene Anordnung der Kurven in Fig. 264 ist besonders beachtenswert. Wären die Übersetzungsverluste in seinen Kurven mit einbegriffen, so würden die Resultate noch interessanter sein.

[2]) Übersetzungsverluste sind nicht gemessen worden.

Zweiter Teil.

Der Drehstrommotor.

Siebzehntes Kapitel.

Allgemeine Betrachtungen.

In der Einleitung hatte der Verfasser Gelegenheit, einen Vergleich zwischen den Gleichstrommotoren und den asynchronen Wechselstrommotoren anzustellen, und seine Meinung war die, daß die Vorteile der letzteren Motoren überschätzt würden und der Gleichstrommotor im allgemeinen seine jetzige Stellung in dem Wettbewerb nicht nur behalten, sondern noch verbessern werde.

Dieser Vergleich bezog sich allein auf Motoren, während die Überlegenheit des Drehstromgenerators hierbei noch nicht berücksichtigt worden war.

Für große Verteilungssysteme ist es zweifellos richtig, elektrische Energie zuerst als Drehstrom zu erzeugen, da diese Stromart eine ökonomische Kraftübertragung bei hohen Spannungen und großen Entfernungen erlaubt. Der Drehstromgenerator ist außerdem verhältnismäßig billig und bedarf viel weniger Wartung, da er keinen Kommutator besitzt und der Strom von einem feststehenden Anker abgenommen wird.

Drehstromgeneratoren sind im allgemeinen den Gleichstromgeneratoren um so eher vorzuziehen, je größer die Leistung und die Tourenzahl sind, denn ein Gleichstromgenerator für eine hohe Geschwindigkeit erfordert ebensoviel Kommutatoroberfläche und folglich auch dieselbe Menge wirksamen Materiales für den Kommutator wie ein Generator von der gleichen Leistung und geringerer Umlaufszahl. Was die mechanische Konstruktion des Kommutators anbetrifft, so verlangt der schnellaufende Kommutator eher mehr Material als der langsam laufende. Folglich können bei schnelllaufenden Gleichstromgeneratoren Ersparnisse nur in dem Eisen des magnetischen Pfades und in dem Kupfer der Wicklungen erzielt werden. Außerdem müssen aber schnellaufende Gleichstromgeneratoren ganz anders entworfen werden als langsam laufende, weil die Kommutierung viel ungünstiger ist, und diese Abweichung von den normalen Verhältnissen wird um so größer sein, je höher Tourenzahl, Leistung und Spannung sind. In der Tat ist der Entwurf großer Gleichstromgeneratoren für direkte Kupplung mit Dampfturbinen in vielen Fällen ganz ausgeschlossen, und in anderen Fällen wird die Dynamo ganz abnormal, sehr teuer und gewöhnlich immer noch unbefriedigend in bezug auf die Kommutierung. Mehrphasengeneratoren können dagegen in solchen Fällen ohne besondere Schwierigkeiten entworfen werden.

Erkennen wir diese Vorteile der Drehstromgeneratoren an, so müssen wir auch zugeben, daß dieselben, erwünscht oder nicht erwünscht, zu einer häufigeren Anwendung von Drehstrommotoren

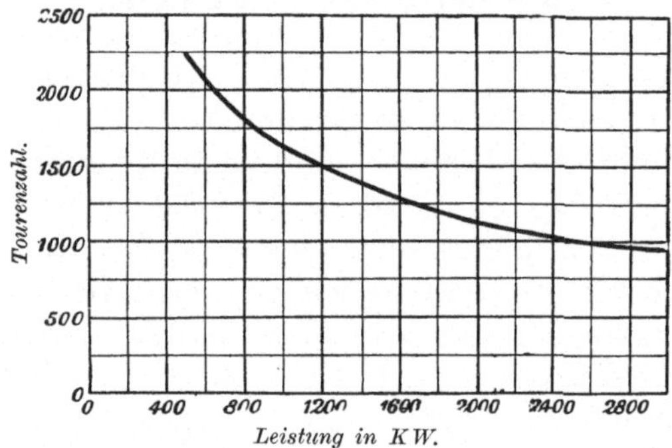

Fig. 272.   Leistung und Tourenzahl von Dampfturbinen.

führen werden, und es erwächst uns daraus die Aufgabe, zu untersuchen, unter welchen Bedingungen sich der Entwurf solcher Motoren am vorteilhaftesten gestaltet. Diese Bedingungen sind im allgemeinen eine geringe Frequenz und eine hohe Umlaufszahl des Motors. Bis zu den Tourenzahlen, die bei direkter Kupplung den schnellaufenden Dampfmaschinen entsprechen, ist der Entwurf und der Betrieb von Drehstromgeneratoren, besonders großer Einheiten, ebenfalls um so zufriedenstellender, je geringer die Periodenzahl ist. Sollen aber Drehstromgeneratoren mit Dampfturbinen direkt gekuppelt werden, so trifft dieses im allgemeinen nicht mehr zu, denn selbst mit mäßig hohen Periodenzahlen erhält man nur vier oder sechs Pole und würde nur noch zwei Pole erhalten, wenn man die Periodenzahl noch kleiner machen wollte, was, wenn auch durchaus nicht ausgeschlossen, doch einen weniger guten Entwurf ergeben würde.

Zum Beispiel würde ein Generator bei 25 Perioden und 750 Umdrehungen pro Minute nur vier Pole haben, aber selbst die größten Dampfturbinen haben im allgemeinen viel höhere Tourenzahlen.

Obgleich die Ausführungen von Parsons Turbinen verschiedener Firmen ziemliche Abweichungen bezüglich der normalen Touren für eine gegebene Leistung zeigen, so läßt sich doch als Mittelwert die Kurve in Fig. 272 annehmen, welche der heutigen Praxis im Bau dieser bekanntesten Type entspricht.[1]

Aus den drei Kurven in Fig. 273 lassen sich die Periodenzahlen entnehmen, welche den in Fig. 272 enthaltenen Tourenzahlen bei Verwendung von zwei, vier und sechs Polen entsprechen.

Falls die günstigste Tourenzahl der Turbine bei einer bestimmten Leistung eine zwischen zwei und vier liegende Polzahl ergibt, ist man immer geneigt, die Tourenzahl der Turbine zu verkleinern, um lieber den vierpoligen Entwurf zu erhalten, und wenn

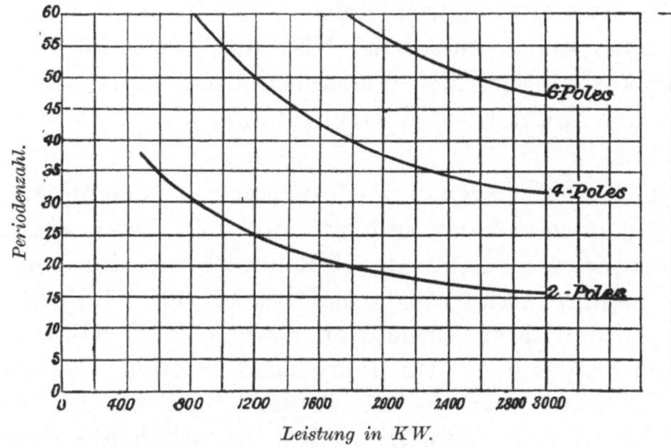

Fig. 273. Leistung, Periodenzahl und Polzahl von Turbinengeneratoren.

die fragliche Anzahl Pole zwischen vier und sechs liegt, so wird man den sechspoligen Entwurf vorziehen. Bei dem Bau solcher Generatoren ist also eine höhere Periodenzahl von Vorteil. Die Ersparnis, welche durch die Anwendung der Dampfturbine erzielt werden kann, wird daher in den meisten Fällen der Einführung einer geringeren Periodenzahl bedeutend im Wege stehen und selbst wenn die Tourenzahl der Dampfturbinen in der Zukunft weiter verringert wird, so ist es doch sehr unwahrscheinlich, daß eine geringere Periodenzahl als 25 je verwandt wrd. Dazu

---

[1] Auch die neuesten Turbinen anderer Typen fallen nicht bedeutend unter die Kurven in Fig. 272. Die Tourenzahlen der Curtis- und Rateautypen sind mit denjenigen der Parsonschen Turbinen in einem Artikel des „Light Railway and Tramway Journal" vom 5. Juni 1903, Seite 377 verglichen worden.

kommt, daß eine Verwendung von 25 Perioden bereits Nachteile bei der Benutzung von Glühlampen mit sich bringt.[1])

Es kann deshalb behauptet werden, daß 25 Perioden die geringste Frequenz ist, die als normal angenommen werden kann und selbst diese nur in großen Zentralstationen, die in der Hauptsache zur Übertragung von Kraft dienen.[2])

Für diesen letzteren Fall beginnt man jedoch einzusehen, daß eine geringe Periodenzahl von entschiedenem Vorteil ist, und daß kaum genügend Grund vorhanden ist, dazwischen liegende Werte wie etwa 40 oder 30 Perioden pro Sekunde anzunehmen.

Selbstverständlich haben die vergrößerten Kosten der Transformatoren bei niedrigen Periodenzahlen immer viel dazu beigetragen, die Anwendung solcher Periodenzahlen zu vermeiden, denn als man die Transformatoren noch nicht in so großen Einheiten baute und noch keine künstliche Kühlung anwandte, stellten die Anschaffungskosten für die Transformatoren einen viel größeren Prozentsatz der Gesamtkosten einer Station dar, als es heute der Fall ist.

Im Jahre 1890 waren Transformatoren für eine größere Leistung als 30 Kilowatt kaum gebaut und wohl keine einzige Transformatorenstation von mehr als 75 Kilowatt war im Betriebe. Im Jahre 1894 begann man Transformatoren bis 300 Kilowatt zu bauen, und 1898 wurden Transformatoren von je 850 Kilowatt an den Niagarafällen aufgestellt. Im Jahre 1902 wurden Transformatoren für 2750 Kilowatt, die je 11 Tonnen wogen, in Betrieb gesetzt. Der Einheitspreis dieser großen künstlich gekühlten Transformatoren ist so viel geringer, und dieselben haben einen so

---

[1]) Ein genaues Minimum der Periodenzahl für zufriedenstellenden Betrieb von Glühlampen anzugeben, ist nicht möglich, da Lampen für hohe Kerzenstöcke und geringere Spannungen bei viel kleineren Periodenzahlen zufriedenstellend funktionieren als Lampen für geringere Normalkerzen und hohe Spannungen. Auch die Kurvenform des Stromes ist hierbei nicht ohne Einfluß.

[2]) Ein zusätzlicher Grund, sehr geringe Periodenzahlen bei der Verteilung zu Lichtzwecken zu vermeiden, liegt in der geringeren Lebensdauer der Nernstlampe, bei verkleinerter Periodenzahl. Herr A. J. Wurts hat vergleichende Versuche angestellt, welche bei 133 Perioden eine Lebensdauer von 1200 Stunden, bei 60 Perioden eine solche von 800 Stunden und bei 35 Perioden eine solche von 400 Stunden ergaben. Der hohen Anschaffungskosten wegen ist bei der Nernstlampe die Lebensdauer ein viel wichtigerer Faktor als bei der gewöhnlichen Glühlampe. Die Anwendung von 133 Perioden für den Generator ist im allgemeinen ganz ausgeschlossen, es ist aber sehr gut möglich, Strom von einer geringen Periodenzahl zu erzeugen und die Periodenzahl für Lichtzwecke durch einen Motorgenerator in höhere Periodenzahlen umzuwandeln.

hohen Wirkungsgrad (mehr als $98\,^0/_0$ von halber Last aufwärts bis
Vollast), daß sich die Verhältnisse jetzt vollständig verändert haben
und die Mehrkosten für Transformatoren geringerer Periodenzahl
gar nicht von erheblicher Bedeutung sind.[1])

Je höher die Tourenzahl und je geringer die Periodenzahl ist,
um so zufriedenstellender wird das Parallelschalten von Drehstromgeneratoren sein, und um so weniger kosten die Schwungräder oder
entsprechende Regulierapparate, weil beim Parallelschalten der eine
Rotor in seiner relativen Lage zu dem andern nur um einen bestimmten elektrischen Winkel, d. h. um einen gewissen Prozentsatz
der Polteilung abweichen darf.

Wir betrachten einen Generator für 60 Perioden und 120 Umdrehungen pro Minute, dessen Geschwindigkeit um $^1/_{30}\,^0/_0$ von der
vollkommen gleichförmigen abweichen darf. Wäre die Geschwindigkeit dreimal größer, also 360 Umdrehungen pro Minute, so würden
20 Pole anstatt 60 erforderlich sein, und man würde noch denselben Betrag elektromagnetischer Gleichförmigkeit erhalten, wenn
die Abweichung von der gleichförmigen Geschwindigkeit dreimal
so groß wie zuvor, also $^1/_{10}\,^0/_0$ betrüge.

Wenn nun noch außerdem die Frequenz halb so groß genommen würde, also 30 Perioden pro Sekunde, dann würden nur
10 Pole erforderlich sein, und $^1/_5\,^0/_0$ Abweichung von der gleichförmigen Geschwindigkeit würde immer noch dieselbe elektromagnetische Regulierung ergeben wie zuvor.[2])

Dieses Beispiel sollte veranschaulichen, welchen großen Vorteil hohe Tourenzahlen und geringe Frequenzen bei Generatoren

---

[1]) Eine weitere bedeutende Verminderung der Kosten eines Transformators
besteht in der Anwendung eines Dreiphasentransformators, an Stelle dreier Ein-
phasentransformatoren. Dieses war auf dem Kontinent schon von Anfang an
der Fall, aber jetzt erst beginnt es in England und Amerika allgemeine Praxis
zu werden.

[2]) Nach diesen Betrachtungen wird es klar, daß bei direkter Kuppelung
mit Gasmotoren eine geringe Frequenz von großer Wichtigkeit wird, besonders
bei großen, langsam laufenden Gasmotoren, und in solchen Fällen würde sogar
eine kleinere Frequenz als 25 Perioden pro Sekunde wünschenswert, oft sogar absolut notwendig sein, um trotz des ungünstigen Drehmomentes eine genügende elektromagnetische Gleichförmigkeit zu erhalten. Man muß bedenken,
daß bei so großen Generatoren nicht nur das Parallelschalten derselben zu
berücksichtigen ist, sondern auch der Betrieb von Synchronmotoren in den
Unterstationen. Wenn große, langsam laufende Gasmotoren direkt mit Hoch-
spannungsgeneratoren von 5—10 Perioden pro Sekunde verbunden sind, so vermindert das in keiner Weise den Wirkungsgrad, oder den zufriedenstellenden
Betrieb der ganzen Anlage bis zu den der Unterstationen, in letzteren dagegen
muß für das sekundäre System eine Transformation der Spannung und der
Periodenzahl durch Motorgeneratoren vorgenommen werden.

mit sich bringen. In folgendem soll gezeigt werden, daß dieselben Bedingungen einen guten und billigen Entwurf für einen Induktionsmotor ermöglichen. Ein Induktionsmotor für eine niedrige Tourenzahl und hohe Frequenz ist unbedingt schlecht, falls man nicht einen sehr kostspieligen Entwurf dafür wählt.

Wir haben aus dem ersten Abschnitt gesehen, daß der Entwurf von Gleichstrommotoren für hohe Tourenzahlen mit Schwierigkeiten verbunden ist, besonders dann, wenn die Maschinen für hohe Spannungen und große Leistungen bestimmt sind. Bei den Induktionsmotoren werden wir genau das Gegenteil finden, nämlich, daß der Entwurf um so schlechter ist, je geringer die Umlaufszahl und daß diese Schwierigkeit noch zunimmt, wenn die Frequenz des Motors groß ist.

Der Dreiphasen-150 PS-Motor mit 36 Polen, 68 Umdrehungen pro Minute, 21 Perioden und 350 Volt, welcher in der „Electrical Review" vom 26. Juni 1903, Seite 1078 beschrieben ist, soll diesen Punkt erläutern. Trotz seiner Größe (der Durchmesser des Rotors ist 2,92 m, der Luftspalt 1,8 mm) und trotz der großen Leistung beträgt der maximale Wirkungsgrad nur 88 $^0/_0$ und der Leistungsfaktor bei $^1/_4$, $^1/_2$ und Vollast ist 0,60, 0,80 bzw. 0,88. Bei Leerlauf verbraucht der Motor 32 $^0/_0$ seines Vollaststromes bei einem $\cos \varphi$ von 0,15. Der Motor ist gut entworfen, aber kann trotzdem weder bezüglich der Kosten noch bezüglich des Wirkungsgrades mit einem guten Gleichstrommotor derselben Leistung verglichen werden. Wäre die Periodenzahl größer, so würde das Resultat noch viel schlechter sein.

Für große Stationen würde es durchaus nicht unpraktisch sein und würde nach der Meinung des Verfassers sogar zu den besten und zufriedenstellendsten Resultaten führen, wenn man für die Generatorenanlage im allgemeinen die für die Antriebsmaschine günstigste Periodenzahl anwendet, je nachdem der Antrieb durch Dampfturbinen, Wasserräder oder Gasmotoren erfolgt. Die Periodenzahl wird im allgemeinen etwa 25 sein und könnte manchmal besonders für große, langsam laufende Gasmotoren viel geringer genommen werden. Falls nicht die Entfernung, über welche die Energie verteilt werden soll, eine größere Spannung als 12000 Volt notwendig macht, sollten die Generatoren im allgemeinen für die Netzspannung gewickelt werden. Am Ende einer so weiten Übertragung ist es unmöglich, eine gute Regulierung zu erzielen, wenn nicht unökonomisch große Kupferquerschnitte in den Kabeln verwandt werden, und deshalb führt die Anwendung von sekundären Transformatoren so wie so zu zusätzlichen Apparaten, wie z. B. zu Transformatoren mit variabler Übersetzung. Selbst dann würde die Regulierung des sekundären Systems für Lichtzwecke meist noch ungenügend sein. Bei Motorgeneratoren dagegen ist die Regulierung der primären Spannung verhältnismäßig unwichtig, da Synchronmotoren leicht so entworfen werden können, daß sie große Überlastungen, selbst bei verminderter Klemmenspannung auszuhalten imstande sind. Die Umlaufszahl des primären Motors wird, wenn nur die Periodenzahl der Generatorstation konstant ist, vollständig gleichförmig sein, der sekundäre Generator kann bei solcher Übertragung für Gleichstrom oder Wechselstrom für irgend eine gewünschte Spannung und Periodenzahl sein; die Regulierung des sekundären Stromkreises wird ebenso vollkommen sein, als wenn der Strom von einer unabhängigen Stromquelle geliefert würde.[1]

Dies ist von großer Bedeutung, wenn es sich um eine gute Beleuchtungsanlage handelt. Kommt Elektrizität für Kraftzwecke in Betracht, dann müßte die Entscheidung, ob der sekundäre Generator eine Gleichstrom- oder Drehstromdynamo sein soll, von den speziellen Bedingungen abhängen. Wenn z. B. die Arbeit veränderliche Umlaufszahl erfordert, so würde man im allgemeinen Gleichstrom anwenden. Falls nicht andere Bedingungen die Wahl bestimmen, sollte man den schon erwähnten Umstand beachten, daß sich Gleichstrommotoren viel besser für geringere Tourenzahlen und Drehstrommotoren für höhere eignen. Wenn dieser Umstand klar verstanden würde (was unglücklicherweise nur selten der Fall ist), so würde die Wahl des Verteilungssystems oft zweckentsprechender getroffen werden. Der schnelllaufende Induktionsmotor für eine mittlere Frequenz ist charakterisiert durch einen hohen Leistungsfaktor, kleinen Leerlaufstrom, eine hohe Überlastungsfähigkeit einerseits und niedrige Anschaffungskosten andererseits. Jedoch gibt es auch hier eine Grenze, denn zweipolige Wicklungen sind für Induktionsmotoren entschieden minderwertig, folglich ist bei gegebener Periodenzahl die einem vierpoligen Entwurf entsprechende Umlaufszahl im allgemeinen die günstigste. Bei 25 Perioden pro Sekunde würde dieses z. B. 750 Umdrehungen pro Minute sein, welche Tourenzahl für kleine Motoren als sehr mäßig, für Motoren von mehr als 50 PS Leistung dagegen als hoch bezeichnet werden muß. Außerdem wird bei einer geringen Polzahl der Querschnitt und das Gewicht des Eisens erheblich, weshalb unter Umständen eine Verringerung der Perioden-

---

[1] Die Regulierung ist sogar besser als bei einer unabhängigen Kraftmaschine, denn die Tourenzahl hängt von der Tourenzahl sehr großer Maschinen in der Hauptstation ab, welche durch Belastungen viel weniger beeinflußt werden als kleine Dampfmaschinen in Privatinstallationen.

zahl einen Mehraufwand an Material nötig machen kann. Wo Dampfturbinen angewandt werden, sollen die Periodenzahlen entweder einem zwei-, vier- oder sechspoligen Generator bei den für die Dampfturbinen günstigsten Tourenzahlen entsprechen. Dieses sollte man sehr wohl im Auge haben; denn wenn die Wahl zwischen zwei und vier Polen oder zwischen vier und sechs Polen liegt, so ist die Wahl der Periodenzahl viel mehr von den praktisch brauchbaren Tourenzahlen abhängig, als bei Generatoren in direkter Kupplung mit Dampfmaschinen, wo ein paar Pole mehr oder weniger für eine gegebene Periodenzahl nur eine verhältnismäßig geringe Änderung in der verlangten Umlaufzahl bedingen.

Es braucht kaum erwähnt zu werden, daß Einphasenmotoren und -generatoren im allgemeinen minderwertig sind,[1] nicht nur bezüglich der ersten Anschaffungskosten, sondern auch in bezug auf ihre Eigenschaften. Die Generatoren haben eine viel schlechtere Regulierung und kleineren Wirkungsgrad und die Motoren einen größeren Leerlaufstrom, geringeren Leistungsfaktor, und vor allen Dingen ein sehr kleines Anfahrdrehmoment. Es scheint jetzt beinahe eine praktische Gewißheit, daß der Einphasenmotor in allen Beziehungen schlechter ist. Keine der zahlreichen Typen, die veröffentlicht und patentiert worden sind, ist irgendwo in ausgedehnter Anwendung. Die Nachteile des Einphasengenerators sind von Herrn M. B. Field in einem Vortrage vor der „Institution of Electrical Engineers" ausführlich behandelt worden.[2]

Tafel XXXIX, die dieser Abhandlung entnommen ist, gibt die Preise von drei verschiedenen Firmen für Drehstrom- und Einphasengeneratoren entsprechend der folgenden Spezifikation:[3]

Leistung . . . . 2500 Kilowatt
Spannung . . . . 6500 Volt
Wirkungsgrad bei Vollast . . . . 96 $^0/_0$
    „   „ $^3/_4$-Last . . . . 95 $^0/_0$
    „   „ $^1/_2$-Last . . . . 93 $^0/_0$

---

[1] Seitdem der Verfasser dies geschrieben hat, ist der Einphasen-Kommutatormotor in sehr beachtenswerter Weise in den Vordergrund getreten, und obgleich bis jetzt nur sehr wenige Versuchsresultate vorliegen, so läßt sich doch aus einer theoretischen Untersuchung ihrer Eigenschaften mit einiger Wahrscheinlichkeit der Schluß ziehen, daß von dieser Richtung her ein brauchbarer Bahnmotor geschaffen werden wird, der aber etwas teurer und bezüglich der Kommutierung auch etwas schlechter wie der Gleichstrommotor sein wird.

[2] „The Relativ Advantages of Three, Two- and Single-phase Systems for Feeding Low-tension Networks" (1901).

[3] Ganz unabhängig von den Daten läßt sich behaupten, daß die Leistung eines Einphasengenerators verglichen mit dem Mehrphasengenerator von demselben Preise, ungefähr 30 $^0/_0$ niedriger ist.

Umdrehungen pro Minute 75
Periodenzahl pro Sekunde 25

Spannungsabfall zwischen Vollast und Leerlauf bei konstanter Geschwindigkeit und Erregung und gleichförmigem Leistungsfaktor nicht mehr als $7\,^0/_0$.

Generator soll ohne Lager und Welle, aber mit Grundplatte, Rheostat usw. geliefert werden.

Tafel XXXIX.

Gewichte und Kosten des Generators.

	Dreiphasensystem		Einphasensystem	
	Gewicht in Tonnen	Kosten in Mark	Gewicht in Tonnen	Kosten in Mark
1	123	120000	184	178000
2	120	108000	140	124000
3	110	92000	125	104000

Es ist jedoch guter Grund vorhanden, anzunehmen, daß bei sehr geringen Periodenzahlen der gewöhnliche Reihenschlußmotor, falls er mit einer geringen Reaktanzspannung pro Segment und mit einem lamellierten magnetischen Stromkreise entworfen ist, nicht nur praktisch möglich, sondern für viele Fälle dem Mehrphasenmotor vorzuziehen sein wird, da variable Geschwindigkeiten bei ihm wie bei einem gewöhnlichen Gleichstrommotor erhalten werden können, und mit dem speziellen Vorteil gegenüber den Gleichstrommotoren, daß die Regulierung der Geschwindigkeit mit Hilfe von Transformatoren, also ohne Verluste im Rheostat bewerkstelligt werden kann. Nach der Meinung des Verfassers müssen Verbesserungen nach derjenigen Richtung hin vorgenommen werden, welche er in dem ersten Teile dieses Buches befürwortet hat, nämlich durch eine große Anzahl von Kommutatorsegmenten und durch eine kleine Anzahl Windungen pro Segment, sowie durch eine geringe Eisenlänge die Induktanz pro Kommutatorsegment herabzudrücken. Dieser Motor kann, wie gesagt, nur dann Verwendung finden, wenn die Frequenz klein ist, es muß dabei gleich hier bemerkt werden, daß selbst eine bedeutende Vervollkommnung und allgemeine Einführung dieser Motortype durchaus nicht eine Rückkehr zu dem Einphasengenerator bedeutet. Die Erzeugung und die Verteilung wird selbst dann am vorteilhaftesten mit Mehrphasenstrom geschehen, und es ist in diesem Falle sehr wahrscheinlich, daß Einphasenmotoren in Zukunft ebenso an ein Dreiphasennetz angeschlossen werden, wie es jetzt bei Lampen der Fall ist.

Es muß noch erwähnt werden, daß bezüglich der Anschaffungskosten der Generatoren das Zweiphasensystem dem Dreiphasensystem ebenbürtig ist, daß aber bei der Übertragung das letztere System nur $75\,^0/_0$ soviel Kupfer erfordert, wie das Zweiphasensystem. Zudem ist ein Drehstrommotor bedeutend besser als ein gleichviel kostender Zweiphasenmotor. Während also die Generatoren ebensogut für Drehstrom als für Zweiphasen-Wechselstrom gewickelt werden können, sollte die Übertragung immer mit Drehstrom geschehen, und Drehstrommotoren sollten auf der Sekundärstation verwandt werden.

Achtzehntes Kapitel.

Ausführungen des Drehstrommotors.

————

In den modernen Drehstrommotoren ist die primäre Wicklung fast immer auf dem äußeren Teile angebracht, und die sekundäre auf dem inneren Teile oder Rotor, nur selten trägt der rotierende Teil die primäre Wicklung. Der Hauptvorteil der letzteren Anordnung besteht in dem verminderten Betrage der Eisenverluste, da diese in der Hauptsache nur in dem primären Teil auftreten, während das sekundäre Eisen nur der geringen Periodenzahl, welche der Schlüpfung entspricht, ausgesetzt ist; folglich wird ein solcher Motor im allgemeinen geringere konstante Verluste und einen höheren jährlichen Wirkungsgrad haben.[1]

Diese Motortype erfordert aber notwendigerweise Kollektorringe, und da außerdem die primäre Wicklung im allgemeinen für viel höhere Spannungen gewickelt werden muß als die sekundäre, so muß man einen solchen Motor mit größeren Dimensionen entwerfen, um Raum für die Isolation und Befestigung der Wicklung zu gewinnen. Es werden viel bessere Resultate erzielt, wenn die Hochspannungswicklung auf dem stationären Teile angebracht wird.[2]

———

[1] Neuere Untersuchungen weisen jedoch auf die Anwesenheit eines beträchtlichen, zusätzlichen Eisenverlustes in dem sekundären Teile hin, welcher nicht durch die Schlüpfung verursacht wird, sondern höchstwahrscheinlich von Variationen des magnetischen Stromkreises entsprechend den verschiedenen Stellungen der Rotor- und Statorzähne abhängt. Siehe Elektrotechnische Zeitschrift vom 7. März 1901 „Über erhöhte Reibungs- und Hysteresisverluste bei Drehstrommotoren von J. Hissink" und die Diskussion.

[2] Bei der Benutzung von Drehstrommotoren zu Bahnzwecken ist der Durchmesser durch den vorhandenen Raum beschränkt, und es würde anscheinend von Vorteil sein, die primäre Wicklung auf den Rotor zu verlegen. Dieses war in der Tat die erste Ausrüstung des Wagens der Firma Siemens

Wir nehmen also an, daß der Rotor die sekundäre Wicklung trägt. In manchen Fällen besteht dieselbe aus einer sogenannten Käfigwicklung, d. h. aus einer Reihe von Stäben, die mit geringer Isolation in die Nuten verlegt werden und an beiden Seiten mit Endringen verlötet oder auf andere Weise verbunden werden. Dieses ist die ideale Konstruktion, sie hat aber den großen Nachteil, daß die mit ihr ausgerüsteten Motoren ein sehr geringes Anfahrdrehmoment besitzen und trotzdem einen großen Strom beim Anfahren verbrauchen. Schaltet man einen Drehstrommotor mit Käfiganker direkt an das Netz, so beträgt der erste Stromstoß das Drei- bis Sechsfache des normalen Stromes und hat besonders bei

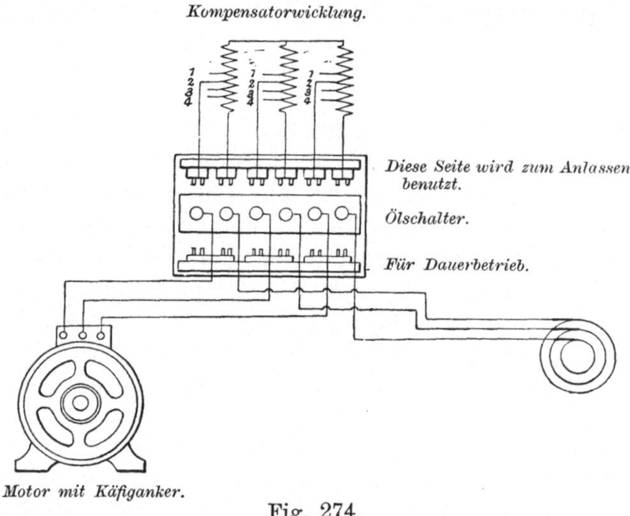

Fig. 274.

großen Motoren einen sehr ungünstigen Einfluß auf das Netz. Dies ist der Hauptgrund, warum man große Motoren nur selten mit Käfiganker baut. Man kann das spezifische Drehmoment (das Moment pro Ampere) in dem Motor beim Anfahren dadurch er-

---

& Halske für die Berlin-Zossener Versuchsbahn. Die Spannung wurde dabei durch Transformatoren von 10 000 auf 1150 Volt an den Schleifringen des Motors heruntertransformiert. Später aber lieferte diese Firma eine zweite Ausrüstung, in welcher die Motoren direkt für 10 000 Volt gewickelt waren, in welcher also Transformatoren ganz vermieden wurden. Die primäre Wicklung war natürlich in diesem Falle auf dem Stator angebracht. Der Motor der A.-E.-G. für dieselben Versuche hatte die primäre Wicklung auf dem Stator, obgleich die primäre Spannung nur 435 Volt betrug. Bei Bahnzwecken müssen ohnehin stets Schleifringe verwandt werden, da Widerstände zum Anfahren nötig sind, folglich ist dies kein ausschlaggebender Faktor bei der Wahl der Wicklung.

höhen, daß man den Widerstand der Leiter und der Endringe vergrößert. Dieses hat aber einen sehr nachteiligen Einfluß auf den Wirkungsgrad, die Überlastungsfähigkeit und auch auf die Erwärmung des Motors.

Um das Netz vor heftigen Stromstößen zu schützen, verwendet man einen Kompensator, d. h. einen Transformator mit Sparwicklung. Fig. 274 gibt ein Diagramm für die Benutzung eines Kompensators zum Anlassen von Käfigankern. Nehmen wir an, daß $33^0/_0$ der Klemmenspannung erforderlich sind, um ein genügend großes Anlaßdrehmoment zu erzeugen, und däß der Motor bei dieser Spannung den doppelten Vollaststrom verbraucht, so werden vom Netze nur $33 \cdot 2{,}0 = 66^0/_0$ des Vollaststromes genommen. Wenn das Dreifache des Vollaststromes nötig ist und $50^0/_0$ der Klemmenspannung, bevor der Motor anläuft, so wird das 1,5fache des Vollaststromes aus dem Netze entnommen werden. Dieses zeigt das Prinzip des Kompensators. In der Praxis sind solche Kompensatoren allgemein mit einer Anzahl von Steckkontakten versehen, und derjenige Kontakt wird benutzt, welcher der geringsten Spannung entspricht, bei welcher der installierte Motor gerade noch angeht.

Als Mittelwerte für moderne Käfiganker können die in Tafel 40 gegebenen Werte des Drehmomentes und des Anlaßstromes gelten.[1]

Tafel XL.
Motoren mit Käfiganker.

Spannung an den Klemmen des Motors in Prozenten der Netzspannung	Netzstrom in Prozenten des Vollaststromes	Anlaßstrom in Prozenten des Vollaststromes	Anfahr-Drehmoment des Motors in Prozenten des Drehmomentes bei Vollast
40	112	280	32
60	250	420	72
80	450	560	128
100	700	700	200

Sollen diese Motoren mit Kompensatoren angelassen werden, so ist es vorteilhaft, sie mit sehr geringer Reaktanz zu entwerfen, um den beim Anfahren erforderlichen Strom bei einer möglichst kleinen Spannung zu erhalten, denn für einen gegebenen von dem Motor aufgenommenen Strom wird der Linienstrom um so kleiner sein, je kleiner die Spannung an den Klemmen des Motors ist.

---

[1] Aus Oudins Standard Poliphase Apparatus and Systems.

In den Fig. 275 bis 278 sind verschiedene Typen von Käfigankern dargestellt.

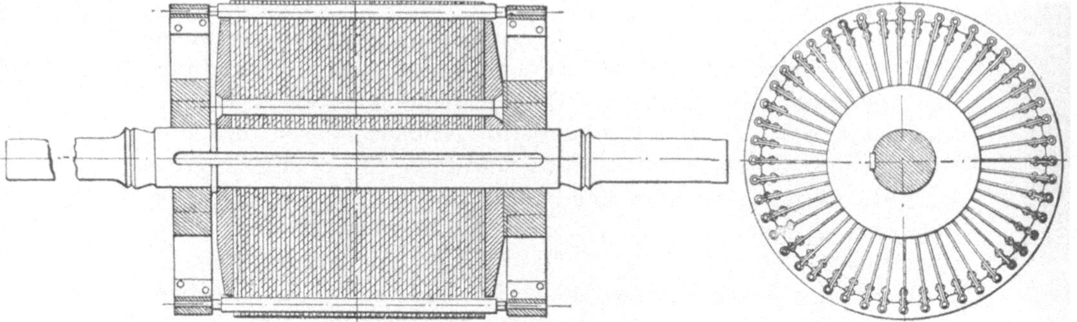

Fig. 275. Käfiganker (gebaut von Kolben).

Aus Fig. 279 ist ein spezieller Käfiganker, wie er von der
Allmanna Svenska Elektriska Aktiebolaget (Westeras, Schweden), gebaut wird, zu ersehen. Fig. 280 zeigt wie die Leiter an ihren Enden

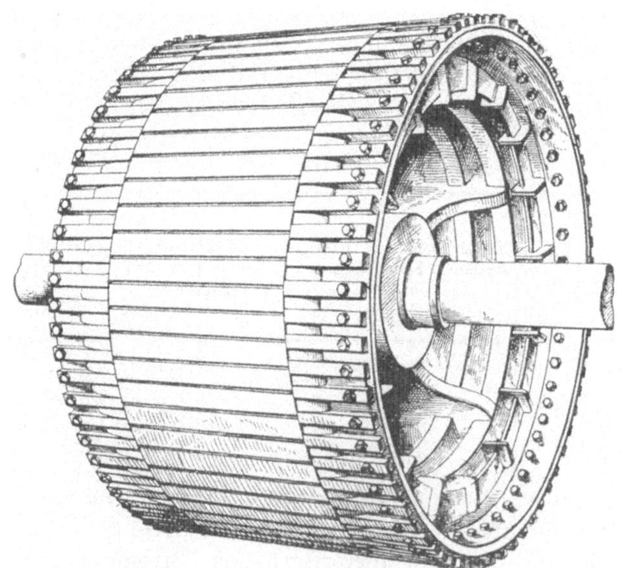

Fig. 276. Käfiganker (gebaut von der British-Thomson-Houston-Company).

mittels eines Geflechtes' von Drähten hohen Widerstandes ver-
woben sind. Diese Konstruktion gestattet einen hohen Rotorwiderstand zu erreichen und wie wir später sehen werden, ein
aus diesem Grunde höheres spezifisches Anfahrdrehmoment. Zu

gleicher Zeit vermeidet sie in geschickter Weise eine zu große
Erwärmung, da die Ausstrahlungsfläche eine beträchtliche ist. Die
einzelnen Drähte, welche die Endverbindungen darstellen, sind
von außerordentlich kleinem Querschnitt, so daß Stromdichten bis
zu 25 Ampere pro Quadratmillimeter vorkommen.

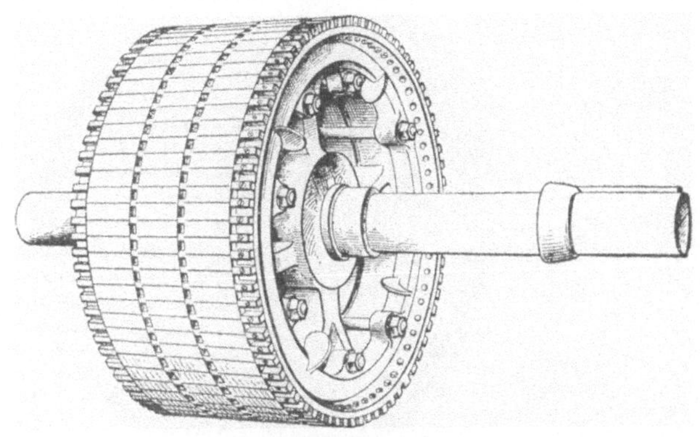

Fig. 277.   Käfiganker (gebaut von der British Thomson Houston Company).

In Fig. 281 und 282 sind Kompensatoren zum Anlassen von
Käfigankern wiedergegeben.   Der Kompensator in Fig. 281 wird
von der British Thomson Houston Co. gebaut, derjenige in Fig. 282
ist eine Konstruktion der British Westinghouse Co.   Da der

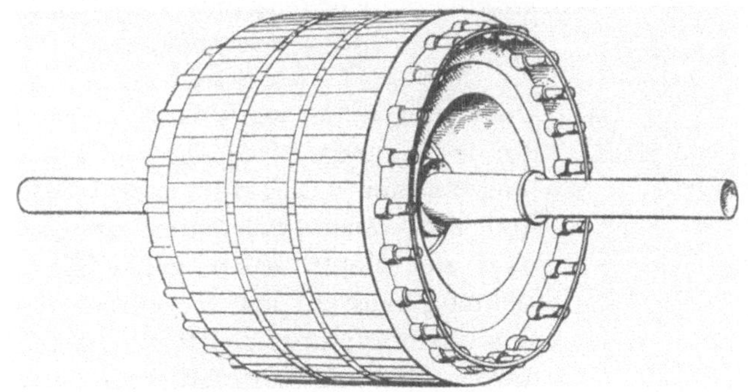

Fig. 278.   Käfiganker.

Kompensator nur während eines Bruchteiles einer Minute im
Betriebe ist, können Kern und Wicklung sehr hoch beansprucht
und der Kompensator folglich sehr gedrängt und billig gebaut
werden.

Das geringe spezifische Drehmoment beim Anfahren hat die
Anwendung von Käfigankern im allgemeinen eingeschränkt, da

sie aber sowohl in ihrem Verhalten, als auch in ihrer Einfachheit und in der Billigkeit der Herstellung allen anderen Motoren überlegen sind, so sollte man sie verwenden, wo die Bedingungen es nur immer erlauben. Dieses ist wahrscheinlich öfter der Fall, als man auf Grund der jetzigen Praxis anzunehmen geneigt ist. Reibungskupplungen könnten viel häufiger angewandt werden, um den Motor

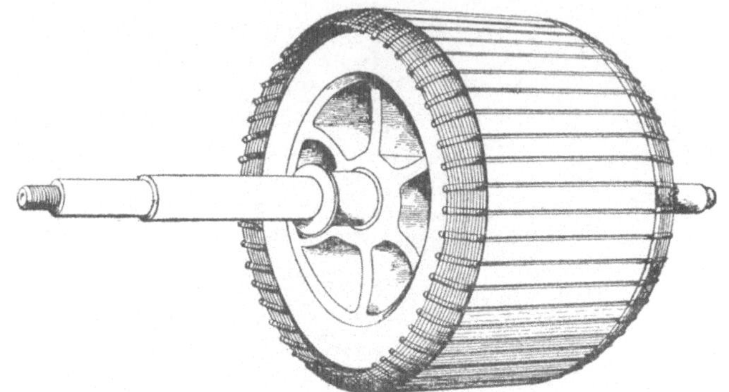

Fig. 279. Käfiganker der Almanna Svenska Elektriska Aktiebolaget.

zu befähigen, ohne Last anzufahren und die Belastung aufzunehmen, nachdem eine gewisse Umlaufszahl erreicht worden ist.

Eine hydraulische Kupplung, welche diesem Zwecke dient, ist von der Firma Schuckert in Verbindung mit Käfigankern vorgeschlagen worden; eine Abbildung derselben ist in Fig. 283 wiedergegeben.

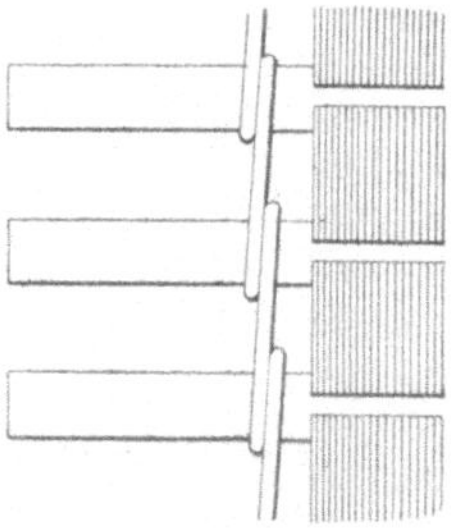

Mit Hilfe dieser hydraulischen Kupplung wird der Motor ohne Last angelassen, und die Belastung wird automatisch nach Erlangung der vollen Tourenzahl aufgenommen und wird auch automatisch abgeworfen, sobald der Motor außer Tritt fällt. Die Anordnung besteht im wesentlichen aus einer Reibungskupplung, die Anpressung geschieht durch die Zentrifugalkraft, welche eine schwere Flüssigkeit auf eine biegsame Scheibe ausübt. Die Fig. 283 zeigt die Kupplung, welche zum Antriebe einer Riemenscheibe bestimmt ist. Die Kupplung besteht aus einem Gußstück a, das auf der Achse w aufgekeilt ist; auf diesem Gußstück befindet sich die Reibungsplatte d mit etwas Spiel in axialer Richtung. Gegenüber d befindet sich die andere Kupplungshälfte, welche mit der Riemenscheibe in einem Stück gegossen ist und lose auf der Welle sitzt.

Fig. 280. Endverbindung des Ankers Fig. 279.

b und c sind zwei konzentrische Kanäle, welche mittels regulierbarer Öffnungen miteinander in Verbindung stehen. Die Reibungsplatte d, mit einem Lederüberzug versehen, wird mit Hilfe justierbarer Federn gegen a gepreßt. Die konzentrischen Ringe p und q dichten das Diaphragma gegen a ab und verhindern ein Ausfließen des Glyzerins, welches sich in b befindet.

Beim Einschalten des Motors beginnt a zu rotieren, und die Zentrifugalkraft treibt das Glyzerin von b nach c, vergrößert dort

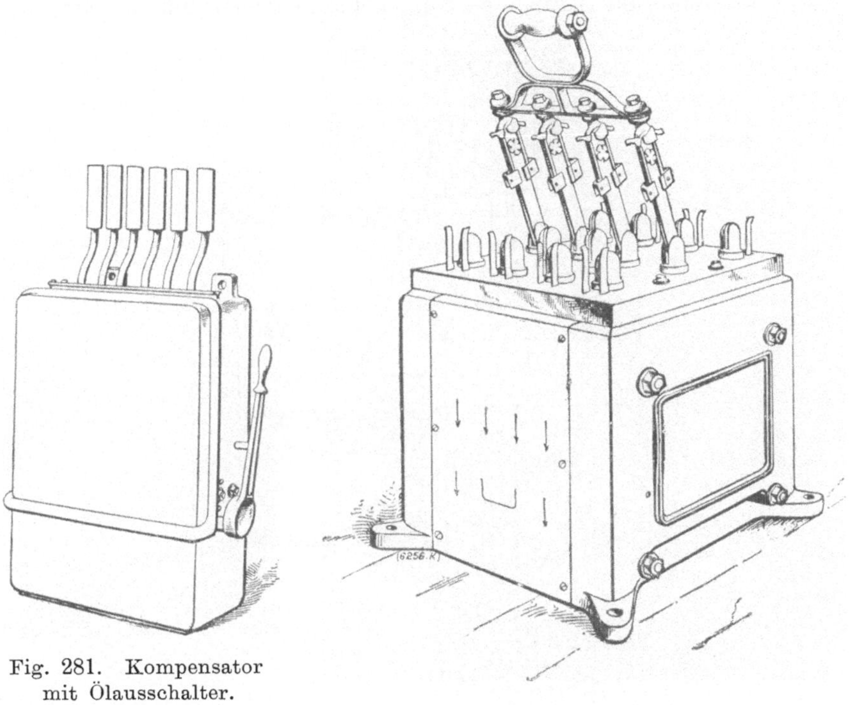

Fig. 281. Kompensator
mit Ölausschalter.
(British Thomson-Houston-
Company.)

Fig. 282. Kompensator.
(British Westinghouse Company.)

den Druck auf das Diaphragma, welches nun d gegen f drückt. Durch Justierung der Öffnung k kann man es erreichen, daß die Last bei irgend einer vorher bestimmten Tourenzahl aufgenommen wird.

Wird der Motor abgeschaltet oder fällt er durch Überlast aus dem Tritt, so sinkt die Zentrifugalkraft bald auf einen solchen Wert herab, daß die Federn i den Druck der Flüssigkeit in c überwinden und das Glyzerin durch Federklappen l nach b zurücktreiben, wodurch die Last momentan abgeschaltet wird.

Der Gebrauch dieser oder irgend einer anderen automatischen

Kupplung vermindert die großen Stromstöße beim Anfahren, welche eine so ungünstige Rückwirkung auf den Generator und auf die Dampfmaschine ausüben. Besonders wertvoll wird sich die Kupplung dort erweisen, wo der Motor schwer zugänglich ist.

Anordnungen, welche den Motor eine vollständige Umdrehung machen lassen, bevor die Last aufgenommen wird, vermindern ebenfalls die großen Stromstöße beim Anfahren. Herr Roslyn Holiday hat eine solche Anordnung bei der Verwendung von Drehstrommotoren zum Antriebe von Kohlenbohrmaschinen getroffen.

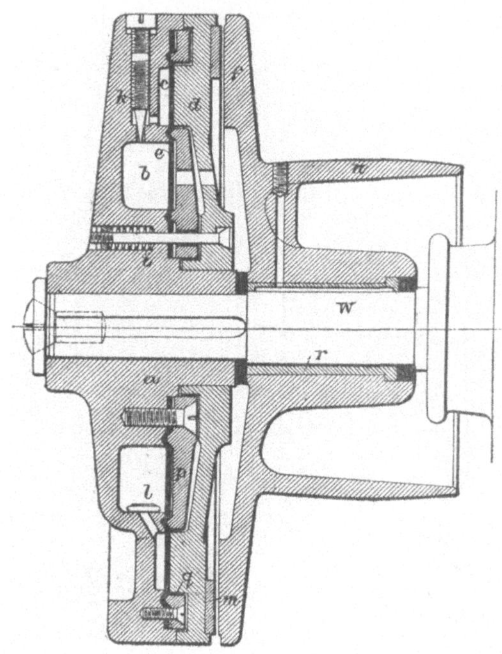

Fig. 283. Hydraulische Kupplung für Induktionsmotoren.

Eine Übersetzung von 2 : 1 ist benutzt worden, um die geringere Tourenzahl für die Kohlenbohrmaschine zu erzielen, und der Rotor kann nahezu zwei vollständige Umdrehungen machen, bevor er die Last aufnimmt.

Besitzt ein Motor seinen eigenen Transformator, so wird man natürlich einen Teil der Sekundärwicklung als Kompensator benutzen. Solch eine Anordnung ist diagrammatisch in Fig. 284 dargestellt.

Ein interessantes Schaltungsschema, welches Fig. 285 erläutert, wurde von Herrn H. S. Meyer vorgeschlagen. Dieses Diagramm zeigt den Vorteil der Dreieckverbindung in solchen Anordnungen, da ein doppelpoliger Umschalter genügt, um die Spannung an dem Motor zu halbieren, während bei Stern-Schaltung des Transforma-

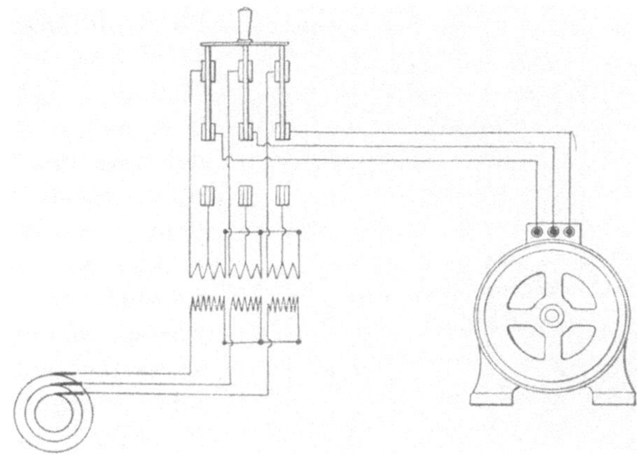

Fig. 284.

tors ein dreipoliger Umschalter notwendig gewesen wäre. Die Spannung kann auf diese Weise auf jeden gewünschten Wert vermindert werden.

Eine äußerst einfache und dabei zugleich zufriedenstellende Methode zum Antriebe von Käfigankern besteht darin, die Motoren für den Dauerbetrieb mit △ Schaltungen auszustatten, beim Anlassen aber eine Umschaltung zur Sternschaltung vorzunehmen. Dieses vermindert den Strom in den Leitungen auf ein Drittel der Größe, welche er hätte, wenn der Motor sofort in Dreieckschaltung angelassen werden würde.

Die Firma Schuckert, welche diese Methode mit ihren Käfigankern anwendet, hat gefunden, daß ein Anlaßstrom von 1 bis $1^1/_2$ des Vollaststromes hinreicht, selbst ziemlich große Motoren leer anlaufen zu

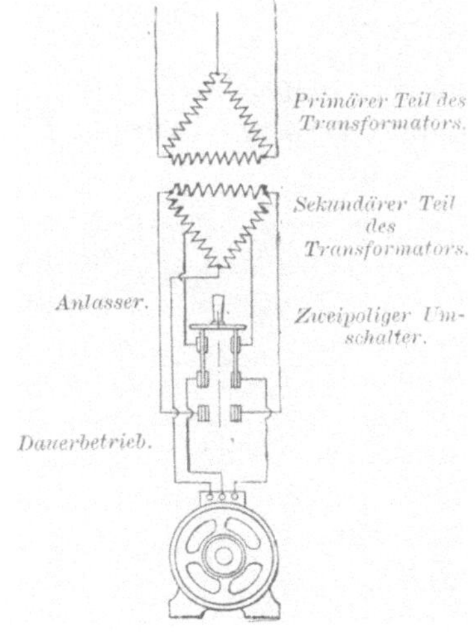

Fig. 285.

lassen, während bei kleinen Motoren bereits $^3/_4$ des normalen Drehmoments dabei entwickelt wird. Die von der Schuckert-Gesellschaft angewandte Schaltung ist in Fig. 286 gezeigt, wo die Enden einer jeden der drei Wicklungen des Stators zu den Klemmen $p_1 p_1$, $p_2 p_2$ und $p_3 p_3$ gebracht worden sind. Bevor der Motor eingeschaltet wird, muß der dreipolige Umschalter B auf die linke Seite geworfen werden, wodurch die Statorwicklungen in Stern geschaltet werden. Die Spannung pro Phase ist jetzt nur $\sqrt{1/3}$ oder $58^0/_0$ des normalen Wertes und somit wird der Anlaßstrom im Verhältnis $3:1$ verkleinert. Nachdem der Schalter A geschlossen worden ist und der Motor seine volle Tourenzahl erlangt hat, wird B schnell umgeschaltet, und der Motor arbeitet dann in Dreieckschaltung weiter.

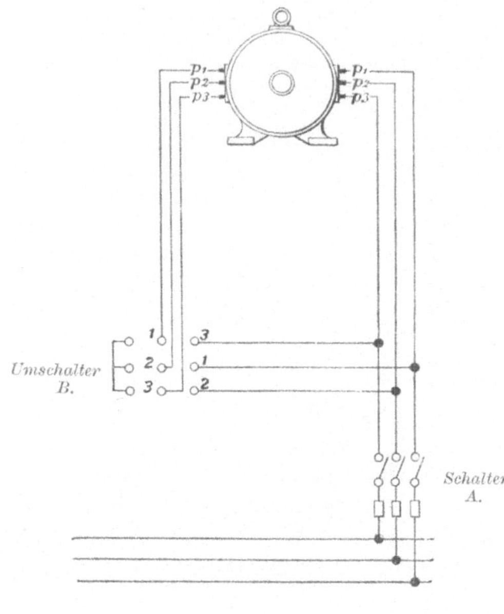

Fig. 286.

Oft ist es wünschenswert, einen Motor zu installieren, der nicht nur den vorhandenen Bedürfnissen entspricht, sondern auch zukünftigen Erfordernissen zu genügen vermag. Als einen großen Nachteil empfindet man es dann, daß ein solcher Motor verhältnismäßig gering belastet ist und somit auch einen kleinen Leistungsfaktor und Wirkungsgrad besitzt.

Benutzt man aber die in Fig. 286 gezeigte Schaltung, von Δ auf Y, so kann man den Motor auch bei geringen Belastungen mit einem guten Wirkungsgrad betreiben;

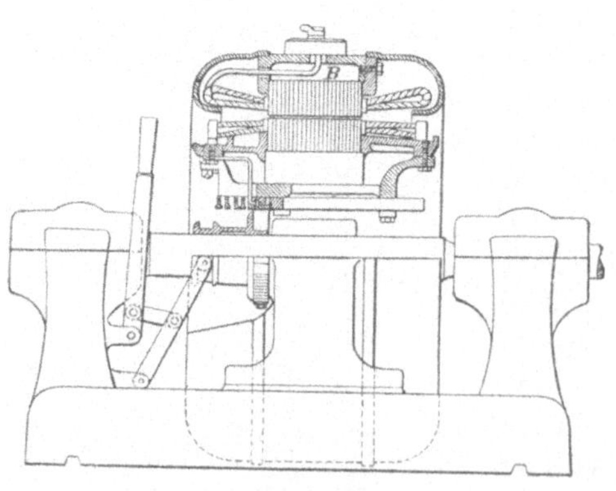

Fig. 287.

der Schalter B befindet sich dann nicht nur beim Anlassen, sondern auch während des Betriebes auf der linken Seite. Werden später die Anforderungen an die Belastung größer, so benutzt man die Sternschaltung zum Dauerbetrieb.

Wird ein einziger großer Motor von einem unabhängigen Generator angetrieben, so können Motor und Generator zugleich angelassen werden. Selbst Käfiganker erfordern bei dieser Anlaßmethode sehr wenig Strom. Wenn große Motoren nur einmal während des Tages angelassen zu werden brauchen und die übrige Zeit ohne Unterbrechung laufen, sollte man immer dem Käfiganker den Vorzug geben. Die ungünstige Meinung, welche über Motoren, die mit Käfigankern ausgerüstet sind, bis jetzt herrschte, ist in der Hauptsache einem ungenügenden Verständnis ihrer Vorteile und ihrer Mängel und der Mittel zur Überwindung der letzteren zuzuschreiben und manchmal auch ihrer Anwendung in solchen Fällen, wo sie nicht brauchbar waren.

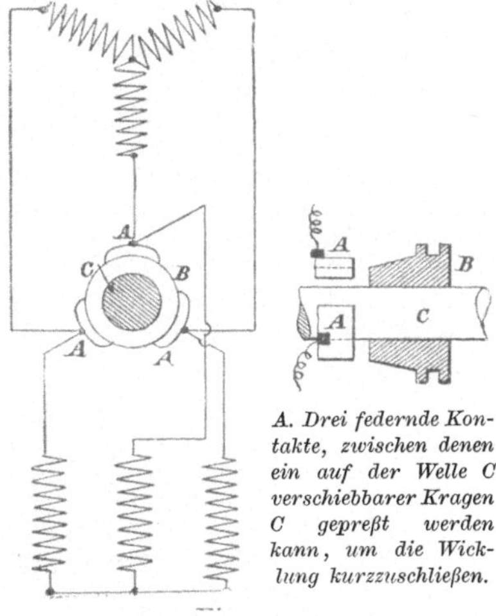

A. Drei federnde Kontakte, zwischen denen ein auf der Welle C verschiebbarer Kragen C gepreßt werden kann, um die Wicklung kurzzuschließen.

Fig. 288.

Manche konsultierenden Ingenieure verlangen jetzt selbst für die größten Einheiten Käfiganker und benutzen nur noch in ganz speziellen Fällen gewickelte Motoren. Einige Firmen haben auch Motoren ohne Kollektorringe gebaut, welche eine Kurzschlußwicklung an Stelle des Käfigankers besitzen. Diese Anordnung ist entschieden schlechter als die der Käfiganker. Ihre Konstruktion ist weniger einfach und dauerhaft, die Verluste durch Stromwärme sind größer, der Leistungsfaktor geringer, und der Wirkungsgrad und die Überlastungsfähigkeit sind ebenfalls kleiner.

Solche gewickelte Motoren ohne Kollektorringe müssen jedoch dann

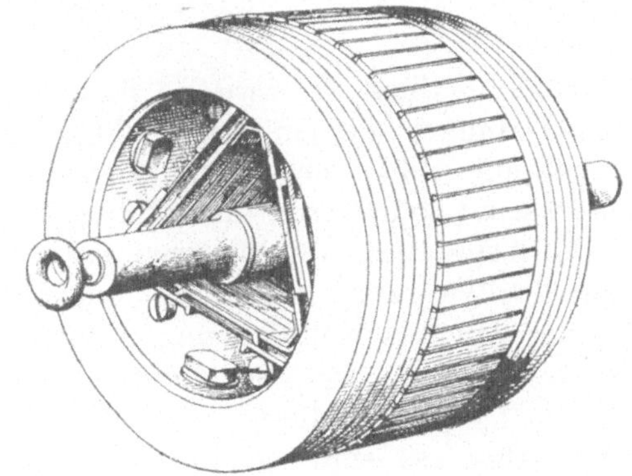

Fig. 289.

angewandt werden, wenn man, wie in Fig. 287 gezeigt ist, den Anlaßwiderstand innerhalb des Ankers einbaut. Der Widerstand wird bei normaler Tourenzahl mit Hilfe eines Hebels ausgeschaltet. Diese Anordnung ist in Fig. 288 veranschaulicht. Fig. 289

zeigt einen Rotor mit einer anderen Anordnung, die denselben Zweck erfüllen soll. In diesem Falle wird ein Knopf mit der Hand niedergedrückt, nachdem der Rotor eine genügende Umlaufszahl erreicht hat, und dadurch werden mit passenden Hebeln die Schalter innerhalb des Rotors betätigt.

Die Methode, Anlaßwiderstände in dem Innern des Rotors anzubringen, war früher ziemlich gebräuchlich, wird jetzt aber nur noch wenig benutzt, man verwendet lieber Schleifringe in Verbindung mit außerhalb des Motors gelegenen Anlaßwiderständen, wie in Fig. 290 gezeigt ist. Früher wurden hierzu Wasserwiderstände angewandt, dieselben werden aber heute durch gußeiserne Widerstände und andere moderne Konstruktionen ersetzt, genau so, wie auch bei Gleichstrommotoren. Selbst wenn Schleifringe und äußere

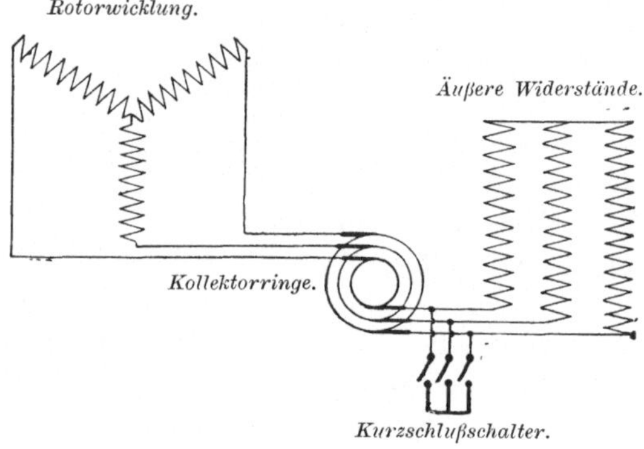

Fig. 290.

Widerstände benutzt werden, findet man daneben noch Vorrichtungen ähnlich denjenigen in Fig. 287 und 289, welche dazu dienen, die Kollektorringe im Innern kurzzuschließen, sobald der Motor seine volle Geschwindigkeit erlangt hat, um auf diese Weise die Verluste durch Stromwärme unter den Bürsten zu vermeiden. Außerdem werden manchmal Anordnungen getroffen, um die Bürsten von den Kollektorringen abzuheben, und so die nutzlosen Reibungsverluste und die unnötige Abnutzung der Bürsten zu vermeiden. Während diese Anordnungen zusätzliche Schwierigkeiten verursachen, so sind sie doch die unvermeidliche Folge eines mit Sorgfalt entworfenen Motors.

Bei Käfigankern sind natürlich solche Anordnungen unnötig, und dieses ist entschieden ein Vorteil dieser Type. Es würde in vielen Fällen, wo jetzt Motoren mit Schleifringen benutzt werden, vorteilhafter sein, Käfiganker zu verwenden und geeignete Anordnungen zu treffen, den Motor leer anlaufen zu lassen und die Be-

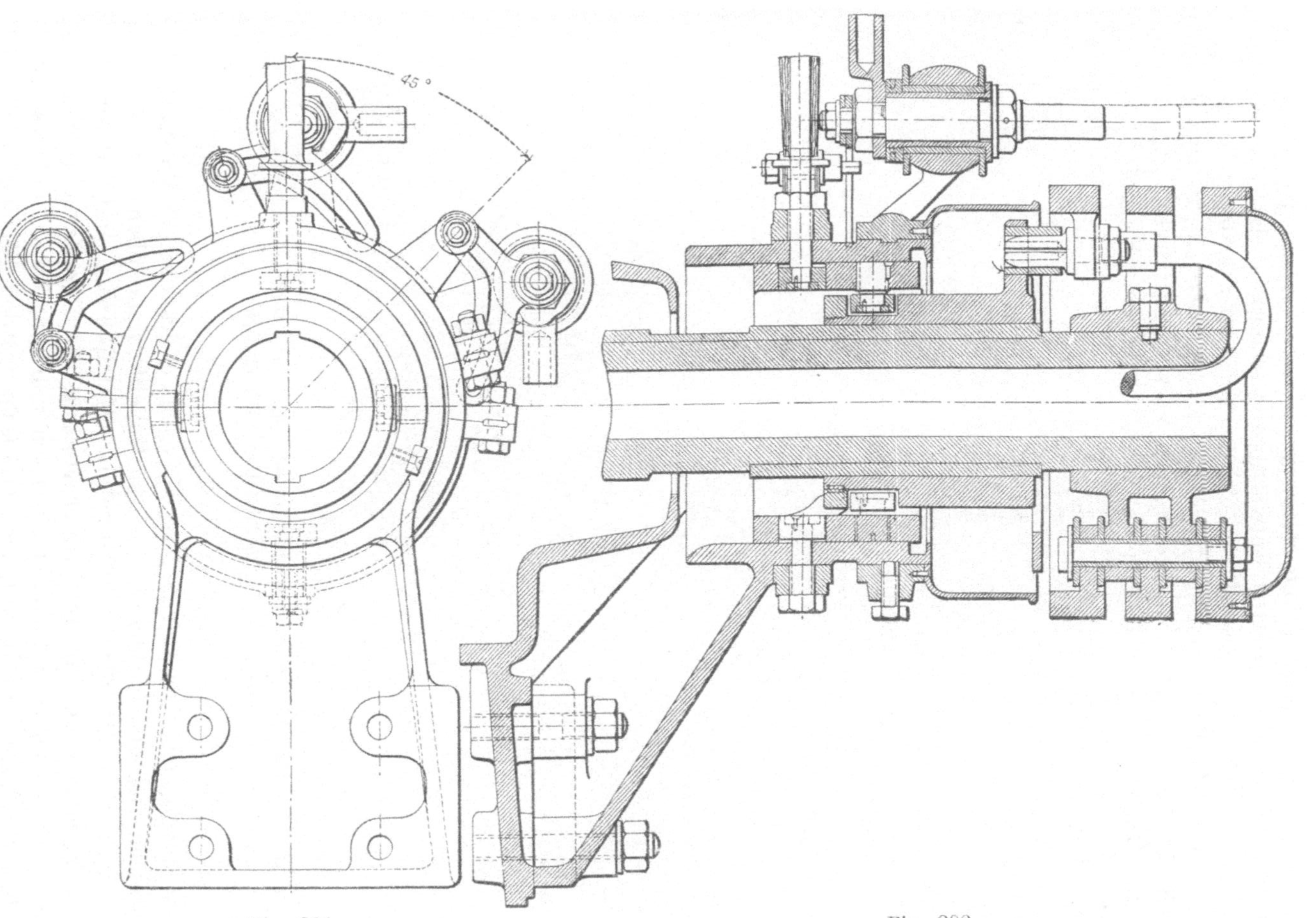

Fig. 291 und 292. Vorrichtungen zum Kurzschließen der Schleifringe im Innern des Rotors und zum Abheben der Bürsten.

lastung erst später auf den Motor zu werfen, als auf jene kostspieligen und komplizierten Entwürfe zur Erlangung eines bei Belastung anlaufenden Motors zurückzugreifen. Der Käfiganker ist in jeder Beziehung den Motoren mit Kollektorringen überlegen, mit einziger Ausnahme des geringeren spezifischen Drehmomentes, „des Drehmomentes pro Ampere" beim Anlassen. Es muß hier

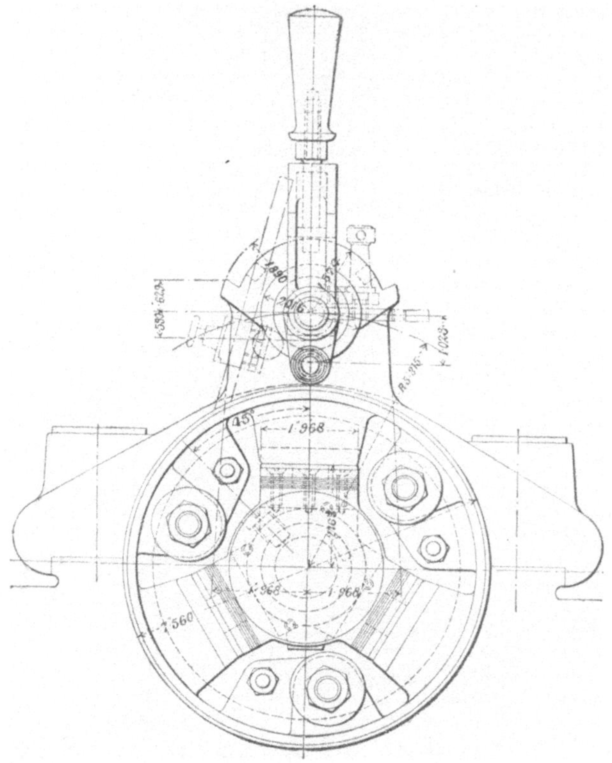

Fig. 293. Vorichtungen zum Kurzschließen der Schleifringe im Innern des Rotors und zum Abheben der Bürsten.

erwähnt werden, daß es eine jetzt allgemein anerkannte Erfahrungstatsache ist, daß Kohlenbürsten für Kollektorringe ebenso unentbehrlich sind als für Kommutatoren. Metallbürsten auf Schleifringen, mögen sie nun aus Kupfer, Messing oder Eisen sein, führen zu einer raschen Abnutzung der Bürsten und Ringe und sind ganz allgemein gegen Kohlenbürsten vertauscht worden, welche natürlich eine viel größere Auflagefläche haben müssen und größere Reibungsverluste und Stromwärme verursachen.

Fig. 291 und 292[1]) zeigen, welche verwickelte Konstruktionen angewendet werden mußten, um die Schleifringe im Innern kurzschließen, und die Bürsten abheben zu können. Fig. 293 und 294[2]) zeigen eine etwas weniger komplizierte Anordnung, die für Motoren bis zu 50 PS brauchbar ist und denselben Zweck erfüllt wie die Konstruktion in Fig. 291 und 292.

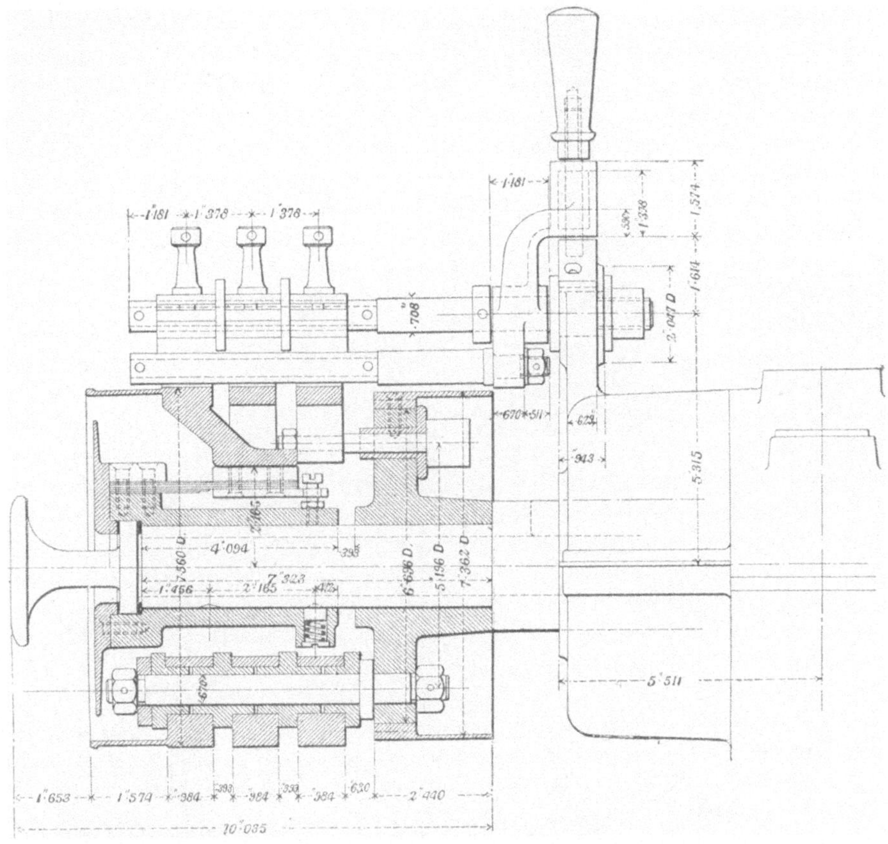

Fig. 294. Vorrichtungen zum Kurzschließen der Schleifringe im Innern des Rotors und zum Abheben der Bürsten.

In Fig. 295 und 296 ist eine Anordnung der Lahmeyer-Gesellschaft zum Kurzschließen der Ringe und zum Abheben der Bürsten

---

[1]) Fig. 291, 292, 295 und 296 sind Herrn Professor Dr. Klingenberg's Buch „Elektromechanische Konstruktionselemente" sechster Teil, Seite 58 und 59 (Verlag Julius Springer, Berlin, 1902), entnommen.

[2]) Aus Herrn Eboralls Vortrag, betitelt „Bemerkungen über Mehrphasenmaschinen", gelesen vor der „Manchester Section of the Institution of Electrical Engineers 1902."

gezeigt, während die Fig. 297 und 298 eine von Herrn A. P. Zani entworfene Vorrichtung zum Kurzschließen der Schleifringe darstellt,

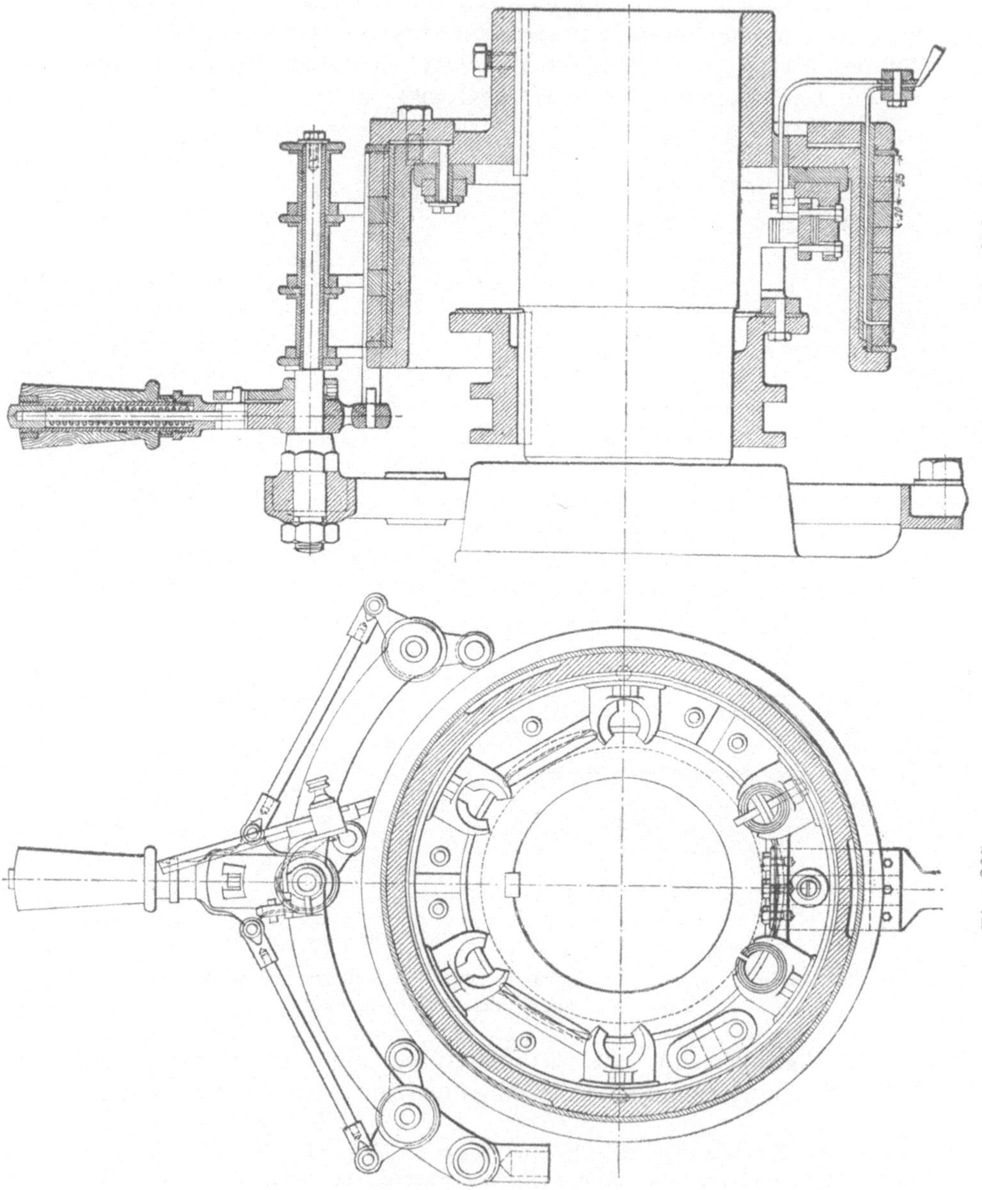

Fig. 295. Fig. 296.

Fig. 295 und 296. Bürstenhalter, Schleifring und Kurzschlußvorrichtung, entworfen von Zani.

welche die Firma Dick, Kerr & Co. für ihre 5 PS-Motoren benutzt. Um die Anzahl von Leitern auf dem Rotor niedrig halten

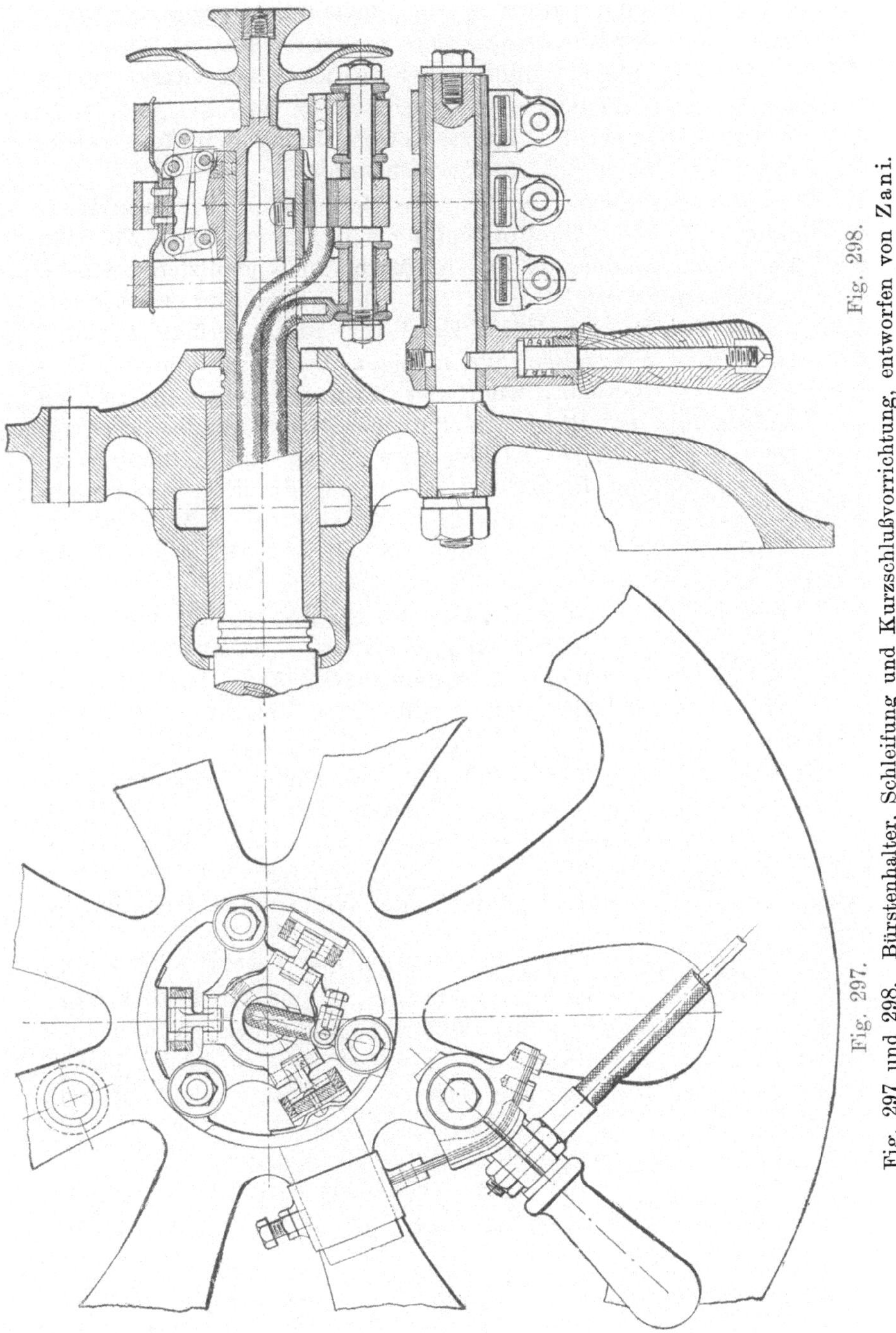

Fig. 297.

Fig. 298.

Fig. 297 und 298. Bürstenhalter, Schleifung und Kurzschlußvorrichtung, entworfen von Zani.

zu können, muß man natürlich einen hohen Rotorstrom benutzen. Herr Zani hat gefunden, daß 200 Ampere selbst in mittleren Motoren Vorteile bieten, und da diese hohe Stromstärke einen Dauerbetrieb mit Schleifringen und Bürsten ziemlich schwierig machen würde, hat er diese Kurzschlußanordnung getroffen, welche die Benutzung kleiner Schleifringe ermöglicht.

Bei diesem Entwurfe erübrigt es sich, außer der Kurzschlußanordnung auch noch eine Vorrichtung zum automatischen Abheben der Bürsten anzuwenden, da das den Motor nur komplizieren würde, ohne hinreichende Vorteile zu bieten. Der kleine Durchmesser der Schleifringe und die von Herrn Zani verwandte geringe Auflagefläche der Bürsten ergeben nur mäßigen Reibungsverlust und es kommt kaum in Betracht, wenn der Wärter vergißt, die Bürsten nach Kurzschluß der Ringe abzuheben. Außerdem ist die Abnutzung der Schleifringe bei der Anwendung von Kohlenbürsten und bei sorgfältiger Justierung des Auflagedruckes nur gering. Dieselbe Kurzschlußvorrichtung gilt für sehr viele Motorgrößen, z. B. wird der in Fig. 297 und 298 dargestellte Entwurf für Motoren bis zu 30 PS benutzt. Das Abheben der Bürsten geschieht von Hand vermittels eines Hebels, dessen Klinke die Bürsten in den zwei Stellungen festzuhalten gestattet. Die Bürsten haben einen besonders geringen Übergangswiderstand, und können 20 Ampere pro Quadratzentimeter für kurze Zeit ohne Erhitzung vertragen.

Die Firma Schuckert[1]) hat eine Anordnung getroffen, bei welcher es unmöglich ist, die Bürsten abzuheben, bevor die Ringe kurzgeschlossen sind, und bei welcher außerdem noch, im Falle der Motor außer Tritt fällt oder abgeschaltet wird, die Bürsten automatisch wieder aufgelegt und die Widerstände eingeschaltet werden.

Über die eine Kupplungshälfte a, die auf der Welle festgekeilt ist (Fig. 299) und das eine Kontaktstück für den Kurzschluß trägt, ist die zweite Hälfte b mit dem andern Kontaktstück gestülpt. Die Spiralfeder d hat das Bestreben, a und b in eine solche gegenseitige Lage zu bringen, daß sich die Kontakte nicht decken. Sollen die Schleifringe kurzgeschlossen werden, so wird dieses durch Auflegen des Bremshebels e erreicht, was die Wirkung hat, daß die Muffe b gegen die Muffe a verzögert wird und die Stromschlußstücke zur Berührung kommen. In dieser Stellung werden

---

[1]) D. R. P. 114828 vom 6. Nov. 1900. Siehe auch D. R. P. 116267 vom 21. Dez. 1900, welches auf eine abgeänderte Form dieses Entwurfes Bezug nimmt.

die beiden Muffen durch eine Klinke f gehalten, die, durch das Fliehgewicht g nach außen bewegt, in eine entsprechende Rast einspringt. An dem Fliehgewicht sitzt ferner ein Zapfen h, der nun aus der Muffe heraustritt und bei der Drehung einen an dem ver-

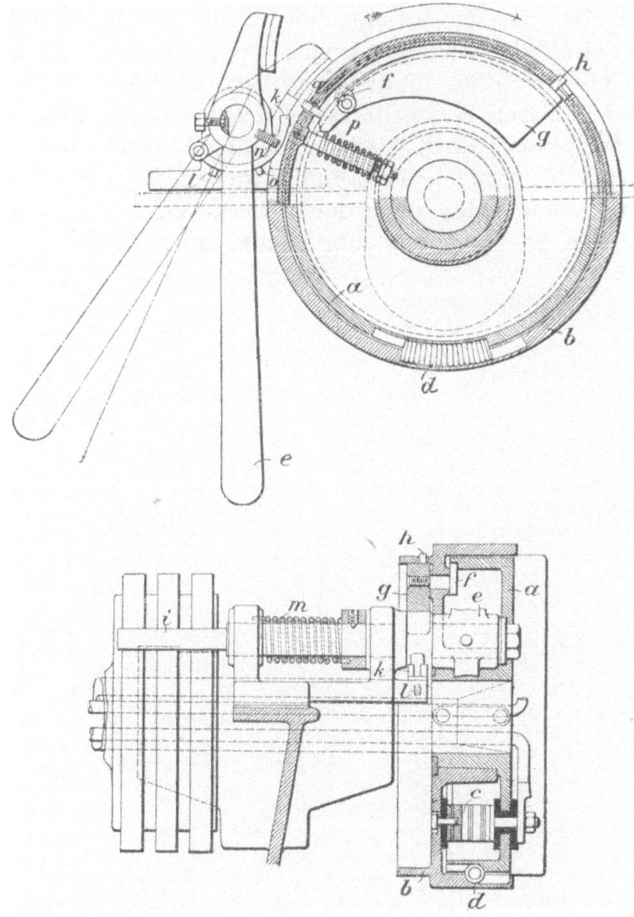

Fig. 299. Anordnung zum Abheben der Bürsten (Schuckertgesellschaft).

längerten Bürstenhalter i angebrachten Hebel k aus seiner Arretierung durch den Zapfen n und die Versenkung l auslöst. Jetzt können die Bürsten durch eine Abwärtsbewegung des Bremshebels e abgehoben werden, und zwar gegen den Widerstand einer auf dem verlängerten Bürstenhalter sitzenden Spiralfeder m. Ein Festhalten in der abgehobenen Lage geschieht dadurch, daß der Zapfen n des Hebels k in die Rast o einspringt. Diese Stellung der Muffen, Kon-

taktstücke und Bürsten entspricht dem normalen Betriebe; tritt eine
Verminderung der Umlaufszahl ein, so wird alsbald das Fliehgewicht g durch die Spiralfeder p nach innen bewegt, wodurch der
Zapfen q, der bisher nicht herausragte, aus der Muffe b heraustritt
und durch Lüpfen des Hebels k die Arretierung aufhebt.   Das
Auflegen der Bürsten erfolgt nun durch die beim Abheben ge-
spannte Spiralfeder m; hierbei wird der Bremshebel e von der normalen Betriebsstellung in diejenige für Stillstand und Anlauf mit-
genommen.   Durch ein weiteres Zurücksinken des Fliehgewichtes g
kommt auch die Klinke f wieder außer Eingriff und die Spiralfeder d verschiebt die beiden Muffen wieder so gegeneinander, daß
die Kontaktstücke sich nicht mehr berühren und der Kurzschluß
zwischen den Schleifringen aufgehoben wird.

Neunzehntes Kapitel

Spezielle Methoden zum Anlassen von Induktionsmotoren.

Methode von Görges.

Eine sehr interessante Methode verdanken wir Görges.[1] Sie beruht auf dem Gedanken, den sekundären Strom beim Anlassen nicht durch in Reihe mit der Rotorwicklung geschalteten Widerstände herabzudrücken, sondern die sekundäre Wicklung so anzuordnen, daß ein Teil der erzeugten elektromotorischen Kraft durch einen anderen Teil kompensiert wird, und nur eine geringe

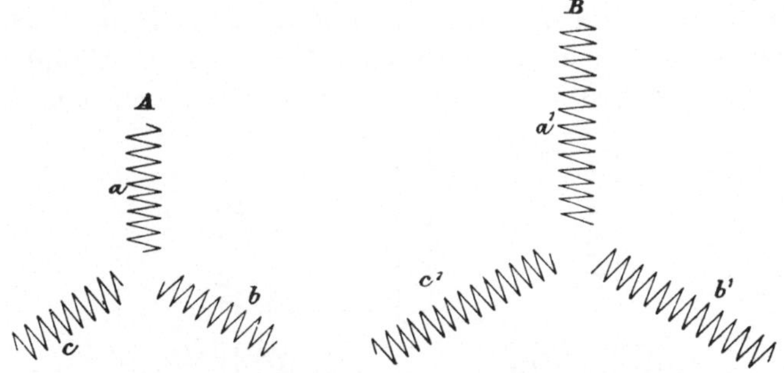

Fig. 300. Die Görgessche Methode zum Anlassen von Drehstrommotoren.

wirksame elektromotorische Kraft übrig bleibt, die den verlangten Strom durch den gesamten Widerstand der Wicklung sendet. Sobald der Motor eine genügende Umlaufzahl erreicht hat, werden die Wicklungen so umgeschaltet, daß die volle elektromotorische Kraft wirksam wird. In einem 30 PS-Siemens & Halske-Motor, der sehr ausführlich von Kapp in „Elektromechanische Konstruktionen" beschrieben worden ist, sind außerdem

---

[1] Englisches Patent 21 141 vom Jahre 1894 Siemens Bros. & Co., Deutsches Patent No. 82016 vom Jahre 1894 von Siemens & Halske.

noch äußere Widerstände vorhanden. Da dieses aber die Beschreibung komplizieren würde, so soll darauf weiter keine Rücksicht genommen werden.

In ihrer einfachsten Form besteht die Goergessche Methode aus zwei getrennten Dreiphasenwicklungen A und B (Fig. 300). Die drei einzelnen Wicklungen a, b und c der Dreiphasenwicklung

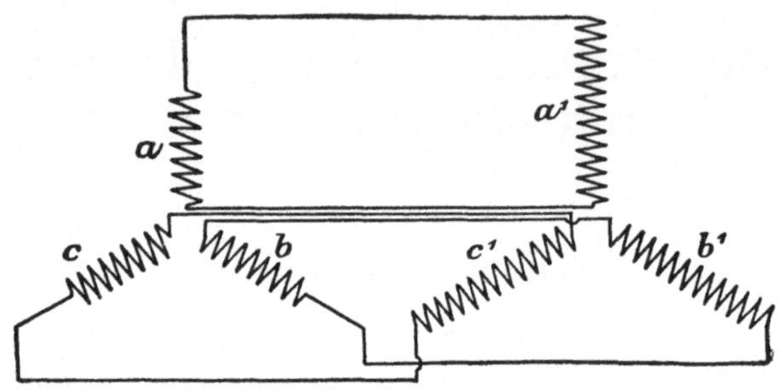

Fig. 301. Die Görgessche Methode zum Anlassen von Drehstrommotoren.

A befinden sich auf dem Rotor in derselben relativen Lage wie a', b' und c', so daß die in a und a' erzeugten elektromotorische Kräfte dieselbe Phase haben, und ebenso besitzen die elektromotorischen Kräfte in b und b' bzw. c und c' dieselbe Phase. Aber a, b und c haben ungefähr doppelt so viele Leiter wie a', b' und c'. Die Schaltung beim Anlassen ist nun so angeordnet, wie aus Fig. 301

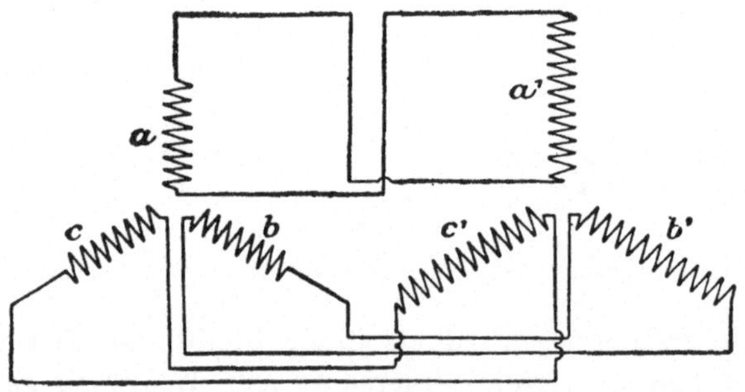

Fig. 302. Die Görgessche Methode zum Anlassen von Drehstrommotoren.

ersichtlich. Natürlich ist dann die in a erzeugte elektromotorische Kraft derjenigen in a' entgegengesetzt und die wirksame elektromotorische Kraft ist nur $^1/_3$ der Summe der zwei elektromotorischen Kräfte in a und a'. Ein gleiches gilt für b und b', c und c'. Der Strom ist folglich so klein, daß eine unerwünschte Rückwirkung des Rotors auf das magnetische Feld nicht stattfindet, und der Motor kann mit einem passenden Drehmoment angelassen werden.

Sobald eine genügend große Umlaufszahl erreicht ist, wird die Umschaltung vorgenommen, wodurch die Phasen entsprechend der Fig. 302 verbunden werden. Die elektromotorischen Kräfte in den einzelnen Teilen unterstützen sich jetzt und der Motor läuft normal.

Diese Methode verdient deshalb besondere Achtung, weil die erforderliche Umschaltung so äußerst einfach vorgenommen werden kann. Das Wicklungsschema ist aus Fig. 303 und 304 zu ersehen, diese Figuren zeigen sowohl die Schaltung für das Anlassen als auch für den Dauerbetrieb. Diese zwei Diagramme sind offenbar gleichwertig mit denjenigen der Fig. 301 und 302, mit der einzigen Ausnahme, daß in diesen die neutralen Punkte der Klarheit wegen unverbunden geblieben sind.

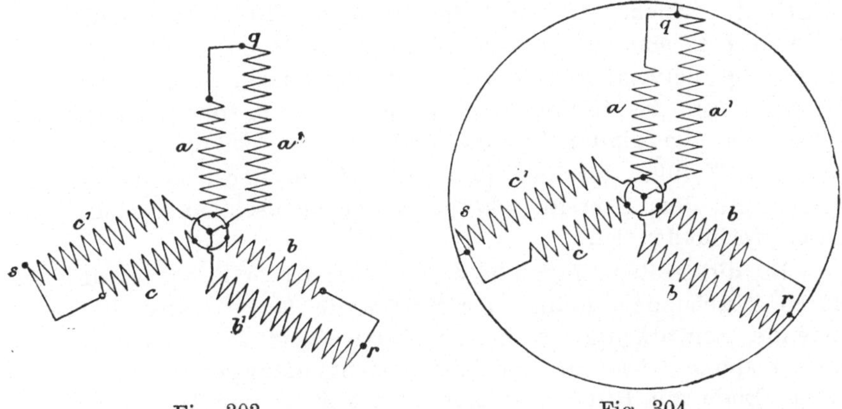

Fig. 303. Fig. 304.

Fig. 303 und 304. Die Görgessche Methode zum Anlassen von Drehstrommotoren.

Es ändert in Bezug auf Strom und Spannung nichts, ob die Wicklung zwei unabhängige neutrale Punkte enthält, wie in Fig. 303 u. 304 gezeigt ist, oder ob diese beiden Punkte wieder verbunden werden. Dasselbe wird auch durch eine Kurzschlußverbindung an den anderen Enden der zwei Wicklungssätze erreicht. Durch eine besondere Kurzschlußverbindung für jeden Wicklungssatz würde nichts gewonnen werden, denn wenn die Wicklungen für den Dauerbetrieb kurzgeschlossen sind, so ist der Strom pro Leiter doch stets nur durch die Spannung und die Reaktanz pro Leiter bestimmt. Die Umschaltung besteht also nur darin, die drei Punkte $q\,r\,s$ kurzzuschließen, wie in Fig. 304 gezeigt ist. In den Motoren der Firma Siemens & Halske wird dieses automatisch mit Hilfe eines Zentrifugal-Regulators bewirkt, doch könnte es natürlich auch mit Hilfe eines Handhebels (Fig. 287 oder 289) getan werden.

Das Problem, die Zentrifugalkraft zum Umschalten der Rotorwicklung zu benutzen, ist von mehreren Konstrukteuren aufgenommen worden. [1]) Die von Siemens & Halske benutzte Anordnung
ist im englischen Patent 21668 beschrieben, die Figuren 305 und
306 sind jener Patentschrift entnommen worden.

Anstatt die Punkte q, r und s (Fig. 304) kurzzuschließen, werden
die entsprechenden Punkte in Fig. 305 (A^1, A^2 und A^3) mit zwei
Plattenpaaren verbunden, die einander gegenüberstehen und die
durch die Wirkung eines Zentrifugalhebels kurzgeschlossen werden
können. Fig. 306 gibt eine Ansicht des Inneren des Zentrifugal-
Regulators und einen Querschnitt durch denselben.

Die wirksamen Teile sind von einer zylindrischen Kappe T
eingehüllt, welche starr mit der Welle des Motors verbunden ist.
CC und DD sind die Kontaktplatten, die eben erwähnt worden
sind. Die notwendigen vier Zuführungskabel gelangen von dem
Motor durch die Hinterwand der Kappe T in das Innere, zwei
führen zu den Platten CC, die zwei anderen zu den Platten KK.

Von K führt der biegsame Leiter B zu der Kontaktplatte D,
welche mit dem Zentrifugalkörper M mechanisch, aber nicht elek-
trisch verbunden ist.

Da dieser Zentrifugalkörper unsymmetrisch in bezug auf einen
durch Z gehenden Radius der Motorwelle ist, so wird die resul-
tierende Zentrifugalkraft ein Drehmoment in M um Z erzeugen.
Eine Feder F wirkt diesem Drehmoment entgegen. Sie ist mit
einem Ende mit Hilfe eines Augbolzens P an den Kurbelzapfen S
des Fliehkörpers M und mit dem anderen Ende justierbar an der
Kappe befestigt. Der durch die Feder gehende Stab P hält dieselbe in gerader Linie, so daß die Zentrifugalkraft sie nicht
durchbiegen kann.

Die Stärke der Federn kann so justiert werden, daß die Zentrifugalkraft nur bei einer bestimmten Umlaufszahl in Wirksam-
keit kommt.

Die Federn sind so angeordnet, daß der von ihnen ausgeübte
Zug langsamer anwächst als die Zentrifugalkraft der Masse M,
welche sich ja proportional dem Radius vergrößert. Sobald also
M seine ursprüngliche Lage verlassen hat, so wird es sofort eine
große Beschleunigung erlangen, und die Berührung zwischen E
und D wird schnell und mit Überschuß an Energie hergestellt
werden.

Die zwei Kontakte müssen zu gleicher Zeit kurzgeschlossen

---

[1]) Fig. 283 und 299 zeigen schon einige Anordnungen, in denen Zentri-
fugal-Regulatoren benutzt worden sind.

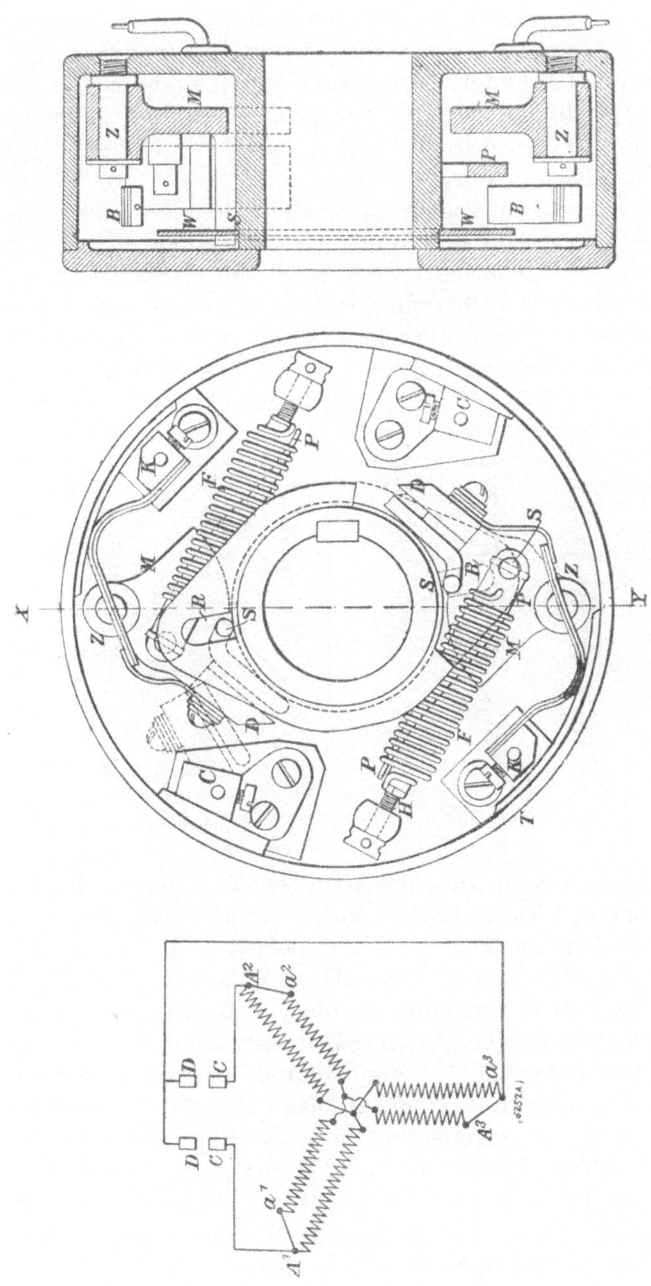

Fig. 306.

Fig. 305.

Fig. 305 und 306. Die Görgessche Methode zum Anlassen von Drehstrommotoren in ihrer praktischen Ausführung.

werden. Dieses wäre jedoch schwierig zu erreichen, wenn die beiden Kontaktstücke ganz unabhängig voneinander sein würden, selbst wenn die Federn sehr genau justiert wären, denn die Reibung möchte in dem einen Falle größer sein als in dem anderen.

Anderseits würde aber eine starre Verbindung den guten Kontakt beeinträchtigen.

Um beide Bedingungen zu erfüllen, befindet sich lose auf der Nabe der Kappe eine Scheibe W, welche radiale Nuten RR besitzt, in welche zu M gehörige Bolzen s mit etwas Spielraum eingreifen.

Wenn sich nun der eine Körper von seiner ursprüglichen Lage eher fortbewegt als der andere und so den vorstehenden Spielraum überschritten hat, so wird seine Bewegung auf den Körper M übertragen und da er dann schon einen Überschuß von Energie

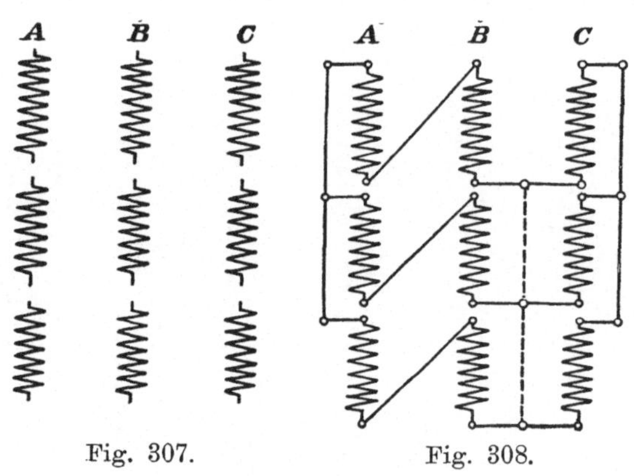

Fig. 307.   Fig. 308.

erreicht hat, so wird ein jeder Unterschied in der Stärke der Federn das gleichzeitige Kurzschließen kaum beeinflussen, während andererseits der Spielraum zwischen den Bolzen s und den Nuten R die Berührung der Platten unabhängig voneinander ermöglicht.

Der Verfasser kam auf die Idee, daß sich eine symmetrische Mehrfachwicklung sehr gut den Erfordernissen der Goergesschen Methode anpassen würde. Man könnte eine jede der drei unabhängigen Wicklungen A, B und C (siehe Fig. 307) in drei Abschnitte zerlegen und so gruppieren, wie in Fig. 308 angegeben ist, wo die vollen Linien die Anlaßschaltung darstellen. Nachdem die volle Tourenzahl erreicht ist, würde die einzige Änderung darin bestehen, die durch die punktierten Linien angegebenen Verbindungen herzustellen. Eine Dreifachwicklung, welche beim Anlassen die wirksame elektromotorische Kraft auf ein Drittel erniedrigt, ist als der einfachste Fall genommen worden. Andere Verhältnisse können mit anderen Wicklungsarten erreicht werden.

Das Goergesche Patent beschreibt auch Anordnungen, welche mehr als zwei Stufen erlauben, um allzu große Stromstöße zu vermeiden.

Boucherots Methoden.

Herr Boucherot war einer der ersten, der Methoden zum Anlassen von Drehstrommotoren ausgearbeitet hat. Von den drei Klassen, in welche seine Motoren zerfallen, kann keine einzige übersehen werden, da die zugrunde liegenden Ideen für Drehstrommotoren von großer Bedeutung sind. Die frühesten Typen wurden im Jahre 1894 und 1895 entworfen und sollten besonders ein gutes Anlaßdrehmoment ohne die Anwendung von Kollektorringen besitzen. Die erste Idee besteht darin, einen gewöhnlichen Stator als den primären Teil zu nehmen, nnd die Rotorwicklung aus mehreren unabhängigen Stromkreisen herzustellen, in welchen das Verhältnis Widerstand / Induktanz verschiedene Werte besitzt.

Der Stromkreis mit hohem Widerstand und geringer Induktanz wird nur im ersten Augenblick des Anlassens von einem beträchtlichen sekundären Strom durchflossen, da die übrigen Kreise wegen der hohen Periodenzahl im Rotor einen sehr hohen scheinbaren Widerstand besitzen.

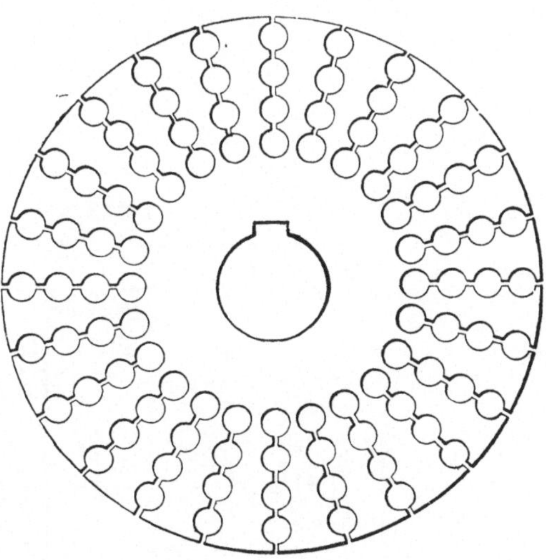

Fig. 309. Blech eines Boucherot-Rotors.

Aber in dem Maße wie der Rotor seine volle Tourenzahl erlangt, vermindert sich die Periodenzahl der Ströme in der Rotorwicklung und bei Vollast ist diese so gering, daß alle Stromkreise, im besonderen aber diejenigen mit dem geringsten ohmschen Widerstand vom Strom durchflossen werden. Folglich besitzt der Motor bei normalem Laufe einen besseren Wirkungsgrad als es der Fall wäre, würde der Rotor nur mit einer einzigen Wicklung von genügend hohem Widerstande versehen sein; denn ein solcher Motor würde große Schlüpfung, geringen Wirkungsgrad und große Erwärmung besitzen.

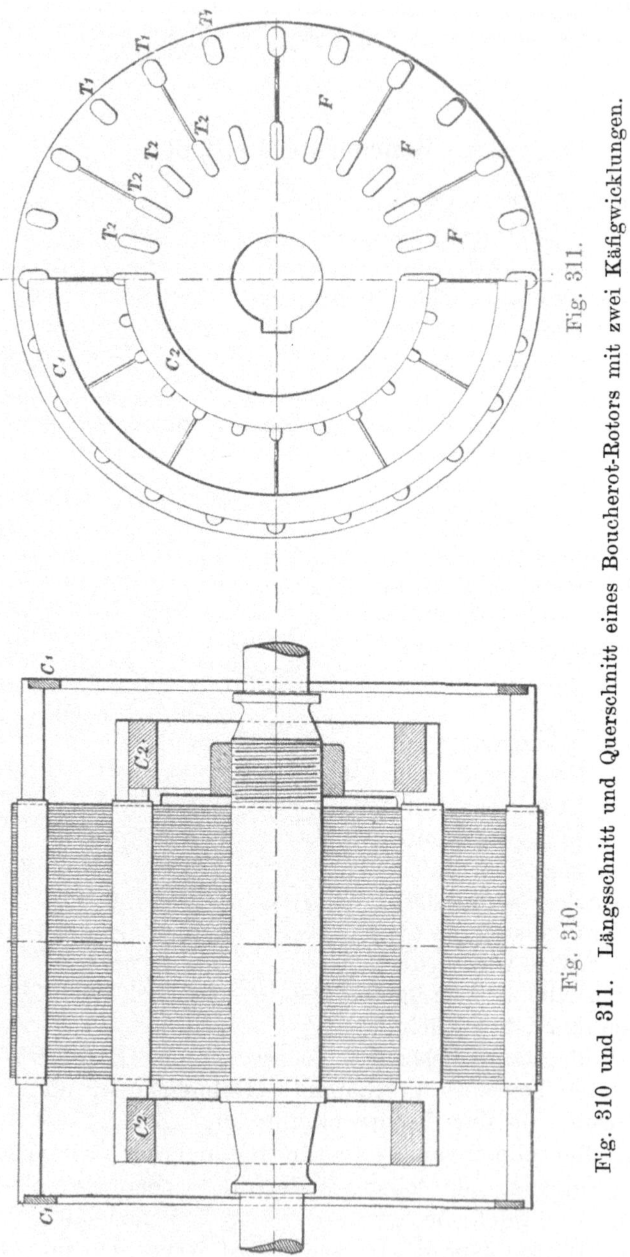

Fig. 310 und 311. Längsschnitt und Querschnitt eines Boucherot-Rotors mit zwei Käfigwicklungen.

Herr Boucherot verwirklichte diese Idee durch den Bau eines Käfigankers, dessen Bleche in Fig. 309 wiedergegeben sind. Die nahe dem Luftspalt des Käfigankers liegenden Stäbe besitzen hohen Widerstand und geringe Induktanz und sind besonders wirksam beim Anlassen, wenn die sekundäre Periodenzahl hoch ist. Die zweite Reihe von Stäben wird wirksam, nachdem die Tourenzahl einen gewissen Betrag erreicht hat, bis schließlich bei normaler Umlaufszahl alle Wicklungen zur Erzielung des Drehmomentes beitragen.

In der Praxis hat sich herausgestellt, daß zwei Käfigwicklungen vollständig genügen. Fig. 310 und 311 zeigen Querschnitt und Endansicht des Ankers. In diesen Figuren bezeichnet T_1 die

Fig. 312. Teile eines 5 PS Boucherot-Motors.

dem Umfange am nächsten gelegenen Nuten, während T_2 die im Innern befindlichen Nuten darstellt, welche mit den ersteren durch radiale Schlitze verbunden sind, die dazu dienen, den magnetischen Widerstand des zwischen den zwei Nutensätzen befindlichen Eisens zu vergrößern und so die magnetische Streuung des Käfigankers zu verringern.

In den äußeren Nuten befinden sich Kupferstäbe, welche mit Endringen von hohem Widerstande (gewöhnlich benutzt man Eisen oder Nikelin) verlötet sind. In der zweiten Nutenreihe befinden sich Kupferstäbe von größerem Querschnitte als in der äußeren Reihe, und diese sind mit Endringen von geringem Widerstande verlötet. Eine Ansicht der einzelnen Teile des 5 PS-Motors ist in Fig. 312 gegeben. Fig. 313 stellt einen 3 PS-Motor dar.

Aus den Kurven in Fig. 314 ersieht man am besten das Ziel, das sich Boucherot gesetzt hatte. Wenn man einen nach der gewöhnlichen Weise hergestellten Käfiganker mit hohem Widerstande und geringer Induktanz benutzt, würde man die Kurve I der Fig. 314 erhalten. Das Drehmoment beim Anlassen ist doppelt so groß als bei normaler Tourenzahl; wegen der großen Schlüpfung $(25^0/_0)$ ist diese aber nur $^3/_4$ der synchronen Tourenzahl, und der Wirkungsgrad ist sehr schlecht. Wäre der Rotor statt mit $C_1\,C_1$

Fig. 313.   3 PS-Boucherot-Motor.

mit der Wicklung $C_2\,C_2$ von geringem Widerstand und hoher Induktanz verbunden, so würde Kurve II (Fig. 314) die Abhängigkeit des Drehmomentes von der Tourenzahl darstellen. In diesem Falle ist fast gar kein Drehmoment beim Anlassen vorhanden, und die maximale Belastung ist kleiner als die normale Leistung dieses Motors. Bei dieser Belastung ist die Schlüpfung aber nur $6^0/_0$ und der Wirkungsgrad folglich sehr gut. Nun wirken die Wicklungen $C_1\,C_1$ und $C_2\,C_2$ in Boucherots Motor zusammen und ergeben die Kurve III, welche verglichen mit Kurve I die Schlüpfung bei Volllast von $25^0/_0$ auf $6^0/_0$ reduziert, während das Drehmoment beim Anlassen das Doppelte des Vollastdrehmomentes ist.[1])

---

[1]) Ob die Summierung der Ordinaten von Kurve I und II richtig ist, um Kurve III zu gewinnen, müßte noch bewiesen werden.

Die Haupteigenschaften des Motors sind von Boucherot wie folgt zusammengefaßt worden:

1. Zum Anlassen und zum Ausschalten genügt das bloße Schließen oder Öffnen des Hauptschalters.

2. Bei Überlastung fließt in dem Motor kein größerer Strom als beim Anlassen, und sobald die Überlastung entfernt worden ist, erlangt der Motor von selbst wieder seine volle Geschwindigkeit. Dieser Motor ist folglich besonders dann zu empfehlen, wenn er aus der Entfernung operiert werden muß, wie es z. B. bei Motoren in Bergwerken, auf Zugbrücken usw. nötig ist. Der Zusatz von veränderlichen Widerständen in dem primären Stromkreise gestattet eine Regulierung der Tourenzahl.

Herr Boucherot berichtet, daß ein 8 PS-Motor dieser Type mit dem doppelten Vollastdrehmoment anläuft und dabei nur den zweieinhalbfachen Normalstrom verbraucht. Der einzige Nachteil ist der, daß sein Leistungsfaktor bei Volllast etwa $10^0/_0$ geringer ist[1]) als derjenige eines normalen Motors.

Herr Boucherot hat sodann eine andere Type entwickelt, von welcher ein

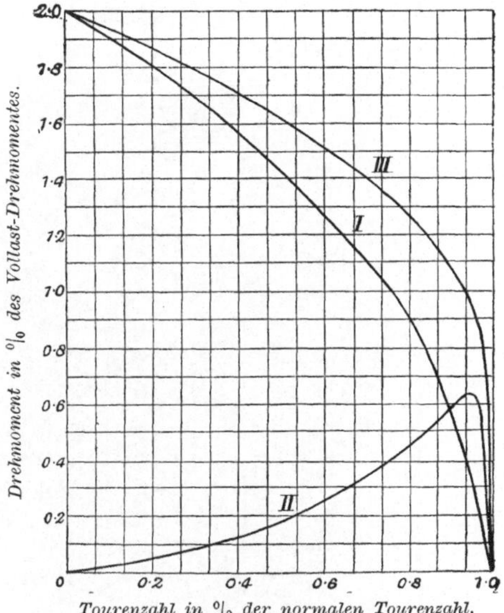

Fig. 314. Charakteristische Kurven eines Motors mit Boucherot-Käfigwicklung.

8 PS- und ein 20 PS-Motor in Fig. 315 und 316 wiedergegeben sind. Bei dieser Type besteht der Stator aus zwei gleichen Teilen, von denen der eine unbeweglich mit der Grundplatte der Maschine verbunden ist, während der andere einer gewissen Drehung fähig ist, entweder mittels eines Hebels (Fig. 315) oder mit Hilfe eines Handrades für die größeren Motoren (Fig. 316). Der Rotor besteht aus zwei axial nebeneinander angeordneten Kernen, durch welche die Stäbe einer Käfigwicklung geradlinig hindurchgehen. Diese Stäbe sind an ihren Enden durch Kupferringe von geringem Widerstand und in der Mitte durch einen Nickelinring von hohem Wider-

---

[1]) Siehe auch „Bulletin de la Société Internationale des Electriciens" vom Februar 1898.

stand kurz geschlossen.   Ein solcher Rotor ist in Fig. 317 gezeigt, derselbe gehört einem 30 PS-Motor an.

Der bewegliche Teil des Stators dient zum Anlassen und befindet sich in einer solchen Stellung zu dem unbeweglichen, daß elektromotorische Kräfte von entgegengesetzter Richtung in jeder Hälfte eines Rotorstabes erzeugt werden.   Infolgedessen bildet sich ein Stromkreis durch den Ring von hohem Widerstand, welcher sich zwischen den beiden Rotorhälften befindet.   Der Motor wird also

Fig. 315.   8 PS-Boucherot-Motor.

mit einem hohen spezifischen Drehmoment anlaufen, genau so, als ob ein gewöhnlicher Induktionsmotor einen Käfiganker von hohem Widerstand besäße.   In dem Maße, wie der Motor seine volle Tourenzahl erlangt, wird die bewegliche Statorhälfte allmählich in die normale Lage gebracht.   Dies bewirkt, daß elektromotorische Kräfte gleicher Richtung in den zwei Hälften jedes Rotorstabes erzeugt werden; die Rotorströme verlaufen jetzt durch die zwei Endringe von geringem Widerstand und der Ring von hohem Widerstande wird nach und nach stromlos.   Der Vorteil dieses Motors besteht darin, daß man die Verschiebung der zwei Stator-

hälften je nach den obwaltenden Bedingungen justieren und folglich in jedem Falle mit dem geringsten Anlaßstrom auskommen
kann. In einem gewöhnlichen Motor mit Käfiganker ist der
Stromstoß beim Einschalten unabhängig von dem Drehmoment,
das zu überwinden ist. Wenn die Belastung klein ist, beschleunigt
sich der Motor rasch; wenn die Belastung groß ist, wird sich der
Motor langsam in Bewegung setzen: der Anlaßstrom ist aber derselbe. Bei dem Boucherot-Motor kann jedoch der Anlaßstrom

Fig. 316. 20 PS-Boucherot-Motor.

groß oder klein gewählt werden, je nach der Verschiebung, welche
die eine Statorhälfte erfährt. Während des normalen Laufes hat
der Motor die guten Eigenschaften eines Käfigankers mit geringem
Widerstand.

Boucherots dritte Motortype[1] beruht auf demselben Prinzip
wie die soeben beschriebene zweite Klasse, mit der Ausnahme,
daß beide Elemente des Stators unbeweglich sind. Am Schaltbrett
oder an irgend einem anderen Orte wird dann ein Phasentransformator erforderlich, vermittels dessen ein hohes Drehmoment beim

---

[1] Englisches Patent No. 9534 vom Jahre 1900.

Anlassen in Verbindung mit einem hohen Wirkungsgrad bei Dauerbetrieb erreicht werden kann. Eine diagrammatische Ansicht des Motors ist in Fig. 318 gegeben, worin $S\,S_1$ die zwei Statoren, $R\,R_1$

Fig. 317.   Rotor eines 30 PS-Boucherot-Motors.

den Rotor, M den Ring von hohem Widerstande und $C\,C_1$ die Ringe von geringem Widerstande darstellen, während die Stäbe K

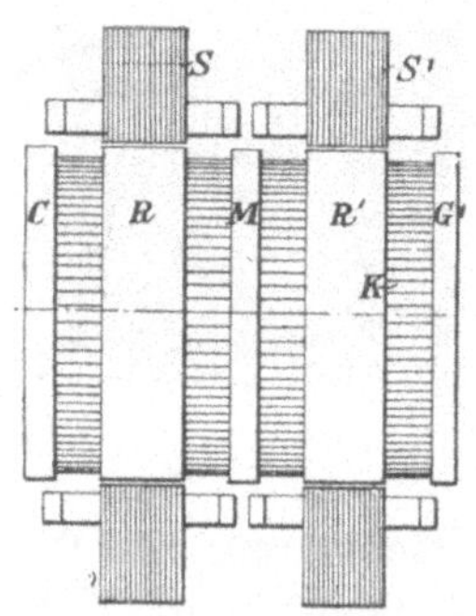

Fig. 318.   Diagrammatische Ansicht eines 350 PS-Boucherot-Motors.

durch beide Rotoren hindurchgehen und mit diesen drei Ringen verlötet sind. Wenn die Ströme, welche die zwei Statorwicklungen aufnehmen, eine Phasenverschiebung von 180^0 besitzen, sind die in beiden Hälften des Rotors erzeugten EMK einander entgegengesetzt und die Ströme müssen den Ring M von hohem Widerstand durchfließen. Der Rotor ist dann einem Käfiganker von hohem Widerstand gleichwertig und hat dementsprechend ein hohes Anlaßdrehmoment, aber er ist ungeeignet für Dauerbetrieb. Wenn jedoch Ströme von derselben Phase in die zwei Statorwicklungen gesandt werden, läuft der Rotor wie ein gewöhnlicher Käfiganker von geringem Widerstand. Beim Anlassen wird folglich der eine Stator direkt von der Linie, der andere von dem sekundären Teil eines Phasentransformators gespeist, aus dem Ströme entnommen werden, die um 180^0 gegenüber den Linienströmen verschoben sind. Diese Phasendifferenz wird allmählich in dem

Maße verringert, wie der Motor seine Tourenzahl erreicht, bis bei
Vollast die Phasenverschiebung gleich Null ist.

Mittels des Phasentransformators kann jede beliebige Phasenverschiebung beim Anlassen erreicht werden, je nach dem Drehmoment, bei welchem der Motor anlaufen soll, und der gewünschten
Beschleunigung. Ein 350 PS-Motor dieser Type ist aus Fig. 319 und
der Rotor eines 200 PS-Motors aus Fig. 320 zu ersehen, während
Fig. 321 die Schaltungsanordnung für drei Motoren erläutert. Die

Fig. 319.   350 PS-Boucherot-Motor.

Motoren können an schwer zugänglichen Stellen aufgestellt werden, da sie ohne Kollektorringe und Schleifkontakte arbeiten und
trotzdem eines hohen Anlaßdrehmomentes fähig sind. Ein jeder
Motor besitzt zwei Statorwicklungen, deren eine an die Linie, die
andere an die sekundäre Wicklung eines Phasentransformators
angeschlossen ist; dieser kann sich an irgend einem Punkte, von
dem aus die Motoren kontrolliert werden sollen, befinden. Für
Dauerbetrieb wird der Phasentransformator ausgeschaltet und beide
Statorwicklungen von der Linie gespeist, wie durch die drei
punktierten Linien p, q und r in Fig. 321 angedeutet worden ist.

Die Konstruktion des Phasentransformators kann aus Fig. 322
erkannt werden. Es ist im Prinzip ein gewöhnlicher Drehstrommotor, dessen sekundärer Teil innerhalb eines kleinen Winkels

verstellbar, im übrigen aber keiner Bewegung fähig ist. Der primäre Eisenkörper trägt die Wicklungen Wp, welche an die

Fig. 320.   Rotor eines 200 PS-Boucherot-Motors.

Speiseleitungen angeschlossen sind, während die sekundäre Wicklung Ws mit der zweiten Statorhälfte des Motors verbunden ist.

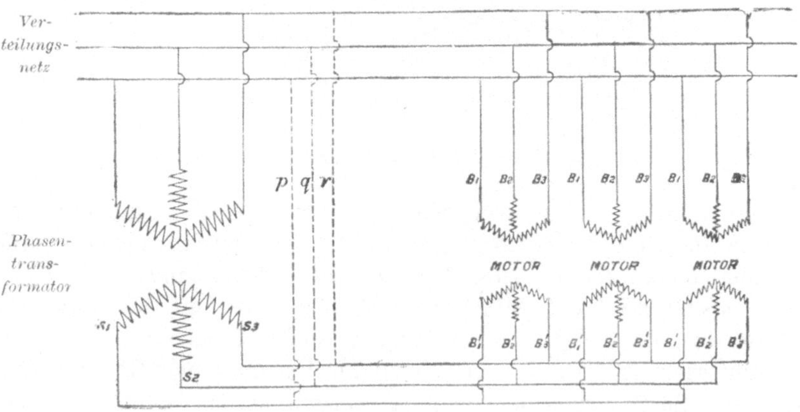

Fig. 321.   Schaltungsschema von drei Boucherot-Motoren.

Wenn die Wicklungen des Phasentransformators eine solche Stellung gegeneinander haben, wie in Fig. 322 angedeutet, so ist die Phasenverschiebung zwischen primärem und sekundärem Teil gleich Null. Dreht man aber den sekundären Teil, bis Punkt m sich gegenüber dem Punkte n des Stators befindet, so ist die Phasenverschiebung gleich 180°. Letztere Stellung ergibt das maximale

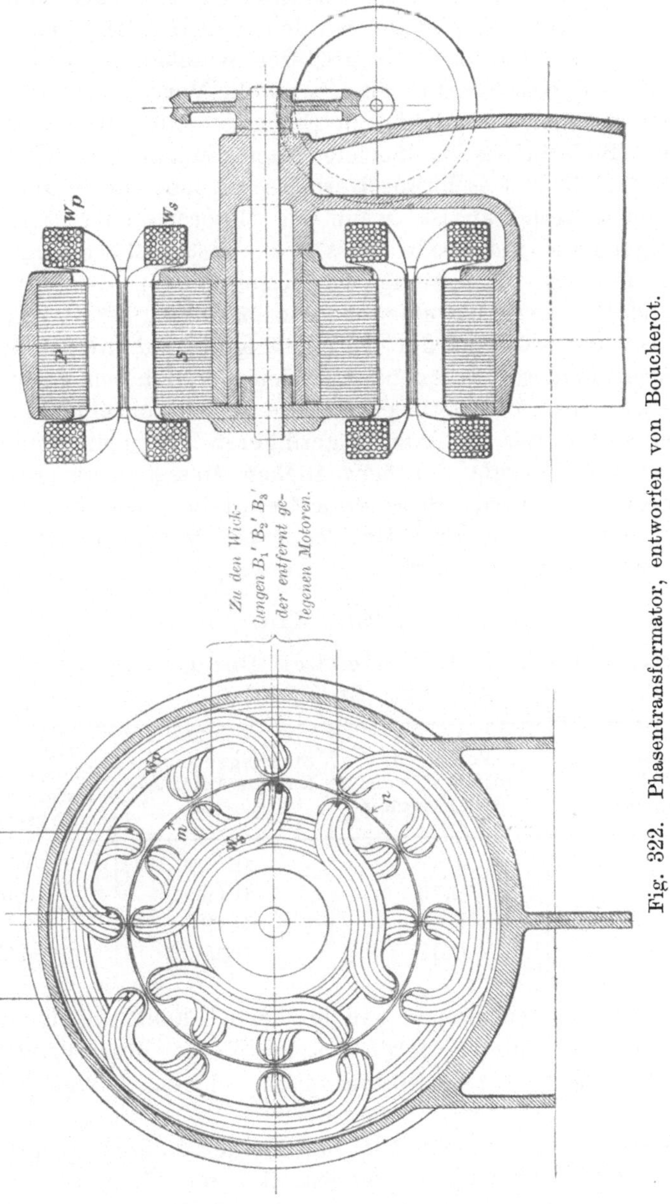

Fig. 322. Phasentransformator, entworfen von Boucherot.

Drehmoment beim Anlassen. Solche Motoren wurden von Boucherot vorgeschlagen, um die Stufenbahn der Pariser Weltausstellung zu betreiben. Man entschied sich aber schließlich für die Benutzung von Gleichstrommotoren.

Motoren von ziemlich großer Leistung sind nach diesen verschiedenen Prinzipien gebaut worden und sind in Frankreich im Betriebe; es scheint, daß die größeren Anschaffungskosten in sehr vielen Fällen gerechtfertigt sind, weil die Verwendung von Induktionsmotoren sonst überhaupt in Frage gestellt gewesen wäre.

In „Bulletin de la Société Internationale des Electriciens" vom 4. Juni 1902 beschreibt Herr Boucherot ein Verfahren, das dann gut anwendbar ist, wenn die Motoren häufig ausgeschaltet und angelassen und große Massen in rasche Bewegung gebracht werden müssen. Das Verfahren besteht darin, daß Ströme von verschiedenen Periodenzahlen benutzt werden, derart daß der Induktionsmotor während der Beschleunigung stufenweise von dem Stromkreis niederer Frequenz auf den der höheren Frequenz umgeschaltet wird. Beim Stillsetzen wird der Motor allmählich wieder auf den Stromkreis der nächst geringeren Frequenz umgeschaltet, wodurch die Energie der beweglichen Massen zum großen Teil wiedergewonnen wird. Herr Boucherot hat diese Ersparnisse bei Anwendung von ein, zwei, drei oder vier verschiedenen Periodenzahlen wie folgt berechnet:

Tafel XLI.

Zurückgewonnene Energie bei Benutzung der Methode von Boucherot.

Zahl der verschiedenen Frequenzen	Verbrauch an Energie bei Beschleunigung	Zurückgewonnene Energie beim Abschalten	Verbrauch an Energie beim Anlassen und beim Abschalten
1	1	0	1
2	0,75	0,19	0,56
3	0,67	0,29	0,38
4	0,62	0,35	0,37

Es ist augenscheinlich, daß in vielen Fällen, wo häufiges Anlassen und Abschalten erforderlich ist, die in dieser Tafel gezeigte Ersparnis die größeren Kosten einer solchen Anlage aufwiegen wird.

Herr C. S. Bradley hat für kleine Motoren vorgeschlagen, einen Stator zu benutzen, der parallel zur Welle so verschoben werden kann, daß er entweder nur auf einen von zwei Rotoren oder auf beide zugleich wirkt. Einer dieser Rotoren hat eine Wicklung von sehr geringem Widerstand und wird für Dauerbetrieb benutzt, während der andere nur zum Anlassen in Anwendung kommt und deshalb mit einer Wicklung von hohem Widerstand ausgerüstet ist.

Dasselbe Resultat könnte man auch dadurch erreichen, daß man für den Rotor eine doppelte, dreifache oder mehrfache Wicklung benutzt. Eine dieser Wicklungen würde dauernd eingeschaltet sein, während die anderen nacheinander, je nach den Erfordernissen, kurzgeschlossen werden.

Fig. 323 zeigt z. B. eine vierfache Wicklung, wobei eine jede Nute vier Leiter, je einen der vier parallelen Wicklungen, besitzt. Diese sind in der Zeichnung mit I, II, III und IV bezeichnet. Wenn beim Anlassen die aus den Leitern I bestehende Wicklung kurz geschlossen ist, während die anderen offen sind, so ist der Ankerwiderstand viermal so groß, als wenn alle vier Systeme kurz geschlossen sind. Diese Schaltung entspricht derjenigen mit einem äußeren Widerstande, der dreimal größer

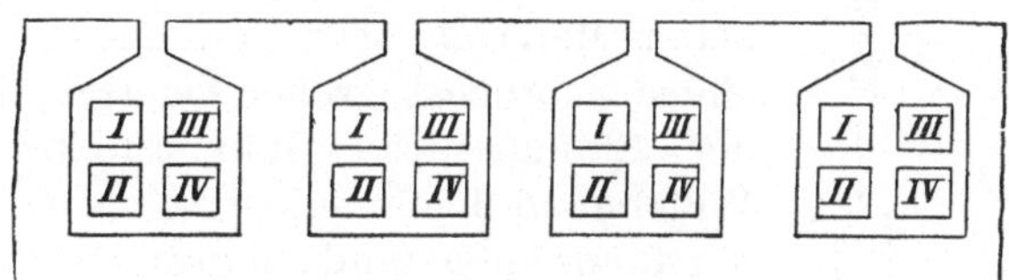

Fig. 323.   Rotor mit Mehrfachwicklung.

ist als der Ankerwiderstand. Man könnte nun nacheinander die zweite, dritte und vierte Wicklung kurz schließen, z. B. mit Hilfe eines Hebels, wie dies in Fig. 287 und 289 für Widerstände im Innern des Rotorkörpers gezeigt worden ist. Wenn man auf diese Weise die Widerstände in die Leiter selbst verlegt, so umgeht man die mechanische Schwierigkeit, sie im Innern des Rotors unterbringen zu müssen. Die Leiter der Wicklung, welche immer kurz geschlossen ist, kann man entweder aus Material hohen spezifischen Widerstandes anfertigen oder mit einem sehr geringen Querschnitte entwerfen, denn diese Leiter erfahren die größere Beanspruchung nur beim Anlassen, da sich der Strom während des Dauerbetriebes, wenn alle Wicklungen in parallel geschaltet sind, proportional der Leitfähigkeit der einzelnen Pfade verteilt, auf diese Leiter also nur ein sehr geringer Anteil entfällt. Die Erwärmung beim Anlassen wird außerdem leichter von Leitern an der Peripherie als von Widerständen im Innern des Rotorkörpers fortgeleitet.

Benutzung des „Skin-Effektes" in den Leitern zum automatischen Anlassen von Induktionsmotoren.

Die Periodenzahl des sekundären Stromes ist im Augenblick des Anlassens gleich der vollen Periodenzahl des Netzes, fällt aber nach Erlangung der normalen Umlaufzahl auf einen sehr niedrigen Wert herunter. Es ist bekannt, daß Leiter mit großem Querschnitt ihren Ohmschen Widerstand bei hohen Periodenzahlen vergrößern. Der Verfasser hat vorgeschlagen, diese Eigenschaft zu benutzen, um ein großes Drehmoment beim Anlassen zu erhalten. Infolge der hohen Periodenzahl besitzen diese Leiter beim Anfahren einen viel höheren Widerstand als nach Erlangung der vollen Umlaufzahl, bei welcher der Widerstand nur äußerst wenig von dem Ohmschen Werte abweicht.

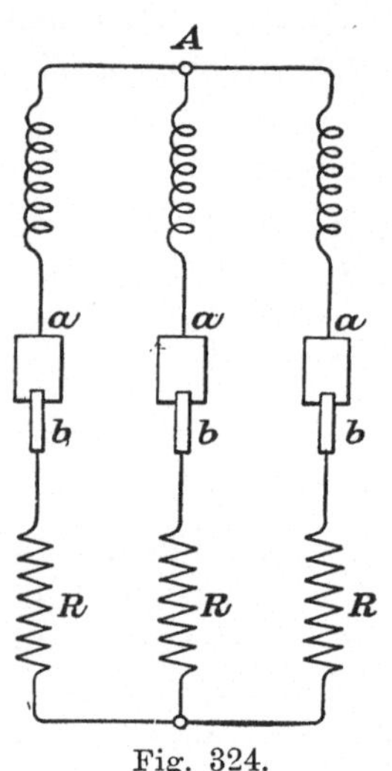

Fig. 324.

Durch Verwendung von Leitern aus geeignetem Material, besonders aus Eisen, und von einem möglichst großen Querschnitte erreicht der Einfluß des „Skin Effektes" auf den Widerstand leicht einen solchen Betrag, daß der Rotorwiderstand so groß wird, wie es das Anlaßdrehmoment erfordert.

Die einfachste Ausführung dieses Gedankens dürften Käfiganker sein, deren Endringe aus massivem Schmiedeeisen bestehen. Doch läßt sich dasselbe Verfahren auch auf gewickelte Rotore anwenden, wie dies aus Fig. 324 zu ersehen ist, worin A den Rotor eines Induktionsmotors darstellt, dessen Wicklung mit den drei Kollektorringen a verbunden ist. Die in dem Rotor induzierten Ströme werden durch die Kollektorringe in die drei Widerstände R geleitet, welche in einem Punkte verbunden sind. Schmiedeeisen ist ein geeignetes Material für diese Widerstände.

Tafel XLII gibt eine Zusammenstellung von Versuchen, die von Herrn B Hopps im Jahre 1899 unter der Aufsicht des Verfassers ausgeführt wurden, um den Einfluß des Skin-Effektes auf das Anfahrdrehmoment zu bestimmen. Man ersieht, daß die Wirkung des Skin-Effektes in diesem Falle mehr darin beruht, die heftigen Stromstöße beim Anfahren zu verhindern, als das Drehmoment bedeutend zu vergrößern.

Tafel XLII.

	Ampere pro Phase A	Verkettete Spannung V_1	Watt pro Phase W_1	Volt p. Phase $V_2 = \dfrac{V_1}{\sqrt{3}}$	Scheinbare Watt pro Phase $= W_2$	$\dfrac{W_1}{W_2} =$ Leistungsfaktor	Drehmoment in mkg	Drehmoment in mkg pro Ampere	
Skin-Effekt vorhanden.	22,5	77	565	45,1	1080	0,523	1,33	0,059	Kollektorringe kurz geschlossen
	15,6	76,5	475	44,2	689	0,690	0,96	0,061	Pro Phase 13 m Eisendraht
									$\Phi = 2{,}5$ cm. Scheinbarer Widerstand $= 0{,}043$. Wirklicher Widerstand $= 0{,}0048$.
	17,5	78	530	45,1	788	0,673	1,06	0,06	$^2/_3$ des obigen Eisenstabes
	20,2	77,7	559	44,9	907	617	1,18	0,059	$^1/_3$ des obigen Eisenstabes
Kein Skin-Effekt vorh.	19,1	77,4	600	45,4	868	0,692	1,2	0,063	Ohmscher Widerstand $= 0{,}0213$
	16,9	79	590	46,2	782	0,754	1,15	0,067	Ohmscher Widerstand $= 0{,}0317$
	14,8	79,8	570	46,7	692	0,825	1,05	0,070	Ohmscher Widerstand $= 0{,}0462$
	13,2	80	510	47,1	624	0,818	0,93	0,070	Ohmscher Widerstand $= 0{,}060$

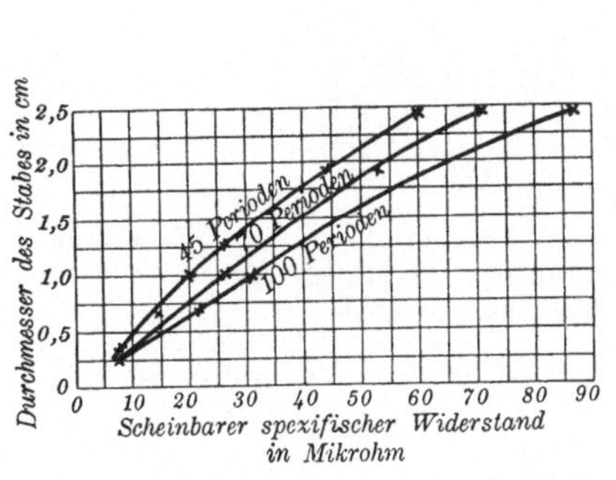

Fig. 325.   Scheinbarer spezifischer Widerstand von Eisenstäben bei 100, 70 und 45 Perioden pro Sek.

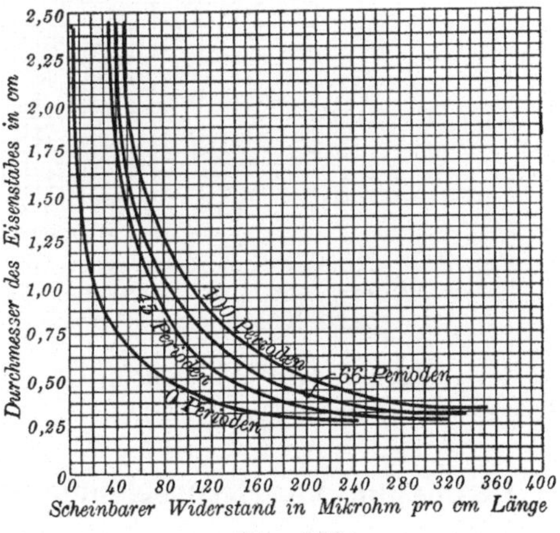

Fig. 326.

Diese Versuche wurden an einem 5 PS-Motor für 1500 Umdrehungen pro Minute 220 Volt und 15 Ampere angestellt. Das zur Konstruktion der Stäbe benutzte Schmiedeeisen wurde auf seine

Permeabilität untersucht und die Resultate sind in Tafel XLIII enthalten.

Tafel XLIII.

H.	B.	μ
1,414	2 400	1 700
1,79	4 450	2 490
2,2	7 100	2 770
2,80	7 950	2 840
3,93	10 100	2 580
4,73	11 000	2 330
7,12	12 520	1 760
8,5	13 000	1 530
12,3	13 950	1 130
23,4	14 920	624
40,6	15 701	387
85,5	16 850	197
113	17 300	153
139,5	17 740	127

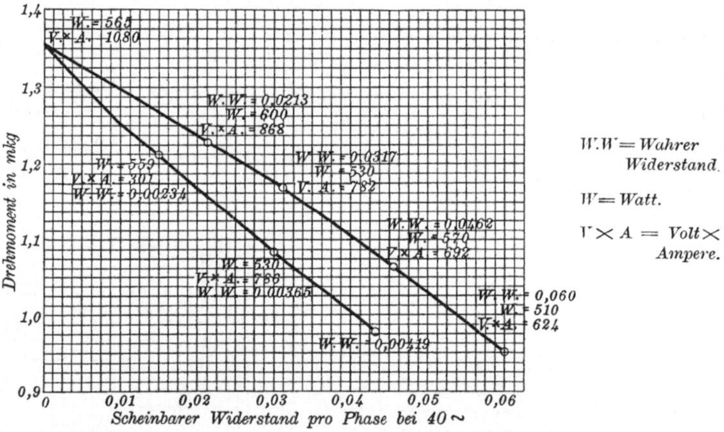

Drehmoment in mkg

Scheinbarer Widerstand pro Phase bei 40 ~

W.W = Wahrer Widerstand.

W = Watt.

V × A = Volt × Ampere.

Fig. 327. Anlaßdrehmoment eines Motors in Abhängigkeit von dem scheinbaren Widerstande pro Phase bei Benutzung von schmiedeeisernen Stäben (linke Kurve) und normalen Widerständen (rechte Kurve).

Fig. 325 bis 327 enthalten die Resultate der Versuche in diagrammatischer Form.

Benutzung von Drosselspulen zum Anlassen von Drehstrommotoren.

Linström (Schwedisches Patent No. 10484, 1899) bringt Drosselspulen dauernd in den Sekundärkreis des Induktionsmotors, um den Strom beim Anlassen gering zu halten. Ebenso erhielt Fischer-Hinnen (Österreich) im Jahre 1900 ein Patent auf ein Verfahren zum Anlassen von Induktionsmotoren mittels Drosselspulen im sekundären Kreise (siehe Fig. 338, die später beschrieben wird).

Ein Patent von A. P. Zani (D R P. No. 105986 vom Jahre 1899) beschreibt eine Methode, bei der Selbstinduktionsspulen den Strom beim Anlassen verkleinern. Die Reaktanz dieser Spulen wird nach Ingangsetzen des Motors automatisch dadurch verringert, daß der Widerstand des magnetischen Kreises vergrößert wird.

Die geistreiche Methode Zanis entstand in der Absicht, eine automatische Anlaßvorrichtung für Induktionsmotoren zu schaffen, welche ein großes Drehmoment beim Anlassen gibt, ohne an Einfachheit gegenüber dem Käfiganker verloren zu haben.

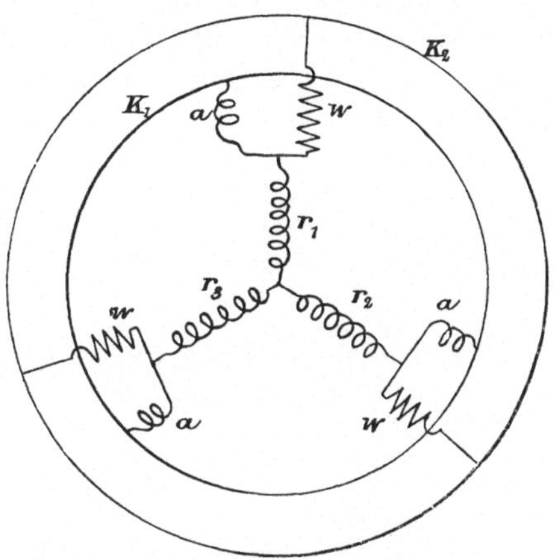

Fig. 328. Die Zanische Methode zum Anlassen von Drehstrommotoren.

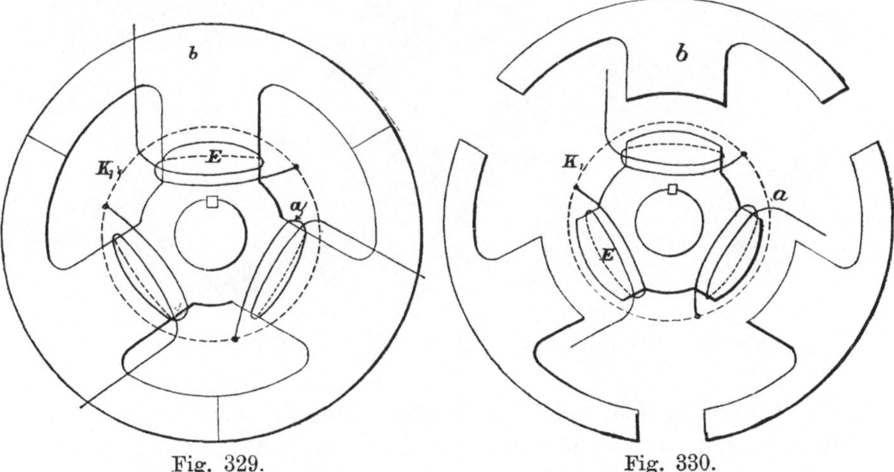

Fig. 329.   Fig. 330.

Fig. 329 und 330. Die Zanische Methode zum Anlassen von Drehstrommotoren.

Ein nach Zani entworfener Motor bedarf nach dem Anlassen keiner mechanischen Veränderung oder elektrischen Umschaltung; die Methode ist vielmehr vollständig automatisch.

Fig. 328 bis 334 erläutern die Methode. In Reihe mit einer jeden Phase der Rotorwicklung r (Fig. 328) befindet sich eine Spule a

und parallel dazu der reguläre Ohmsche Anlaßwiderstand w. Die Enden dieser Spulen und der Widerstände werden mit den Kurzschlußringen K_1 und K_2 verbunden. Die Spulen befinden sich auf einer Nabe E (Fig. 329 und 330), welche fest auf der Welle des Rotors sitzt. Die Ansätze, auf denen die Spulen sitzen, bilden Pole, zu denen drei bewegliche Stücke b als Joch passen. Die

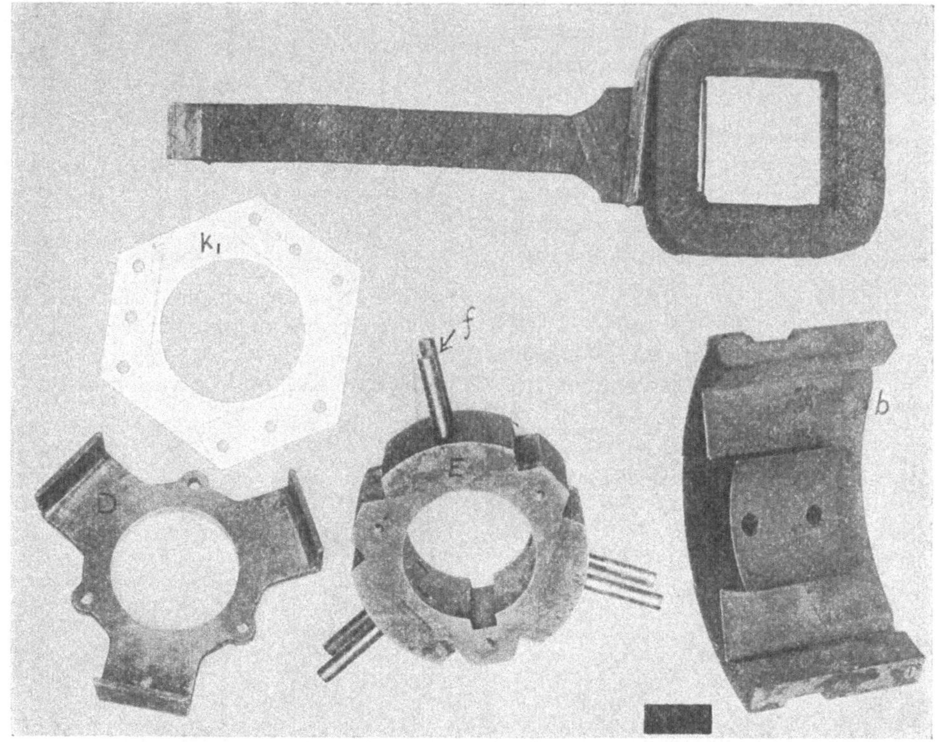

Fig. 331. Die Konstruktion Zanis (in einzelne Teile zerlegt).

Stücke b können sich, radial in Messingstiften gleitend, etwa 20 mm weit bewegen, bevor sie auf die Flanschen des Rotors stoßen.

Wenn der Motor stillsteht, werden die Stücke b von den Federn c (Fig. 332 und 333) gegen die Nabe E gepreßt, wodurch zu gleich die Jochbogen in Berührung miteinander kommen und so einen geschlossenen magnetischen Kreis herstellen.

Die Wirkung des Apparates ist wie folgt:

Beim Anlassen sind die scheinbaren Widerstände der Spulen a groß verglichen mit den Ohmschen Widerständen w, und der Strom

Fig. 332. Die Konstruktion Zanis (teilweise zusammengestellt).

fließt deshalb zum größten Teil durch w, wodurch ein hohes Anfahrdrehmoment entsteht.   Sobald aber der Motor eine gewisse

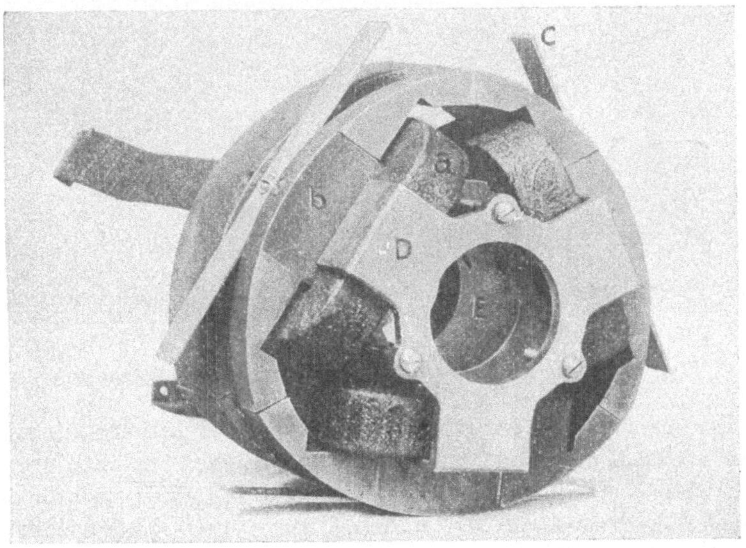

Fig. 333. Die Konstruktion Zanis (zusammengestellt).

Tourenzahl erreicht hat, wird die magnetische Anziehung der Stücke b zueinander und zu der Nabe E nebst der Kraft der Federn durch die Zentrifugalkraft überwunden, sie werden nach außen fliehen, bis sie auf die Flanschen des Rotors treffen.

Der Widerstand des magnetischen Kreises der Spulen ist auf diese Weise sehr vergrößert worden: der scheinbare Widerstand der Spulen wird dadurch klein, gegenüber den Widerständen W, welche jetzt so gut wie kurzgeschlossen sind.

Fig. 334. Die Konstruktion Zanis (in den Rotor eingebaut).

Die mechanische Ausführung des Apparates in Verbindung mit einem 15 PS-Motor kann aus den Illustrationen ersehen werden. Die Spulen a werden auf der einen Seite durch einen sternförmigen Spulenhalter D und auf der anderen Seite durch eine Kurzschlußplatte K in ihrer Stellung festgehalten (Fig. 331 und 333).

Eine weitere Unterstützung ist für die Spule nicht erforderlich, da sie sehr stabil ist (in dem dargestellten Falle besteht die Spule aus sechs Windungen von 4×28 mm Flachkupfer). Der obige Motor ist in allen anderen Beziehungen normal.

Vergleichsresultate eines dieser Motoren gegenüber einem anderen Motor, der Kollektorringe besaß, im übrigen aber identisch war, sind in Fig. 335 und 336 aufgetragen. Die Motoren hatten sechs Pole und waren für 500 Volt und 50 Perioden, also für 1000 Umdrehungen pro Minute bestimmt.

Es geht aus den Resultaten hervor, daß die maximale Leistung in beiden Fällen ungefähr dieselbe ist. Der Wirkungsgrad ist etwa $3\,^0/_0$ höher in dem Zani-Motor, da die Reibung der Bürsten auf den Kollektorringen wegfällt, dagegen war der Leistungsfaktor in dem Zani-Motor $1\,^0/_0$ geringer.

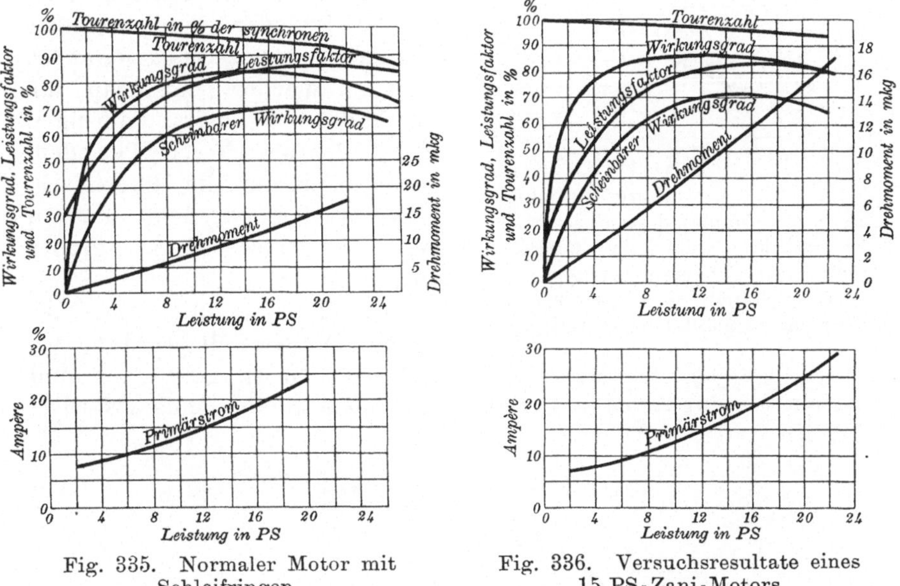

Fig. 335. Normaler Motor mit Schleifringen.

Fig. 336. Versuchsresultate eines 15 PS-Zani-Motors.

Es wird behauptet, daß für ein Anfahrdrehmoment bis zu 1,5 des normalen Drehmomentes die Widerstände w unnötig werden. Der Eisenkörper braucht nur massiv ausgeführt zu werden und die dadurch vergrößerten Hysteresis- und Wirbelströme liefern eine genügend große Wattkomponente.

Der Strom beim Anlassen ist für kleine Motoren etwa $30\,^0/_0$ höher als mit Widerständen in dem Rotor für dasselbe Drehmoment. In großen Motoren beträgt diese Differenz ungefähr $20\,^0/_0$. Sehr wertvoll dürfte sich in dieser Methode die Einfachheit des Einschaltens erweisen, besonders dann, wenn der Motor von einer Entfernung aus angelassen werden muß.

Die Kurven in Fig. 337 zeigen Versuche an demselben Motor, der nur insofern abgeändert war, daß die Jochstücke b nicht ab-

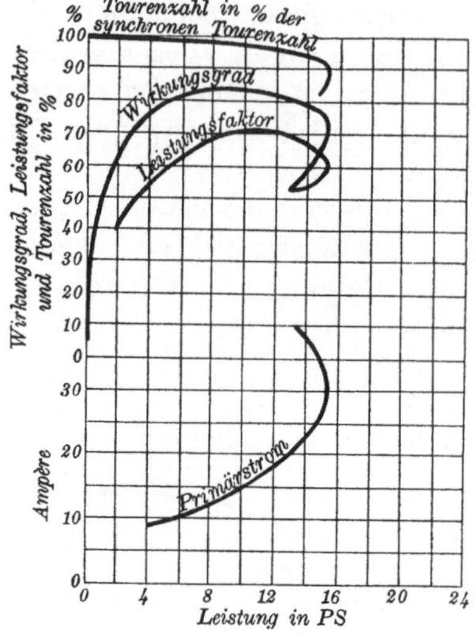

Fig. 337. Versuchsresulte eines
15 PS-Zani-Motors, dessen bewegliche
Eisenstücke mittels Keilen festgehalten wurden. Die Versuche entsprechen
also vollständig der von Fischer-
Hinnen vorgeschlagenen Methode.

werfbar gemacht worden waren. Dieses würde dem Patente von Fischer-Hinnen nahe kommen. Man sieht, daß sich die maximale Leistung und der Leistungsfaktor sehr verringern.

Zani hat bei der Anwendung dieser Methode auf Motoren für verhältnismäßig hohe Periodenzahlen (40—60 Perioden pro Sekunde) sehr gute Resultate erreicht. Bei 25 Perioden wird es aber schwierig, den Zusatzapparat so klein zu machen, daß man ihn innerhalb des Rotors anbringen kann, da bei diesen Periodenzahlen nicht nur die Rotordurchmesser kleiner werden, sondern auch der Zusatzapparat größer wird.

Die Methode dürfte mit Vorteil dort angewandt werden, wo die Umgebung des Motors mit explosiven Gasen gefüllt ist und wo ein absolut sicherer Betrieb und einfache Handhabung erforderlich ist.

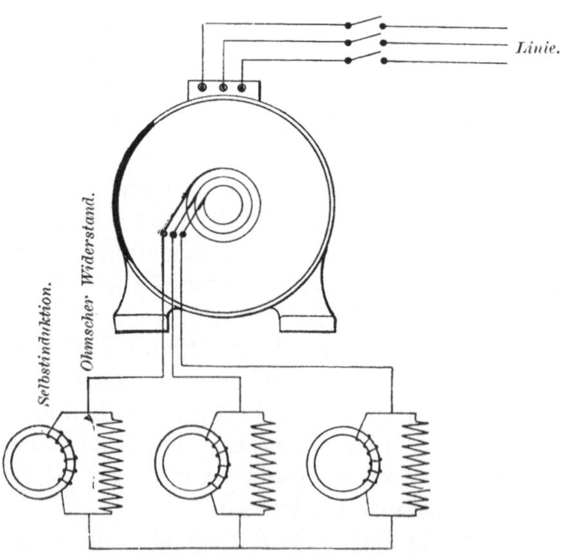

Fig. 338. Diagramm der Fischer-Hinnen-Methode.

Wenn der Motor durch Überlastung zum Stillstand kommt, so schließen sich die Eisenstücke b wieder, teils durch die Wirkung der Federn, teils auch durch die magnetische Anziehung. Es ist also doppelte Sicherheit vorhanden, daß der Strom bei Überlastung nie größer werden kann als der Strom beim Anlassen.

Die Methode von Fischer-Hinnen (Ungarisches Patent No. 6308) ist in Band XXIV „L'Eclairage Electrique" vom 28. Juli 1900, Seite 131 beschrieben worden, Fig. 338 ist dieser Beschreibung entnommen. Da der magnetische Widerstand der Drosselspulen konstant bleibt, kann die Induktanz während des normalen Betriebes nicht so bedeutend vermindert werden, wie bei der Zanischen Methode; dieser Umstand erklärt die weniger zufriedenstellenden Resultate von Fig. 337.

Zwanzigstes Kapitel

Vergleich zwischen Gleichstrom- und Drehstrommotor.

———

Während die beiden vorigen Kapitel eine allgemeine Übersicht über die verschiedenen Typen von Induktionsmotoren geben und die Methoden im einzelnen beschreiben, die bis jetzt vorgeschlagen worden sind, um den Induktionsmotor den Erfordernissen der Praxis anzupassen, wollen wir, bevor wir auf die Theorie eingehen, in diesem

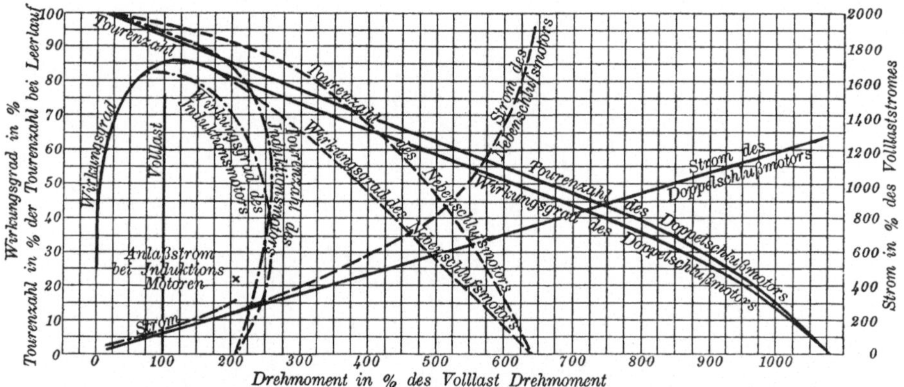

Fig. 339. Vergleichskurven von 5 PS-Motoren für Gleich- und Drehstrom.

— — — Nebenschlußmotor, 230 Volt, 950 U. p. M.

———— Doppelschlußmotor, 230 Volt, 1025 U. p. M.

—·—·— Induktionsmotor, 2 Phasen, 200 Volt, 60 ∿, 1130 U. p. M.

Kapitel einige Kurven und Daten wiedergeben, die einen Vergleich zwischen Gleichstrommotor und Drehstrommotor ermöglichen.

Die Kurven in Fig. 339 sind einem Vortrage des Herrn C. F. Scott in dem „American Institute of Electrical Engineers" (Vol. XVIII 1901) entnommen. Sie wurden während der Diskussion über diesen Vortrag von Herrn Gano S. Dunn mitgeteilt, welcher die Kurven für die Drehstrommotoren aus den Veröffentlichungen einer auf diesem Gebiete hervorragenden Firma entnommen hatte, während er die Kurven für Gleichstrommotoren persönlich aufgenommen hatte. Die Abszissen stellen das Drehmoment in Prozenten des Vollastdrehmomentes und die voll ausgezogene Vertikale bei $100^0/_0$ stellt Vollast für alle Motoren dar. Die Ordinaten sind Strom, Wirkungsgrad und Tourenzahl in $^0/_0$ der normalen Größe.

Man sieht, daß der Strom bei Vollast für den Drehstrommotor etwa $10^0/_0$ größer ist als für den Gleichstrommotor. Der Anlaßstrom für den Induktionsmotor entspricht dem Zeichen X und ist nahezu doppelt so groß als der zu demselben Drehmoment gehörige Anlaßstrom für Gleichstrommotoren. Die Wirkungsgrade aller Motoren sind ungefähr dieselben bis zu $^2/_3$ der vollen Belastung; für höhere Belastungen fällt der Wirkungsgrad des Drehstrommotors ab, während derjenige des Gleichstrommotors noch ziemlich gut bleibt.

Die Geschwindigkeitskurven zeigen, daß der Nebenschlußmotor von Leerlauf bis zu Vollast $4^1/_2\,^0/_0$, der Induktionsmotor ungefähr $6\,^0/_0$ und der Doppelschlußmotor ungefähr $7^1/_2\,^0/_0$ abfällt. Bei 2,6 fachem, normalem Drehmoment fällt der Induktionsmotor außer Tritt, während das maximale Drehmoment des Nebenschlußmotors sechsmal und dasjenige des Doppelschlußmotors zehnmal größer ist als das Vollastdrehmoment. In dem mittleren Bereich der Tourenzahl funkten die Gleichstrommotoren, aber nicht derart, daß ein Betrieb für eine kurze Zeit unmöglich wäre, während das Funken für die höchsten Überlastungen, wo die Tourenzahl sehr gering war, ganz verschwand.

Herr Dunn wies besonders darauf hin, daß der Bereich dieser Kurven jenseits der 2,6 fachen Überlastung von ziemlich großer Bedeutung sei, denn in Walzwerken und ähnlichen Anlagen seien sehr große Überlastungen meistens unvermeidlich, und gerade dann zeige sich der Gleichstrommotor gegenüber dem Wechselstrommotor in einem günstigen Lichte. Um eine ebenso große Überlastungsfähigkeit der Induktionsmotoren zu erhalten, müsse man viel größere Motoren anwenden, und wenn man bedenke, daß die Kosten pro PS für den Induktionsmotor sowieso größer sind, so erkläre sich, daß die Kosten der gesamten Anlage bei Wechselstrom viel größer werden wie bei Gleichstrom. Gerade diese ungünstige Eigenschaft des Wechselstrommotors habe bewirkt, daß alle elektrischen Aufzüge mit Gleichstrom betrieben werden.

Nachdem Herr Dunn noch darauf hingewiesen hatte, daß die Frage der Tourenregulierung (worin die Induktionsmotoren allseitig als minderwertig bezeichnet werden) ein .sehr wichtiger Punkt sei, und daß man sich in Zukunft wahrscheinlich nicht mehr mit konstanten Tourenzahlen begnügen würde, faßte er seine Ansicht über diesen Gegenstand derart zusammen: Der Gleichstrommotor bedürfe wohl etwas mehr Wartung, sei aber dafür viel billiger und innerhalb eines viel weiteren Bereiches verwendbar.

In derselben Diskussion betonte Herr Steinmetz die Vorteile der Gleichstromverteilung für große Niederspannungsnetze in dicht bevölkerten Bezirken und behauptete, daß kleine Städte und die Umgebung großer Städte das eigentliche Feld für Wechselstromnetze seien.

Im allgemeinen neigte die Mehrzahl der Redner zu der Meinung, daß Wechselstrom vorteilhaft für die Erzeugung und Übertragung auf lange Entfernungen, weniger geeignet aber für die Verteilung in dicht bevölkerten Bezirken sei.

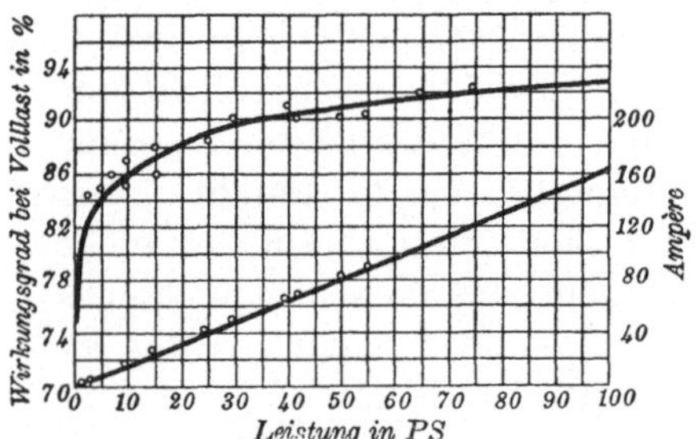

Fig. 340. Wirkungsgrad u. Stromverbrauch von Gleichstrommotoren.

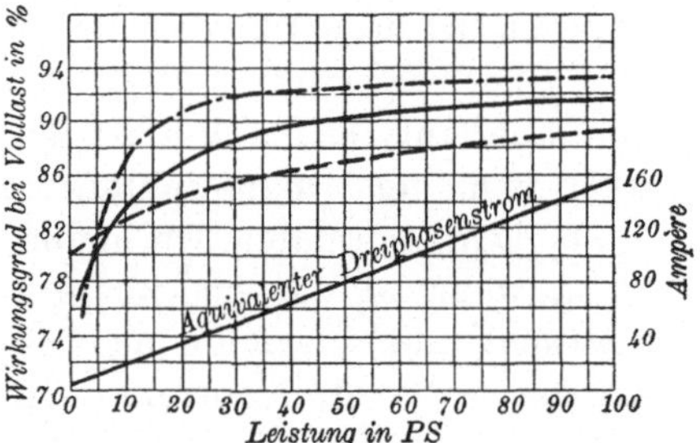

Fig. 341. Wirkungsgrad u. Stromverbrauch von Induktionsmotoren.

———— 25 ∿ Amerikanische Drehstrommotoren
—·— 50 ∿ Europäische   „
— ⌐ 60 ∿ Amerikanische   „

Prof. W. E Goldsborough teilte im Laufe dieser Diskussion einige interessante Kurven mit, welche Induktionsmotoren mit Gleichstrommotoren verglichen. Die Tourenzahlen der Motoren waren mittlere und für beide Klassen von Motoren nahezu dieselben; eine nähere Angabe befindet sich leider in seinem Berichte nicht.

Für einen Bereich von 0 bis 100 PS sind Wirkungsgrad und Stromverbrauch in den Fig. 340 und 341 dargestellt. Bezüglich der Kurven Fig. 340 wurde erwähnt, daß sie von Versuchsresultaten an den Motoren der drei besten amerikanischen Firmen herstammten.

In Fig. 341 sind die Resultate in drei Klassen geteilt, nämlich für 25 und 60 Perioden (amerikanische Motoren) und 50 Perioden (europäische Induktionsmotoren).

Weitere Daten dieser drei Gruppen von Induktionsmotoren sind in Fig. 342 und 343 gegeben.

Prof. Goldsborough erwähnt, daß, soweit die amerikanischen Motoren in Betracht kommen, die 25periodigen Motoren einen besseren Wirkungsgrad aufweisen als die für 60 Perioden. Die europäischen Motoren zeigen allgemein einen höheren Wirkungsgrad bei Vollast, haben dagegen einen geringeren Leistungsfaktor als die amerikanischen Motoren; es geht daraus hervor, daß der amerikanische Ingenieur seine Aufmerksamkeit mehr auf den Leistungsfaktor, der europäische Ingenieur mehr auf den Wirkungsgrad richtet.

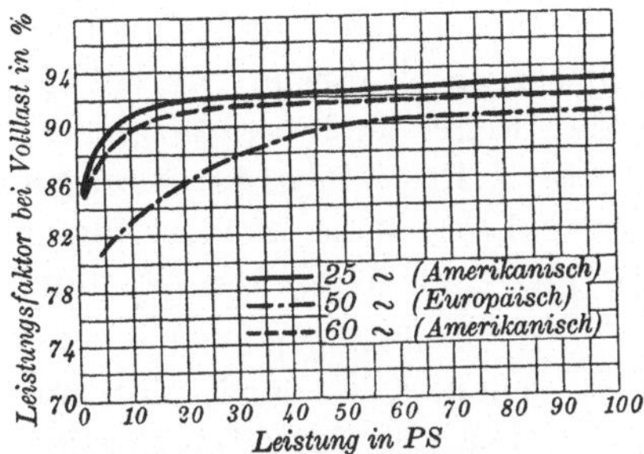

Fig. 342. Leistungsfaktor von Induktionsmotoren bei Vollast.

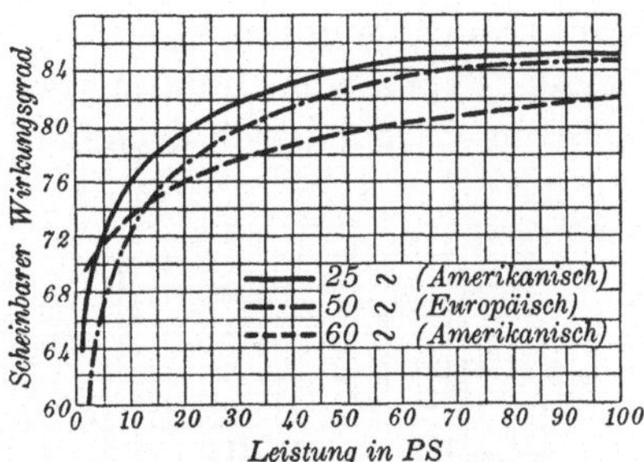

Fig. 343. Scheinbarer Wirkungsgrad von Induktionsmotoren bei Vollast.

Fig. 343 zeigt den scheinbaren Wirkungsgrad der drei Klassen von Motoren. Dieser Faktor ist deshalb von Wichtigkeit, weil die Größe der Generatoren von der Belastung in Kilovoltampere und nicht von derjenigen in Kilowatt abhängt.

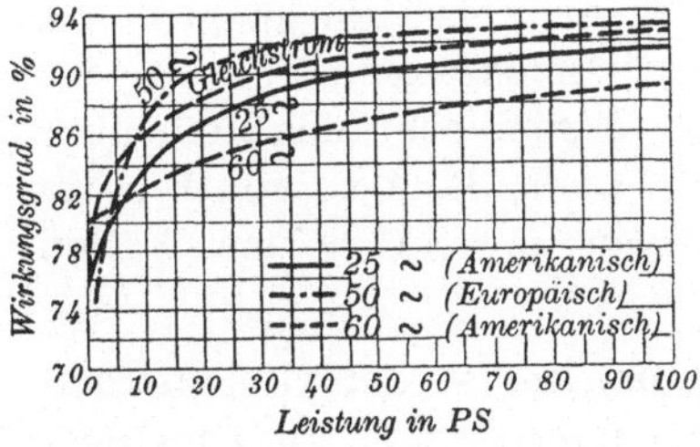

Fig. 344. Wirkungsgrad von Gleichstrom- und Induktionsmotoren.

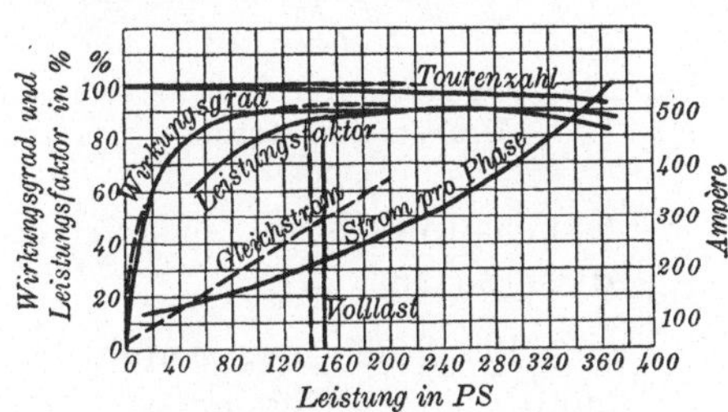

Fig. 345. Vergleich zwischen Gleichstrom- und Induktionsmotor.

Ein direkter Vergleich zwischen dem Gleichstrommotor und dem Induktionsmotor wird dann mit Hilfe der Kurven in Fig. 344 angestellt, aus denen hervorgeht, daß der Wirkungsgrad der 25periodigen Motoren dem der entsprechenden Gleichstrommotoren sehr nahe kommt.

In Fig 345 gibt Prof. Goldsborough vergleichende Kurven eines 140 PS-Gleichstrommotors und eines 150 PS-Drehstrommotors.

Während für sehr geringe und sehr hohe Belastungen der Wirkungsgrad des Gleichstrommotors besser sei als derjenige des

Wechselstrommotors, so besitze andererseits der letztere Motor einen höheren Wirkungsgrad bei mittleren Belastungen. Alles in allem sei aber der Wechselstrommotor auch bei hohen Überlastungen dem Gleichstrommotor überlegen, da der letztere zu funken beginne.

In Fig. 346 gibt Prof. Goldsborough zwei Kurven, welche die Gewichte von Gleichstrom- und Drehstrommotoren vergleichen. Für kleine Motoren (für 10 PS und darunter) sind die Gewichte beider Typen von Motoren beinahe dieselben, während für höhere Leistungen der Drehstrommotor in der Regel bedeutend leichter ist. Prof. Goldsborough schließt seine Bemerkungen mit den folgenden Worten:

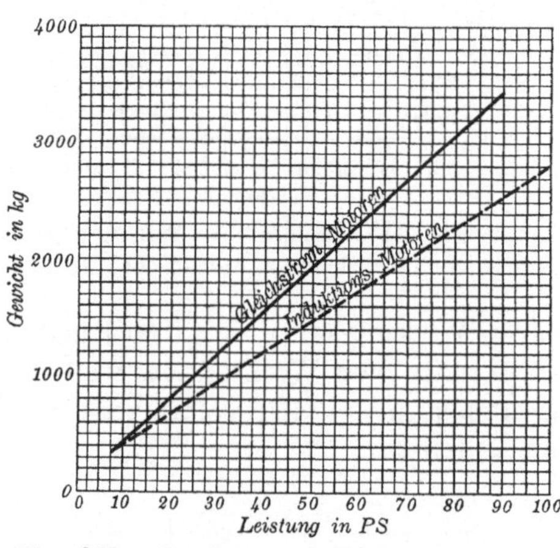

Fig. 346. Gewicht von Gleichstrom- und Drehstrommotoren.

„Bezüglich des Gewichtes ist der Drehstrommotor im Vorteil; bezüglich des Wirkungsgrades und Stromverbrauchs bei Volllast besteht ein Vorteil für den Gleichstrommotor. Bei mittleren Belastungen ist der Wirkungsgrad des Wechselstrommotors grösser als derjenige des Gleichstrommotors, der Stromverbrauch bleibt aber auch dann zu gunsten des Gleichstrommotors, wenn die Spannung in beiden Fällen dieselbe ist.

Bezüglich des Anfahrdrehmomentes ist der Gleichstrommotor seinem Gegner weit überlegen, doch muß die Abwesenheit eines Kommutators als ein großer Vorteil zu gunsten des Drehstrommotors gerechnet werden; ja in manchen Fällen dürfte es sich verlohnen, einen 20 PS-Drehstrommotor aufzustellen, wo sonst ein 10 PS-Gleichstrommotor genügen würde.“

Herr Chas. F. Scott, dessen Vortrag Veranlassung zu jener Diskussion gab, war der Meinung, daß der Induktionsmotor mit großem Vorteil verwendet werden kann. Aber auch aus seinen Bemerkungen geht hervor, daß er den Drehstrommotor dort für unzulänglich hält, wo eine Veränderung der Tourenzahl erforderlich ist. Er glaubt, daß dann die Benutzung einer veränderlichen

Laufende No.	Ort	Datum der Installation	Kontrollierung	Höhe des Aufzuges in m	Geschwindigkeit in m/sek.			Tragkraft in kg
					Entworfen	Beobachtet		
						Abwärts	Aufwärts	
1	Horace Mann School 120. St. New York	29. Juni 1901	Magnetische Kontrollierung System P. A.	21,5	1,0	1,0	1,0	1130
2	Mason & Hamlin 136 5. Avenue	Mai 1894	Magnetische Kontrollierung	17,75	0,64	0,64	0,64	682
3	S. Stein & Co. 5. Avenue u. 18. St.	Februar 1902	Hand-kontrollierung	—	—	—	—	682
4	Transit Building, East 42. St.	Februar 1901	Magnetische Kontrollierung System 67	37,0	1,5	1,5	1,5	910
5	Bryant Park Studio Building	März 1901	Magnetische Kontrollierung	49,5	1,5	1,5	1,5	682
6	Aliman Apartment 925 West End Avenue	Mai 1899	Keine Kontrollierung	23,0	0,77	0,80	0,77	682
7	Kathadin 567 West 13. St.	Dezemb. 1899	Keine Kontrollierung	22,5	0,64	0,66	0,63	682
8	Wharfedale, 606 W. 115. St.	—	Keine Kontrollierung	—	—	—	—	682
9	Joxall, 116. St. und Amsterdam Avenue	März 1902	Keine Kontrollierung	22,8	0,77	0,77	0,77	910
10	Elizabeth Apartment 105. St. u. Broadway	1901	Zwei Spannungen	22,82	1,0	0,92	0,94	—
11	Brambach Piano Co. 133. St.	Juni 1901	Kontrollierung mit Hilfe von Widerständen	17,2	0,50	2 % Variation mit Belastung	2 % Variation mit Belastung	910

	Daten des Motors	Belastung (+ gilt für aufwärts) (++ „ „ abwärts)	Netzspannung	Anlaßstrom	Strom bei normaler Geschwindigkeit	KW-Verbrauch beim Anlassen	KW-Verbrauch bei normaler Geschwindigkeit	cos φ beim Anlassen	cos φ bei normaler Geschwindigkeit
	110 Volt, 175 Amp., 800 U. p M.	2 Personen +	110	141	1,54	15,5	17,1		
		2 „ ++	„	144	77	15,8	8,63		
		3 „ +	„	140	25	15,4	2,75		
		3 „ ++	„	145	67	15,9	7,3		
		10 „ +	„	150	80	16,5	8,8		
		10 „ ++	„	140	20	15,4	2,2		
		23 „ +	„	199	150	19,8	16,5		
		23 „ ++	„	145	—	15,4	—		
	7 PS, 220 Volt, 1000 U. p. M.	2 Personen +	240	49,6	5,5	11,9	1,32		
		2 „ ++	„	47,5	8 5	11,4	2,04		
		3 „ +	„	50	8,0	12	1,092		
		3 „ ++	„	49	6,0	11,75	1,044	Gleichstrom	
		4 „ -+	„	52	10,0	12,48	2,4		
		4 „ ++	„	48	4,0	11,5	0,96		
	230 Volt, 75 Amp., 630 U. p. M.	2 Personen +	240	74,8	21,6	17,95	5,18		
		2 „ ++	„	77	32,5	18,5	7,3		
		7 „ +	„	—	43	—	10,3		
		7 „ ++	„	72	10	17,3	2,4		
		14 „ ++	„	66,5	12,5	15,97	3,0		
:70	220 Volt, 100 Amp., 800 U. p. M.	2 Personen +	240	82	10,7	19,7	2,57		
		2 „ ++	„	85	34	20,4	8,16		
		4 „ +	„	81,3	21,8	19,5	5,23		
		4 „ ++	„	—	24	—	5,76		
		6 „ +	„	86	20	20,6	4,8		
	20 PS, 230 Volt, 800 U. p. M.	2 Personen +	240	82	29	19,7	6,97		
		2 „ ++	„	83	22,6	19,9	5,43		
		4 „ +-	„	83,2	36	20	8,65		
		4 „ ++	„	81	18	19,45	4,32		
	Zweiphasenmotor, 200 Volt, 60 Period.	2 Personen +	200	170	18	30,5	1,42	0,89	0,41
		2 „ ++	„	186	36	34,7	2,5	0,92	0,34
	Zweiphasenmotor, 200 Volt, 60 Period.	2 Personen +	200	150	20	25	1,3	0,95	0,37
		2 „ ++	„	150	6	24	0,5	0,91	0,45
	Zweiphasenmotor, 200 Volt, 60 Period Variabl. Tourenzahl, 900 U p. M. bei Leerlauf	2 Personen +	200	172	33,6	30,8	2,66	0,875	0,4
		2 „ ++	„	170	29	29,6	1,15	0,845	0,2
		3 „ +	„	193	29,2	29,2	2,96	0,79	0,413
		3 „ ++	„	—	30	30	2,0	—	0,326
	Zweiphasenmotor, 200 Volt, 60 Period.	2 Personen +	210	189	38	38	3,4	0,95	0,43
		2 „ ++	„	186	40	38	1,8	0,97	0,41
		8 „ +	„	184	46	36	6,6	0,93	0,68
		8 „ ++	„	188	35	38	0,8	0,96	0,14
	Zweiphasenmotor, 200 Volt, 60 Period.	2 Personen +	60	122		8,5	—	—	—
			175	146	4,4	14,6	1,6	—	—
		2 „ ++	60	104	—	8,6	—	—	—
			175	132	6,4	14,4	1,0	—	—
		3 „ +	60	‹113	—	—	—		
			175	152	11,2	—	2,0		
		3 „ ++	60	104	—	—	—		
			175	144	2,0	—	0,4		

Anlaßstrom bei 4 verschiedenen Stellungen

	Daten des Motors	Belastung	Netzspannung	Anlaßstrom	Strom bei normaler Geschwindigkeit	KW-Verbrauch beim Anlassen	KW-Verbrauch bei normaler Geschwindigkeit	1	2	3	4
	Zweiphasenmotor, 200 Volt, 60 Period.	1 Mann u. Wagen +		—	36	25,2	4,8				
		1 „ „ „ ++	200	—	70	23,6	9,4				
		545 kg +	„	—	29	25,2	4,4	70	90	60	140
		545 kg ++	„	—	26	23,6	2,0	70	90	80	130
		2 Personen +	„	—	—	25,2	4,7	70	90	60	140
		2 „ ++	„	—	—	22,6	8,5	70	90	80	130

The cos φ columns of the five direct-current motor groups (the first five) carry the bracketed label "Gleichstrom".

Übersetzung, wie zweier konischer Riemscheiben in vielen Fällen eine gute Lösung des Problems bietet.

Der Anwendung von Induktionsmotoren für Aufzüge ist ziemlich viel Aufmerksamkeit geschenkt worden, trotzdem aber stehen die erzielten Resultate den mit Gleichstrom erzielten nach. Bezüglich dieses Punktes sind sehr interessante Daten von Prof. Sever[1]) (Columbia College) zusammengestellt worden, aus denen hervorgeht, daß im Jahre 1902 in New York City ungefähr 3000 Aufzüge mit Gleichstrom und 300 mit Wechselstrom betrieben wurden.

Dies Mißverhältnis allein würde freilich nichts zu Ungunsten des Wechselstrombetriebes sagen, da Gleichstrom viel früher in New York vorhanden war.

Andererseits gibt es sehr viele Stadtteile in New York, wo nur Wechselstrom zur Verfügung steht, wo also keine Wahl übrig blieb.

Unter Prof. Severs Aufsicht wurden zahlreiche Versuche gemacht, um das Verhalten der verschiedenen Aufzüge zu untersuchen.

Tafel XLIV gibt die Resultate von Versuchen an elf Aufzügen. In den ersten fünf Fällen wurden Gleichstrommotoren angewandt, in den sechs anderen Wechselstrommotoren.

Für die Induktionsmotoren war der Leistungsfaktor beim Anfahren ziemlich groß, während des Betriebes aber war der mittlere Leistungsfaktor nur 0,36, woraus man schließen kann, daß in der Regel viel größere Motoren aufgestellt werden, als der erforderlichen Leistung entspricht.

Die Fig. 347 und 348 sind dem Vortrag Professor Severs entnommen. Kurve A (Fig. 347) zeigt den Energieverbrauch eines mit Drehstrom betriebenen Aufzuges während der Aufwärtsbewegung, Kurve A (Fig. 348) für die Abwärtsbewegung; die Kurven B stellen den entsprechenden Energieverbrauch bei Verwendung von Gleichstrom dar. Der Flächeninhalt der Kurve A (Fig. 347) ist 50% größer als derjenige von Kurve B (Fig. 347); in Fig. 348 dagegen, welche sich auf den Niedergang des Aufzuges bezieht, ist der Energieverbrauch des Wechselstrommotors nur 8% größer als der des Gleichstrommotors. Es ist hierbei zu bemerken, daß sich die Kurven für Gleichstrom auf Motoren mit automatischer Kontrollierung bezogen, während die Wechselstrommotoren keine Kontrollierung besaßen.

Professor Sever kommt zu dem Schlusse, daß es ökonomischer sei, Gleichstromaufzüge an solchen Stellen zu benutzen, wo sowohl

---

[1]) Power Consumption of Elevators, operated by Alternating and direct current Motors.

Gleich- wie Wechselstrom vorhanden ist. Er sagt: „Da der Kontroller für den Wechselstrommotor einfacher ist und die Abwesenheit eines Kommutators als ein Vorteil angesehen werden muß, so kann sich die Mehrausgabe beim Betrieb mit Wechselstrom durch die verminderte Abnutzung ausgleichen. Mit Ausnahme aber dieses einen Punktes scheint jeder Vorteil auf der Seite des Gleichstrommotors zu sein."

Der Betrieb von Straßenbahnen ist in vielen Beziehungen demjenigen von Aufzügen ähnlich, nur daß die Benutzung von drei Leitungen hier viel unangenehmer empfunden wird. Der Gleichstrommotor ist deshalb dem Drehstrommotor auf diesem Verwendungsgebiete zweifellos überlegen.

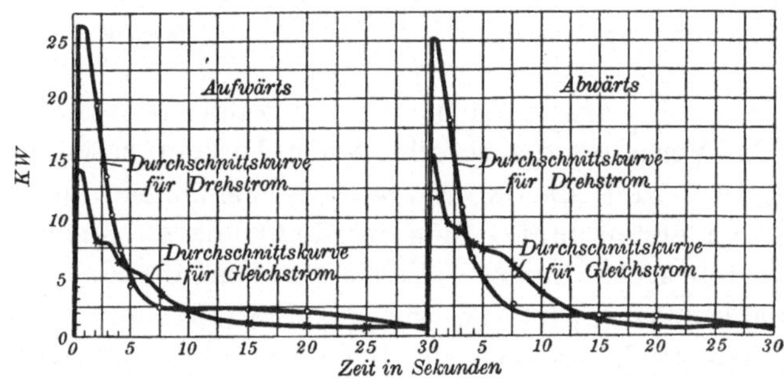

Fig. 347.   Fig. 348.

Die von den Kurven und Abszissen eingeschlossenen Flächeninhalte stellen die Arbeit in KW/Sek. dar, welche zugeführt werden mußte, um den Aufzug mit zwei Personen um 15,3 m zu heben (Fig. 347) oder um 15,3 m zu senken (Fig. 348).

Nichtsdestoweniger hat der Induktionsmotor seine eigene Sphäre und ist, wie von dem Verfasser mehrmals hervorgehoben wurde, besonders für verhältnismäßig hohe Tourenzahlen geeignet. Sein Leistungsfaktor und seine Überlastungsfähigkeit werden dann groß, sein Leerlaufstrom klein, während es durchaus nicht so wichtig ist, den Luftspalt recht klein zu machen.

Im „Engineering Magazine" für April 1903, drückt Herr Fred. M. Kimball, der von Anfang an in direkter Berührung mit der Motorindustrie gestanden hat, seine Meinung über den Wettbewerb zwischen Gleichstrom- und Wechselstrommotoren dahin aus, daß die Zukunft dem Wechselstrommotor gehöre; es sei jedoch die Schwierigkeit der Tourenregulierung noch ein sehr großer Nachteil.

Herr Eborall (Society of Art, 17. Mai 1901) behauptet, daß der Drehstrommotor in allen Beziehungen dem Gleichstrom-Nebenschlußmotor gleichgesetzt werden könne, ja, daß der erstere sich in manchen Beziehungen noch besser bewährt habe.

Während der Verfasser mit dieser Ansicht nicht ganz übereinstimmt, pflichtet er doch den sonstigen Ausführungen Eboralls
bei, welche sich auf den Entwurf des Drehstrommotors beziehen,
und in denen dieser Ingenieur die Vorteile einer geringen Periodenzahl und einer hohen Umlaufszahl auseinandersetzt.

In den Fig. 349 und 350 sind die charakteristischen Kurven
von zwei langsam laufenden Motoren von 350 PS und 115 PS gegeben, die Eborall zur Unterstützung seiner Ansicht veröffentlicht.
Der erstere Motor (Fig. 349) ist direkt mit einem Ventilator gekuppelt und besitzt eine Tourenzahl von 310 Umdrehungen pro
Minute, während der letztere (Fig. 350) direkt mit einer schnell

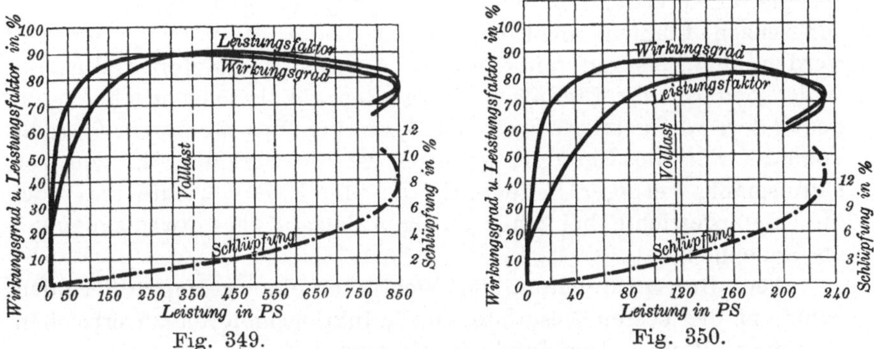

Fig. 349.   Fig. 350.

Fig. 349 und 350. Kurven von langsam laufenden Drehstrommotoren
von 350, resp. 115 PS.

laufenden Pumpe (Riedler) gekuppelt ist, welche 200 Umdrehungen
pro Minute macht.

Die Konstruktion des Anlaßwiderstandes für den letzteren
Motor ist so beschaffen, daß nach Ausschalten aller Widerstände,
also nach Erreichung der vollen Tourenzahl, einige weitere Umdrehungen des Handrades dazu dienen, den Rotor im Innern kurzzuschließen und die Bürsten abzuheben, ähnlich wie es früher
schon beschrieben worden ist.

Tafel XLV gibt eine Gegenüberstellung dieser zwei Motoren,
welche den Einfluß der Periodenzahl klar erkennen läßt.

Tafel XLV.

Vergleich von langsam laufenden Motoren.

Leistung des Motors in PS . . .	350	115
Synchrone Tourenzahl	315	210
Periodenzahl	21	42
Klemmenspannung	500	250

Vollaststrom pro Phase 373   289
Vollast-Wirkungsgrad 90   87
Vollast-Leistungsfaktor 90   79
Vollast-Schlüpfung 1,5   3,0
Maximale Belastung, bei der der
   Motor außer Tritt fällt 850   230
Gewicht des Motors in kg . . . 8900   6400
Gewicht des Motors in kg pro PS . 25   56

Man ersieht, daß der Motor für 21 Perioden nicht nur leichter und billiger ist, sondern daß auch Leistungsfaktor, Wirkungsgrad, Schlüpfung und Überlastungsfähigkeit bedeutend besser sind als die entsprechenden Werte des 42 periodigen Motors. Diese Differenzen können nicht vollständig dem Umstand zugeschrieben werden, daß Leistung und Tourenzahl des ersten Motors viel größer sind, sondern der Einfluß der Periodenzahl ist sicherlich ein bedeutender, wenigstens soweit das Verhalten des Motors in Betracht kommt. Für die Herstellungskosten ist die Periodenzahl von verhältnismäßig geringer Bedeutung, da die Eisengewichte und auch die Kupfergewichte bei einer geringen Polzahl eher etwas zunehmen als abnehmen.

Auch Behrend betont die Wichtigkeit einer geringen Periodenzahl, um die besten Resultate von Induktionsmotoren zu erreichen. In seinem Buche „Der Induktionsmotor" sagt er:

„Wenn die Umfangsgeschwindigkeit des Ankers begrenzt ist, und dieses ist im allgemeinen der Fall, so ist auch die Polteilung für eine bestimmte Anzahl von Umdrehungen begrenzt. Der Luftraum kann nicht unter einem bestimmten Wert verringert werden, folglich ist durch eine hohe Frequenz eine große Streuung bedingt." Wir haben hier dieselben Schwierigkeiten, die wir bei dem Entwurfe von Generatoren für hohe Periodenzahlen antrafen. Es ist zweifellos möglich, Motoren für Frequenzen zwischen 60 und 100 zu bauen, aber je größer die Periodenzahl ist, um so kleiner ist der Leistungsfaktor, und um so größer ist der wattlose Strom. Man muß auch bedenken, daß Motoren für hohe Frequenzen nicht unbeträchtlich größer gemacht werden müssen."

Unter bestimmten Annahmen, die, wenn auch nicht allgemein giltig, doch die Wichtigkeit geringer Periodenzahlen zeigen, gibt Behrend die folgenden Vergleichszahlen:

Periodenzahl pro Sekunde	Maximaler Leistungsfaktor
25	0,91
50	0,83
100	0,72

In Wirklichkeit ist es viel leichter, einen billigen Motor mittlerer Leistung von 25 Perioden mit einem $\cos\varphi = 0{,}91$ bis $0{,}94$ zu entwerfen, als einen solchen von 50 Perioden mit $\cos\varphi = 0{,}89$ bis zu $0{,}92$; und dabei wird der erste Motor noch einen geringeren Leerlaufstrom und eine größere Überlastungsfähigkeit besitzen.

Obgleich die verschiedenen Autoritäten, die der Verfasser angeführt hat, in Einzelheiten voneinander abweichen, so ist doch die allgemeine Meinung klar zu erkennen, daß der Gleichstrommotor in

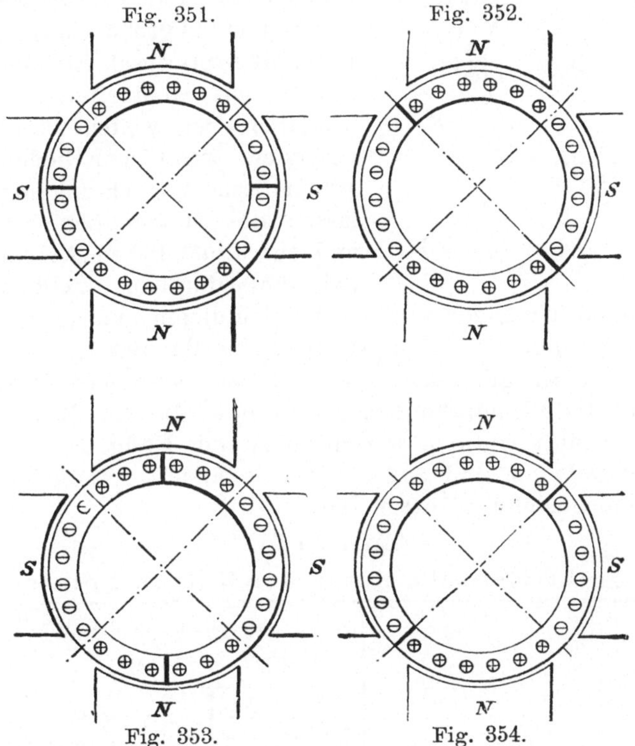

Fig. 351 bis 354. Vierpolige Käfiganker mit unterteilten Endringen.

vielen Beziehungen dem Drehstrommotor überlegen ist, und daß sich der letztere dann am vorteilhaftesten zeigt, je geringer die Frequenz und je höher die normale Tourenzahl ist.

Nachdem wir nun den Gleichstrommotor mit dem Drehstrommotor verglichen und den Einfluß der Tourenzahl und der Periodenzahl auf den Entwurf des Drehstrommotors gezeigt haben, bleibt uns noch übrig, einige Worte über die Typen des Drehstrommotors zu sagen.

Der Verfasser befürwortet hier die Anwendung von Käfigankern in einem viel größeren Maße als es der jetzigen Praxis entspricht; in der Tat, er würde die Benutzung des Käfigankers zur Regel und die des gewickelten Ankers zur Ausnahme machen. Man kann zwar den Käfiganker nicht mit Last angehen lassen und ist gezwungen, in diesem Falle einen Kompensator oder eine Umschaltung der Statorwicklung zu benutzen, um allzu heftige Stromstöße zu vermeiden; aber da Wirkungsgrad, Leistungsfaktor und Überlastungsfähigkeit bedeutend größer sind, und da der Käfiganker praktisch gar keiner Wartung bedarf, so dürften die Vorteile desselben bei weitem überwiegen; besonders wenn man bedenkt, daß automatische Vorrichtungen zum Anlassen des Motors ohne Belastung und zur allmählichen Aufnahme der Belastung durchaus nicht umständlicher oder kostspieliger sind als Vorrichtungen zum Kurzschließen der Kollektorringe und zum Abheben der Bürsten.

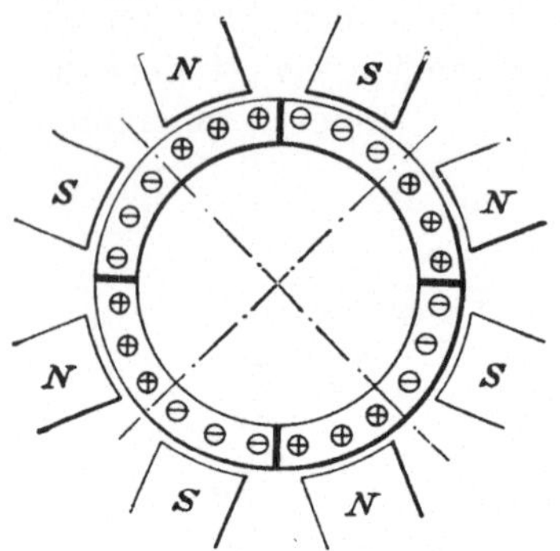

Fig. 355. Achtpoliger Käfiganker mit unterteilten Endringen.

Herr Eborall gibt Daten von Dreiphasenmotoren für 50 Perioden, 4 Pole und 1500 Umdrehungen pro Minute, die von Kolben & Co. (Prag) ausgeführt wurden, sowohl solche mit Käfigankern als auch mit Kollektorringen und äußeren Widerständen. Tafel XLVI gibt eine Zusammenstellung dieser Daten.

Tafel XLVI.

Charakteristische Daten der Kolben-Motoren.

	Bezeichnung des Motors					
	DM 5		DM 6		DM 8	
	mit Kollektorringen	mit Käfigankern	mit Kollektorringen	mit Käfigankern	mit Kollektorringen	mit Käfigankern
Leistung in PS	4,5	5	5,5	6	7	8
Vollast-Wirkungsgrad in Prozenten	84	84	85	85	87	87
Halblast-Wirkungsgrad i. Prozenten	76	76	77	77	79	79
Vollast-Leistungsfaktor	0,88	0,88	0,88	0,88	0,89	0,89
Volt-Ampere bei Vollast	4550	5000	5550	6000	6780	7800
Gewicht des Motors in kg	160	150	198	190	310	300
Gewicht pro PS	33,5	30	36	31,5	45	37,5
Verhältnis des Gewichtes pro PS für Käfiganker und Kollektorringe	0,85		0,88		0,84	

Aber der Käfiganker ist nicht nur leichter pro PS, sondern durch seine Konstruktion ist er in einem noch größeren Verhältnis billiger. Obgleich die obigen Entwürfe für beide Typen dieselben Wirkungsgrade und dieselben Leistungsfaktoren zeigen, so findet man doch im allgemeinen, daß diese Werte für den Käfiganker höher liegen.

Herr Osnos bespricht in der „Zeitschrift für Elektrotechnik (10. Aug. 1902)" einen Nachteil des Käfigankers, der darin besteht, daß

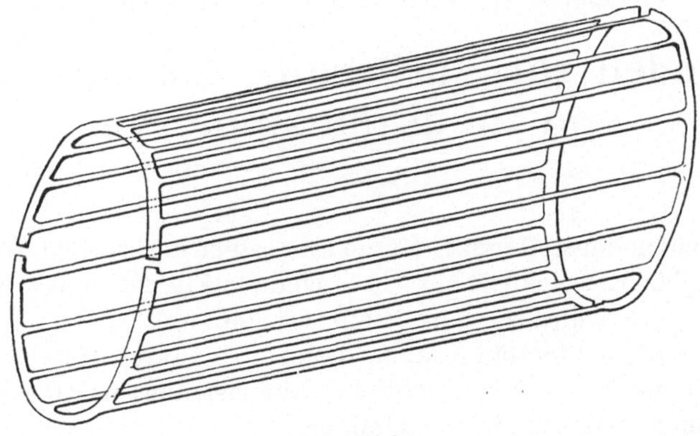

Fig. 356.

des geringen Luftspaltes wegen kleine Abweichungen von der symmetrischen Lage große Ausgleichströme verursachen. Osnos schlägt vor, einen der beiden Endringe in so viele Teile zu zerlegen, als Polpaare vorhanden sind, wie dieses diagrammatisch in den Fig. 351 bis 355 dargestellt ist.

Herr Ziehlke hat Motoren gebaut, deren beide Endringe unterteilt sind, derart aber, daß die Teilungsschnitte rechtwinklig zueinander stehen, wie aus Fig. 356 zu ersehen ist. In einem vierpoligen Motor besteht dann ein geschlossener Stromkreis aus vier Stäben, welche den vier Polen gegenüberliegen.

Methoden zur Variierung der Tourenzahl von Induktionsmotoren.

———

Die zufriedenstellendste Methode besteht darin, Widerstände in den Sekundärkreis einzuschalten, wie schon in Fig. 285 diagrammatisch als Mittel zum Anlassen dargestellt worden ist.

Sollen die Widerstände aber dauernd eingeschaltet bleiben, so müssen sie natürlich viel reichlicher dimensioniert werden und sind folglich auch bedeutend kostspieliger.

Je größer der Widerstand ist, um so kleiner ist die Tourenzahl um so geringer aber auch der Wirkungsgrad. Läuft der Motor mit der halben normalen Tourenzahl, so ist in der Tat der Wirkungsgrad nur halb so groß wie sein normaler Wert und ein entsprechendes Verhältnis besteht für alle Tourenzahlen.

Die Umlaufszahl bleibt jedoch keineswegs für irgend eine Widerstandsstufe konstant, sondern verändert sich mit der Belastung. Bei Leerlauf wird die Tourenzahl nur wenig unterhalb der synchronen Tourenzahl sein, während sie für denselben Widerstand bei normalem Drehmoment auf $^1/_4$ der synchronen Tourenzahl heruntersinken mag.

Der Drehstrommotor ist in dieser Beziehung mit einem Gleichstrommotor zu vergleichen, dessen Tourenzahl durch Einschalten von Widerständen in den Ankerkreis reguliert wird.

Um die Kosten des Kontrollers für einen Motor mit variabler Tourenzahl zu vermindern, kann das Verfahren benutzt werden, die Widerstandsstufen in die einzelnen Phasen nacheinander einzuschalten; man erhält dadurch für eine gegebene Anzahl von Kontakten dreimal soviel Stufen, als wenn die Widerstände gleichzeitig in die drei Phasen eingeschalten würden. Dieses Verfahren ist in Fig. 357 dargestellt. Die Unsymmetrie, die mit diesem Verfahren verbunden ist, bedingt keine erwähnenswerten Übelstände.

Die Tourenzahl von Drehstrommotoren kann auch durch Widerstände oder Selbstinduktionsspulen in Reihe mit der primären Wicklung reguliert werden, und diese Methode bietet den Vorteil, daß Kollektorringe entbehrlich werden und daß man Käfiganker benutzen kann, vorausgesetzt, daß der Motor nicht mit Belastung anzugehen hat.   Im allgemeinen fordert man jedoch von Motoren mit variabler Tourenzahl auch ein großes Anfahrdrehmoment.

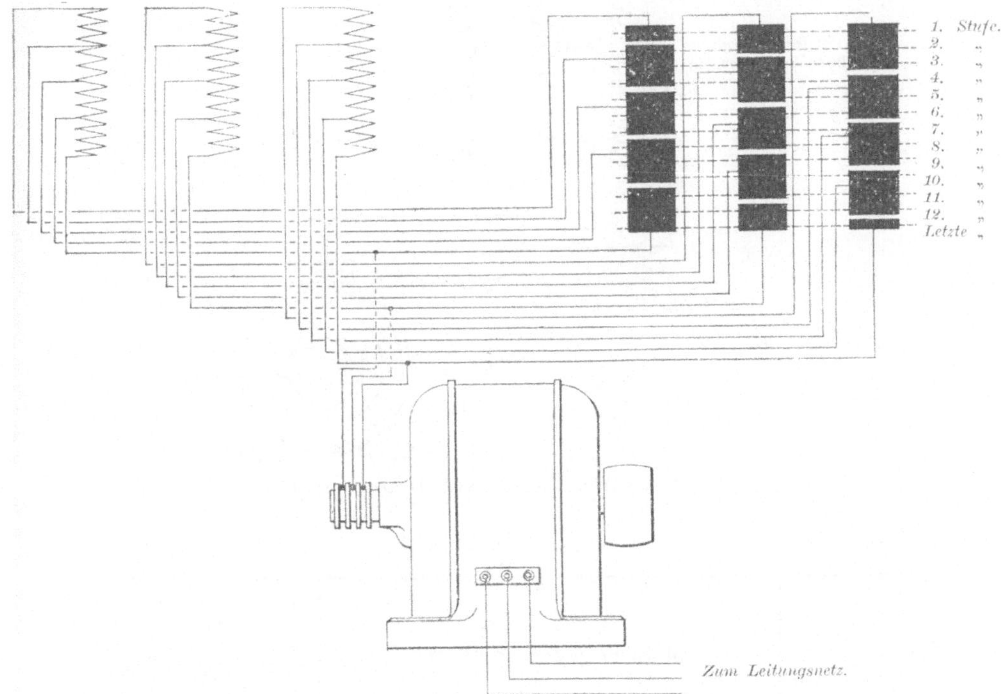

Fig. 357. Methode zur Ersparnis an Widerstandsmaterial bei der Tourenregulierung von Drehstrommotoren.

Die Tourenregulierung mit veränderlicher Klemmenspannung ist diagrammatisch in Fig. 358 dargestellt.

Tafel XLVII gibt einen Vergleich zwischen den zwei erwähnten Methoden zur Variierung der Tourenzahl, das Drehmoment ist für alle Touren als konstant angenommen.

Da die Überlastungsfähigkeit eines Induktionsmotors proportional dem Quadrat der Klemmenspannung ist, so ist es klar, daß diese letztere Methode (mittels Regulierung der Klemmenspannung) für Motoren nur praktisch ist, welche für eine sehr hohe Überlastung entworfen sind; aber es gibt gewisse Bereiche von

Leistungen, Tourenzahlen und Periodenzahlen, wo eine sehr hohe Überlastungsfähigkeit mit einem in allen anderen Beziehungen guten Entwurfe wohl vereinbar ist.

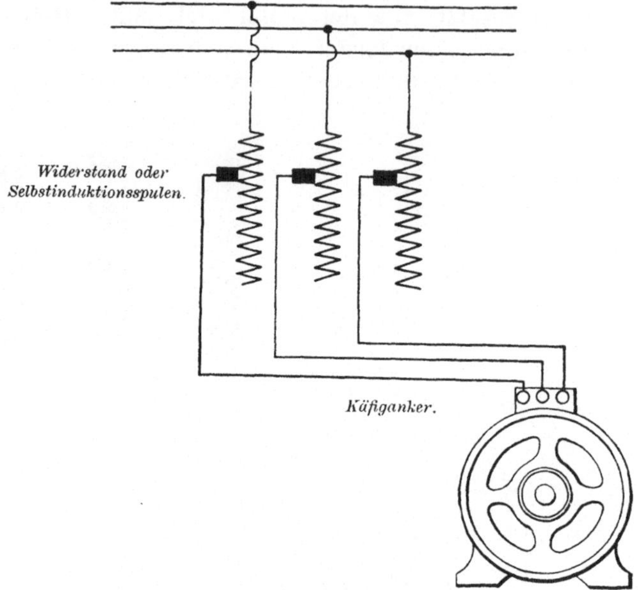

Fig. 358.   Tourenregulierung von Drehstrommotoren.

Tafel XLVIII.

Tourenzahl	Methode der Regulierung	Wirkungs-grad	Leistungs-faktor	Scheinbarer Wirkungs-grad
Nahezu synchron	Widerstand im Rotor	83	86	72
	Widerstand oder Selbstinduktion in Reihe mit der Primärwicklung	83	86	72
die Hälfte der synchronen	Widerstand im Rotor	41,5	86	36
	Widerstand oder Selbstinduktion in Reihe mit der Primärwicklung	36	57	20,5
Viertel der synchronen	Widerstand im Rotor	21	86	18
	Widerstand oder Selbstinduktion in Reihe mit der Primärwicklung	16	48	7,7

Die noch übrig bleibende Methode zur Erreichung einer variablen Geschwindigkeit besteht in solchen Anordnungen, die eine Veränderung der Polzahl bewirken. Dieses hat den Nachteil, daß nur eine begrenzte Zahl von Geschwindigkeitsstufen erreicht werden kann; diese Tourenzahlen sind jedoch von der Belastung praktisch unabhängig, und die Methode eignet sich deshalb für manche Fälle viel besser als die Benutzung von Widerständen.

Die Umschaltung der primären Wicklung ist schon umständlich genug; ist es aber auch noch erforderlich, die Rotorwicklung umzuschalten, so muß der Motor notwendigerweise teuer und kompliziert werden.   Käfiganker sind in solchen Fällen sehr wünschenswert.

Der Motor kann bei zwei Geschwindigkeitsstufen entweder zwei getrennte Wicklungen haben, was eine Verschwendung von Material sein würde oder eine Wicklungsanordnung, bei der eine Umschaltung der Verbindungen die Zahl der Pole verändert.   Viele verschiedene Methoden sind in dieser Beziehung vorgeschlagen worden; aber es würde zu weit führen, diese im einzelnen zu besprechen.

Berechnung eines Drehstrommotors.

Die Literatur besitzt so viele ausgezeichnete Bücher, welche die Theorie des Drehstrommotors mit großer Klarheit und Einfachheit behandeln, daß der Verfasser glaubte, ein Bedürfnis, den theoretischen Teil zu behandeln, liege nicht vor. Ein angenähertes Verständnis des Wesens und der Haupteigenschaften dieses Motors wird also als bekannt vorausgesetzt, doch wird der Verfasser einige Resultate der Theorie, die dem Gedächtnis entfallen sein könnten, an geeigneter Stelle einflechten.

Es ist ein Grundprinzip des Verfassers, die Berechnung von Maschinen so einfach als nur möglich zu gestalten und diejenigen Faktoren zu vernachlässigen, deren Einfluß sich in der Praxis nicht bemerkbar macht. Es erscheint ihm, daß das richtige Diagramm des Drehstrommotors mit allen Hilfskreisen und Hilfsvektoren ein ausgezeichnetes Problem für den Wettbewerb der abstrakt denkenden Ingenieure ist, daß aber für praktische Zwecke ein Bedürfnis für diese Einzelheiten nicht vorliegt und niemals vorliegen wird.

Das allereinfachste Diagramm soll den folgenden Berechnungen zugrunde gelegt werden, und der auf diese Weise berechnete Motor wird trotzdem mit annähernd ebenso großer Genauigkeit die vorgeschriebenen Bedingungen erfüllen wie der nach den kompliziertesten Diagrammen entworfene.

Wir betrachten zunächst einen Motor, der in allen seinen Dimensionen und Wicklungsdaten gegeben ist, und berechnen aus diesen das Verhalten des Motors. Die Daten des Motors wurden dem Verfasser von der Akt.-Ges. Brown, Boveri & Co. freundlichst zur Verfügung gestellt.

Dimensionen in cm

Leistung in PS 25
Zahl der Pole 6
Periodenzahl 50
Synchrone Tourenzahl pro Minute 1000
Spannung zwischen den Klemmen. 240
Schaltung der Statorwicklung . . . . $\triangle$
Spannung pro Phase 240

Statoreisen:

Äußerer Durchmesser der Statorbleche 46,0
Innerer Durchmesser der Statorbleche 32,15
Länge des Motors zwischen den Flanschen (λ_g) . . 20,0
Zahl der Ventilationskanäle . . . . —
Breite eines jeden Kanales . . . . —
Wirksame Länge des Stators (λ_n) 18,0
Polteilung (τ) 16,8
Zahl der Statornuten 54
desgl. pro Pol (H_1) 9
desgl. pro Pol pro Phase 3
Nutentiefe 3,6
Nutenbreite 1,4
Breite der Nutenöffnung 0,3
Zahnbreite $+$ Nutenbreite am Luftspalt 1,87
desgl. an der Wurzel der Zähne 2,20
Geringste Zahnbreite 0,49
Größte Zahnbreite 0,89
Gewicht der Statorbleche (vor dem Ausstanzen der
Nuten) . . . . 117 kg

Rotoreisen:

Größe des Luftspaltes $(\varDelta)$ 0,075
Äußerer Durchmesser der Rotorbleche 32,0
Innerer Durchmesser der Rotorbleche 22,0
Länge des Rotors zwischen den Flanschen (λ_g) . . 20,0
Zahl der Ventilationskanäle . . . . —
Breite eines jeden Kanales . . . . —
Wirksame Eisenlänge (λ_n) 18,0
Zahl der Rotornuten 72
desgl. pro Pol (H_2) 12
desgl. pro Pol pro Phase 4
Nutentiefe 2,5
Nutenbreite 0,8
Breite der Nutenöffnung 0,2

Dimensionen in cm

Zahnbreite + Nutenbreite am Luftspalt 1,4
desgl. an der Wurzel der Zähne 1,18
Geringste Zahnbreite 0,38
Größte Zahnbreite 0,60
Gewicht der Rotorbleche (vor dem Ausstanzen der Nuten) . . . . 60 kg

Statorkupfer:

Zahl der Statorleiter pro Nute 12
Zahl der Statornuten 54
Zahl der Statorleiter 648
Zahl der Statorwindungen 324
Zahl der Statorwindungen pro Phase 108
Zahl der Statorwindungen pro Pol pro Phase . . 18
Abmessungen der Leiter (blank) . . . . $\phi = 0,44$
desgl. isoliert . . . . $\phi = 0,5$
Querschnitt eines Leiters 0,152
Mittlere Länge einer Windung 115
Gesamte Länge der Statorwindungen pro Phase . . 12500
Widerstand einer Phase bei 60^0 C . . . . . . 0,165 Ohm
Gewicht des Statorkupfers . . . . 51 kg

Rotorkupfer:

Zahl der Rotorleiter pro Nute 2
Zahl der Rotornuten 72
Zahl der Rotorleiter 144
Zahl der Rotorwindungen 72
Zahl der Phasen in der Rotorwindung 3
Zahl der Rotorwindungen pro Phase 24
Zahl der Rotorwindungen pro Pol pro Phase . . . 4
Abmessungen eines blanken Leiters . . . . $0,6 \times 0,9$
Abmessungen eines isolierten Leiters . . . . . . $0,7 \times 1,0$
Querschnitt eines einzelnen Leiters 0,54
Mittlere Länge einer Windung 88
Länge der Rotorwindungen pro Phase 2100
Widerstand pro Phase bei 60^0 C . . . . 0,0078 Ohm
Gewicht des Rotorkupfers . . . . 31 kg

Berechnung des maximalen Leistungsfaktors.

Zur Berechnung des maximalen Leistungsfaktors $\cos \varphi_{max}$ bedarf es der Kenntnis von σ des Streukoeffizienten, der bei weitem die wichtigste Rolle im ganzen Drehstrommotorenbau spielt. σ ist definiert durch die Gleichung

$$\sigma = \frac{\text{Leerlaufstrom}}{\text{Kurzschlußstrom} - \text{Leerlaufstrom}} = \frac{B}{A-B} \quad {}^{1})$$

und kann durch einen Versuch an dem fertigen Motor sehr einfach gefunden werden.

Viel wichtiger ist aber das Problem, σ im voraus aus den Daten der Maschinen zu berechnen.

Behrend, Niethammer, Kapp und Behn-Eschenburg, sowie mehrere andere haben an diesem Problem gearbeitet und haben teils einfache, teils recht komplizierte Formeln aufgestellt.

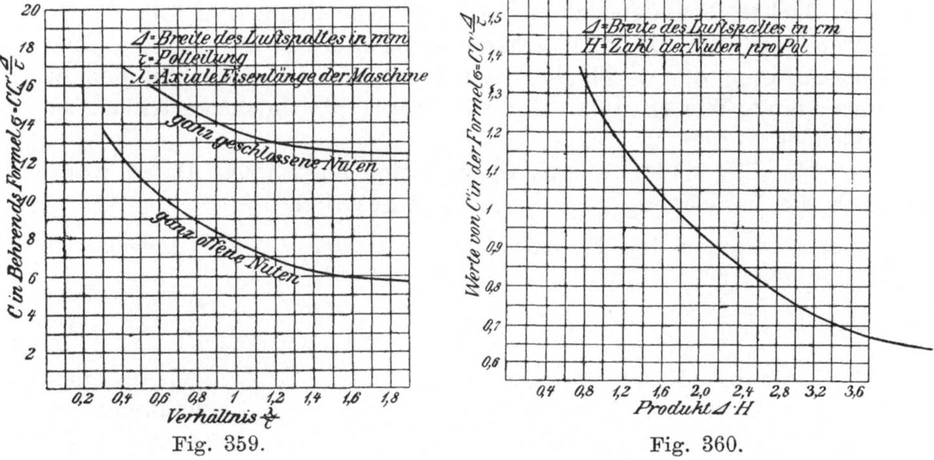

Fig. 359.
Fig. 360.

Der Verfasser lehnt sich im allgemeinen an die äußerst einfache Formel Behrends

$$\sigma = \text{Konstante} \cdot \frac{\text{Luftspalt}}{\text{Polteilung}},$$

die er aber derart umändert, daß die „Stirnstreuung" und die „Zick-Zack"-Streuung Berücksichtigung finden.

Die Formel lautet in ihrer abgeänderten Form

$$\sigma = CC^{1} \cdot \frac{\text{Luftspalt}}{\text{Polteilung}},$$

---

[1]) Von mehreren Autoren (Heyland, Breslauer etc.) wird die Definition $\sigma = \dfrac{B}{A}$ bevorzugt.

worin C und C^1 zwei Konstanten sind, die aus Fig. 359 resp. Fig. 360 entnommen werden können.

In Fig. 359 bildet das Verhältnis

$$\frac{\text{Länge zwischen den Flanschen}}{\text{Polteilung}} = \frac{\lambda_g}{\tau}$$

die Abszissen und die zwei Kurven geben die Grenzfälle an, zwischen denen die Konstante C als Ordinate enthalten ist; die obere Kurve gilt für ganz geschlossene Nuten, die untere Kurve für ganz offene Nuten.

C^1 muß aus Fig. 360 entnommen werden, in welcher $\Delta \times H =$ Luftspalt (in cm) $\times$ Zahl der Nuten pro Pol (Mittel aus Rotor und Stator) die Abszissen und C^1 die Ordinate bildet.

Es würde zu weit führen, diese Formel rechtfertigen zu wollen, sie ist im wesentlichen eine empirische Formel, welche bei vielen Motoren geprüft worden ist und sich gut bewährt hat. Am Ende des Buches befindet sich als Anhang eine Sammlung von 57 Motoren, auf die die Formel angewendet worden ist, und die Übereinstimmung der durch die Formel gefundenen Werte mit den beobachteten Werten dürfte für die Praxis als zufriedenstellend bezeichnet werden.[1]

Für die in der obigen Spezifikation enthaltenen Daten würde sich die Berechnung von σ wie folgt gestalten:

Länge zwischen den Flanschen (λ_g) . . . . $= 20$

Polteilung (τ) . . . . $= 16{,}8$

$\dfrac{\lambda_g}{\tau}$ . . . . $= 1{,}19$

Nutenöffnung (Mittel aus Stator und Rotor) . . . . . $=$ nahezu geschlossen

C (entnommen aus Fig. 359) . . . . $= 11{,}6$

---

[1] Ein großer Teil (30) der in jener Tabelle enthaltenen Motoren ist einem äußerst interessanten Vortrage Behn-Eschenburgs vor „The Institution of Electrical Engineers" entnommen worden, in welchem auf Grund theoretischer Betrachtungen und empirischer Resultate eine Formel aufgestellt wurde, die bei der in diesem Buche angewandten Bezeichnungsweise folgendermaßen lautet:

$$\sigma = \frac{3}{H^2} + \frac{\Delta}{H \times \tau \times x} + \frac{6\Delta}{\lambda_g}$$

$(x = \text{Nutenöffnung in cm})$.

Während der Verfasser seine eigene Methode für alle normalen Motoren vorzieht, so ist doch nicht zu leugnen, daß sich die Behn-Eschenburgsche Formel in extremen Fällen viel besser bewährt hat. Die drei Komponenten, in die σ zerfällt, stellen nacheinander 1. die Zickzackstreuung, 2. die Nutenstreuung und 3. die Stirnstreuung dar.

Zahl der Statornuten pro Pol (H_1) . . . . $= 9$

Zahl der Rotornuten pro Pol (H_2) . . . . $= 12$

Zahl der Nuten pro Pol $\left(H = \dfrac{H_1 + H_2}{2}\right)$ . . . . . $= 10{,}5$

Luftspalt $(\varDelta)$ . . . . $= 0{,}075$

$\varDelta \times H$ . . . . $= 0{,}79$

C^1 (entnommen aus Fig. 360) . . . . $= 1{,}34$

$\sigma = C\,C^1 \dfrac{\varDelta}{\tau} = \dfrac{11{,}6 \cdot 1{,}34 \cdot 0{,}075}{16{,}8}$ . . . . $= 0{,}069$

Die Firma **Brown, Boveri & Co.** hat σ experimentell bestimmt und gefunden:

$$\sigma = 0{,}055$$

Der berechnete Wert weicht also $26\,^0/_0$ von dem experimentell gefundenen ab. Diese Ungenauigkeit ist ungefähr dreimal so groß, als man normalerweise bei Benutzung der vom Verfasser vorgeschlagenen Methode erwarten dürfte: aber dieser Motor ist gerade deshalb als Beispiel benutzt worden, um zu zeigen, wie wichtig die Erkenntnis ist, daß Ungenauigkeiten von dieser Größenordnung vorkommen können.

Wir werden vorläufig den berechneten Wert $\sigma = 0{,}069$ benutzen, werden aber später darauf zurückkommen und zeigen, in welcher Weise die anderen Daten durch eine Ungenauigkeit in der Berechnung von σ beeinflußt werden.

Der maximale Leistungsfaktor ist nun durch die Formel

$$\cos \varphi_{max} = \frac{1}{1 + 2\,\sigma}$$

gegeben, also

$$\cos \varphi_{max} = \frac{1}{1 + 2 \cdot 0{,}069} = 0{,}88.$$

Vollaststrom.

Zur Berechnung des Vollaststromes brauchen wir den Leistungsfaktor bei Vollast, welcher im allgemeinen etwas kleiner ist als der maximale Leistungsfaktor. Die Differenz ist aber so klein, daß sie beinahe in allen Fällen vernachlässigt werden kann und sollte in seltenen Fällen eine Berücksichtigung notwendig erscheinen, so kann man leicht nach Beendigung der Rechnung eine Korrektur anbringen.

Die Berechnung des Vollaststromes geschieht wie folgt:

Leistung bei Vollast in Watt $= 25 \times 736 = 18400$

Wirkungsgrad des Motors[1] 0,89

Wattverbrauch bei Vollast 20700

$\cos \varphi$ bei Vollast 0,88

Zugeführte Voltampere 23500

Zugeführte Voltampere pro Phase . . . 7850

Volt pro Phase 240

Vollaststrom in der Statorwicklung . . . 32,7

Schaltung der Statorwicklung . . . . . Δ

Vollaststrom in der Leitung 56,5

Leerlaufstrom.

Der Kraftlinienfluß (M) pro Pol, die Periodenzahl (N), die Windungszahl (T), die Spannung (E) pro Phase sind durch die Gleichung verknüpft:

$$E = k \cdot TNM \, 10^{-8}.$$

Diese Gleichung hat eine ganz allgemeine Geltung für alle Maschinen für Gleich- und Wechselstrom, nur der Faktor k schwankt etwas, je nach den speziellen Wicklungen.

Während für Gleichstrommaschinen

$$k = 4$$

ist und für Transformatoren

$$k = 4,4$$

so ist für Drehstrommotoren

$$k = 4,2.\,[2]$$

Nun ist in unserem Falle

Periodenzahl (N) . . . . $=$ 50

Zahl der Statorwindungen pro Phase $(T) =$ 108

Innere Spannung pro Phase (E) . . . $=$ 230

(Diese ist wegen des Ohmschen Spannungs-
abfalls etwas geringer zu nehmen als die
Klemmenspannung pro Phase)

$$M = \frac{E \cdot 10^8}{4,2 \times TN} = \frac{230 \cdot 10^8}{4,2 \times 108 \times 50} \quad . \quad . \quad . = 1\,020\,000$$
$$= 1,02 \text{ Megalinien.}$$

[1] Der Wirkungsgrad ist noch nicht bekannt, wir nehmen deshalb bei der ersten Rechnung einen wahrscheinlichen Wert an und ergibt sich am Ende, daß die Annahme eine sehr ungenaue war, so muß die Rechnung noch einmal gestellt, bzw. eine Verbesserung angebracht werden.

[2] Der Faktor k ist sehr ausführlich in „Electric Generators" S. 78 bis 89 behandelt worden.

Der Querschnitt des Luftspaltes ist $\lambda_n \cdot \tau$, man hat aber zu berücksichtigen, daß der Nutenöffnung wegen nicht die ganze Fläche zu rechnen ist.

Nutenöffnung des Stators. . . . . . . = 0,3
Breite von Nute + Zahn des Stators . . = 1,86

Das Verhältnis $\dfrac{\text{Nutenöffnung}}{\text{Nute} + \text{Zahn}}$ ist also 0,16, d. h. 84 % der gesamten Peripherie sind Eisen, während die übrigen 16 % auf die Nutenöffnung entfallen.

Für den Rotor ist das obige Verhältnis 86 %, das Mittel aus Rotor und Stator also 85 %.

Die gesamte Oberfläche des Eisens am Luftspalt pro Pol ist nun

$$0,85 \times \lambda_n \cdot \tau = 0,85 \times 18 \cdot 16,8 = 256 \text{ qcm.}$$

Da sich aber der Kraftlinienfluß etwas ausbreitet, so muß man den Eisenquerschnitt noch mit einem Faktor multiplizieren, um den wirklichen Luftquerschnitt zu erhalten.

Der Faktor variiert zwischen 1,1 und 1,25 und kann in diesem Falle zu 1,2 gesetzt werden.

Der Querschnitt des Luftspaltes ist also:

$$1,2 \times 256 = 308 \text{ cm}^2.$$

Wären also die gesamten Kraftlinien gleichmäßig über die gesamte Polteilung verteilt, so würde die Induktion im Luftraum

$$\frac{M}{\text{Querschnitt}} = \frac{1\,020\,000}{308} = 3310$$

betragen.

In Wirklichkeit gleicht die Verteilung der Kraftlinien mehr einer Sinusform, die wir auch in den folgenden Berechnungen durchaus annehmen wollen. Eine genauere Untersuchung zeigt, daß die wirkliche Gestalt der Kraftlinienverteilung zwischen zwei Grenzwerten hin und her schwankt.

Kurven A und B (Fig. 361) sind jene Grenzwerte, während Fig. 362 die äquivalente Sinusform darstellt, welche im allgemeinen dafür gesetzt werden kann.

Wir sehen aus Kurve B Fig. 361, daß der maximale Wert 8 % größer ist als der der äquivalenten Sinusform, und dies soll dadurch berücksichtigt werden, daß wir bei der Berechnung der maximalen Induktion aus der mittleren, nicht den Wert

$$\frac{B_{max}}{B_{mitt}} = 1,57$$

einführen, wie es der Sinusform entsprechen würde, sondern den Wert

$$1,08 \times 1,57 = 1,70.$$

Die maximale Induktion des besprochenen Motors ist also:

$$1,70 \cdot 3310 = 5620.$$

Der Luftspalt beträgt 0,075 cm und folglich sind

$$0,8 \cdot 5620 \times 0,075 = 338 \text{ Amperewindungen}$$

pro Pol für den Luftspalt erforderlich.

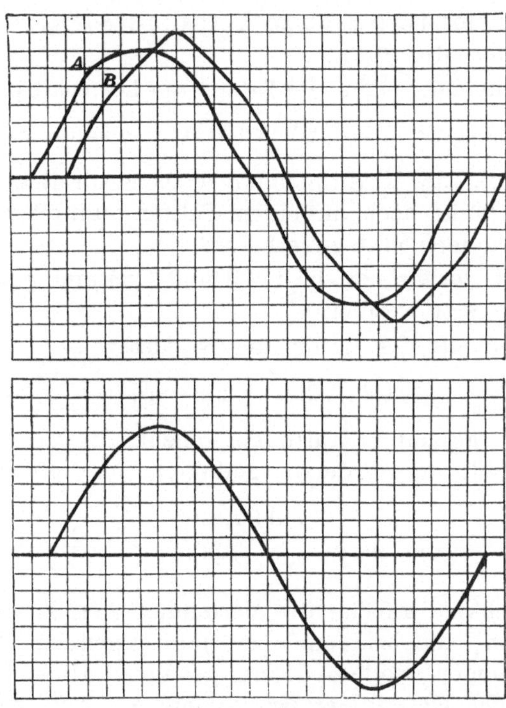

Fig. 361 und 362.

Um die für den genannten magnetischen Kreis erforderlichen Amperewindungen berechnen zu können, müssen wir die magnetische Dichte in den Zähnen und in dem Stator und Rotoreisen kennen.

Geringster Querschnitt eines Statorzahnes . . . . $= \quad$ 8,8 qcm
Zahl der Statorzähne pro Pol . . . . $= \quad$ 9
Geringster Querschnitt der Statorzähne pro Pol . . $= \quad$ 79,5
Mittlere magnetische Dichte $\left(\dfrac{1\,020\,000}{79,5}\right)(B)$ . . . $= 12\,800$

Maximale magnetische Dichte in den Statorzähnen
$= 1,7 \cdot 12800$ . . . . $= 21\,706$

Geringster Querschnitt eines Rotorzahnes . . . . $=$ 6,9

Zahl der Rotorzähne pro Pol . . . . $=$ 12

Geringster Querschnitt der Rotorzähne pro Pol . . $=$ 83

Mittlere magnetische Dichte $\dfrac{1\,020\,000}{83}$ (B) . . . $= 12\,300$

Maximale magnetische Dichte $(1,7 \times 12\,300)$ . . . $= 21\,000$

Querschnitt des Statoreisens oberhalb der Nuten
$= 2 \times 18 \times 3,3$ . . . . $=$ 119 qcm

Magnetische Dichte im Statoreisen . . . . . . $=$ 8600

Querschnitt des Rotoreisens unterhalb der Nuten
$= 2 \times 18 \times 2,5$ . . . . $=$ 90 qcm

Magnetische Dichte im Rotoreisen . . . . . . $= 11\,300$

Die erforderlichen Amperewindungen pro Pol lassen sich nun
aus der Dichte und Länge berechnen:

$$\text{Statoreisen} = 2:5 \times 10 = 25$$
$$\text{Rotoreisen} = 4,0 \times 6,0 = 24.$$

Bei den Amperewindungen für die Zähne muß berücksichtigt werden, daß diese hohe Induktion in Wirklichkeit nur au
einem einzigen Punkte auftritt und daß die durchschnittliche Dichte
in einem Zahne viel geringer ist; auch geht ein Teil der Kraftlinien durch die Luft, wie dies schon bei Gleichstrommotoren erklärt worden ist. Die auf Stator- und Rotorzähne entfallenden
Amperewindungen können etwa zu 45 geschätzt werden, so daß
die Summe beträgt:

$$\text{Amperewindungen pro Pol} = 338 + 25 + 24 + 45$$
$$= 338 + 94 = 430.$$

Dieser Motor hat eine höhere Sättigung im Eisen, als man
gewöhnlich findet, folglich ist auch der Teil der Amperewindungen,
der auf das Eisen entfällt, ziemlich groß.

Meistens findet man, daß die Sättigung geringer ist und daß
etwa 10 bis 15 Prozent auf das Eisen entfallen. Es ist in solchen
Fällen viel bequemer, diese Amperewindungen gar nicht zu berechnen, sondern gleich einen bestimmten Prozentsatz nach dem
Gefühl anzunehmen; denn der Fehler, den man auf diese Weise
begeht, kann nur gering sein.

Immerhin ist es gut, sich zu überzeugen, daß die Sättigung
des Eisens nicht zu hoch ist.

Wir haben also gefunden, daß 430 Amperewindungen pro Pol nötig sind, um die erforderliche Induktion in dem Luftspalt zu erzeugen.

Nun tragen alle drei Phasen zur Erzeugung dieser Amperewindungen bei, da sie aber der Phase nach verschieden und auch örtlich verschoben sind, so ergibt sich nicht pro Phase ein Drittel des obigen Wertes, sondern die Hälfte.

Um also die Amperewindungen, die eine Phase zur Erzeugung des Kraftlinienflusses beitragen muß, zu finden, halbieren wir die genannten Amperewindungen pro Pol und erhalten

$$\frac{430}{2} = 215.$$

Die Statorwicklung besitzt 18 Windungen pro Pol und Phase, folglich ist der maximale Strom bei Leerlauf =

$$\frac{215}{18} = 11,9 \text{ Ampere}$$

und der effektive Strom =

$$\frac{11,9}{\sqrt{2}} = 8,4 \text{ Ampere.}$$

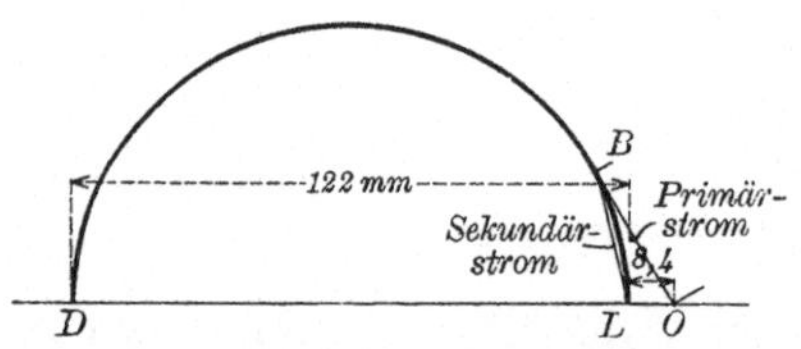

Fig. 363. Ideelles Heylandsches Diagramm des 25 PS-Drehstrommotors der Firma Brown, Boveri & Co.

Wir sind jetzt in der Lage, das einfache Heylandsche Diagramm aufzustellen.

Wir machen (Fig. 363)

$$OL = \text{Leerlaufstrom} = 8,4 \text{ Ampere}$$

$$LD = \text{Durchmesser des Heyland Kreises} =$$

$$LD = \frac{OL}{\sigma} = \frac{8,4}{0,069} = 122 \text{ Ampere.}$$

Schlagen wir nun von O aus einen Kreis mit dem Vollaststrom $J = 32,7$ Ampere, welcher den Halbkreis in B treffe, so ist BL der sekundäre Strom.

Ein Studium des richtigen Heylandschen Diagrammes zeigt, daß der sekundäre Strom in dem Verhältnis $1 + \dfrac{\sigma}{2}$ größer ist als BL, um aber die Rechnung so einfach als möglich zu gestalten, soll diese kleine Differenz vernachlässigt werden.

Wir nehmen den sekundären Strom BL aus dem Diagramm und erhalten:

$$BL = 30 \text{ Ampere.}$$

Dieser Wert beruht auf der Annahme, daß die sekundäre Windungszahl = der primären ist; um also den wirklichen Sekundärstrom zu finden, müssen wir das Transformationsverhältnis beachten.

Zahl der Statorwindungen pro Phase = 108

Zahl der Rotorwindungen pro Phase = 24

$$\text{Transformationsverhältnis} \quad \ldots \ldots = \frac{108}{24} = 4{,}5.$$

Der Sekundärstrom beträgt also:

$$30 \times 4{,}5 = 136 \text{ Ampere.}$$

Der Kurzschlußstrom OD ist gleich

$$DL + LO = 122 + 8{,}4 = 130 \text{ Ampere.}$$

Es ist interessant, die berechneten Werte den experimentell gefundenen gegenüberzustellen.

	Berechnet	Experimentell gefunden
Leerlaufstrom	8,4	6,7
Kurzschlußstrom	130	128
σ	0,069	0,055

Wir sehen klar, daß die Abweichung des berechneten σ von dem experimentell gefundenen nur von einer Ungenauigkeit in dem Werte des Luftspaltes herrührte.

Bei so außerordentlich kleinen Luftspalten, wie 0,5 mm bis 1 mm ist eine genaue Bestimmung nicht möglich und Ungenauigkeiten von $10-20\,^0/_0$ sind kaum zu vermeiden.

Man findet bei Motoren, die ganz nach demselben Entwurfe ausgeführt wurden, Abweichungen in dem Leerlaufstrom bis zu $15\,^0/_0$.

Verluste.

Die Verluste durch Ohmschen Widerstand ergeben sich wie folgt:

I. Stromwärme im Stator:

Strom in der Statorwicklung . . . . 32,7 Amp.

Widerstand der Statorwicklung pro Phase . . . 0,165 Ohm

Stromwärme des Stators pro Phase . . . . . 178 Watt

Gesamte Stromwärme des Stators . . . . 534 „

II. Stromwärme des Rotors:

Stromstärke der Rotorwicklung . . . . 136 Amp.

Widerstand der Rotorwicklung pro Phase . . . 0,0078 Ohm

Stromwärme des Rotors pro Phase . . . . . . 144 Watt
Gesamte Stromwärme des Rotors 432   „
Zuschlag für Verluste an den Kollektorringen . . 150   „

III. Eisenverluste im Stator:

Die Eisenverluste der Induktionsmotoren berechnen wir in einer ähnlichen Weise wie die der Gleichstrommotoren; da jedoch im ersteren Falle viel geringere Sättigungen angewendet werden, so läßt sich das Verfahren noch etwas vereinfachen.

Wir setzen:

$$\text{Eisenverluste des Stators} = 1{,}1 \times \frac{D \cdot N}{100\,000} \times \text{Gewicht des Stators}$$

vor dem Ausstanzen der Nuten, also:

Magnetische Dichte des Statoreisens (D) 8600
Periodenzahl (N) 50
$\dfrac{D \times N}{100\,000}$ 4,3

Wattverlust pro kg $\left(= 1{,}1 \dfrac{D \cdot N}{100\,000}\right)$ 4,7

Gewicht des Statoreisens (vor dem Ausstanzen) . 117
Eisenverlust im Stator 560

Eine genaue Berechnung der Eisenverluste von Induktionsmotoren ist nicht möglich, selbst wenn die Qualität des Eisens genau bekannt ist. Der Grund liegt darin, daß durch die gegenseitige Stellung der Rotorzähne zu den Statorzähnen Schwankungen in der magnetischen Dichte verursacht werden, die eine sehr große Frequenz besitzen und deshalb nicht nur große Hysteresisverluste, sondern auch sehr beträchtliche Wirbelstromverluste erzeugen.

Die berechneten Werte haben im Durchschnitt eine Genauigkeit von $20\,^0/_0$, es ereignen sich aber manchmal Fälle, in denen die experimentell gefundenen Werte um einen noch höheren Prozentsatz abweichen.

Das Prüffeld der Firma Brown, Boveri & Co. gibt für den oben besprochenen Motor einen Eisenverlust von 310 Watt an. Dies ist ein besonders günstiges Resultat und darf keineswegs als ein Durchschnittswert angenommen werden.

Um die Eisenverluste im Rotor zu berechnen, muß man die Schlüpfung kennen, aus dieser bestimmt man die Periodenzahl des Rotors.

Es läßt sich beweisen, daß die Schlüpfung gleich dem Verhältnis von Stromwärme im Rotor zu der dem Rotor zugeführten Leistung ist; also:

Stromwärme im Rotor . . . . $= 432$

Zugeführte Leistung $=$ Leistung des Motors $+$ Verluste
   im Rotor $= 18400 + 900$ (letztere geschätzt) . . . $= 19\,300$

Schlüpfung $= \dfrac{432}{19\,300} = 0{,}022$ . . . . $= 2{,}2\,^0/_0$

Für den Rotor gilt nun:

Magnetische Dichte . . . . $= 11\,300$
Gewicht der Rotorbleche (vor dem Ausstanzen der Nute) $= 60\,kg$
Schlüpfung . . . . $= 0{,}022$

Die Eisenverluste im Rotor schätzt man nun am schnellsten aus einem Vergleich mit dem Stator; wäre Gewicht und magnetische Dichte dieselbe im Stator wie im Rotor, so brauchten wir nur die Eisenverluste des Stators mit der Schlüpfung zu multiplizieren, um die Eisenverluste im Rotor zu erhalten. Da aber Gewicht und magnetische Dichte meistens verschieden sind, so wird man diesen Unterschied berücksichtigen. Große Genauigkeit ist dabei aber durchaus nicht erforderlich, da die Eisenverluste des Rotors sehr gering sind und unter Umständen ganz vernachlässigt werden können:

Eisenverluste im Rotor . . . . . $= 15$.

Wie schon oben bemerkt wurde, entstehen durch die rasch aufeinanderfolgenden Wechsel der gegenseitigen Lage von Statorzahn und Rotorzahn große Wirbelströme in den Zähnen, die sich ungefähr gleichmäßig auf Stator und Rotor verteilen.[1]) Die Eisenverluste der Rotors sind also in Wirklichkeit viel größer, als durch obige Rechnung gefunden wurde, die nur die eigentlichen der Schlüpfung proportionalen Verluste berücksichtigt; jener zusätzliche Teil aber ist schon bei der Berechnung der Statoreisenverluste mit einbegriffen; eine Trennung dürfte experimentell kaum möglich sein.

Die Reibungsverluste lassen sich nur schätzen, Anhaltspunkte werden in den verschiedenen Spezifikationen zu finden sein, die dieser Beschreibung folgen.

---

[1]) Diese Verluste wurden zum ersten Male von Görges bei der Diskussion eines Vortrages von Hissink erwähnt (ETZ 1901, S. 227). Während Hissink die große Abweichung zwischen den experimentell gefundenen und den berechneten Eisenverlusten einem unsymmetrischen Luftspalt und den durch die ungleichförmige magnetische Anziehung vergrößerten Reibungsverlusten zuschrieb, erklärt dies Görges durch die zahlreichen Schwankungen in der magnetischen Dichte der Zähne. Um diese Verlustquelle unwirksam zu machen, muß man den Luftspalt verhältnismäßig groß und die Nutenöffnung so klein wie möglich machen.

In diesem Falle ist:

Reibungsverlust . . . . . = 400 Watt.

Wir haben also in diesem Motor:

1118 Wattverluste durch Stromwärme
975 Watt konstante Verluste, mithin
2093 Watt gesamte Verluste.

Ebenso wie bei Gleichstrommotoren, so ist es auch bei Induktionsmotoren vorteilhaft, das Verhältnis der konstanten Verluste zu den veränderlichen Verlusten klein zu machen, weil dann der jährliche Wirkungsgrad am höchsten wird.

Der Wirkungsgrad.

Leistung des Motors . . . . . . = 18400
Gesamte Verluste bei Vollast . . = 2093
Zugeführte Watt . . . . = 20493
Wirkungsgrad bei Vollast . . . = 89,8 %

Wir sind jetzt in der Lage, die Annahme, die wir am Anfang dieses Kapitels gemacht haben, auf ihre Genauigkeit zu prüfen.

Wir hatten den Wirkungsgrad zu 89,0 % und den Leistungsfaktor bei Vollast zu 0,88 angenommen.

Aus der Fig. 363 ersehen wir, daß der maximale Leistungsfaktor wirklich mit demjenigen bei Vollast übereinstimmt, und daß also die Annahme

$$\cos \varphi = 0,88$$

richtig war.

Dagegen haben wir den Wirkungsgrad um 0,8 % zu klein angenommen. Der Einfluß dieses Fehlers auf die Berechnung ist aber sehr gering, (1 % auf die Verluste) und eine Wiederholung der Ausführungen ist deshalb nicht nötig.

Es ist sehr oft erwünscht, das Verhalten des Motors bei andern Belastungen kennen zu lernen, und man könnte natürlich auf dieselbe Weise, wie das Verhalten bei Vollast gefunden worden ist, auch dasjenige bei Halblast und Viertellast bestimmen, doch kommt man schneller zum Ziele, wenn man die folgende tabellarische Berechnungsweise in Verbindung mit dem einfachen Diagramm (Fig. 363) benutzt.

Primärstrom	Energie-Komponente des Primärstromes	cos φ	Sekundärstrom (Transformation von 1:1)	Stromwärme im Stator	Stromwärme im Rotor	Konstante Verluste	Gesamte Verluste	Zugeführte Watt $3 \times 240 \times$ Energie-Komponente	Leistung	Wirkungsgrad	Schlüpfung
10	4,8	0,48	4,8	50	15	975	1040	3450	2400	0,70	0,5 %
15	11,5	0,77	11,5	110	85	975	1170	8300	7130	0,86	1,1 %
20	17,0	0,85	17,0	200	186	975	1361	12200	10840	0,885	1,66 %
25	22	0,88	22,2	310	315	975	1600	15800	14200	0,899	2,1 %
30	26	0,88	27	445	470	975	1880	19000	17120	0,90	2,6 %
40	35	0,875	36,9	800	875	975	2650	25200	22550	0,895	3,7 %
50	43	0,86	46,4	1240	1380	975	3595	31000	27400	0,885	4,7 %
60	49,6	0,828	56	1780	2000	975	4755	35700	30945	0,866	6,0 %
70	55,1	0,788	65	2420	2700	975	6095	39600	33500	0,848	7,3 %
80	59	0,739	75	3150	3600	975	7725	42500	34775	0,82	9,3 %
90	61	0,678	84,2	4000	4600	975	9575	44000	34425	0,784	11,7 %
100	60	0,600	93,8	5000	5650	975	11625	43000	31375	0,73	15,2 %

Die Tabelle bedarf keiner weiteren Erklärung.

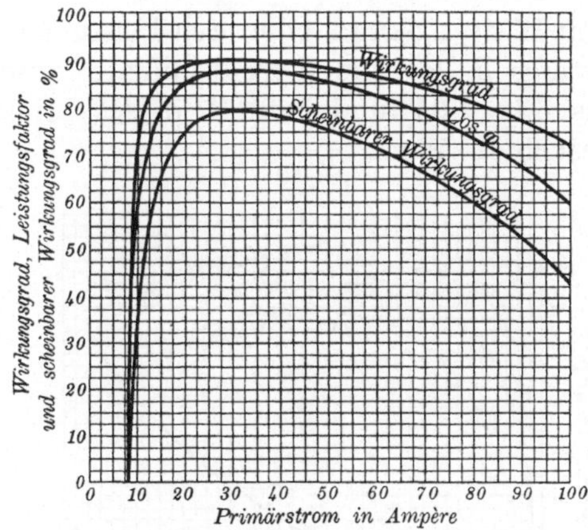

Fig. 364. Wirkungsgrad, Leistungsfaktor und scheinbarer Wirkungsgrad des 25 PS-Drehstrommotors der Firma Brown, Boveri & Co.

In Fig. 364 sind Wirkungsgrad Leistungsfaktor und scheinbarer Wirkungsgrad in Abhängigkeit von dem Primärstrom aufgetragen. Unter „scheinbarem Wirkungsgrad" versteht man das Verhalten:

$$\text{scheinbarer Wirkungsgrad} = \frac{\text{Leistung in Watt}}{\text{zugeführte Volt-Ampere}}$$

$$= \text{Wirkungsgrad} \times \text{Leistungsfaktor}.$$

In Fig. 365 sind Primärstrom und Schlüpfung in Abhängigkeit von der Leistung in PS aufgetragen.

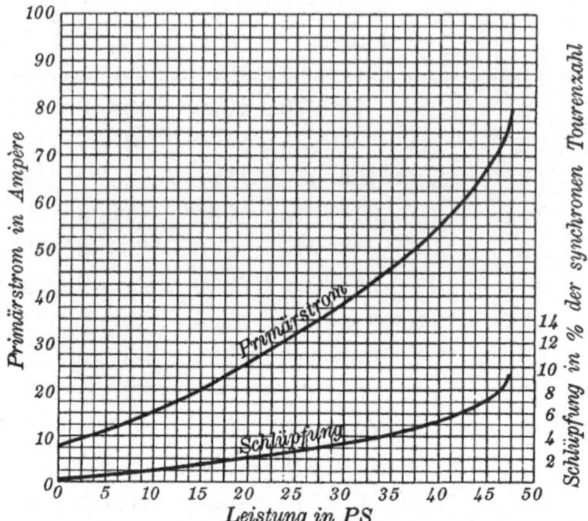

Fig. 365. Primärstrom und Schlüpfung des 25 PS-Drehstrommotors
der Firma Brown, Boveri & Co.

Um also den Wirkungsgrad oder den Leistungsfaktor bei einer bestimmten Leistung in PS finden zu können, entnimmt man den Primärstrom aus Fig. 365 und mittels dieses Primärstromes aus Fig. 364 den gesuchten Wert.

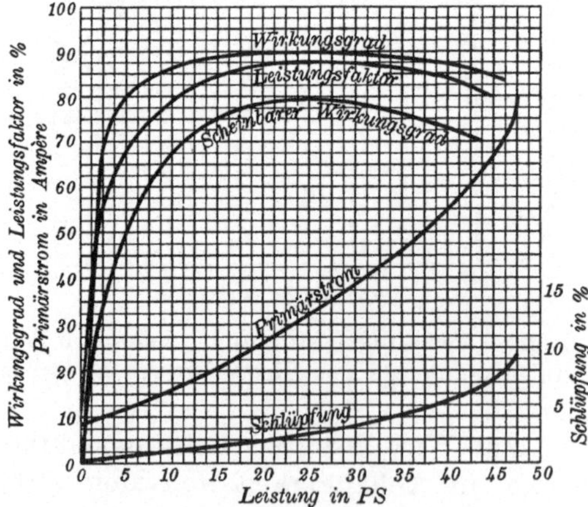

Fig. 366. Charakteristische Kurven des 25 PS-Drehstrommotors der Firma
Brown, Boveri & Co.

Noch bequemer für den Gebrauch ist es, alle Werte in Abhängigkeit von der Leistung in PS aufzutragen. Dieses ist in Fig. 366 geschehen.

Die Berechnung, die im folgenden so ausführlich dargelegt worden ist, läßt sich natürlich viel abkürzen und die folgende Spezifikation wird dies an einem 75 PS-Motor erläutern, der ebenfalls von der Firma Brown Boveri & Co gebaut worden ist.

Die allgemeine Konstruktion der Brown-Boverischen Motoren kann aus den Fig. 367 bis 373 ersehen werden.

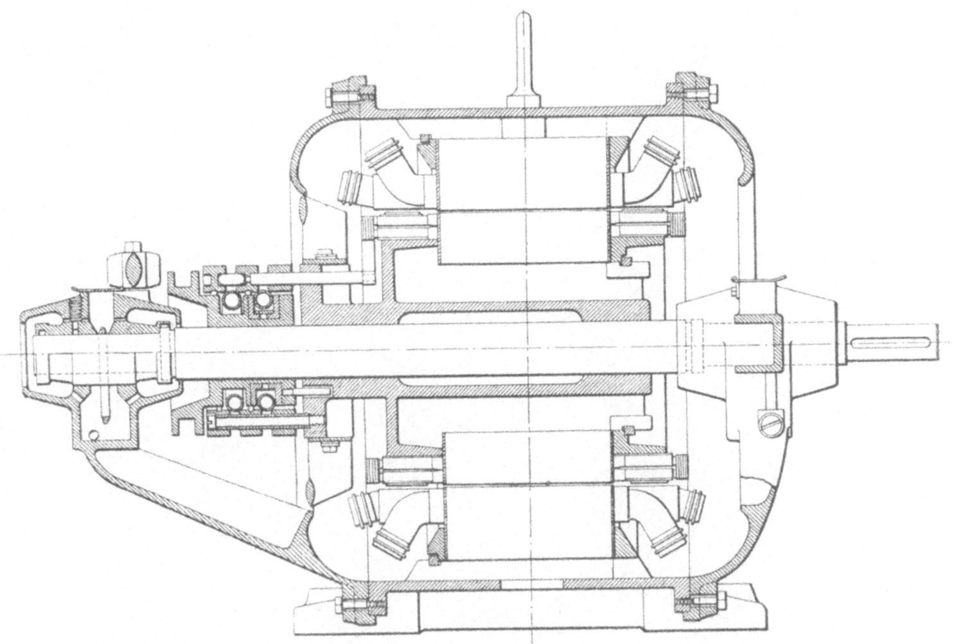

Fig. 367. Längsschnitt eines Drehstrommotors mit Schleifringen
(Brown, Boveri & Co.).

Brown, Boveri & Co.

Leistung in PS	75
Zahl der Pole	8
Periodenzahl	50
Synchrone Tourenzahl pro Minute	750
Spannung zwischen den Klemmen	500
Schaltung der Statorwicklung	Δ
Spannung pro Phase	500

Statoreisen:

Äußerer Durchmesser der Statorbleche	70
Innerer Durchmesser der Statorbleche	50,2
Länge des Stators zwischen den Flanschen (λ_g) . .	28
Zahl der Ventilationskanäle	—

Brown, Boveri & Co.

Breite eines jeden Kanales	—
Wirksame Länge des Stators λ_n	25,2
Polteilung (τ)	19,7
Zahl der Statornuten	72
desgl. pro Pol	9
desgl. pro Pol pro Phase	3
Nutentiefe	4,5
Nutenbreite	1,6

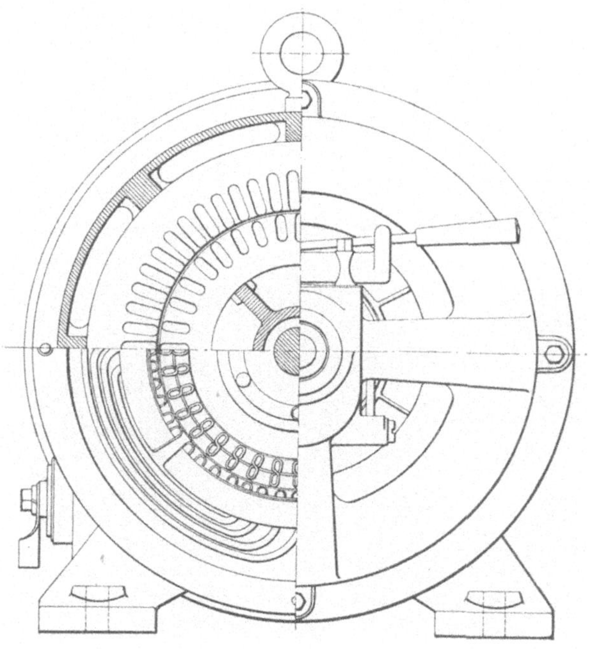

Fig. 368.   Querschnitt und Ansicht des Brown-Boveri-Motors Fig. 367.

Breite der Nutenöffnung	0,3
Zahnbreite $+$ Nutenbreite am Luftspalt	2,19
desgl. an der Wurzel der Zähne	2,58
Geringste Zahnbreite	0,59
Größte Zahnbreite	0,98
Gewicht der Statorbleche (vor dem Ausstanzen der Nuten)	370 kg

Rotoreisen:

Größe des Luftspaltes	0,10
Äußerer Durchmesser der Rotorbleche	50,0

Brown, Boveri & Co.

Innerer Durchmesser der Rotorbleche 35
Länge des Rotors zwischen den Flanschen . . . 28
Zahl der Ventilationskanäle . . . . —
Breite eines jeden Kanales . . . . —
Wirksame Länge des Rotors 25,2
Zahl der Rotornuten 96
desgl. pro Pol 12
desgl. pro Pol pro Phase 4

Fig. 369.

Nutentiefe 3,5
Nutenbreite 1,0
Breite der Nutenöffnung 0,2
Zahnbreite $+$ Nutenbreite am Luftspalt 1,64
desgl. an der Wurzel der Zähne 1,41
Geringste Zahnbreite 0,41
Größte Zahnbreite 0,64
Gewicht der Rotorbleche 200

Statorkupfer:

Zahl der Statorleiter pro Nute 10,5
    (Jeder Leiter besteht aus 4 Drähten, so daß ins-
    gesamt 42 Drähte in einer Nute sind.)

Brown, Boveri & Co.

Zahl der Statornuten   72
Zahl der Statorleiter   756

Fig. 370.

Zahl der Statorwindungen   378
Zahl der Statorwindungen pro Phase   126

Brown, Boveri & Co.

Zahl der Statorwindungen pro Pol pro Phase . . 15,75
Abmessungen der Leiter (blank) . . . . . $4 \times (\phi = 0{,}29)$
desgl. der Leiter (isoliert) . . . . . . $4 \times (\phi = 0{,}35)$
Querschnitt eines Leiters . . . . $4 \times 0{,}066$
Mittlere Länge einer Windung 140
Gesamte Länge der Statorwindungen pro Phase . . 17 700
Widerstand einer Phase bei 60^0 C , ... 0,134 Ohm
Gewicht des Statorkupfers . . . . 126 kg

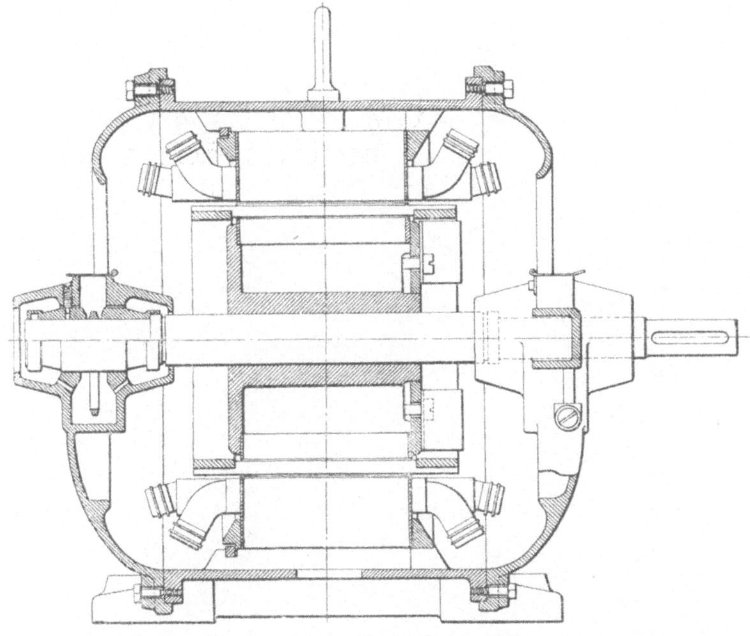

Fig. 371. Längsschnitt eines Drehstrommotors mit Käfiganker
(Brown, Boveri & Co.).

Rotorkupfer:

Zahl der Rotorleiter pro Nute 2
Zahl der Rotornuten 96
Zahl der Rotorleiter 192
Zahl der Rotorwindungen 96
Zahl der Phasen in der Rotorwindung 3
Zahl der Rotorwindungen pro Phase 32
Zahl der Rotorwindungen pro Pol pro Phase . . . 4
Abmessungen eines blanken Leiters . . . . . . $0{,}6 \times 1{,}2$
Abmessungen eines isolierten Leiters . . . . . $0{,}75 \times 1{,}35$
Querschnitt eines einzelnen Leiters 0,72

Brown, Boveri & Co.

Mittlere Länge einer Windung 112

Länge der Rotorwindungen pro Phase 3600

Widerstand pro Phase bei 60° C . . . . 0,01 Ohm

Gewicht des Rotorkupfers . . . . 70 kg

Leistungsfaktor und Strom:

Verhältnis von Kernlänge zu Polteilung 1,42

Nutenöffnung (m) (Mittel aus Stator- und Rotornute) nahezu geschlossen

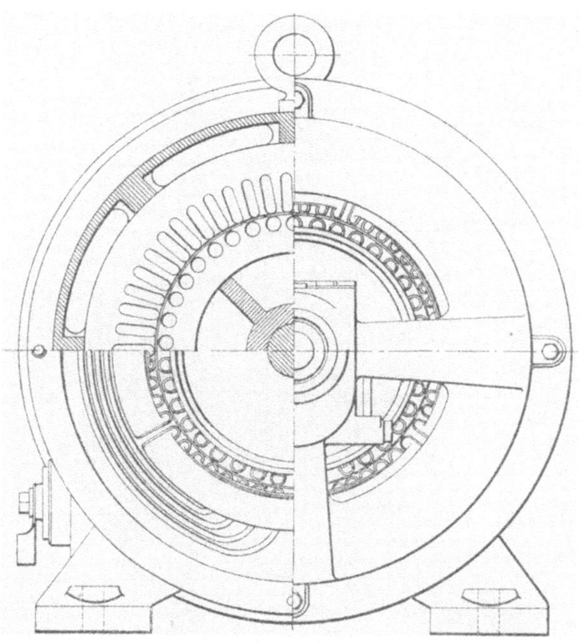

Fig. 372. Querschnitt und Ansicht des Brown-Boveri-Motors Fig. 371.

C (aus Fig. 359) 11,5

$\varDelta \cdot H =$ Luftspalt $\times$ Zahl der Nuten pro Pol (Mittel
aus Stator und Rotor) 1,05

C' (aus Fig. 360) 1,2

Streukoeffizient $\sigma = C\,C'\,\dfrac{\varDelta}{\tau}$ . . . . 0,07[1])

Maximaler Leistungsfaktor $\left(\cos \varphi_{max} = \dfrac{1}{1 + 2\,\sigma}\right)$ . . 0,876

Leistung bei Vollast . . . . 55100 Watt

Wirkungsgrad bei Vollast 0,93

Wattverbrauch bei Vollast 59400

---

[1]) Beobachtet $\sigma = 0,06$.

Brown, Boveri & Co.

Zugeführte Volt-Ampere bei Vollast 67 600
desgl. pro Phase bei Vollast 22 500
Volt pro Phase 500
Vollaststrom pro Statorwicklung in Ampere . . . 45
Schaltung der Statorwicklung . . . . Δ
Vollaststrom in der Leitung 78

Fig. 373.

Leerlaufstrom und Kurzschlußstrom:

Periodenzahl (N) 50
Zahl der Statorwindungen pro Phase (T) 126
Innere Spannung pro Phase (E) 490
   (Nach Abzug des Ohmschen Spannungsabfalles)
Kraftlinienfluß pro Pol (aus $E = 4{,}2\,NTM\,10^{-2}$) . . 1,85
                                              Megalinien
$\dfrac{\text{Zahnteilung — Nutenöffnung}}{\text{Zahnteilung}}$ (Mittel für Stator und

  Rotor) 0,87
Ausbreitungskoeffizient 1,15
Wirklicher Querschnitt des Luftspaltes pro Pol
  $(19{,}7 \times 25{,}2 \times 0{,}87 \times 1{,}15)$ 500
Mittlere magnetische Dichte im Luftraum 3700

Brown, Boveri & Co.

Maximale magnetische Dichte im Luftraum . . . 6300
Amperewindungen für den Luftspalt pro Pol . . . 500
Gesamte Amperewindungen pro Pol 600
Amperewindungen pro Pol pro Phase 300
Amplitude des Leerlaufstromes 19
Effektiver Leerlaufstrom 13,4
Effektiver Leerlaufstrom in Prozenten d. Vollaststromes $30^0/_0$
Streukoeffizient 0,07
Durchmesser des Heyland-Kreises $\left(\dfrac{\text{Leerlaufstrom}}{\sigma}\right)$ 192
Kurzschlußstrom 205,4
Sekundärer Strom bei Vollast (aus dem Heiland-
 Kreise für ein Transformationsverhältnis 1:1) . . 40,2
Zahl der Statorleiter 756
Zahl der Rotorleiter 192
Transformationsverhältnis 3,92
Wirklicher sekundärer Strom 157

Verluste:

I. Stromwärme im Stator:

Strom in der Statorwicklung 45
Widerstand der Statorwicklung pro Phase . . . 0,134
Stromwärme im Stator pro Phase . . . . . . 270 Watt
Gesamte Stromwärme des Stators . . . . . . 810 „

II. Stromwärme im Rotor:

Stromstärke der Rotorwicklung 157
Widerstand der Rotorwicklung pro Phase . . . 0,01
Stromwärme des Rotors pro Phase . . . . . 246 Watt
Gesamte Stromwärme in der Rotorwicklung . . 740 „
Verluste in dem Übergangswiderstande der Schleif-
 ringe . . . . 260 „

III. Eisenverluste des Stators:

Querschnitt der Statorzähne pro Pol an der engsten
 Stelle 148
Mittlere magnetische Dichte an dieser engsten Stelle 12500
Maximale magnetische Dichte an dieser Stelle . 21200
Tiefe des Statoreisens oberhalb der Zähne . . . 5,4
Querschnitt des Statoreisens 272
Magnetische Dichte des Statoreisens (D) 6800
Periodenzahl (N) 50

Brown, Boveri & Co.

$$\frac{D \cdot N}{100000} \quad \ldots \ldots \ldots \ldots \ldots \ldots \quad 3,4$$

Eisenverlust pro kg . . . . 3,9 Watt

Gewicht der Statorbleche . . . . 370 kg

Kernverlust im Statoreisen . . . . 1440 Watt

IV. Eisenverlust des Rotors

Querschnitt der Rotorzähne an der engsten Stelle 148

Mittlere magnetische Dichte an dieser Stelle . . 12500

Maximale magnetische Dichte der Rotorzähne . . 21200

Tiefe des Rotoreisens unterhalb der Nuten . . 4,0

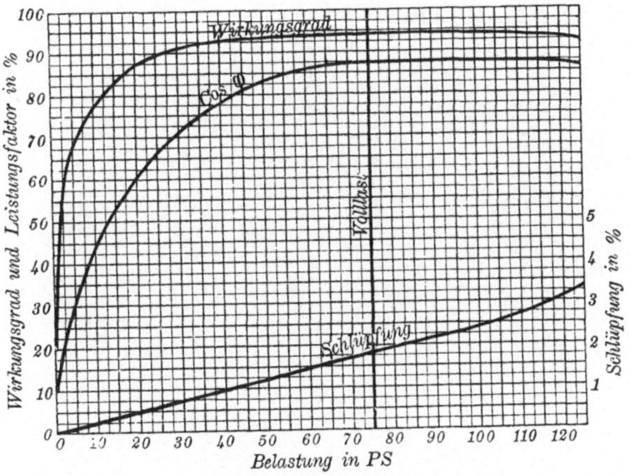

Fig. 374. Charakteristische Kurven des 75 PS-Drehstrommotors der Firma Brown, Boveri & Co.

Querschnitt des Rotoreisens . . . . $2 \times 101 = 202$

Magnetische Dichte im Rotoreisen 9100

Gewicht der Rotorbleche . . . . 200 kg

Schlüpfung . . . . $2\,{}^0/_0$

Eisenverlust im Rotor . . . . 20 Watt

V. Reibungsverluste in den Lagern und durch die Ventilation . . . . 650 „

Wirkungsgrad:

Veränderliche Verluste $(I + II)$ 1810

Konstante Verluste $(III + IV + V)$ 2110

Gesamte Verluste 3920

Leistung in Watt 55100

Zugeführte Leistung in Watt 59020

Brown, Boveri & Co.

Wirkungsgrad bei Vollast	0,935
Gewicht des Statorkupfers	126
Gewicht des Rotorkupfers	70
Gesamtes Kupfergewicht	196
Gewicht der Statorbleche	370
Gewicht der Rotorbleche	200
Gesamtes Gewicht der Bleche	570
Gesamtes Gewicht des wirksamen Materials kg . .	766
desgl. pro PS kg	10,2
Kappscher Koeffizient	1,05

Fig. 374 gibt Leistungsfaktor, Wirkungsgrad und Schlüpfung für verschiedene Belastungen.

Dreiundzwanzigstes Kapitel.

Käfiganker.

Um die Stromverteilung und Stromverluste in Käfigankern zu berechnen, nehmen wir an, daß die Kraftlinien und ebenso die Ströme sinusförmig über die ganze Peripherie verteilt sind.

Fig. 375 gibt eine diagrammatische Darstellung eines zweipoligen Käfigankers mit 36 Stäben. Diese letzteren sind durch

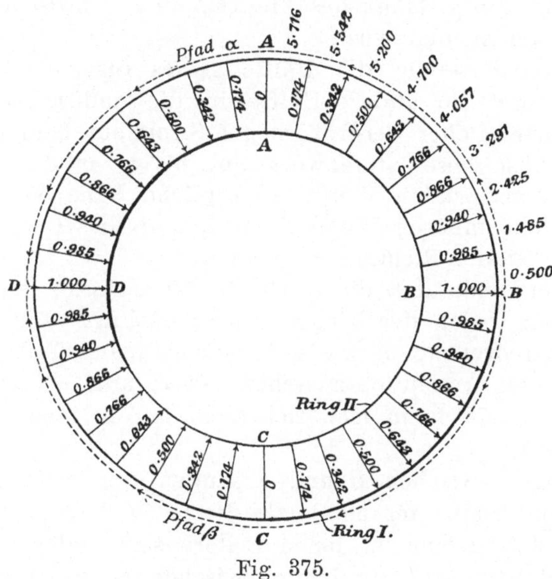

Fig. 375.

36 radiale Linien dargestellt, während der innere und der äußere Kreis die Endverbindungen bedeuten. Neben jedem Stabe ist der Wert des Stromes vermerkt, wobei der maximale Strom willkürlich gleich 1 gesetzt wurde. Wir sehen, daß der Strom im Leiter A gleich Null ist, während der Leiter B den maximalen Strom 1,00 führt; der Strom im Leiter C gegenüber A ist wieder Null.

Die Verluste in einem Leiter können nun sehr einfach ermittelt werden, weil jeder Leiter nacheinander alle jene Ströme führt, die in Fig. 375 neben die verschiedenen Leiter geschrieben sind, und da dies Ordinaten einer Sinuskurve sind, so wird der Verlust in einem jeden Leiter gleich:

$$(\text{effektiver Strom})^2 \text{ Widerstand des Leiters.}$$

Bezeichnet man mit Z die Zahl der Leiter auf dem Rotor, mit R den Widerstand eines Leiters und mit J_2 den sekundären Strom, so sind die Verluste in den Stäben:

$$J_2{}^2 \cdot Z \cdot R.$$

Der in den Endringen fließende Strom hängt von der Zahl der Leiter pro Pol und von dem sekundären Strom J_2 ab.

Da die Leiter in Fig. 375 symmetrisch in bezug auf BD verteilt sind, so folgt, daß der Strom der zwischen B und A liegenden Leiter in den Ring I und längs des Pfades α in die zwischen A und D liegenden Stäbe fließen wird, während die Leiter zwischen B und C ihren Strom längs des Pfades β in die zwischen C und D liegenden Leiter senden wird.

Der Leiter B sendet die Hälfte seines Stromes in die eine Richtung (α) und die andere Hälfte in die andere Richtung (β); die benachbarten Leiter vergrößern den Strom auf beiden Seiten zu 1,485; so wächst dieser stufenweise an, bis er an den Punkten A und C seinen maximalen Wert 5,72 erreicht. Die Verteilung des Stromes in dem inneren Ringe II ist genau dieselbe wie in dem äußeren, nur ist die Richtung umgekehrt.

Man sieht leicht, daß die Werte der Stromstärke in den aufeinanderfolgenden Teilen des Ringes einer Sinuskurve folgen, und da die Stäbe sich drehen, so fließt in einem jeden Teil des Ringes ein Strom, dessen Amplitude zwischen $+5,72$ und $-5,72$ schwankt.

Den Wert 5,72 kann man sich auch auf folgende Weise entstanden denken:

Alle Leiter zwischen B und A senden den Strom durch den Pfad α, folglich muß der maximale Strom in dem Endring gleich der Summe der Ströme in jenen Leitern sein, oder mit anderen Worten gleich der Zahl der Leiter zwischen B und A multipliziert mit dem arithmetischen Mittel der Ströme jener Leiter.

Da es insgesamt 36 Leiter sind, so befinden sich 9 Stäbe zwischen A und B und da der arithmetische Mittelwert der Ordinaten einer Sinuskurve

$$= \frac{2}{\pi} \text{ vom maximalen Wert ist,}$$

so erhält man für den Strom im Endring bei A

$$9 \times \frac{2}{\pi} \times 1 = 5{,}72,$$

also denselben Wert, den wir oben durch einfache Summierung erhalten haben.

Ist Z' die Zahl der Leiter pro Pol und J_2 der effektive Sekundärstrom, so ist der maximale Wert in den Endringen

$$J_2 \sqrt{2} \cdot \frac{2}{\pi} \cdot \frac{Z'}{2} = \frac{Z'}{\pi} \cdot J_2 \sqrt{2}$$

und folglich der effektive Wert des Stromes in den Endringen:

$$= \frac{Z'}{\pi} J_2 .$$

Ist R_e der Widerstand beider Endringe in Reihe, so sind die Verluste in den Endringen

$$= \left(\frac{Z'}{\pi} J_2 \right)^2 R_e .$$

Der gesamte Verlust durch Stromwärme in dem Rotor ist also:

$$J_2{}^2 \left(Z R + \frac{Z'^2}{\pi^2} R_e \right)$$

Im folgenden sollen zwei Drehstrommotoren mit Käfigankern durchgerechnet werden, deren Daten von der Firma Brown Boveri & Co. einerseits und von der Firma „British Thomson Houston Co." andererseits dem Verfasser freundlichst zur Verfügung gestellt wurden.

Drehstrommotoren mit Käfigankern der Firma Brown, Boveri & Co. und der British Thomson Houston Co.

	Brown Boveri & Co.	British Thomson Houston Co.
Leistung in PS	8	3,5
Zahl der Pole	4	4
Periodenzahl.	50	50
Synchrone Tourenzahl pro Minute . . .	1500	1500
Spannung zwischen den Klemmen . .	250	200
Schaltung der Statorwicklung	Y	Y
Spannung pro Phase	144	115

Statoreisen:

	Brown Boveri & Co.	British Thomson Houston Co.
Äußerer Durchmesser der Statorbleche . .	33	31,7
Innerer Durchmesser der Statorbleche . .	21,1	20,41

	Brown, Boveri & Co.	British Thomson Houston Co.
Länge des Stators zwischen den Flanschen (λ_g)	12	10,8
Zahl der Ventilationskanäle	0	0
Breite eines jeden Kanales	—	—
Wirksame Länge des Stators (λ_n) . . .	10,8	9,7
Polteilung (τ)	16,6	16,0
Zahl der Statornuten	48	36
desgl. pro Pol	12	9
desgl. pro Pol pro Phase	4	3
Nutentiefe	3,0	1,37
Nutenbreite	1,0	1,40
Breite der Nutenöffnung	0,2	0,3
Zahnbreite $+$ Nutenbreite am Luftspalt. .	1,38	1,78
desgl. an der engsten Stelle der Zähne .	1,42	1,83
desgl. an der Wurzel der Zähne. . . .	1,78	2,01
Geringste Zahnbreite	0,42	0,43
Größte Zahnbreite	0,78	0,61
Gewicht der Statorbleche (vor dem Ausstanzen der Nuten)	43 kg	35 kg

Rotoreisen:

	Brown, Boveri & Co.	British Thomson Houston Co.
Größe des Luftspaltes	0,05	0,055
Äußerer Durchmesser der Rotorbleche .	21,0	20,3
Innerer Durchmesser der Rotorbleche . .	14,0	11,5
Länge des Rotors zwischen den Flanschen	12	10,8
Zahl der Ventilationskanäle	0	0
Breite eines jeden Kanales	—	—
Wirksame Länge des Rotors	10,8	9,7
Zahl der Rotornuten	37	41
desgl. pro Pol	9,25	10,25
Nutentiefe	1,0 } $\varphi = 0,9$	
Nutenbreite	1,0 }	
Breite der Nutenöffnung	0	0,18
Zahnbreite $+$ Nutenbreite am Luftspalt. .	1,78	1,55
desgl. an der engsten Stelle der Zähne .	1,68	1,47
Geringste Zahnbreite	0,68	0,57
Größte Zahnbreite	0,78	0,65
Gewicht der Rotorbleche	17 kg	17 kg

Statorkupfer:

	Brown, Boveri & Co.	British Thomson Houston Co.
Statorleiter pro Nute	12	22
Zahl der Statornuten	48	36

	Brown, Boveri & Co.	British Thomson Houston Co.
Statorleiter total	576	792
Zahl der Statorwindungen	288	396
desgl. pro Phase	96	132
desgl. pro Pol pro Phase	24	33
Abmessungen der Leiter (blank)	$\phi = 0{,}34$	
desgl. der Leiter (isoliert)	$\phi = 0{,}40$	
Querschnitt eines Leiters	0,091	0,0293
Mittlere Länge einer Windung	92	80
Gesamte Längen der Statorwindungen pro Phase	8800	10500
Widerstand einer Phase bei 60^0 C . . .	0,193	0,72
Gewicht des Statorkupfers in kg	21,4	8,2

Rotorkupfer: (Käfiganker)

	Brown, Boveri & Co.	British Thomson Houston Co.
Zahl der Rotorleiter pro Nute	1	1
Zahl der Rotornuten	37	41
Zahl der Rotorleiter (Z)	37	41
Zahl der Rotorleiter pro Pol	9,25	10,25
Abmessungen eines blanken Leiters . . .	$\phi = 0{,}9$	$\phi = 0{,}635$
Querschnitt eines einzelnen Leiters . . .	0,63	0,32
Länge eines Stabes	20	17
Dimensionen des Endringes	$0{,}7 \times 3{,}5$	2,90 qcm
Widerstand eines Stabes (R)	0,000063	0,000106
Widerstand der beiden Endringe (R_e) . .	0,000104	0,000082
Gewicht der Stäbe	4,1 kg	2 kg
Gewicht der Endringe	2,75 kg	3,1 kg
Gesamtgewicht des Rotorkupfers	6,85 kg	5,1 kg

Leistungsfaktor und Strom:

	Brown, Boveri & Co.	British Thomson Houston Co.
Verhältnis von Länge zu Polteilung . .	0,72	0,68
Nutenöffnung (Mittel aus Stator- und Rotornute)	beinahe geschlossen	
C (aus Fig. 359)	14	14,2
$\Delta H =$ Luftspalt $\times$ Zahl der Nuten pro Pol (Mittel aus Stator und Rotor) . . .	$10{,}6 \times 0{,}05$ $= 0{,}53$	$9{,}6 \times 0{,}055$ $= 0{,}53$
C^1 (aus Fig. 360)	1,5	1,5
C''	0,75	0,75[1])

---

[1]) Käfiganker haben eine geringere freie Länge als gewickelte Anker. Man muß den nach der früher angegebenen Methode berechneten Streukoeffizienten also noch mit einem Faktor C'' multiplizieren, der, wie die Praxis zeigt, zwischen 0,7 und 0,85 schwankt.

	Brown, Boveri & Co.	British Thomson Houston Co.
Streukoefficient[1]) $\sigma = C\,C'\,C''\,\dfrac{\Delta}{\tau}$	0,0475[2])	0,054
Maximaler Leistungsfaktor	0,91	0,904[3])
Leistung bei Vollast	5900	2600
Wirkungsgrad bei Vollast	0,87	0,83
Wattverbrauch bei Vollast	6800	3140
Zugeführte Voltampere bei Vollast . . .	7500	3470
desgl. pro Phase bei Vollast	2500	1150
Volt pro Phase	144	115
Vollaststrom pro Statorwicklung	17,3	10
Schaltung der Statorwicklung	Y	Y
Vollaststrom in der Leitung	17,3	10

Leerlauf- und Kurzschlußstrom:

	Brown, Boveri & Co.	British Thomson Houston Co.
Periodenzahl (N)	50	50
Zahl der Statorwindungen pro Phase (T) .	96	132
Innere Spannung pro Phase (E) (Nach Abzug des Ohmschen Spannungsabfalles.)	140	112
Kraftlinienfluß pro Pol (aus $E = 4,2 \cdot NTM\,10^{-8}$	0,695	0,405
		Megalinien
$\dfrac{\text{Zahnteilung — Nutenöffnung}}{\text{Zahnteilung}}$ (Mittel aus Stator und Rotor)	93 %	85 %
Ausbreitungskoeffizient	1,2	1,2
Wirklicher Querschnitt des Luftspaltes pro Pol	200	154
Mittlere magnetische Dichte im Luftraum	3475	2620
Maximale magnetische Dichte im Luftraum	5900	4500
Amperewindungen für den Luftspalt pro Pol	236	197
Gesamte Amperewindungen pro Pol . . .	283	225
Amperewindungen pro Pol pro Phase . .	142	113
Amplitude des Leerlaufstromes	5,9	3,44
Effektiver Leerlaufstrom	4,2	2,43[4])
Effektiver Leerlaufstrom in Prozenten des Vollaststromes	24,2 %	24,3 %
Streukoeffizient	0,0475	0,054
Durchmesser des Heyland-Kreises . . .	88,5	45
Leerlaufstrom	4,2	2,4
Kurzschlußstrom	92,7	47,4[5])

---

[1]) Siehe die Anmerkung auf vorhergehender Seite.
[2]) Beobachtet $\sigma = 0{,}045$.　　　[3]) Beobachtet 0,93.　　　[4]) Beobachtet 2,5.
[5]) Beobachtet bei 200 Volt Klemmenspannung: 50 Ampere.

	Brown, Boveri & Co.	British Thomson Houston Co.
Sekundärer Strom bei Vollast (aus dem Heylandschen Kreise bei einem Transformationsverhältnis von 1:1)	16	9,2
Zahl der Statorleiter	576	792
Zahl der Rotorleiter	37	41
Transformationsverhältnis	15,6	19,3
Wirklicher sekundärer Strom	250	178

Verluste:

I. Stromwärme im Stator:

	Brown, Boveri & Co.	British Thomson Houston Co.
Strom in der Statorwicklung	17,3	10
Widerstand der Statorwicklung pro Phase	0,193	0,72
Stromwärme im Stator pro Phase . . .	58	72
Gesamte Stromwärme des Stators . . .	174	216

II. Stromwärme des Rotors:

	Brown, Boveri & Co.	British Thomson Houston Co.
Stromstärke der Rotorwicklung . . .	250	178
Widerstand eines Stabes	0,000063	0,000106
Zahl der Stäbe (Z)	37	41
Stromwärme in den Stäben	146	138
Zahl der Stäbe pro Pol (Z')	9,25	10,25
Widerstand der Endringe (R_e)	0,000104	0,000082
Verluste in den Endringen	57	28
Zuschlag für Widerstandsvergrößerung in den Lötstellen	40	10
Gesamte Verluste durch Stromwärme im Rotor	243	176

III. Eisenverluste des Stators:

	Brown, Boveri & Co.	British Thomson Houston Co.
Querschnitt der Statorzähne pro Pol an der engsten Stelle	554	37,5
Mittlere magnetische Dichte an dieser engsten Stelle	12800	10800
desgl. maximale Dichte	21900	18200
Tiefe des Statoreisens oberhalb der Zähne	3,05	4,27
Querschnitt des Statoreisens	66	83
Magnetische Dichte des Statoreisens (D)	10900	4900
Periodenzahl (N)	50	50
$\dfrac{D \cdot N}{100000}$	5,5	2,45
Eisenverlust in Watt pro kg	6,0	2,7

	Brown, Boveri & Co.	British Thomson Houston Co.
Gewicht der Statorbleche	43	35
Kernverlust im Statoreisen	260	95

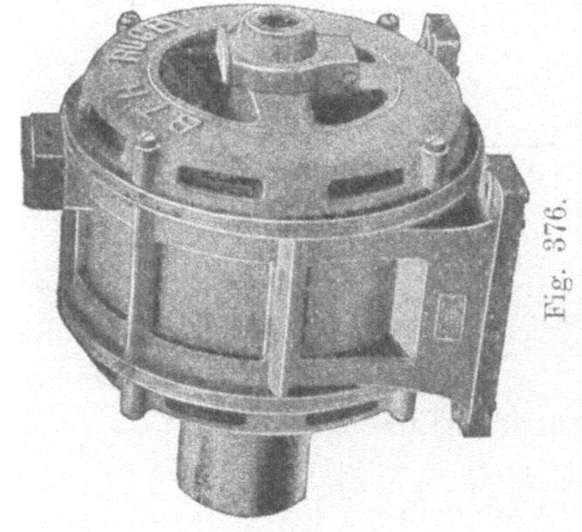

Fig. 376.

Fig. 377.

IV. Eisenverluste des Rotors:

Querschnitt der Rotorzähne an der
engsten Stelle   67,5   56,5

	Brown, Boveri & Co.	British Thomson Houston Co.
Mittlere magnetische Dichte an dieser engsten Stelle	10200	7200
desgl. maximale Dichte	17400	12200
Tiefe des Rotoreisens unterhalb der Nuten	2,4	3,5
Querschnitt des Rotoreisens	52	68

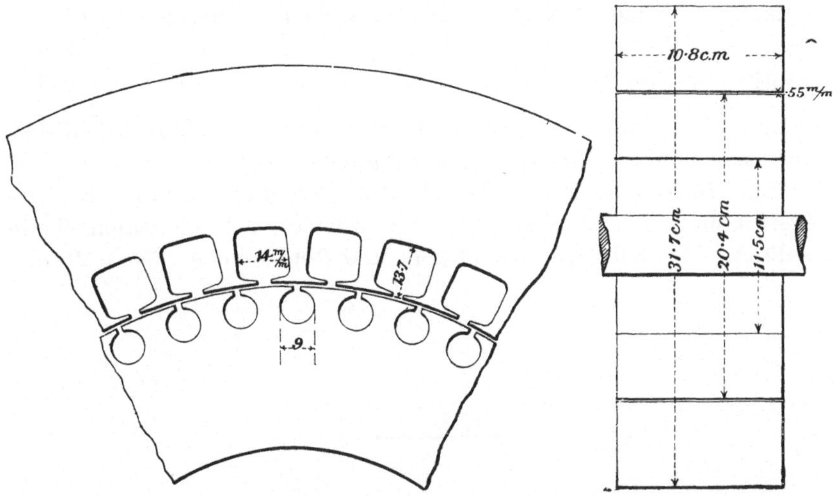

Fig. 378. Stator- und Rotorbleche des $3^1/_2$ PS-Drehstrommotors der British Thomson Houston-Company.

	Brown, Boveri & Co.	British Thomson Houston Co.
Magnetische Dichte im Rotoreisen	13300	6000
Gewicht der Rotorbleche	17	17
Schlüpfung	3,8 %	6,0 %
Eisenverlust im Rotor (Watt)	10	5
V. Reibungsverluste in den Lagern und durch Ventilation	180	70

Wirkungsgrad:

	Brown, Boveri & Co.	British Thomson Houston Co.
Veränderliche Verluste (I + II)	417	392
Konstante Verluste (III + IV + V)	450	170
Gesamte Verluste	867	562
Leistung in Watt	5900	2600
Wattverbrauch	6767	3162
Wirkungsgrad bei Vollast	87,5 %	82,5 %
Gewicht des Statorkupfers	21,4	8,2
Gewicht des Rotorkupfers	6,85	5,1

	Brown, Boveri & Co.	British Thomson Houston Co.
Gesamtes Kupfergewicht	28,25	13,3
Gewicht der Statorbleche (vor dem Ausstanzen der Nuten)	43	35
Gewicht der Rotorbleche (vor dem Ausstanzen der Nuten)	17	17
Gesamtes Gewicht der Bleche	60	52
Gesamtes Gewicht des wirksamen Materials	88,25	65,3
desgl. pro PS	11	18,5
Kappscher Koeffizient	0,75	0,38

Eine Photographie des Brown Boveri-Drehstrommotors mit Käfiganker ist schon in Fig. 373 wiedergegeben worden.

Fig. 376 ist eine äußere Ansicht des berechneten $3\,^1/_2$ PS B.T.H.-Drehstrommotors und Fig. 377 eine Ansicht der einzelnen Teile desselben. Fig. 378 gibt die Stator- und Rotorbleche dieses Motors.

Erwärmung und Abkühlung.

Wir haben bis jetzt den Motor nur mit Rücksicht auf die Fähigkeit betrachtet, die erforderte Leistung in PS bei einem günstigen Wirkungsgrade zu liefern und eine bestimmte Überlastung auszuhalten.

Für den Entwurf ist es jedoch ebenso nötig, auch auf die Erwärmung des Motors sorgfältig zu achten. Sehr ausführliche Ver-

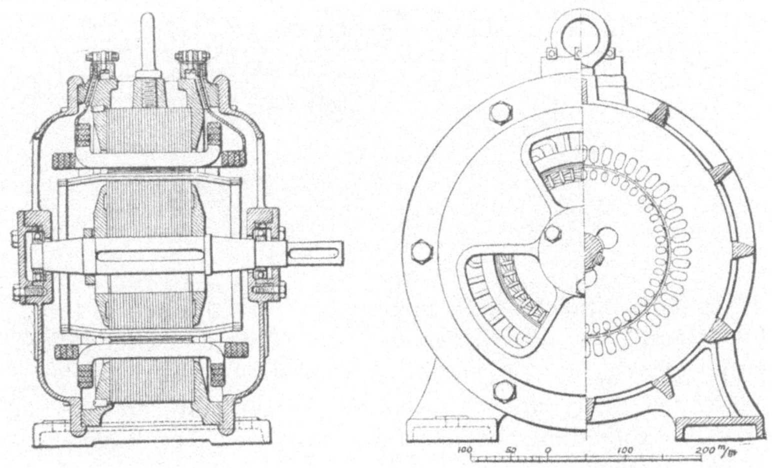

Fig. 379.　　　　　　　　Fig. 380.

Fig. 379 und 380. Drehstrommotor der Berliner Maschinenbau-Aktien-Gesellschaft vorm. L. Schwarzkopff. 10 PS, 190 Volt, 1500 U. p. M.

suche hierüber sind von Herrn Emil Ziehl in der Elektrotechnischen Zeitschrift 1902, Heft 12 veröffentlicht worden; eine Analyse dieser Versuche soll in einer abgekürzten Form gegeben werden.

Der Motor mit dem die Versuche angestellt wurden (ein In-duktionsmotor der Berliner Maschinenbau A.-G. vorm. L. Schwartz-

23*

kopff) hatte eine Leistung von 10 PS bei 1500 Umdrehungen pro Minute, 190 Volt und 50 Perioden. Der Durchmesser des Rotors war 22,4 cm, die Länge zwischen den Flanschen 11 cm; der Rotor besaß drei horizontale Luftkanäle, aber keine vertikalen. Die äußere zylindrische Oberfläche der Statorbleche war der Luft direkt ausgesetzt, um die Wärmeabgabe zu erleichtern. In der halb geschlossenen Form besaßen die Lagerschilder drei große Ventilationsöffnungen, während diese in der ganz geschlossenen Form fehlten. Die allgemeine Konstruktion des Motors ist aus Fig. 379 und 380 zu ersehen.

Die Verluste sind aus den experimentellen Daten berechnet und in Fig. 381 mit der Belastung als Abszisse aufgetragen worden.

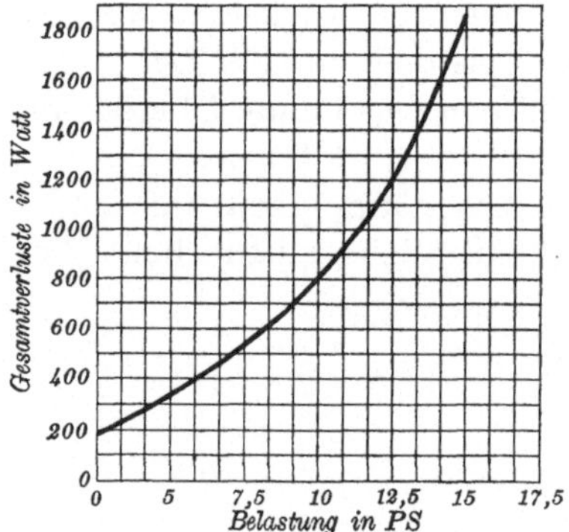

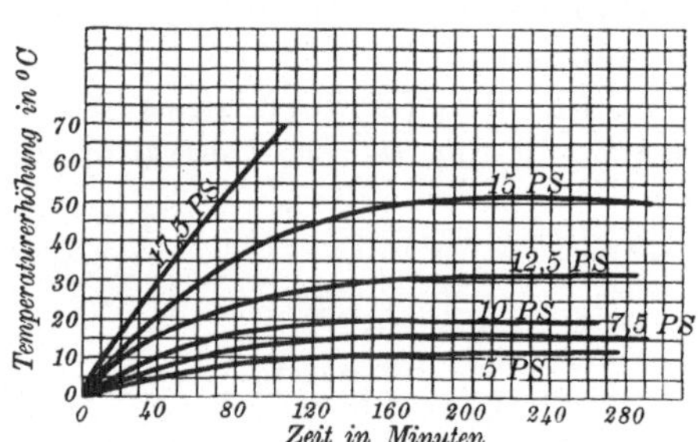

<table>
<tr><td>

Fig. 381. Gesamte Verluste des Drehstrommotors für 10 PS, 190 Volt und 1500 U. p. M.

</td><td>

Fig. 382. Erwärmungskurven des halbgeschlossenen Drehstrommotors für 10 PS, 150 Volt, 1500 U. p. M.

</td></tr>
</table>

Der Motor wurde nacheinander mit 5, 7,5, 10, 12,5 und 15 PS belastet und die Kurven in Fig. 382 bis 384 zeigen die Temperaturerhöhung für den halb und ganz geschlossenen Motor.

Nachdem der Motor konstante Temperatur erreicht hatte, wurde die Abkühlung beobachtet, und zwar bei Stillstand wie auch bei Leerlauf. Die diesbezüglichen Kurven sind in Fig. 385 und 386 wieder gegeben.

Eine Analyse dieser Versuche führt zu äußerst interessanten Resultaten und gewährt Gelegenheit, die Theorie der Erwärmung und der Abkühlung von Induktionsmotoren zu studieren.

Zwei Faktoren sind es, die in der Hauptsache die Temperaturerhöhung nach einer gewissen Zeit für gegebene Verluste bestimmen, erstens die Energie, die in der Einheit der Zeit und pro Grad Temperaturerhöhung ausgestrahlt wird, und zweitens die

Energie, welche die Maschine pro Grad Celsius Temperaturerhöhung in sich ansammelt.

Bezeichnen wir mit S die Wattsekunden, die in einer Sekunde von der Maschine bei einer Temperaturerhöhung von 1^0 C ausgestrahlt werden, dann ist die in der Zeit T für eine Temperaturerhöhung t ausgestrahlte Energie $= S \cdot t \cdot T$ Wattsekunden.

Der Wert S kann aus den endgültigen Temperaturen bei Dauerbelastung gefunden werden.

Aus Fig. 382 geht hervor, daß bei einer Belastung von 5 PS die endgültige Temperaturerhöhung $11,5^0$ C beträgt, und aus Fig. 381 finden wir, daß die Verluste bei 5 PS Belastung 350 Watt betragen. Die endgültige Temperatur wird erreicht, wenn die Energieaus-

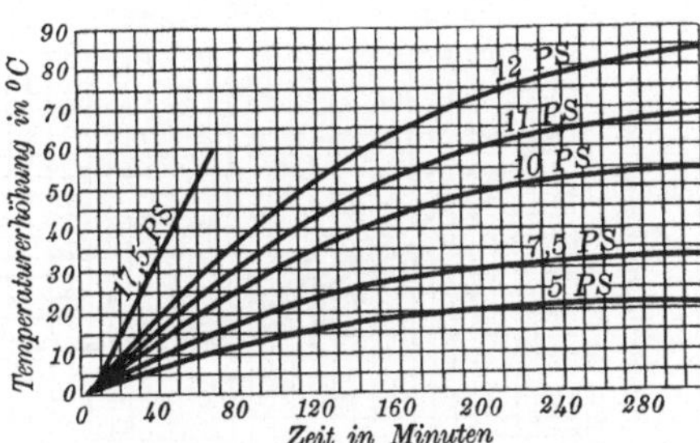

Fig. 383. Erwärmungskurven des ganz geschlossenen Drehstrommotors für 10 PS, 150 Volt, 1500 U. p. M.

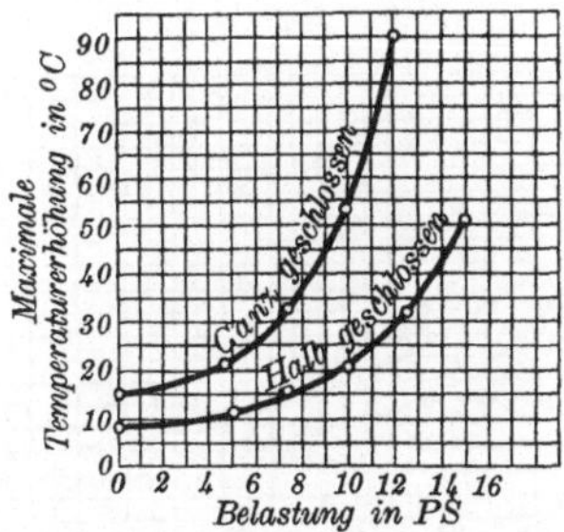

Fig. 384. Maximale Temperaturerhöhung des Drehstrommotors für 10 PS, 190 Volt, 1500 U. p. M. in Abhängigkeit von der Belastung.

strahlung pro Sekunde gleich der Erzeugung von Wärme in dem Motor ist.

Die pro Sekunde ausgestrahlte Energie beträgt $S \cdot 11,5$ Wattsekunden, dieselben sind gleich den Verlusten pro Sekunde, folglich:

$$S \cdot 11,5 = 350, \quad \text{daher} \quad S = \frac{350}{11,5} = 30,3.$$

Bei der Belastung von 7,5, 10, 12,5 und 15 PS ergaben sich folgende Resultate:

$$S \cdot 16,5 = 540 \ldots \ldots \ldots S = 32,5$$
$$S \cdot 20,5 = 800 \ldots \ldots \ldots S = 39$$
$$S \cdot 32,5 = 1200 \ldots \ldots \ldots S = 37$$
$$S \cdot 52 = 1860 \ldots \ldots \ldots S = 36$$

Von diesen fünf verschiedenen Werten von S wird als Durchschnittswert $S = 35$ für den halb geschlossenen Motor abgeleitet.

Für den ganz geschlossenen Motor erhalten wir die fünf Werte:

$$S = 15,9$$
$$S = 16,8$$
$$S = 14$$
$$S = 13,8$$
$$S = 13$$

oder einen Durchschnittswert $S = 14,5$. Das heißt, der ganz geschlossene Motor strahlt pro Grad Temperaturerhöhung weniger als halb soviel Wärme aus wie der halb geschlossene Motor.

Wie schon erwähnt, müssen wir außer der Ausstrahlung pro Grad Celsius auch noch die Fähigkeit des Motors betrachten, Energie in Form von Wärme anzusammeln.

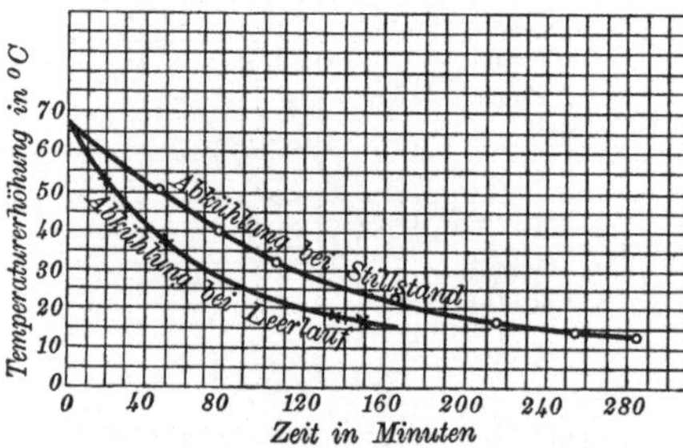

Fig. 385. Halb geschlossener Drehstrommotor für 10 PS, 190 Volt,
1500 U. p. M.

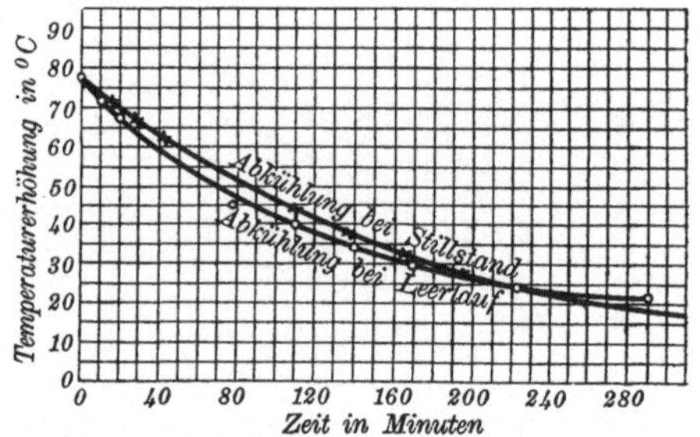

Fig. 386. Ganz geschlossener Drehstrommotor für 10 PS, 190 Volt,
1500 U. p. M.

Bezeichnen wir mit Q die Energie in Wattsekunden, die der Motor braucht, um seine Temperatur um 1^0 C zu vergrößern, dann ist es klar, daß Q in dem halb geschlossenen wie in dem ganz geschlossenen Motor nahezu gleich sein muß, da die Masse und die Verteilung des Materials in beiden Fällen nahezu gleich sind. Berechnen wir also Q aus den zwei Versuchsreihen, so haben wir eine ausgezeichnete Gelegenheit, die Zuverlässigkeit der Versuche zu prüfen. Während der ersten Stunde vergrößert der halb geschlossene Motor bei einer Belastung von 5 PS seine Temperatur um 7^0 C; die Verluste waren 350 Wattstunden. Die Ausstrahlung war in derselben Zeit verhältnismäßig gering, da die durchschnittliche Temperaturerhöhung nur $3,5^0$ C betrug; sie betrug S (halb geschlossener Motor) $\cdot 3,5$ Wattstunden $= 35 \cdot 3,5 = 122$ Wattstunden.

Die in dem Motor aufgespeicherte Energie war also $350 - 122 = 228$ Wattstunden.

Folglich erfordert der Motor 228 Wattstunden $= 822000$ Wattsekunden, um seine Temperatur um 7^0 C zu vergrößern. Um sie um 1^0 C zu vergrößern, würden $\dfrac{822\,000}{7} = 117\,000$ Wattsekunden nötig gewesen sein.

Diese und die entsprechenden Werte für andere Belastungen sind in tabellarischer Form in Tafel L für den halb geschlossenen Motor und in Tafel LI für den ganz geschlossenen Motor aufgestellt.

Tafel L.

Halb geschlossener Motor ($S = 35$).

Belastung in PS	Temperaturerhöhung in Graden Cels. nach 1 Stunde	Verluste in dem Motor, während 1 Stunde in Wattstunden	Ausstrahlung in Wattstunden (proportional der halben Temperaturerhöhung genommen)	Energie in Wattsekunden, welche im Motor nach 1 Stunde aufgespeichert wurden	Energie Q in Wattsekunden, aufgespeichert pro Grad Temperaturerhöhung
5	7	350	122	822 000	117 000
7,5	10	540	175	1 310 000	131 000
10	14	800	245	2 000 000	142 000
12,5	20	1200	350	3 060 000	153 000
15	29,5	1860	515	4 850 000	164 000
17,5	44	2690	770	6 900 000	157 000

Tafel LI.

Ganz geschlossener Motor ($S = 14{,}5$).

Belastung in PS	Temperaturerhöhung in Graden Cels. nach 1 Stunde	Verluste in dem Motor, während 1 Stunde in Wattstunden	Ausstrahlung in Wattstunden (proportional der halben Temperaturerhöhung genommen)	Energie in Wattsekunden, welche im Motor nach 1 Stunde aufgespeichert wurden	Energie Q in Wattsekunden, aufgespeichert pro Grad Temperaturerhöhung
5	10	350	72	1 000 000	100 000
7,5	14	540	101	1 580 000	112 000
10	20	800	145	2 360 000	118 000
11	23,5	940	170	2 770 000	118 000
12	29	1100	210	3 200 000	111 000
15	52,5	1860	280	5 300 000	101 000

Wie aus Tafel LI zu ersehen, ist Q sehr konstant, während Tafel L eine allmähliche Zunahme von Q mit der Belastung zeigt. Eine kleine Ungenauigkeit war zu erwarten, da die Schätzung der Ausstrahlung während der ersten Stunde nur angenähert getan worden ist. Der hierbei begangene Fehler würde besonders in der halb geschlossenen Type in Betracht kommen, während er in der ganz geschlossenen Type nur einen geringen Prozentsatz ausmachen kann. Aber bei weitem den größten Teil der Abweichung wird man der ungleichmäßigen Verteilung der Wärme in dem Motor zuschreiben müssen, eine Tatsache, auf die wir später zurückkommen werden.

Wir nehmen vorläufig einen Durchschnittswert $Q = 120\,000$ Wattsekunden.

Das gesamte Gewicht des Motors ist 200 kg und folglich das Aufspeicherungsvermögen

$$Q = 600 \text{ Wattsekunden per kg Motorgewicht}$$

Dieses würde einer spezifischen Wärme des Motors von 0,144 entsprechen.[1])

Da Eisen oder Stahl bei weitem den größten Teil des ganzen Gewichtes ausmachen, so müßte die spezifische Erwärmung zwischen 0,10 und 0,11 liegen. Die durch die Experimente gefundenen Werte sind hiernach $30 - 40^0/_0$ höher als die spezifische Wärme.

Wie schon erwähnt ist diese Abweichung dem Umstande zuzuschreiben, daß die auf der äußeren Oberfläche festgestellte Temperatur beträchtlich geringer als die innere war. Vielleicht bietet dieses auch eine Erklärung dafür, daß Q bei höheren Belastungen des halbgeschlossenen Motors soviel größer war, denn die Differenz der Temperatur zwischen dem Innern und der Oberfläche wird umso größer sein, je besser die Ventilation ist und je größer die Verluste sind.

Wenn wir diese Erklärung für die Differenz in den berechneten Werten als richtig annehmen, können wir die folgende Tabelle zusammenstellen, welche weniger wegen ihrer absoluten Werte als wegen ihrer relativen Werte zwischen dem halbgeschlossenen und ganz geschlossenen Motor von Wichtigkeit sein dürfte.

Sehr interessante Resultate sind in Fig. 385 und 386 enthalten, welche das Gesetz der Abkühlung bei Stillstand und bei Leerlauf zeigen.

Vergleichen wir zuerst die Abkühlung des halb geschlossenen mit der des ganz geschlossenen Motors.

---

[1]) 1 kg Kalorie $= 424$ mkg; 1 mkg $= 9,81$ Wattsekunden; 1 kg Kalorie $= 4160$ Wattsekunden. Q, die in dem Motor aufgespeicherte Energie pro Grad Temperaturerhöhung, nach den Resultaten der Versuche geschätzt ist $= 600$ Wattsekunden oder gleich 0,144 kg Kalorie pro kg.

Tafel LII.

Differenz zwischen mittlerer Temperatur des gesamten Motors und der Temperatur gemessen an der Oberfläche der Statorbleche nach einstündigem Betrieb.

Type	Belastung in PS	Differenz zwischen mittlerer und gemessener Temperatur in Prozenten
halbgeschlossener Motor	5	28
„	7,5	43
„	10	55
„	12,5	68
„	15	80
„	17,5	74
ganzgeschlossener Motor	bei allen Belastungen	20

Der erstere kühlte sich bei Stillstand in einer Stunde von 68° C bis zu 45° C, also um 23° C ab. Wir können nun zwei Punkte der entsprechenden Kurve des ganz geschlossenen Motors finden, welche denselben mittleren Wert haben, und deren Abszissen um 60 Minuten verschieden sind. Diese zwei Punkte sind 65° C und 47,5° C, entsprechend einer Differenz von 17,5° C.

Da die mittlere Temperatur in beiden Fällen dieselbe war, so können diese verschiedenen Werte (23 und 17,5) nur dem Umstand zugeschrieben werden, daß der halb geschlossene Motor ein größeres Abkühlungsvermögen hatte als der ganz geschlossene, also

$$\frac{S \text{ (halb geschlossener Motor, Stillstand)}}{S \text{ (total geschlossener Motor, Stillstand)}} = \frac{23}{17,5} = 1,3.$$

Dagegen hatten wir gefunden, daß, wenn der Motor läuft, dies Verhältnis mehr als doppelt so groß war $\left(\text{genau } \dfrac{35}{14,5} = 2,4\right)$. Der Wert 1,3 wurde für die erste Stunde des Abkühlens gefunden, in den folgenden Zeitabschnitten erhielt man:

1,45 für die zweite Stunde,
1,22 für die dritte Stunde.

Der durchschnittliche Wert ist also 1,32.

Aber wir können auch auf eine einfache Weise den Wert von S finden, indem wir nämlich Q in beiden Fällen $= 110000$[1]) setzen.

---

[1]) Da die Differenz zwischen der Temperatur im Innern und der Oberfläche jetzt kleiner ist, so muß ein kleinerer Wert von Q als früher genommen werden.

Die Temperatur verringerte sich in der ersten Stunde von 68^0 C auf 45^0 C. Die in dieser Zeit ausgestrahlte Energie war also

$$23\,Q = \frac{68 + 45}{2}\, S \cdot 3600,$$

$$S = \frac{23 \cdot 110\,000}{56{,}5 \cdot 3600} = 12{,}5.$$

Von anderen Teilen derselben Kurve erhalten wir:

$$S = 13{,}2 \quad \text{und} \quad S = 11{,}2.$$

Wir können als einen mittleren Wert $S = 12{,}3$ für den halb geschlossenen Motor und $S = \dfrac{12{,}3}{1{,}32} = 9{,}3$ für den ganz geschlossenen Motor annehmen.

Daraus folgt, daß bei gleichen Bedingungen der ganz geschlossene Motor bei Stillstand $36^0/_0$ weniger Energie ausstrahlt, als wenn er läuft. Dieses ist ein sehr interessantes Resultat, da man irrtümlicherweise schließen könnte, daß bei einer bestimmten Temperatur der ganz geschlossene Motor ebensoviel Wärme ausstrahlen sollte, ob er stillsteht oder läuft.

Wir wollen diese Resultate in der folgenden Tabelle zusammenstellen:

S (halb geschlossener Motor, normale Umlaufszahl)   . 35
S (halb geschlossener Motor, Stillstand) 12,3
S (ganz geschlossener Motor, normale Umlaufszahl) . 14,5
S (ganz geschlossener Motor, Stillstand) 9,3

S ist natürlich proportional der gesamten ausstrahlenden Oberfläche, diese genau zu definieren ist aber schwierig.

Der Verfasser zieht es deshalb vor, als Ausstrahlungsoberfläche einen Wert zu nehmen, welcher nur annähernd proportional der wirklichen Ausstrahlungsoberfläche ist, der aber in einer sehr einfachen Weise berechnet werden kann.

Bezeichnen wir den Durchmesser des Rotors mit D, die Kernlänge des Rotors, vermehrt um 0,7 der Polteilung, mit L dann ist die angenommene Ausstrahlungsfläche des Motors $= \pi D L$.

Der obige Motor hat einen Durchmesser von 2,2 dcm, eine Kernlänge von 1,15 dcm und eine Polteilung von 1,7 dcm. Folglich

$$\pi D L = \pi \cdot 2{,}2 \cdot (1{,}15 + 1{,}2) = 16{,}2 \text{ qdcm.}$$

Bezeichnen wir mit $s = \dfrac{S}{\pi D L}$ die ausgestrahlte Energie in

Wattsekunden pro Grad Temperaturerhöhung, pro Quadratdezimeter Ausstrahlungsfläche, dann ergeben sich die folgenden Werte für s:

Motortype	Umfangs-geschwindigkeit	s
halb geschlossen	17,2	2,15
halb geschlossen	0	0,76
ganz geschlossen	17,2	0,89
ganz geschlossen	0	0,57

Es bedarf schon einer großen Erfahrung, um für andere Typen mit anderen Ventilationsverhältnissen die Erwärmung (s) genau voraus zu bestimmen; eine Formel für die zulässigen Werte von s aufstellen zu wollen, dürfte bedeutende Schwierigkeiten bereiten; Versuchsresultate an ähnlich gebauten Motoren bieten wohl immer den besten Anhaltspunkt für den Konstrukteur.

Für fünf Motoren, deren Daten in diesem Buche enthalten sind, sind die Versuchsresultate und die Werte von s in folgender Tabelle zusammengestellt:

	Verluste bei Vollast (berechnet)	$\pi D L$ in qdcm	Beobachtete Temperatur-erhöhung	s	Bemerkung
Brown, Boveri & Co., (25 PS-Motor siehe S. 319)	2093	31,4	40	1,65	
Brown, Boveri & Co., 75 PS-Motor (siehe S. 335)	3920	66	40	1,48	
Brown, Boveri & Co., 8 PS-Motor (siehe S. 347)	867	15,5	35	1,60	
British Thomson Houston Co., $3\frac{1}{2}$ PS-Motor (siehe Seite 347)	680	14,0	26° C	1,85	Offen (geprüft mit 4 PS 6 Stunden lang)
	456	14,0	48° C	0,68	Vollständig geschlossen (geprüft mit 3 PS)
Allmanna Svenska Elektriska Aktiebolaget 100 PS-Motor (siehe S. 365)	8300	144	40° C	1,44	

Um die Anwendung dieser Ermittlungen auf einen speziellen Fall zu zeigen, stellen wir uns die folgende Aufgabe:

Was würde die Leistung des obigen halb geschlossenen Motors sein, wenn der Motor abwechselnd fünf Minuten lang belastet und zehn Minuten lang stillgesetzt werden würde, und wenn die Temperaturerhöhung 50° C nicht überschreiten darf?

Der Motor wird seine maximale Temperatur nach fünf Minuten Lauf in dem Augenblick des Abschaltens haben, d. h. er wird während der zehnminutlichen Ruhepause von 50^0 C abkühlen. Während dieser Zeit strahlt er $12,3 \cdot 600 \cdot 50 = 369000$ Wattsekunden aus. Die Temperatur wird sich also um $\dfrac{369000}{110000} = 3,33^0$ C vermindern, wenn Q gleich 110000 gesetzt wurde. Die Endtemperatur ist also $46,7^0$ C. Wir müssen nun die oben benutzte Temperaturerniedrigung korrigieren, weil der mittlere Wert nicht 50^0 C, sondern $\dfrac{50 + 46,7}{2} = 48,3^0$ C ist. Die Temperaturverminderung ist also $3,33 \dfrac{48,3}{50} = 3,2^0$ C und die Endtemperatur gleich $46,8^0$ C.

Nach Ablauf der zehn Minuten wird der Motor mit x PS belastet, entsprechend einem Verluste von y Watt. Die Ausstrahlung während der nächsten fünf Minuten ist $0,35 \cdot 300 \cdot 48,3 = 500000$ Wattsekunden, und da der Motor $110000 \cdot 3,2 = 350000$ Wattsekunden aufspeichern kann, bevor er die maximale Temperaturerhöhung überschreitet, so können die Verluste während jener fünf Minuten zu $500000 + 350000 = 850000$ Wattsekunden berechnet werden, d. h. die durchschnittlichen Verluste können $\dfrac{850000}{5 \cdot 60} = 2830$ Watt betragen und entsprechen einer Belastung von 17,8 PS.

Diese Berechnung kann leicht auf andere Fälle übertragen werden. Q kann aus dem Gewicht des Motors und S aus der Ausstrahlungsfläche $\pi D L$ und den speziellen Bedingungen bezüglich Ventilation und Geschwindigkeit berechnet werden.

Wenn die Kurven für die Abkühlung und Erwärmung experimentell gefunden sind, so läßt sich die Berechnung kürzer anstellen, wie es Ziehl in seinem Artikel gezeigt hat.

Weitere Beispiele von Drehstrommotoren.

Drehstrommotor der Firma Allmanna Svenska Elektriska Aktiebolaget und der Firma Alioth.

In der folgenden Spezifikation sind Daten von drei großen Induktionsmotoren gegeben. Der Entwurf in Spalte A wurde dem Verfasser von Herrn Ernst Danielson freundlichst zur Verfügung gestellt und bezieht sich auf einen 100 PS-Drehstrommotor der Firma Allmanna Svenska Elektriska Aktiebolaget, Westeras in Schweden für 50 Perioden, 500 Volt, 500 Umdrehungen pro Minute. Eine Photographie des Motors ist in Fig. 387 gegeben, während Zeichnungen in Fig. 388 bis 390 enthalten sind. Fig. 391 enthält Versuchsresultate.

Die Firma Alioth in Basel hat dem Verfasser freundlichst den Entwurf eines ihrer Drehstrommotoren zur Verfügung gestellt. Derselbe ist in Spalte B beschrieben. Der Motor ist 14 polig und hat eine normale Leistung von 185 PS, und eine synchrone Tourenzahl von 430 Umdrehungen pro Minute. Zeichnungen des Motors sind in Fig. 392 bis 394 gegeben und eine Photographie in Fig. 395.

Der Entwurf eines 30 poligen 500 PS-Drehstrommotors für 25 Perioden, 5000 Volt und für eine synchrone Tourenzahl von 100 Umdrehungen pro Minute ist in Spalte C durchgerechnet worden. Fig. 396 zeigt die Nutenanordnung und Fig. 397 Versuchsresultate des Motors.

Dieser Motor ist besonders interessant wegen seiner großen Leistung und geringen Tourenzahl.

	A	B	C
	Allmanna Svenska Elektriska Aktiebolaget	Alioth	Alioth
Leistung in PS	100	185	500
Zahl der Pole	12	14	30

	A	B	C
	Allmanna Svenska Elektriska Aktiebolaget	Alioth	Alioth
Periodenzahl	50	50	25
Synchrone Tourenzahl p. Minute	500	430	100
Spannung zwischen d. Klemmen	500	8000	5000
Schaltung der Statorwicklung .	Y	Y	Y
Spannung pro Phase	288	4620	2880
Kappscher Koeffizient . . .	0,54	0,48	0,55

Fig. 387. Drehstrommotor der Allmanna Svenska Elektriska Aktiebolaget
für 50 Perioden, 500 Volt, 100 PS, 500 U. p. M.

Statoreisen:

Alle Dimensionen in cm

	A	B	C
Äußerer Durchmesser der Stator- bleche	103	162	322
Innerer Durchmesser der Stator- bleche	88	130	300

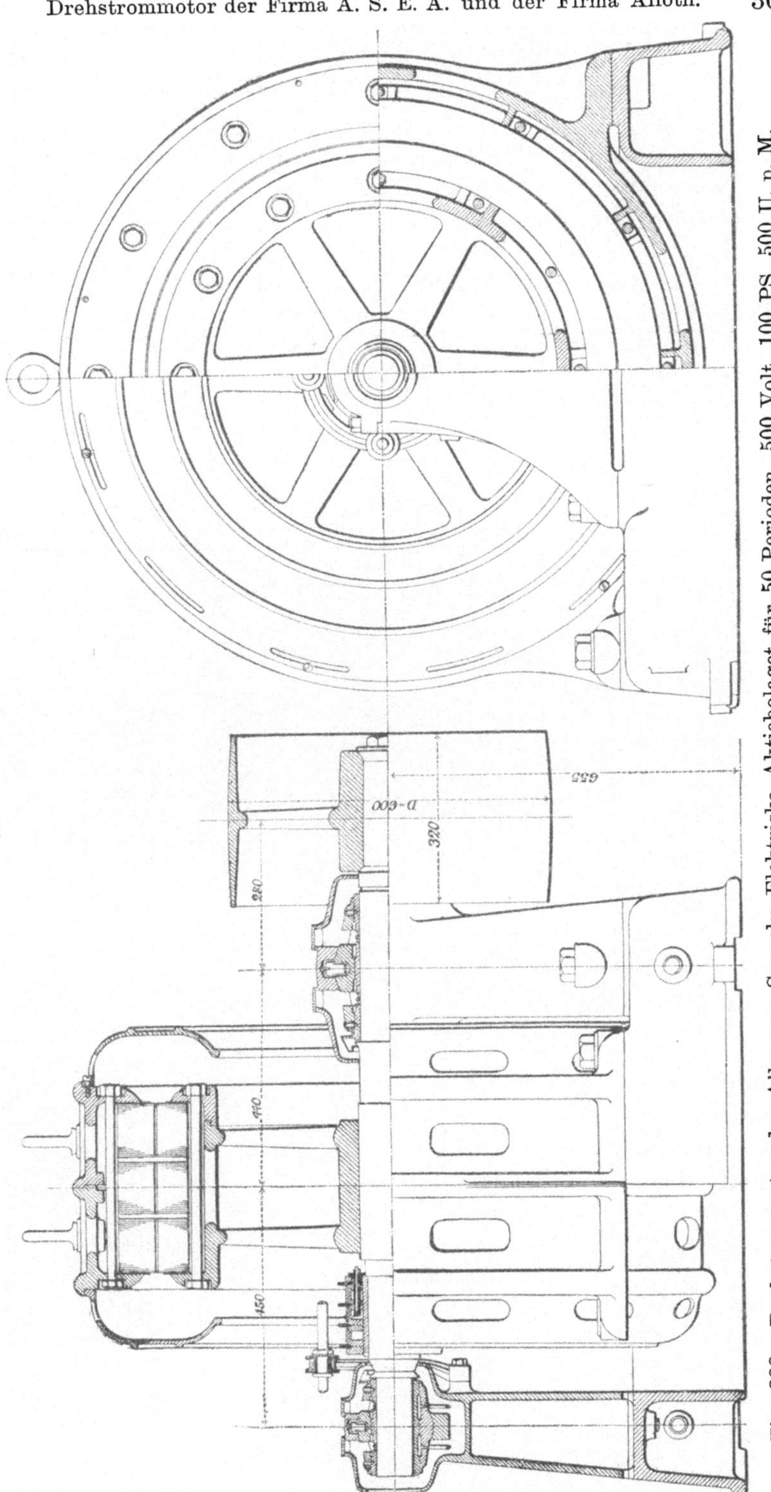

Fig. 388. Drehstrommotor der Allmänna Svenska Elektriska Aktiebolaget für 50 Perioden, 500 Volt, 100 PS, 500 U. p. M.

	A	B	C
	Allmanna Svenska Elektriska Aktiebolaget	Alioth	Alioth
Länge des Stators zwischen den	Alle Dimensionen in cm		
Flanschen	36	40	75
Zahl der Ventilationskanäle . .	2	—	—
Breite eines jeden Kanales . .	1,5	—	—
Wirksame Länge des Stators .	29,7	36	67,5
Polteilung	23	29,2	31,4
Zahl der Statornuten	180	168	450
desgl. pro Pol	15	12	15

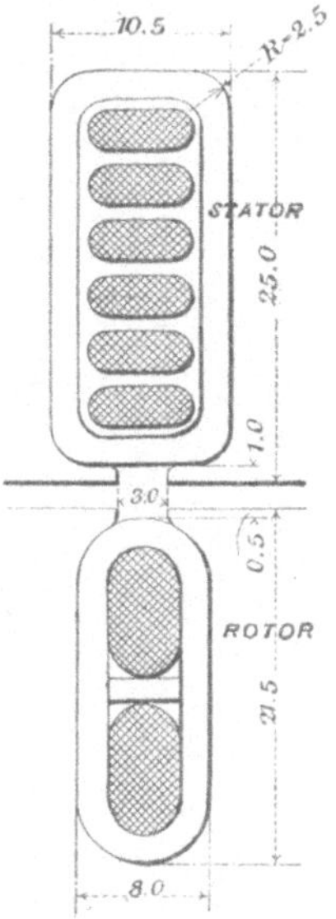

Fig. 389. 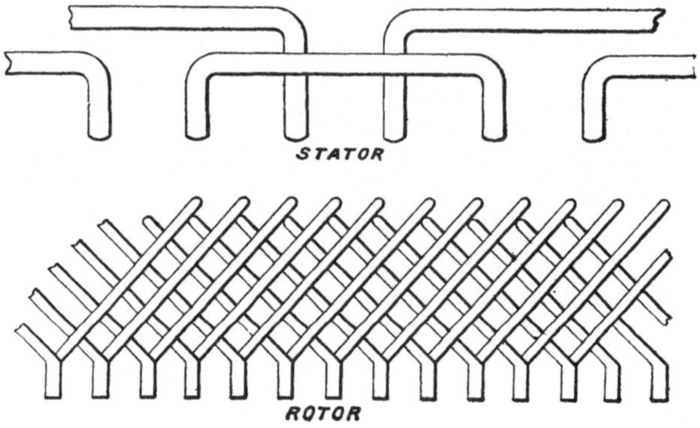   Fig. 390.

Fig. 389 und 390. Nutenquerschnitt und Anordnung der Endverbindungen.

desgl. pro Pol pro Phase . .	5	4	5
Nutentiefe	2,5	5,2	5,7
Nutenbreite	1,05	1,3	1,3
Breite der Nutenöffnung . . .	0,3	0,2	0,3
Zahnbreite + Nutenbreite am Luftspalt	1,53	2,43	2,09
desgl. an der Wurzel der Zähne	1,62	2,63	2,17
Geringste Zahnbreite	0,48	1,13	0,79
Größte Zahnbreite	0,57	1,33	0,87
Gewicht der Statorbleche (vor dem Ausstanzen der Nuten)	520	2070	5900

	A	B	C
	Allmanna Svenska Elektriska Aktiebolaget	Alioth	Alioth
Rotoreisen:	Alle Dimensionen in cm		
Größe des Luftspaltes	0,15	0,125	0,175
Äußerer Durchmesser der Rotorbleche	87,7	129,75	299,65
Innerer Durchmesser der Rotorbleche	75,7	101,0	284,0
Länge des Rotors zwischen den Flanschen	36	40	75
Zahl der Ventilationskanäle . .	2	—	—
Breite eines jeden Kanales . .	1,5	—	—

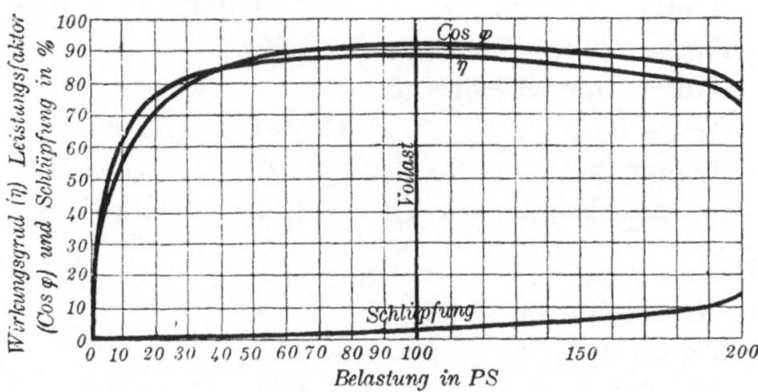

Fig. 391. Versuchsresultate des 100 PS-Drehstrommotors der Allmanna Svenska Elektriska Aktiebolaget.

	A	B	C
Länge des Eisens zwischen den Flanschen	29,7	36	67,5
Zahl der Rotornuten . . .	216	294	720
desgl. pro Pol	18	21	24
desgl. pro Pol pro Phase . .	6	7	8
Nutentiefe	2,15	2,3	2,2
Nutenbreite	0,8	0,75	0,7
Breite der Nutenöffnung . . .	0,3	0,2	0,2
Zahnbreite + Nutenbreite am Luftspalt	1,28	1,39	1,31
desgl. an der Wurzel der Zähne	1,21	1,34	1,29
Geringste Zahnbreite	0,41	0,59	0,59
Größte Zahnbreite	0,48	0,64	0,61
Gewicht der Rotorbleche . . .	350	1480	3700

	A	B	C
	Allmanna Svenska Elektriska Aktiebolaget	Alioth	Alioth
	Alle Dimensionen in cm		
Statorkupfer:			
Zahl der Statorleiter pro Nute	3	27	8
	2 Drähte parallel.		
Zahl der Statornuten	180	168	450
Zahl der Statorleiter	540	4536	3600
Zahl der Statorwindungen . .	270	2268	1800
Zahl der Statorwindungen pro Phase	90	756	600
Zahl der Statorwindungen pro Pol pro Phase	7,5	54	20
Abmessungen der Leiter (blank)	$2\times(0,25\cdot0,65)$	$\phi=0,25$	$\phi=0,5$
desgl. der Leiter (isoliert) .	$2\times(0,30\cdot0,70)$	$\phi=0,30$	$\phi=0,56$
Querschnitt eines Leiters . . .	0,324	0,049	0,197
Mittlere Länge einer Windung	150	205	288
Gesamte Länge der Statorwindungen pro Phase	13500	155000	173000
Widerstand einer Phase bei 60^0 C	0,084	6,3	1,75
Gewicht des Statorkupfers in kg	117	203	910
Rotorkupfer:			
Zahl der Rotorleiter pro Nute	2	1	1
Zahl der Rotornuten	216	294	720
Zahl der Rotorleiter	432	294	720
Zahl der Rotorwindungen . .	216	147	360
Zahl der Phasen in der Rotorwindung	3	3	3
Zahl der Rotorwindungen pro Phase	72	49	120
Zahl der Rotorwindungen pro Pol pro Phase	6	3,5	4
Abmessungen eines blanken Leiters	$0,45\cdot0,8$	$1,65\cdot0,5$	$1,6\cdot0,5$
Abmessungen eines isolierten Leiters	$0,5\cdot0,85$	$1,7\cdot0,55$	$1,65\cdot0,55$
Querschnitt eines einzelnen Leiters	0,36	0,825	0,8
Mittlere Länge einer Windung	144	185	240
Länge der Rotorwindungen pro Phase	10400	9060	28800
Widerstand pro Phase bei 60^0 C	0,058	0,0219	0,07
Gewicht des Rotorkupfers . .	100	200	615

Fig. 392.

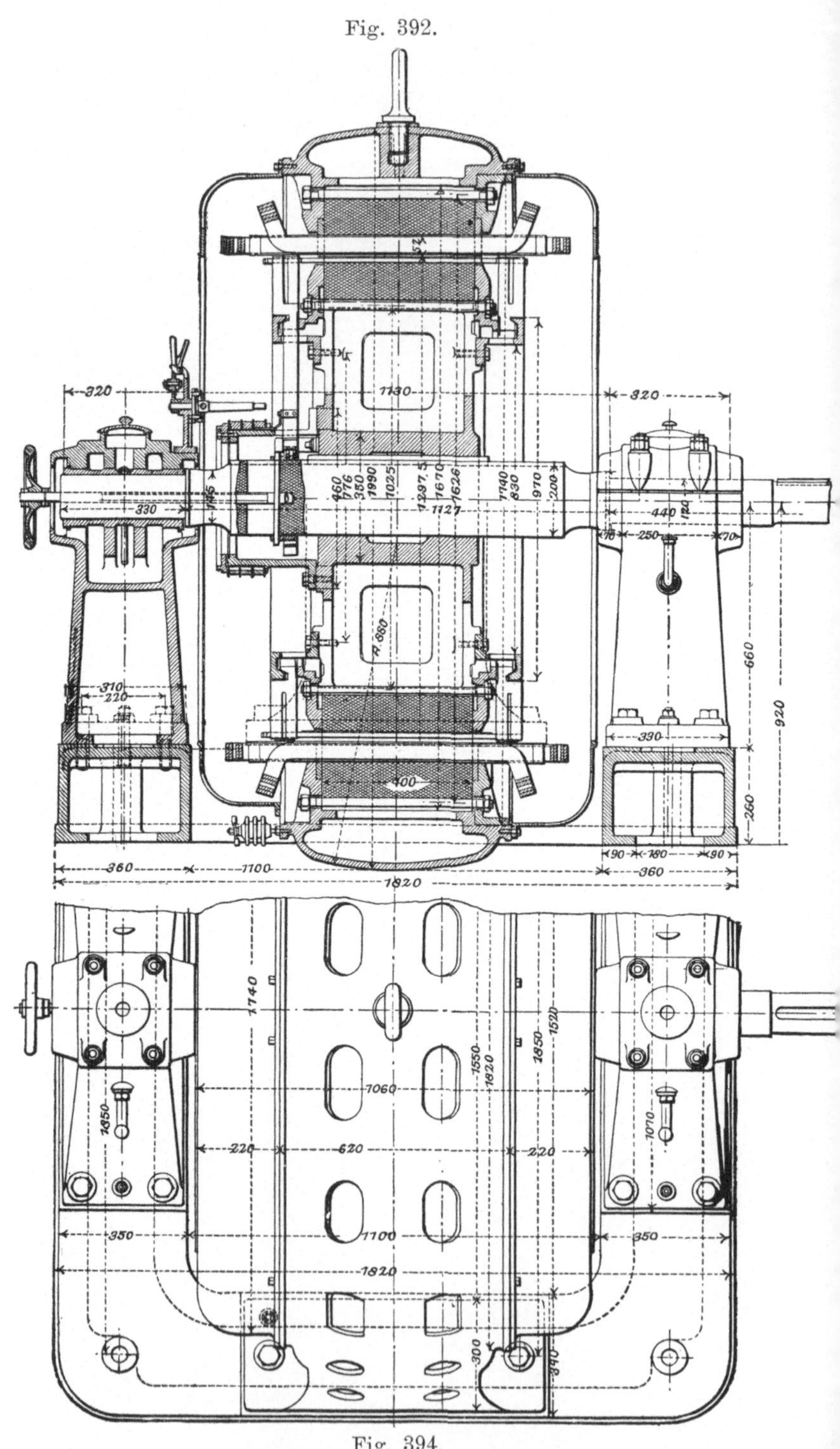

Fig. 394.

Fig. 392 bis 394.   185 PS

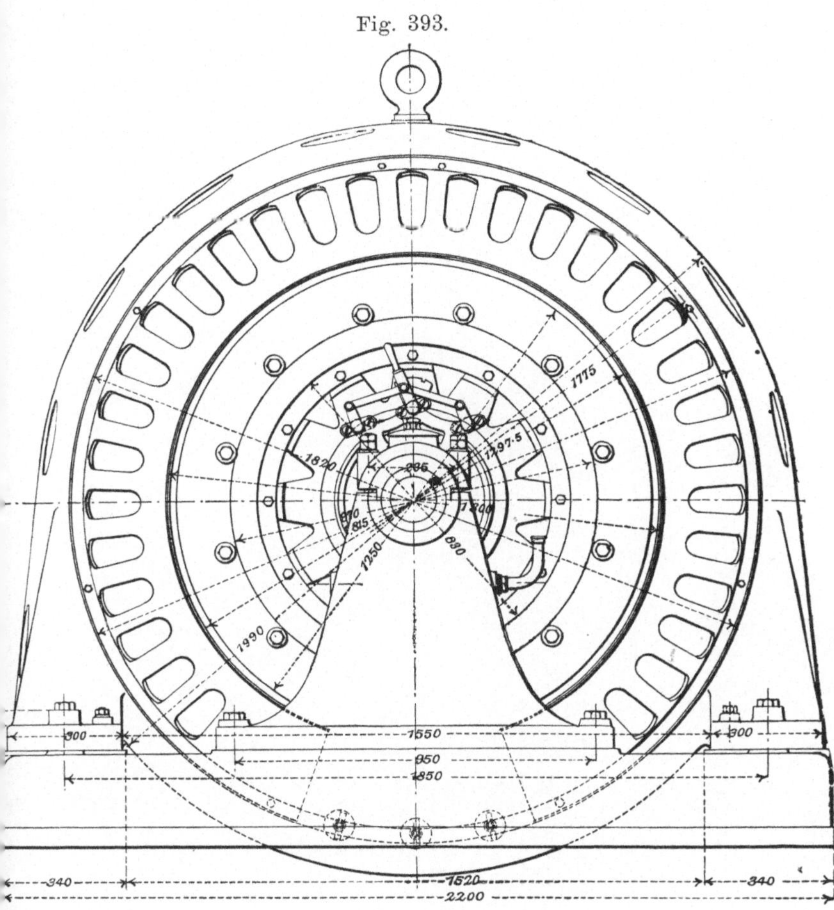

ommotor der Firma Alioth.

	A	B	C
	Allmanna Svenska Elektriska Aktiebolaget	Alioth	Alioth
Leistungsfaktor und Strom:	Alle Dimensionen in cm		
Verhältnis von Länge zu Polteilung	1,56	1,37	2,4
Nutenöffnung (Mittel aus Stator- und Rotornute)	$^2/_3$ geschlossen	nahezu geschlossen	nahezu geschlossen
C (aus Fig. 359)	10,6	12	10,5

Fig. 395.   185 PS-Drehstrommotor der Firma Alioth.

	A	B	C
$\Delta \cdot H =$ Luftspalt$\times$Zahl der Nuten pro Pol (Mittel aus Stator und Rotor)	2,5	2,06	3,4
C' (aus Fig. 360)	0,84	0,93	0,71
Sigma $\left(\sigma = C C' \dfrac{\Delta}{\tau}\right)$	0,058	0,048	0,042
Maxim. Leistungsfaktor $\left(\dfrac{1}{1+2\sigma}\right)$	0,895	0,912	0,922
Leistung bei Vollast	73 600	136 000	368 000
Wirkungsgrad bei Vollast . .	0,90	0,93	0,91
Wattverbrauch bei Vollast . .	81 900	146 000	405 000
Zugeführte Volt-Ampere bei Vollast	91 500	160 000	435 000
desgl. pro Phase bei Vollast .	30 500	53 300	145 000

	A	B	C
	Allmanna Svenska Elektriska Aktiebolaget	Alioth	Alioth
	Alle Dimensionen in cm		
Volt pro Phase	288	4620	2880
Vollaststrom pro Statorwicklung	106	11,5	50,5
Schaltung der Statorwicklung .	Y	Y	Y
Vollaststrom in der Leitung .	106	11,5	50,5

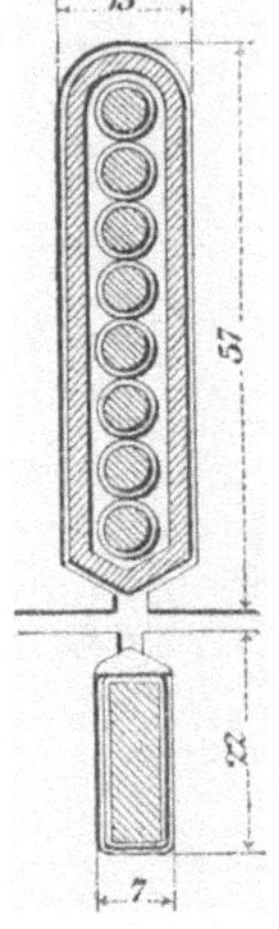

Fig. 396. Nutendimensionen des 500 PS-Drehstrommotors der Firma Alioth.

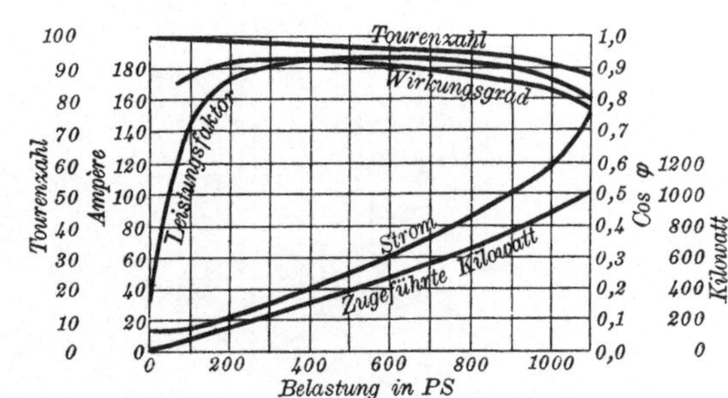

Fig. 397. Versuchsresultate an dem 500 PS-Drehstrommotor der Firma Alioth (Basel).

Leerlauf- und Kurzschlußstrom:

	A	B	C
Periodenzahl (N)	50	50	25
Zahl der Statorwindungen pro Phase (T)	90	756	600
Innere Spannung pro Phase (E) (Nach Abzug des Ohmschen Spannungsabfalles)	280	4550	2820
Kraftlinienfluß pro Pol Megalinien (aus $E = 4,2 \cdot TNM\,10^{-8}$) . .	1,48	2,86	4,50
$\dfrac{\text{Zahnteilung — Nutenöffnung}}{\text{Zahnteilung}} =$ (Mittel aus Stator und Rotor) .	0,80	0,92	0,88
Ausbreitungskoeffizient . . .	1,15	1,15	1,15

	A	B	C
	Allmanna Svenska Elektriska Aktiebolaget	Alioth	Alioth
	Alle Dimensionen in cm		
Wirklicher Querschnitt des Luftspaltes pro Pol	625	1110	2140
Mittlere magnetische Dichte im Luftraum	2370	2580	2100
Maximale magnetische Dichte im Luftraum	4030	4380	3570
Amperewindungen für den Luftspalt pro Pol	480	436	500
Gesamte Amperewindungen pro Pol	540	490	560
Amperewindungen pro Pol pro Phase	270	245	280
Amplitude des Leerlaufstromes	36	4,55	14
Effektiver Leerlaufstrom . . .	25,5	3,2	9,8
Effektiver Leerlaufstrom in Prozenten des Vollaststromes. .	23,5 %	27,3 %	19 %
Streuungskoeffizient $\sigma =$ . . .	0,058	0,048	0,042
Durchmesser des Heyland-Kreises $= \left(\dfrac{\text{Leerlaufstrom}}{\sigma}\right)$ . .	440	66,7	233
Kurzschlußstrom	465	70	243
Sekundärer Strom bei Vollast (aus dem Heyland-Kreise bei einem Transformationsverhältnis 1:1)	97,5	10,5	47,5
Zahl der Statorleiter	540	4536	3600
Zahl der Rotorleiter	432	294	720
Transformationsverhältnis . .	1,25	15,4	5
Wirklicher sekundärer Strom .	121	162	237

Verluste:

I. Stromwärme im Stator:

	A	B	C
Strom in der Statorwicklung	106	11,5	50,5
Widerstand der Statorwicklung pro Phase (in Ohm) .	0,084	6,3	1,75
Stromwärme im Stator pro Phase (Watt)	950	835	4450
Gesamte Stromwärme des Stators (Watt)	2850	2505	13350

	A	B	C
	Allmanna Svenska Elektriska Aktiebolaget	Alioth	Alioth
	Alle Dimensionen in cm		
II. Stromwärme des Rotors:			
Stromstärke der Rotorwicklung	121	162	237
Widerstand der Rotorwicklung pro Phase	0,058	0,0219	0,072
Stromwärme des Rotors pro Phase	850	575	4050
Gesamte Stromwärme im Rotor	2850	1625	12150
Schlüpfung	$3,4\,^0/_0$	$1,2\,^0/_0$	$3,1\,^0/_0$
III. Eisenverluste des Stators:			
Querschnitt der Statorzähne pro Pol an der engsten Stelle	214	490	800
Mittlere magnetische Dichte an dieser engsten Stelle . .	6900	5840	5620
Maximale magnetische Dichte an dieser Stelle	11700	9900	9600
Tiefe des Statoreisens oberhalb der Zähne	5,0	10,8	5,3
Querschnitt des Statoreisens	297	776	715
Magnetische Dichte des Statoreisens	5000	3700	6300
Periodenzahl (N)	50	50	25
$\dfrac{D \cdot N}{100000}$	2,5	1,85	1,58
Eisenverlust pro kg . . .	2,8	2,2	1,7
Gewicht der Statorbleche (kg)	520	2070	5900
Kernverlust im Statoreisen .	1460	4500	10000
IV. Eisenverlust des Rotors:			
Querschnitt der Rotorzähne an der engsten Stelle . . .	219	448	960
Mittlere magnetische Dichte an dieser Stelle	6800	6400	4700
Maximale magnetische Dichte der Rotorzähne	11550	10900	8000
Tiefe des Rotoreisens unterhalb der Nuten	3,85	12,1	5,6
Querschnitt des Rotoreisens .	228	870	755

	A	B	C
	Allmanna Svenska Elektriska Aktiebolaget	**Alioth**	**Alioth**
	Alle Dimensionen in cm		
Magnetische Dichte im Rotoreisen	6500	3300	5950
Schlüpfung	$3,4\,^0/_0$	$1,2\,^0/_0$	$3,1\,^0/_0$
Gewicht der Rotorbleche . .	350	1480	3700
Eisenverlust im Rotor . . .	40	30	370
V. Reibungsverluste in den Lagern und durch die Ventilation	1400	1500	2300

Wirkungsgrad:

	A	B	C
Veränderliche Verluste $(I + II)$	5400	4130	25500
Konstante Verluste $(III + IV + V)$	2900	6030	12670
Gesamte Verluste	8300	10160	38170
Leistung in Watt	73600	136000	368000
Wattverbrauch	81900	146160	406170
Wirkungsgrad bei Vollast . .	0,90	0,93	0,906
Gewicht des Statorkupfers . .	117	203	910
Gewicht des Rotorkupfers . .	100	200	615
Gesamtes Kupfergewicht . . .	217	403	1525
Gewicht der Statorbleche . .	520	2070	5900
Gewicht der Rotorbleche . . .	350	1480	3700
Gesamtes Gewicht der Bleche	870	3550	9600
Gesamtes Gewicht des wirksamen Materials	1087	3953	11125
desgl. pro PS	10,9	21,3	22,2

Es scheint, als wenn der Motor B sehr reichlich berechnet worden wäre; denn die Dimensionen des Motors können mit Rücksicht auf die Leistung als groß bezeichnet werden, während das Verhältnis der variablen Verluste zu den konstanten auffallend klein ist. In der Tat ist dieser Motor häufig für Leistungen benutzt worden, die $20\,^0/_0$ größer waren als die berechneten.

In den Berechnungen ist auf die zur Verfügung gestellten Versuchsresultate nicht bezug genommen worden. Dies ist aus dem Grunde unterlassen worden, um alle Berechnungen auf einer gleichmäßigen Basis aufstellen zu können.

Einesteils aber um den Firmen gerecht zu werden anderenteils um die Genauigkeit, welche durch Berechnung möglich ist, zu zeigen, sollen jetzt die Versuchsresultate, wiedergegeben werden.

Motor A: Der Leerlaufstrom wurde zu 23 Ampere beobachtet bei einem cos $\varphi = 0,19$. Dieser Leerlaufstrom ist etwas geringer als der berechnete Wert, 25,5 Amp., dieser Unterschied mag in kleinen Abweichungen des Luftspaltes zu suchen sein.

Wenn wir den äußerst geringen Leistungsfaktor als genau gemessen annehmen, so erhalten wir den Leerlaufverlust

$$3 \cdot 288 \cdot 23 \cdot 0,19 = 3700 \text{ Watt}.$$

Die Verluste durch Reibung sind zu 1,9 PS = 1400 Watt angegeben. [1])

Die Verluste im Statoreisen müssen folglich sein:

$$3700 - \text{Reibungsverluste} - \text{Stromwärme bei Leerlauf} =$$
$$= 3700 - 1400 - 140 = 2160 \text{ Watt}.$$

Der berechnete Wert war 1460 Watt.

Der kurzgeschlossene Strom ist zu 438 Ampere bei einem Leistungsfaktor von 0,383 angegeben.

Der berechnete ideelle Kurzschlußstrom war 465 und stimmt also ziemlich gut mit dem beobachteten überein.

Nehmen wir nun wieder den Leistungsfaktor 0,383 als richtig an, so finden wir die Verluste bei Stillstand $3 \cdot 288 \cdot 438 \cdot 0,383 =$ 145 Kilowatt. Eine Berechnung der einzelnen Komponenten ergibt:

Stromwärme im Stator . .	48000 Watt
Stromwärme im Rotor . .	47000 „
Eisenverlust im Stator . .	1460 „
Eisenverlust im Rotor . .	1300 „
	97760 Watt = $\sim$ 98 KW.

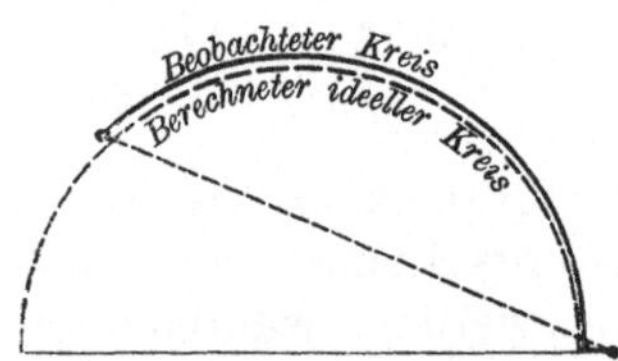

Fig. 398. Kreisdiagramm des 100 PS-Drehstrommotors der Allmanna Svenska Elektriska Aktiebolaget.

Diese Ungenauigkeit mag teilweise ihre Ursache in der allzugroßen Erwärmung des Kupfers während der Kurzschlußversuche haben, da dadurch der Widerstand der Kupferwicklung sehr vergrößert wird, teilweise aber auch in der Ungenauigkeit, die mit der Ablesung so kleiner Leistungsfaktoren verknüpft ist.

Das ideelle berechnete Kreisdiagramm und der beobachtete Kreis sind in Fig. 398 wiedergegeben.

Motor B: Sehr ausführliche Versuche waren über das Verhalten des Motors „B" in direkter Kupplung mit einem 140 KW-Gleichstrom-Generator vorhanden. Da es aber zu weit führen würde,

---

[1]) Dieser Wert ist schon in der Tabelle benutzt worden.

diese Versuche zu analysieren, sind nur die hauptsächlichsten Resultate angegeben.

Fig. 399 zeigt das berechnete Kreisdiagramm. Die kleinen Kreise und Kreuze beziehen sich auf die Versuche, welche an zwei Motoren gemacht worden sind, die nach demselben Entwurfe ausgeführt waren.

Man ersieht, daß die Resultate in dem einen Falle sehr nahe mit dem berechneten Diagramm übereinstimmen.

Die Abweichung in dem anderen Falle rührt höchst wahrscheinlich von Verschiedenheiten des Luftspaltes her.

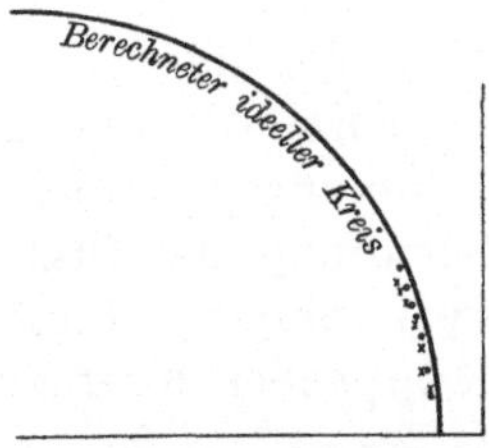

: Beobachtete·Punkte an zwei Motoren, die nach demselben Entwurfe ausgeführt worden sind.

Fig. 399. Kreisdiagramm des 185 PS-Drehstrommotors der Firma Alioth.

Motor C: Der beobachtete Leerlaufstrom war 9,3 Ampere und der berechnete Wert 9,8 Ampere. Die Verluste bei Leerlauf waren 10 400 Watt, sie sind etwas geringer als der berechnete Wert

$$8600 + 2300 + 490 = 11\,390 \text{ Watt.}$$

Der Kurzschlußstrom bei 976 Volt war 50 Ampere.

Der entsprechende berechnete Wert $243 \cdot \dfrac{976}{5000} = 47,5$ Ampere.

Drehstrommotoren der Firma Dick, Kerr & Co.

Herr A. P. Zani hat mit Einverständnis der Firma Dick, Kerr & Co. dem Verfasser Daten von zwei Drehstrommotoren freundlichst zur Verfügung gestellt, die er für jene Firma entworfen hat. Die Daten sind in Spalte A und B entwickelt. Beide Motoren sind für 50 Perioden bestimmt. Der Motor in Spalte A hatte sechs Pole und ist für eine Belastung von 5 PS und eine Spannung von 400 Volt bestimmt. Die synchrone Geschwindigkeit ist 1000 Umdrehungen pro Minute. Daten eines 12 poligen, 220 PS-Motors für 5000 Volt sind in Spalte B gegeben. Die synchrone Geschwindigkeit beträgt in diesem Falle 500 Umdrehungen pro Minute. Zeichnungen dieser zwei Motoren sind in Fig. 400 bis 406, eine Photographie des 5 PS-Motors in Fig. 407 gegeben. Fig. 408 bis 411 enthalten berechnete Kurven.

	Drehstrommotor der Firma Dick, Kerr & Co.	
	A	B
Leistung in PS	5	220
Zahl der Pole	6	12

	Drehstrommotor der Firma Dick, Kerr & Co.	
	A	B
Periodenzahl	50	50
Synchrone Tourenzahl pro Minute . .	1000	500
Spannung zwischen den Klemmen . .	400	5000
Schaltung der Statorwicklung	Δ	Y
Spannung pro Phase	400	2880
Kappscher Koeffizient	0,455	0,89

Statoreisen:

Äußerer Durchmesser der Statorbleche .	39,4	145
Innerer Durchmesser der Statorbleche .	25,4	109
Länge des Stators zwischen den Flanschen	12,7	30,5
Zahl der Ventilationskanäle	—	3
Breite eines jeden Kanales	—	1,3
Wirksame Länge des Stators	11,4	23,9
Polteilung	13,3	28,5
Zahl der Statornuten	36	108
desgl. pro Pol	6	9
desgl. pro Pol pro Phase	2	3
Nutentiefe	3,18	3,97
Nutenbreite	1,52	2,16
Breite der Nutenöffnung	0,25	0,4
Zahnbreite + Nutenbreite am Luftspalt .	2,21	3,16
desgl. an der Wurzel der Zähne . . .	2,77	3,4
Geringste Zahnbreite	0,69	1,0
Größte Zahnbreite	1,25	1,24
Gewicht der Statorbleche (vor dem Ausstanzen der Nuten) in kg	65	1370

Rotoreisen:

Größe des Luftspaltes	0,076	0,16
Äußerer Durchmesser der Rotorbleche .	25,25	108,68
Innerer Durchmesser der Rotorbleche .	17,8	86,5
Länge des Rotors zwischen den Flanschen	127	30,5
Zahl der Ventilationskanäle	—	3
Breite eines jeden Kanales	—	1,3
Länge des Eisens zwischen den Flanschen	11,4	23,9
Zahl der Rotornuten	54	144
desgl. pro Pol	9	12
desgl. pro Pol pro Phase	3	4
Nutentiefe	1,65	3,94
Nutenbreite	0,81	1,18

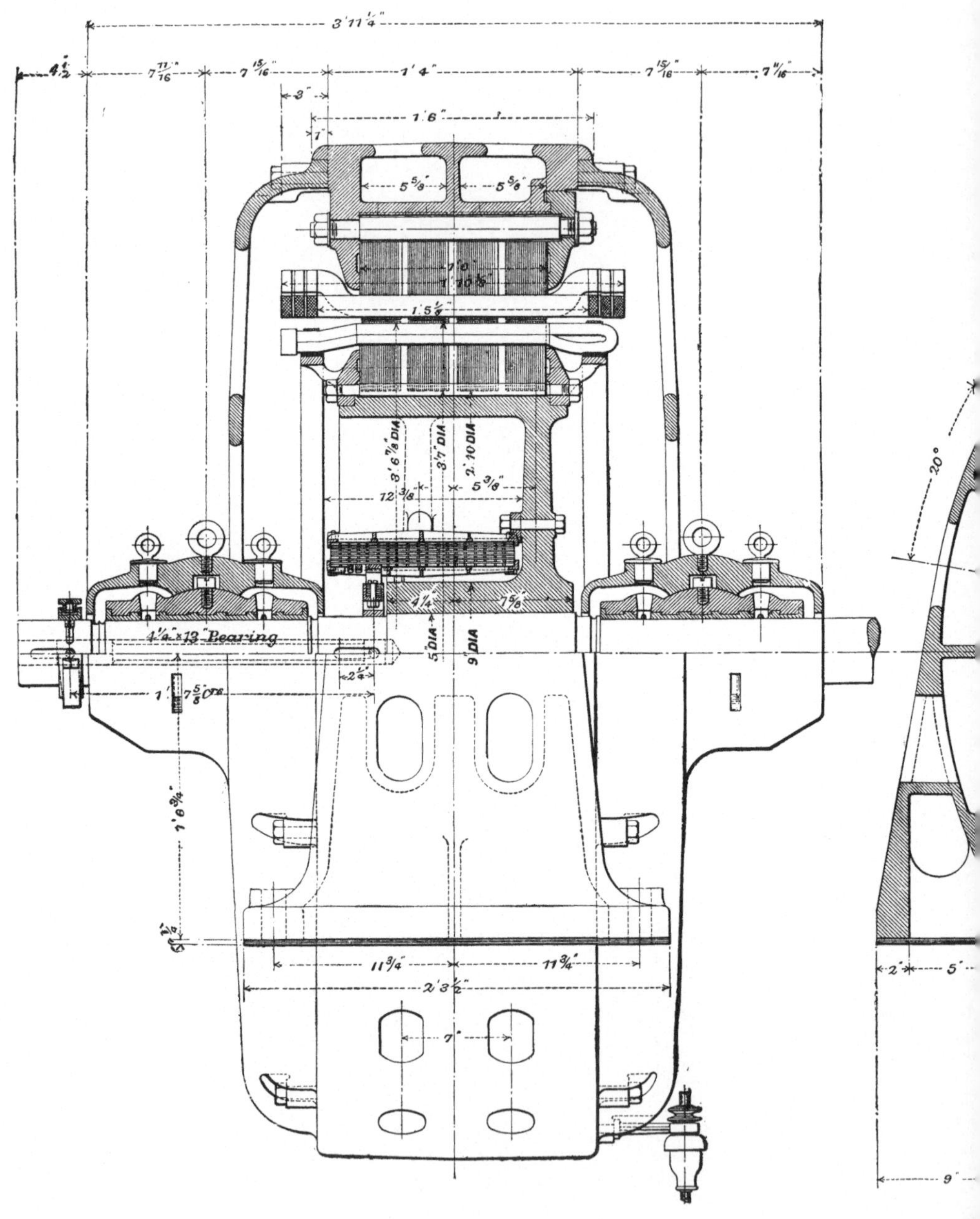

Fig. 400.

Fig. 400 und 401.   220 PS, 5000 Volt-Drehst

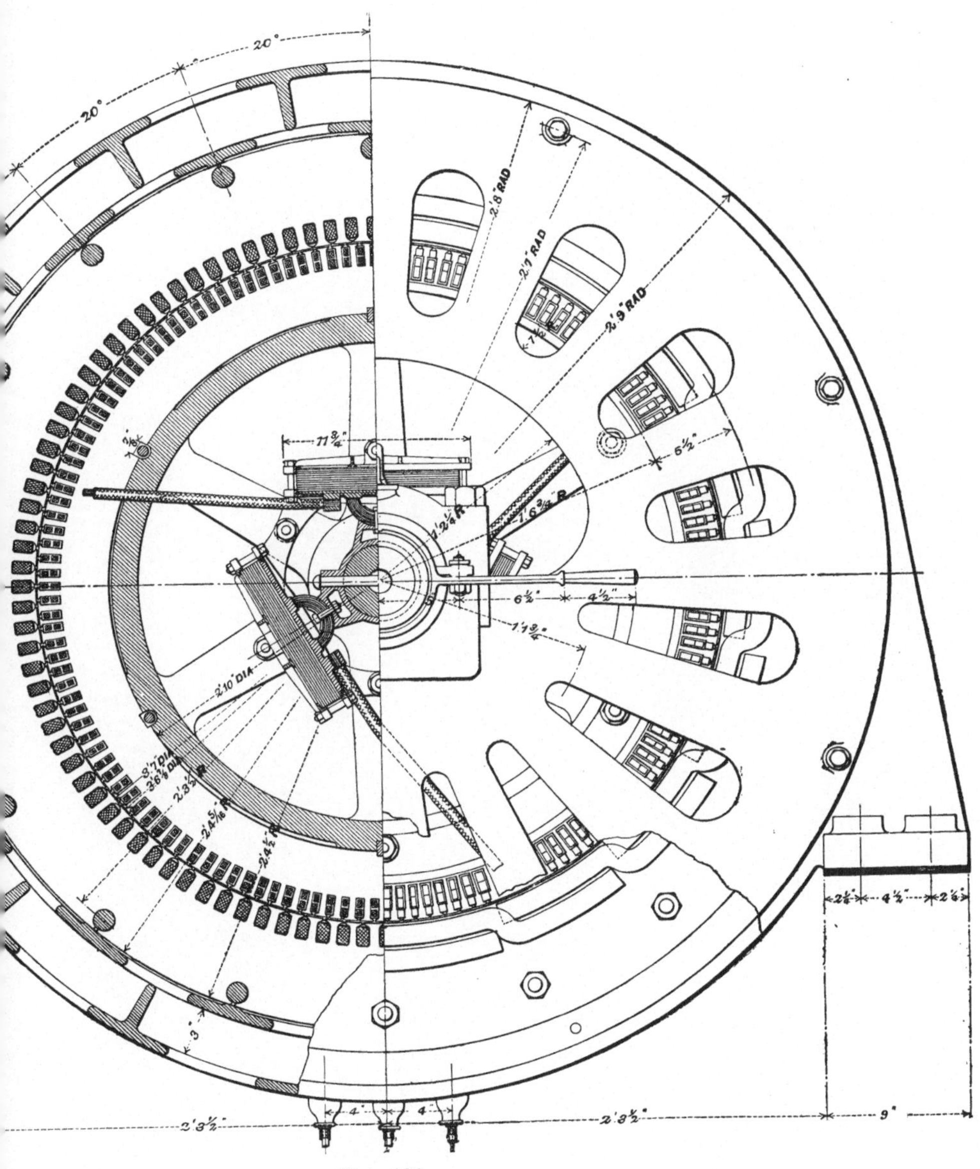

Fig. 401.

, entworfen von Zani für Dick, Kerr & Co.

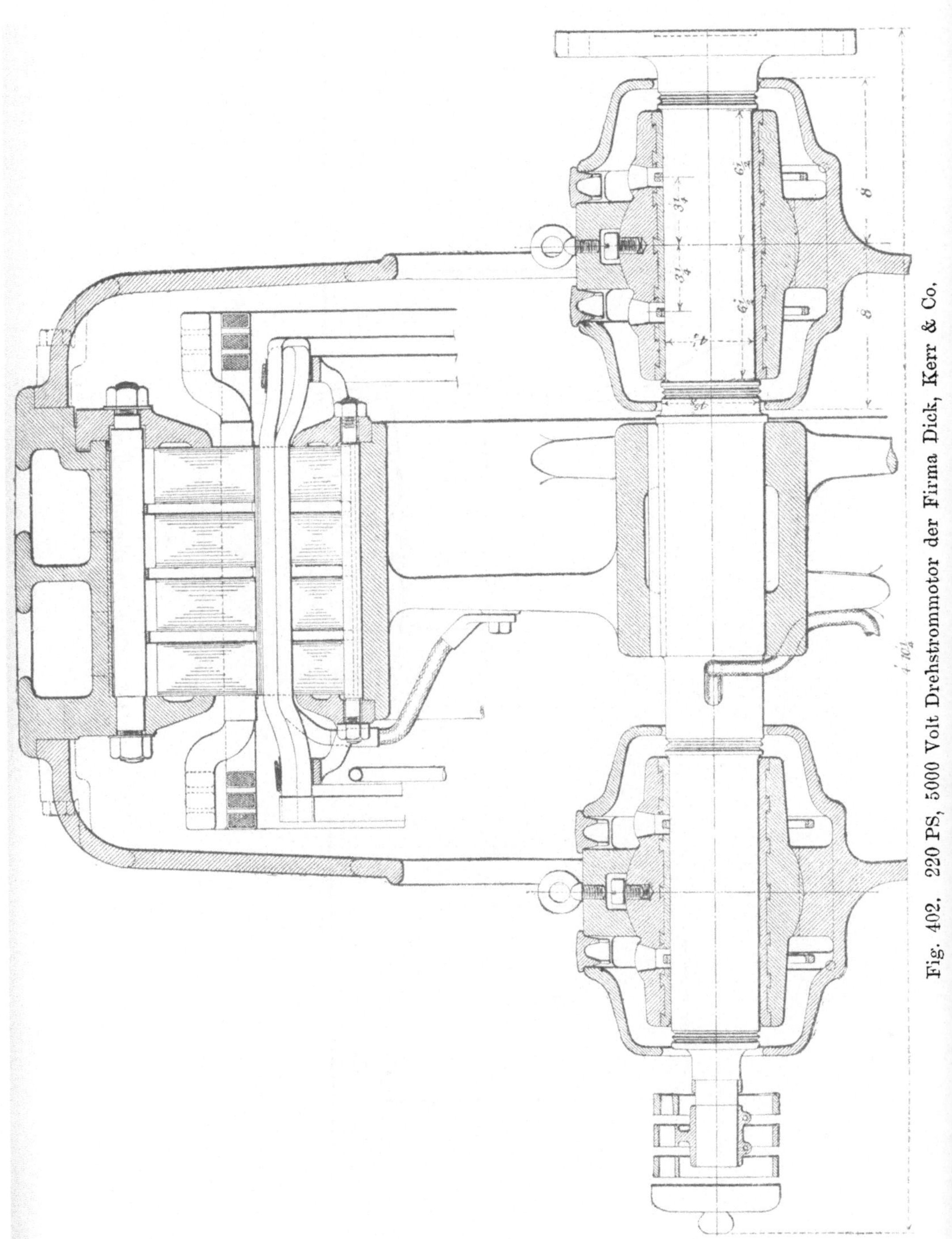

Fig. 402. 220 PS, 5000 Volt Drehstrommotor der Firma Dick, Kerr & Co.

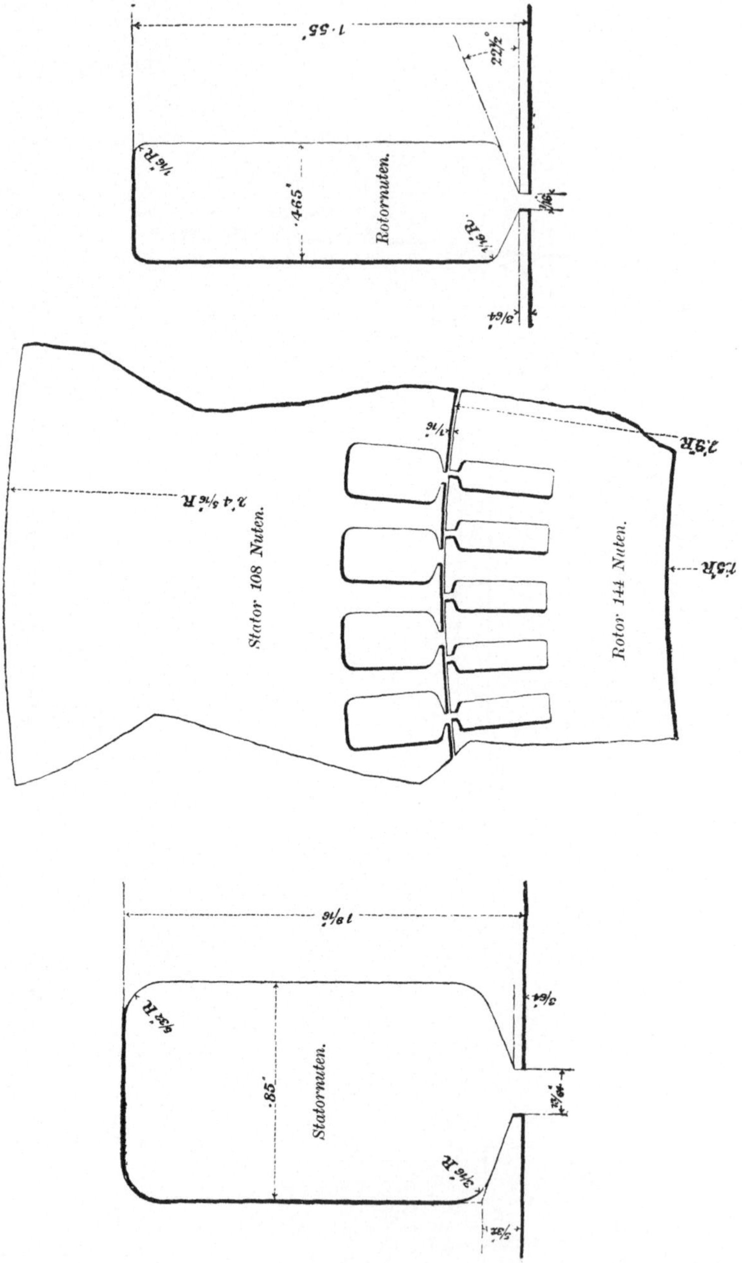

Fig. 403. 220 PS-Drehstrommotor.

	Drehstrommotor der Firma Dick, Kerr & Co.	
	A	B
Breite der Nutenöffnung	0,16	0,16
Zahnbreite $+$ Nutenbreite am Luftspalt	1,47	2,37
desgl. an der Wurzel der Zähne . . .	1,28	2,19
Geringste Zahnbreite	0,47	1,01
Größte Zahnbreite	0,66	1,19
Gewicht der Rotorbleche	22,6	640

Statorkupfer:

	A	B
Zahl der Statorleiter pro Nute	66	33 (Ein jeder Leiter besteht aus zwei Stäben in Parallel.)
Zahl der Statornuten	36	108
Zahl der Statorleiter	2376	3564
Zahl der Statorwindungen	1188	1782
Zahl der Statorwindungen pro Phase .	396	594
Zahl der Statorwindungen pro Pol pro Phase	66	49,5
Abmessungen der Leiter (blank) . . .	$\phi\, 0,145$	$2 \cdot \phi = 0,234$
desgl. der Leiter (isoliert)	—	—
Querschnitt eines Leiters	0,0165	$2 \times 0,043$ $= 0,086$
Mittlere Länge einer Windung	75	159
Gesamte Länge der Statorwindungen pro Phase	29 700	94 000
Widerstand einer Phase bei 60^0 C . .	3,6	2,2
Gewicht des Statorkupfers kg	13	216

Rotorkupfer:

	A	B
Zahl der Rotorleiter pro Nute	2	2
Zahl der Rotornuten	54	144
Zahl der Rotorleiter	108	288
Zahl der Rotorwindungen	54	144
Zahl der Phasen in der Rotorwicklung .	3	3
Zahl der Rotorwindungen pro Phase .	18	48
Zahl der Rotorwindungen pro Pol pro Phase	3	4
Abmessungen eines blanken Leiters .		$1,6 \times 0,9$
Abmessungen eines isolierten Leiters .		$1,65 \times 0,95$
Querschnitt eines einzelnen Leiters . .	0,25	1,43
Mittlere Länge einer Windung	70	150
Länge der Rotorwindungen pro Phase .	1260	7200

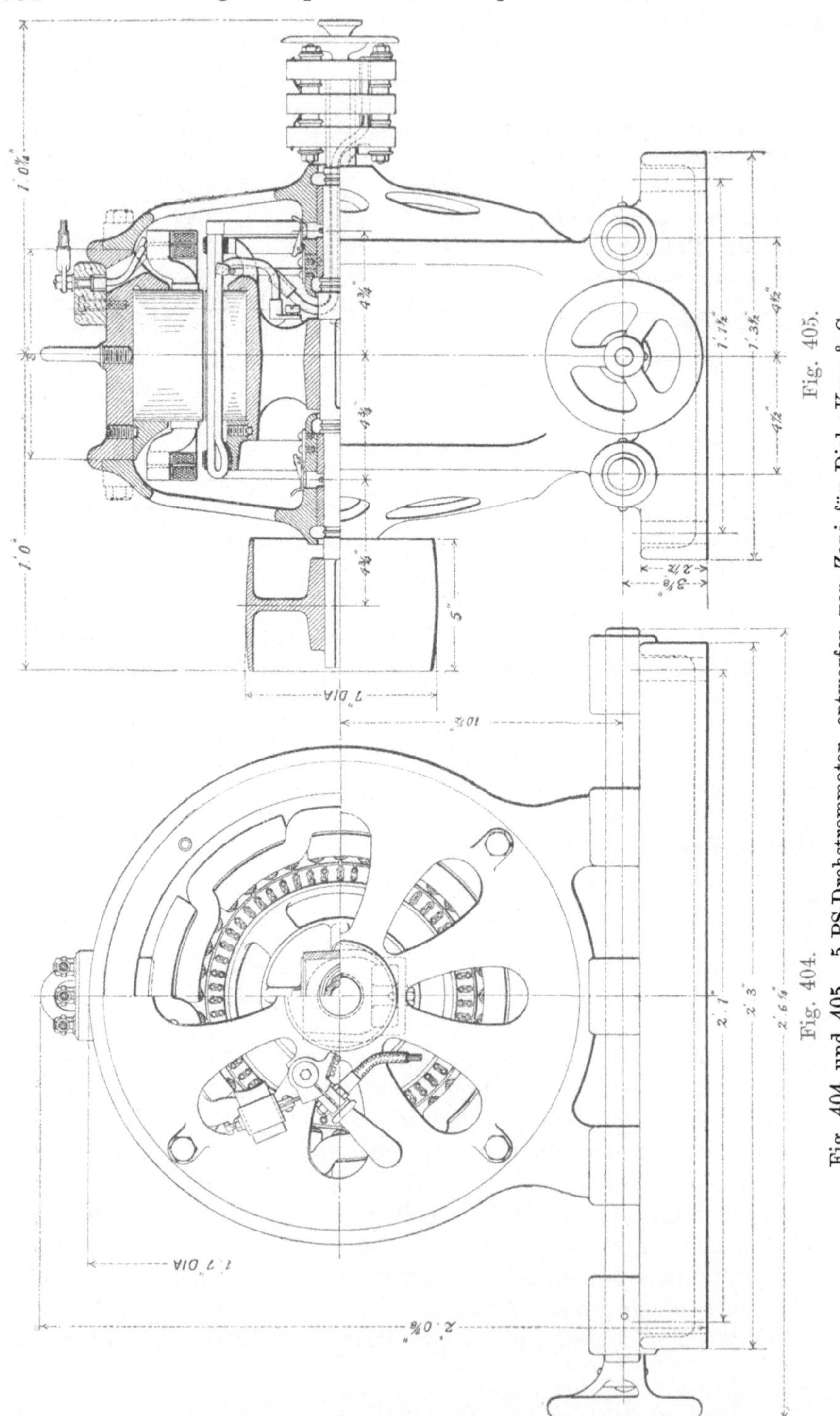

Fig. 405.

Fig. 404.

Fig. 404 und 405. 5 PS-Drehstrommotor, entworfen von Zani für Dick, Kerr & Co.

| | Drehstrommotor der Firma Dick, Kerr & Co. | |
	A	B
Widerstand pro Phase bei 60° C . . .	0,01	0,01
Gewicht des Rotorkupfers	8,4	273

Leistungsfaktor und Strom:

	A	B
Verhältnis von Länge zu Polteilung . .	0,96	1,07
Nutenöffnung (Mittel aus Stator- und Rotornute)	nahezu geschlossen	

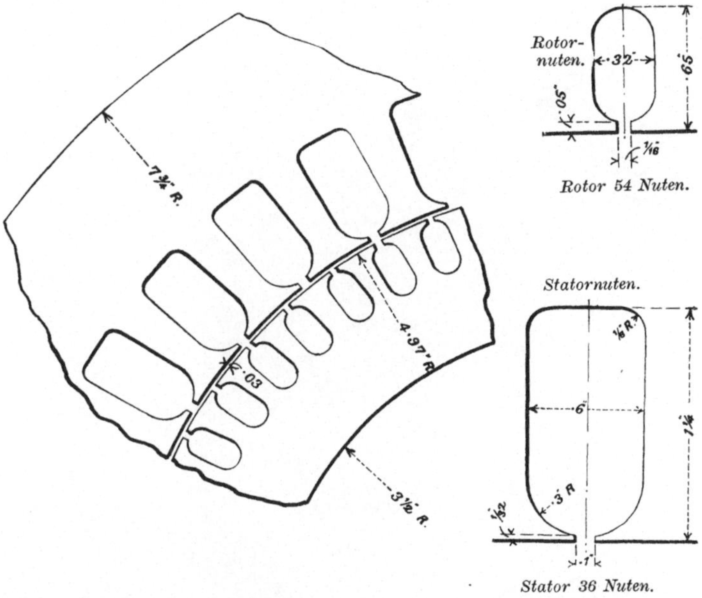

Fig. 406. 5 PS-Drehstrommotor (Dick, Kerr & Co.).

	A	B
C (aus Fig. 359)	13,5	12,5
$\Delta \cdot H =$ Luftspalt $\times$ Zahl der Nuten pro Pol (Mittel aus Stator und Rotor) . .	0,57	1,68
C' (aus Fig. 360)	1,6	1,0
Streuungskoeffizient $\left(\sigma = CC'\dfrac{\Delta}{\tau}\right)$ . . .	0,125	0,070
Maximaler Leistungsfaktor	0,80	0,87
Leistung bei Vollast	3730	164000
Wirkungsgrad bei Vollast	0,835	0,935
Wattverbrauch bei Vollast	4460	175000
Zugeführte Voltampere bei Vollast . .	5570	203000

	Drehstrommotor der Firma Dick, Kerr & Co.	
	A	B
desgl. pro Phase bei Vollast	1860	67 700
Volt pro Phase	400	2880
Vollaststrom pro Statorwicklung . . .	4,65	23,5
Schaltung der Statorwicklung	Δ	Y
Vollaststrom in der Leitung	8,0	23,5

Fig. 407. 5 PS Drehstrommotor (Dick, Kerr & Co.).

Leerlaufstrom und Kurzschlußstrom:

Periodenzahl (N).	50	50
Zahl der Statorwindungen pro Phase (T)	396	594
Innere Spannung pro Phase (E). (Nach Abzug des Ohmschen Spannungsabfalles)	380	2800
Kraftlinienfluß pro Pol Megalinien (aus $E = 4,2 \cdot T N M\, 10^{-8}$)	0,456	2,24
$\dfrac{\text{Zahnteilung — Nutenöffnung}}{\text{Zahnteilung}}$ (Mittel aus Stator und Rotor)	0,89	0,87

| | Drehstrommotor der Firma Dick, Kerr & Co. | |
	A	B
Ausbreitungskoeffizient	1,15	1,15
Wirklicher Querschnitt des Luftspaltes pro Pol	155	685
Mittlere magnetische Dichte im Luftraum	2940	3280
Maximale magnetische Dichte im Luftraum	5000	5600
Amperewindungen für den Luftspalt pro Pol	304	720
Gesamte Amperewindungen pro Pol . .	340	810

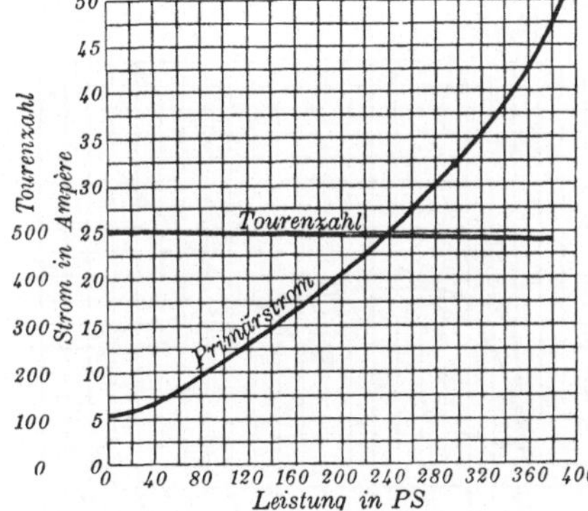

Fig. 408. 220 PS, 500 Volt Drehstrommotor (Dick, Kerr & Co.).
50 Perioden, 500 U. p. M.

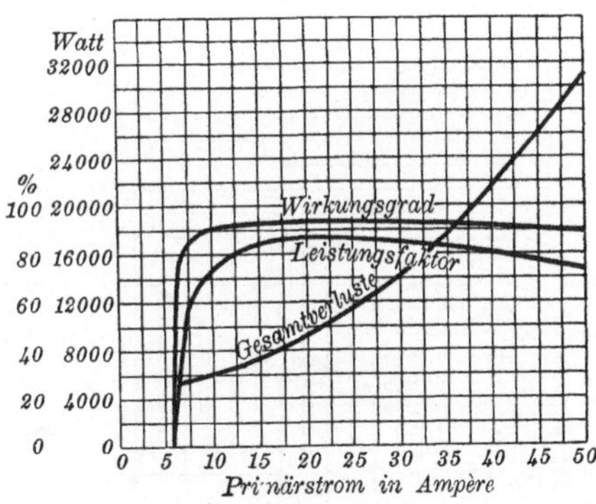

Fig. 409. 220 PS, 5000 Volt Drehstrommotor (Dick, Kerr & Co.).
50 Perioden, 500 U. p. M.

Amperewindungen pro Pol pro Phase .	170	405
Amplitude des Leerlaufstromes . . .	2,58	8,2
Effektiver Leerlaufstrom	1,82	5,8
Effektiver Leerlaufstrom in Prozenten des Vollaststromes	39	24,6
Streuungskoeffizient	0,125	0,076
Durchmesser des Heyland-Kreises $\left(\dfrac{\text{Leerlaufstrom}}{\sigma}\right)$	14,5	83
Kurzschlußstrom	16,3	88,8
Sekundärer Strom bei Vollast (aus dem Heyland-Kreise bei einem Transformationsverhältnis 1:1)	3,9	21,5
Zahl der Statorleiter	2376	3564
Zahl der Rotorleiter	108	288

	Drehstrommotor der Firma Dick, Kerr & Co.	
	A	B
Transformationsverhältnis	21,9	12,3
Wirklicher sekundärer Strom	85,5	265

Verluste:

I. Stromwärme im Stator:

Strom in der Statorwicklung . . .	4,65	23,5
Widerstand der Statorwicklung pro Phase	3,6	2,2
Stromwärme im Stator pro Phase . .	78	1210
Gesamte Stromwärme des Stators . .	234	3630

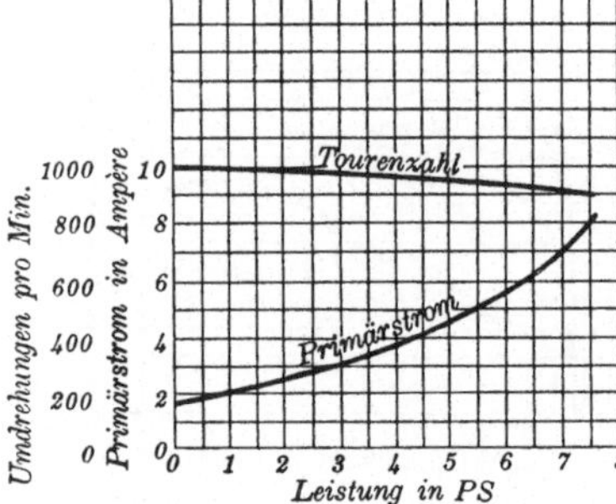

Fig. 410. 5 PS-Drehstrommotor (Dick, Kerr & Co.). 50 Perioden, 400 Volt, 1000 U. p. M.

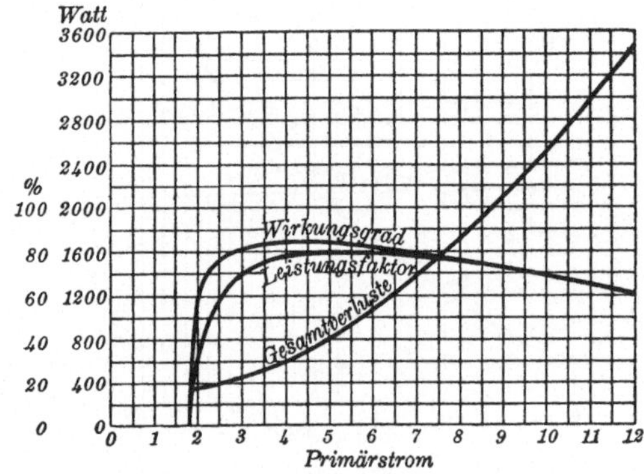

Fig. 411. 5 PS-Drehstrommotor (Dick, Kerr & Co.). 50 Perioden, 400 Volt, 1000 U. p. M.

II. Stromwärme des Rotors:

Stromstärke der Rotorwicklung . .	85,5	265
Widerstand der Rotorwicklung pro Phase	0,01	0,01
Stromwärme des Rotors pro Phase .	73	700
Gesamte Stromwärme im Rotor . . .	220	2100
Schlüpfung	5,5 %	1,3 %

III. Eisenverluste des Stators:

Querschnitt der Statorzähne pro Pol an der engsten Stelle	47	215
Mittlere magnetische Dichte an dieser engsten Stelle	9 700	10 400
Maximale magnetische Dichte an dieser Stelle	16 500	17 700

	Drehstrommotor der Firma Dick, Kerr & Co.	
	A	B
Tiefe des Statoreisens oberhalb der Zähne	3,82	14
Querschnitt des Statoreisens	87	670
Magnetische Dichte des Statoreisens .	5250	3350
Periodenzahl (N)	50	50
$\dfrac{D \cdot N}{100000}$	2,62	1,67
Eisenverlust pro kg	3,0	1,95
Gewicht der Statorbleche	65	1370
Kernverlust im Statoreisen	200	2670
IV. Eisenverlust des Rotors:		
Querschnitt der Rotorzähne pro Pol an der engsten Stelle	48	288
Mittlere magnetische Dichte an dieser Stelle	9500	7800
Maximale magnetische Dichte der Rotorzähne	16200	13200
Tiefe des Rotoreisens unterhalb der Nuten	2,07	7
Querschnitt des Rotoreisens	47,5	335
Magnetische Dichte im Rotoreisen . .	9600	6700
Gewicht der Rotorbleche	22,6	640
Schlüpfung	5,5 %	1,2 %
Eisenverlust im Rotor	10	30
V. Reibungsverluste in den Lagern und durch die Ventilation . .	100	2000

Wirkungsgrad:

	A	B
	---	---
Veränderliche Verluste (I + II). . . .	454	5730
Konstante Verluste (III + IV + V) . .	310	4700
Gesamte Verluste	764	10430
Leistung in Watt	3730	164000
Wattverbrauch	4494	174430
Wirkungsgrad bei Vollast	83,3	93,8

Gewichte:

	A	B
	---	---
Gewicht des Statorkupfers in kg . . .	13	216
Gewicht des Rotorkupfers „ „ . . .	8,4	273
Gesamtes Kupfergewicht „ „ . . .	21,4	489
Gewicht der Statorbleche „ „ . . .	49	1220

	Drehstrommotor der Firma Dick, Kerr & Co.	
	A	B
Gewicht der Rotorbleche	17	515
Gesamtes Gewicht der Bleche	66	1735
Gesamtes Gewicht des wirksamen Materials	87,4	2224
desgl. pro PS	17,3	10

Drehstrommotoren der Firma Adolf Ungers und der Allgemeinen Elektrizitätsgesellschaft.

Fig. 412 ist eine Photographie eines 45 PS-Drehstrommotors, der von Herrn A. V. Clayton für die Firma Adolf Ungers Industri Aktiebolaget at Arbra, Schweden, entworfen worden ist. Skizzen des Kernes und der Bleche sind in Fig. 413 bis 416 und Versuchs-

Fig. 412. Drehstrommotor der Firma Adolf Unger, Industri Aktiebolaget
für 45 PS, 46 Perioden, 380 Volt, 8 Pole.

resultate in Fig. 417 und 418 gegeben. Die Berechnung dieses Motors ist in Spalte A der folgenden Spezifikation enthalten, welche außerdem in Spalte B den Entwurf eines 3 PS-Motors der Allgemeinen Elektrizitätsgesellschaft in tabellarischer Anordnung enthält. Aus Fig. 419 und 420 sind die Stator- und Rotorbleche dieses letzteren

Motors zu ersehen, während Fig. 421 Resultate von Versuchen gibt, die Prof. Drysdale an diesem Motor angestellt hat.[1])

	A Clayton	B A. E.-G.
Leistung in PS	45	3
Zahl der Pole	8	4
Periodenzahl	46	50
Synchrone Tourenzahl pro Minute . .	690	1500
Spannung zwischen den Klemmen . .	380	120
Schaltung der Statorwicklung	Y	Y
Spannung pro Phase	220	69,4
Kappscher Koeffizient	0,74	0,39

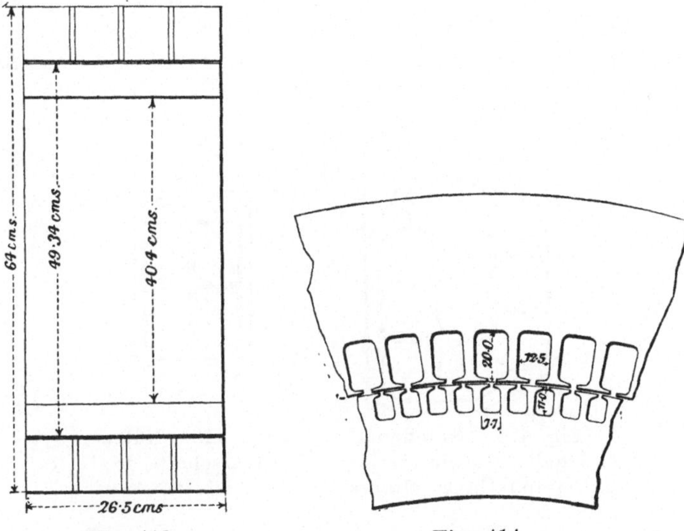

Fig. 413.   Fig. 414.

Fig. 413 und 414.   Bleche für Clayton-Unger-Motor.

Statoreisen:

	Dimensionen in cm	
Äußerer Durchmesser der Statorbleche	64	34,8
Innerer Durchmesser der Statorbleche .	49,5	21,5
Länge des Stators zwischen den Flanschen	26,5	8,35
Zahl der Ventilationskanäle	3	—
Breite eines jeden Kanales	0,6	—
Wirksame Länge des Stators	22,2	7,5
Polteilung	19,4	16,8

---

[1]) Siehe auch „Journal of the Institution of Elektrical Engineers“ Vol. XXXIII, S. 281.

	A Clayton	B A. E.-G.
	Dimensionen in cm	
Zahl der Statornuten	96	48
desgl. pro Pol	12	12
desgl. pro Pol pro Phase	4	4
Nutentiefe	2,0	2,2
Nutenbreite	1,25	1,1
Breite der Nutenöffnung	0,3	0,3
Zahnbreite $+$ Nutenbreite am Luftspalt	1,615	1,405
Dichte an der engsten Stelle der Zähne	1,635	1,47
desgl. an der Wurzel der Zähne . . .	1,75	1,69
Geringste Zahnbreite	0,385	0,37
Größte Zahnbreite	0,5	0,59
Gewicht der Statorbleche (vor dem Aus- stanzen der Nuten) in kg	223	34,5

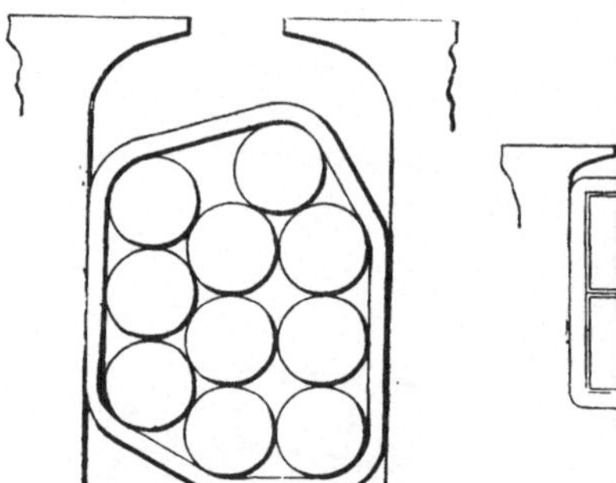

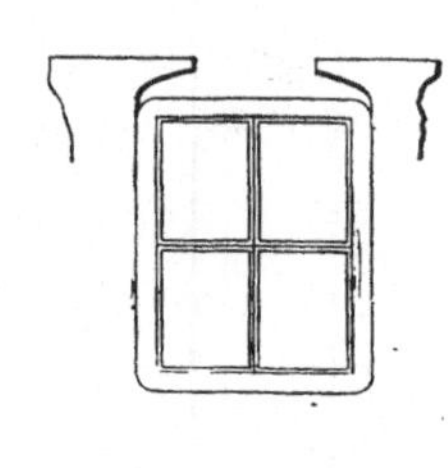

Fig. 415. Nutenquer-
schnitt des Stators des
Clayton-Unger-Motors.

Fig. 416. Nuten-
querschnitt des
Rotors.

Rotoreisen:

Größe des Luftspaltes	0,08	0,05
Äußerer Durchmesser der Rotorbleche .	49,34	21,4
Innerer Durchmesser der Rotorbleche .	40,4	8,0
Länge des Rotors zwischen den Flanschen	26,5	8,35
Zahl der Ventilationskanäle	3	—
Breite eines jeden Kanales	0,6	—
Wirksame Kernlänge	22,2	7,5
Zahl der Rotornuten	144	60
desgl. pro Pol	18	15
desgl. pro Pol pro Phase	6	5
Nutentiefe	1,1	2,2
Nutenbreite	0,77	0,65

	A	B
	Clayton	A. E.-G.
	Dimensionen in cm	
Breite der Nutenöffnung	0,3	0,27
Zahnbreite + Nutenbreite am Luftspalt	1,07	1,12

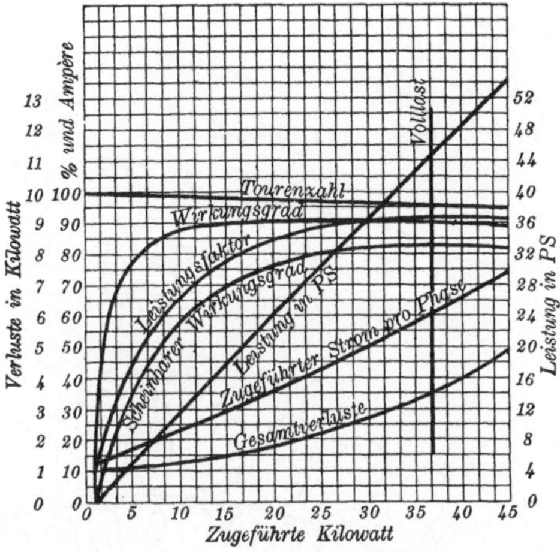

Fig. 417. Charakteristische Kurven des 45 PS-Clayton-Unger-Drehstrommotors.

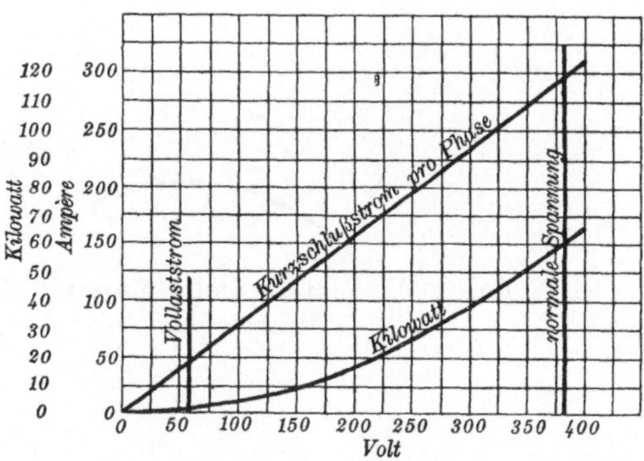

Fig. 418. Kurzschlußstrom des 45 PS-Clayton-Unger-Drehstrommotors
in Abhängigkeit von der Spannung.

desgl. an der engsten Stelle der Zähne	1,07	0,915
desgl. an der Wurzel der Zähne . . .	1,025	—
Geringste Zahnbreite	0,255	0,265
Größte Zahnbreite	0,3	0,47
Gewicht der Rotorbleche (vor dem Aus- stanzen der Nuten) in kg	108	18,2

	A	B
	Clayton	A. E.-G.
	Dimensionen in cm	

Statorkupfer:

	A	B
Zahl der Statorleiter pro Nute	5 2 Drähte parallel	11
Zahl der Statornuten	96	48
Zahl der Statorleiter	480	528
Zahl der Statorwindungen	240	264
Zahl der Statorwindungen pro Phase .	80	88

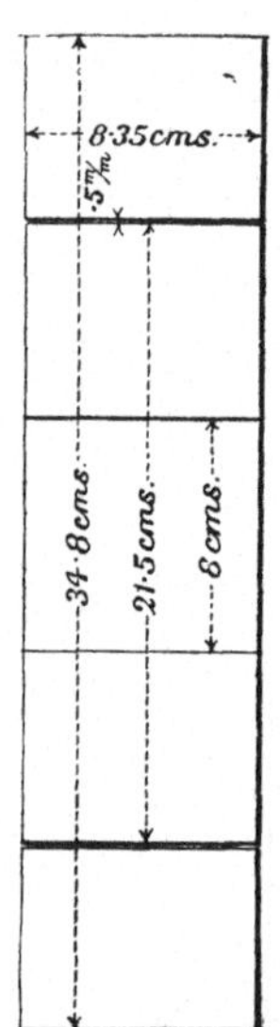

Fig. 419. 3 PS-Dreh-
strommotor der Allge-
meinen Elektrizitäts-
gesellschaft.

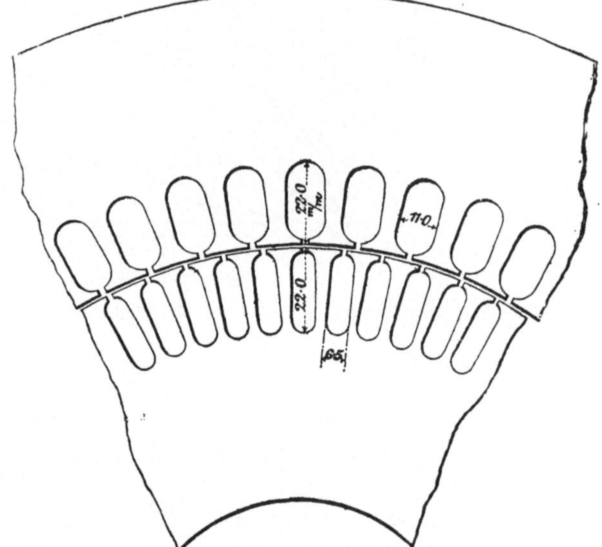

Fig. 420. Stator- und Rotoreisen des 3 PS-
Drehstrommotor.

	A	B
Zahl der Statorwindungen pro Pol pro Phase	10	22
Abmessungen der Leiter (blank) . . .	$2 \cdot (\phi = 0{,}35)$	0,265
desgl. der Leiter (isoliert)	$2 \cdot (\phi = 0{,}382)$	0,29
Querschnitt eines Leiters	$2 \cdot 0{,}096 = 0{,}192$	0,055
Mittlere Länge einer Windung	118	77
Gesamte Länge der Statorwindungen .	9350	6780
Widerstand einer Phase bei 60° C in Ohm	0,097	0,25
Gewicht des Statorkupfers in kg . . .	48	10

	A	B
	Clayton	A. E.-G.
	Dimensionen in cm	

Rotorkupfer:

Zahl der Rotorleiter pro Nute	4	8
		2 Drähte parallel.
Zahl der Rotornuten	144	60
Zahl der Rotorleiter	576	480
Zahl der Rotorwindungen	288	240
Zahl der Phasen in der Rotorwindung .	3	3
Zahl der Rotorwindungen pro Phase .	96	80

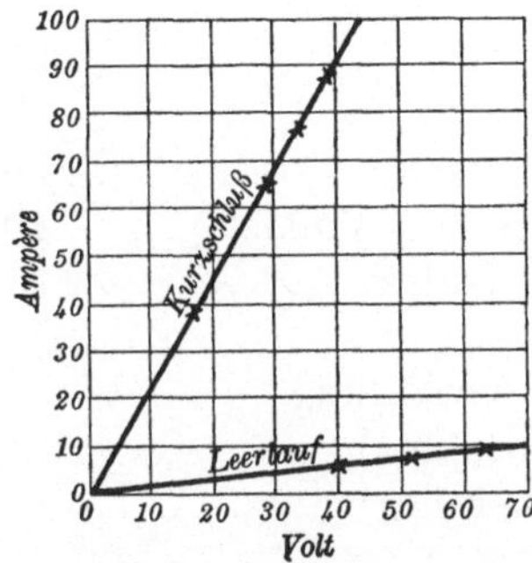

Fig. 421. Leerlauf- und Kurzschlußstrom des 3 PS-Drehstrommotors
der Allgemeinen Elektrizitätsgesellschaft.

Zahl der Rotorwindungen pro Pol pro Phase	12	20
Abmessungen eines blanken Leiters . .	$0,29 \cdot 0,39$	$2 \cdot \phi$ $= 0,183$
Abmessungen eines isolierten Leiters .	$0,32 \cdot 0,42$	$2 \cdot \phi$ $= 0,21$
Querschnitt eines Leiters	0,113	$2 \cdot 0,026$ $= 0,052$
Mittlere Länge einer Windung	102	64
Länge der Rotorwindungen pro Phase .	9800	5100
Widerstand pro Phase bei 60° C . . .	0,173	0,2
Gewicht des Rotorkupfers	30	7,1

Leistungsfaktor und Strom:

Verhältnis von Länge zu Polteilung . .	1,36	0,50
Nutenöffnung (Mittel aus Stator- und Rotornute	$^2/_3$ ge- schlossen	$^2/_3$ ge- schlossen
C (aus Fig. 359)	11,0	14,5

	A Clayton	B A. E.-G.
	Dimensionen in cm	
$\varDelta \cdot H =$ Luftspalt $\times$ Zahl der Nuten pro Pol (Mittel aus Stator und Rotor) . .	1,2	$0,05 \cdot 13,5$ $= 0,675$
C' (aus Fig. 360)	1,15	1,42
Streukoeffizient $\left(= C\,C'\,\dfrac{\varDelta}{\tau}\right)$	0,052	0,061
(Beobachtet)	—	0,060
Maximaler Leistungsfaktor	0,906	0,893
(Beobachtet)	0,925	—
Leistung bei Vollast	33000	2200
Wirkungsgrad bei Vollast	0,905	0,83
Wattverbrauch bei Vollast	36500	2650
Zugeführte Voltampere bei Vollast . .	40200	2970
desgl. pro Phase bei Vollast	13400	990
Volt pro Phase	220	69,4
Vollaststrom pro Statorwicklung . . .	61	14,3
Schaltung der Statorwicklung	Y	Y
Vollaststrom in der Leitung	61	14,3

Leerlauf- und Kurzschlußstrom:

	A	B
Periodenzahl (N)	46	50
Zahl der Statorwindungen pro Phase (T)	80	88
Innere Spannung pro Phase (E) (Nach Abzug des Ohmschen Spannungsabfalles)	210	67
Kraftlinienfluß pro Pol Megalinien (aus $E = 4,2 \cdot TNM\,10^{-8}$)	1,36	0,361
$\dfrac{\text{Zahnteilung} - \text{Nutenöffnung}}{\text{Zahnteilung}}$ (Mittel aus Stator und Rotor)	0,78	0,76
Ausbreitungskoeffizient	1,2	1,2
Wirklicher Querschnitt des Luftspaltes pro Pol	400	115
Mittlere magnetische Dichte im Luftspalt	3400	3150
Maximale magnetische Dichte im Luftraum	5750	5350
Amperewindungen für den Luftspalt pro Pol	368	214
Gesamte Amperewindungen pro Pol . .	440	246
Amperewindungen pro Pol pro Phase .	220	123
Amplitude des Leerlaufstromes . . .	22	5,6

	A	B
	Clayton	A. E.-G.
	Dimensionen in cm	
Effektiver Leerlaufstrom	15,5	4,0
Effektiver Leerlaufstrom in Prozenten des Vollaststromes	$25,4^0/_0$	$28^0/_0$
Streukoeffizient	0,052	0,061
Durchmesser des Heyland-Kreises $\left(\dfrac{\text{Leerlaufstrom}}{\sigma}\right)$	300	65,5
Kurzschlußstrom	315	69,5
Sekundärer Strom bei Vollast (aus dem Heyland-Kreise, Transformationsverhältnis 1:1)	56,5	12,8
Zahl der Statorleiter	480	528
Zahl der Rotorleiter	576	480
Transformationsverhältnis	0,835	1,1
Wirklicher sekundärer Strom	47,0	14,1

Verluste:

I. Stromwärme im Stator:

Strom in der Statorwicklung	61	14,3
Widerstand der Statorwicklung pro Phase	0,097	0,25
Stromwärme im Stator pro Phase . .	360	51
Gesamte Stromwärme des Stators . .	1080	153

II. Stromwärme des Rotors:

Stromstärke der Rotorwicklung . . .	47,0	14,1
Widerstand der Rotorwicklung pro Phase	0,173	0,2
Stromwärme des Rotors pro Phase .	380	40
Stromwärme im Rotor	1140	120
Stromwärme an Schleifringen . . .		15

III. Eisenverluste des Stators:

Querschnitt der Statorzähne pro Pol an der engsten Stelle	102	33
Mittlere magnetische Dichte an dieser engsten Stelle	13300	10900
Maximale magnetische Dichte an dieser Stelle	22800	18500
Tiefe des Statoreisens oberhalb der Zähne	5,25	4,45

	A	B
	Clayton	A. E.-G.
	Dimensionen in cm	
Querschnitt des Statoreisens	233	67
Magnetische Dichte des Statoreisens .	5850	5400
Periodenzahl	46	50
$\dfrac{D \times C}{100000}$	2,7	2,7
Eisenverlust pro kg	3,0	3,0
Gewicht dor Statorbleche	223	34,5
Kernverlust im Statoreisen	670	100

IV. Eisenverlust des Rotors:

	A	B
Querschnitt der Rotorzähne an der engsten Stelle	102	30
Mittlere magnetische Dichte an dieser Stelle	13300	12000
Maximale magnetische Dichte der Rotorzähne	22800	20500
Tiefe des Rotoreisens unterhalb der Nuten	3,4	4,5
Querschnitt des Rotoreisens	151	67
Magnetische Dichte im Rotoreisen . .	9000	5400
Schlüpfung	$3,1\,^0/_0$	$5,6^0/_0$
Gewicht der Rotorbleche	108	18,2
Eisenverlust im Rotor	20	5

V. Reibungsverluste in den Lagern und durch die Ventilation 500   85

Wirkungsgrad:

	A	B
Veränderliche Verluste (I + II) . . .	2220	288
Konstante Verluste (III + IV + V) . .	1190	190
Gesamte Verluste	3410	478
Leistung in Watt	33100	2200
Wattverbrauch	36510	2678
Wirkungsgrad bei Vollast	0,908	0,82
Gewicht des Statorkupfers	48	10
Gewicht des Rotorkupfers	30	7,1
Gesamtes Kupfergewicht	78	17,1
Gewicht der Statorbleche	223	34,5
Gewicht der Rotorbleche	108	18,2
Gesamtes Gewicht der Bleche	330	52,7
Gesamtes Gewicht des wirksamen Materials	408	69,8
desgl. pro PS	9,1	23,3

Drehstrommotor der Firma Société Alsacienne de Constructions Méchaniques.

Die Firma Société Alsacienne de Constructions Mécaniques hat dem Verfasser Daten ihres normalen 15 PS Drehstrommotors gesandt, die in der folgenden Spezifikation zusammengestellt worden sind.

Fig. 422.

Fig. 422 ist eine Photographie der von obiger Firma entwickelten Konstruktionen und Fig. 423 gibt eine Detailzeichnung des in der Spezifikation berechneten Motors.

Spezifikation.

Leistung in PS   15
Zahl der Pole   4
Periodenzahl   50
Synchrone Tourenzahl   1500
Klemmenspannung   110
Schaltung (Stator) . . . . Δ
Spannung pro Phase   110
Kappscher Koeffizient   0,74

Statoreisen:

Äußerer Durchmesser der Statorbleche . .   48,0
Innerer Durchmesser der Statorbleche . .   26,0

Länge des Stators zwischen den Flanschen (λ_g) 15,0
Zahl der Ventilationskanäle   1
Breite eines jeden Kanales   1,0
Wirksame Länge des Stators (λ_n)   12,6
Polteilung (τ)   20,4
Zahl der Statornuten   36
desgl. pro Pol   9
desgl. pro Pol pro Phase   3

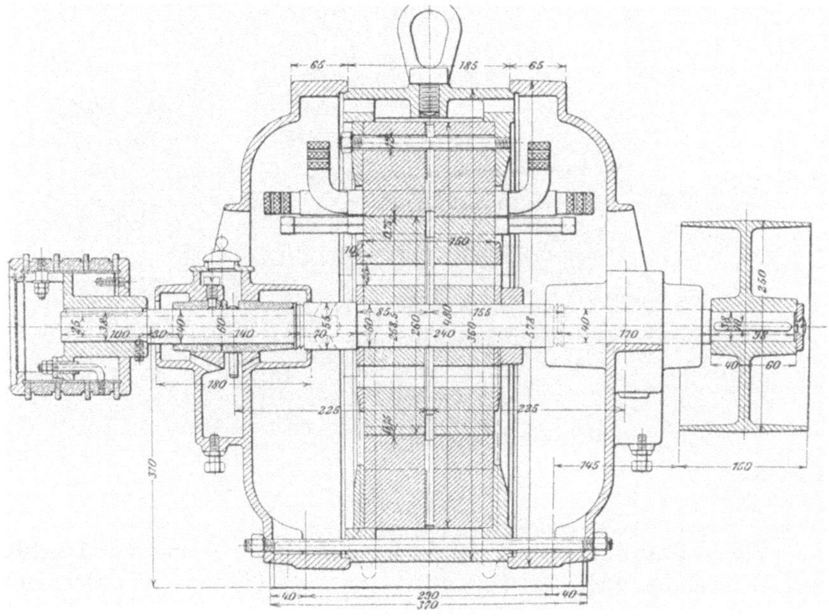

Fig. 423.

Nutentiefe   3,0
Nutenbreite   1,7
Breite der Nutenöffnung   0,2
Zahnbreite $+$ Nutenbreite (am Luftspalt) . .   2,27
desgl. an der engsten Stelle der Zähne . .   2,36
desgl. an der Wurzel der Zähne   2,79
Geringste Zahnbreite   0,66
Größte Zahnbreite   1,09
Gewicht der Statorbleche (vor dem Ausstanzen
    der Nuten) . . . .   126 kg

Rotoreisen:

Größe des Luftspaltes	0,075
Äußerer Durchmesser der Rotorbleche . .	25,85
Innerer Durchmesser der Rotorbleche . .	5,0
Länge zwischen den Flanschen	15,0
Zahl der Ventilationskanäle	1
Breite eines jeden Kanales	1,0
Wirksame Kernlänge	12,6
Zahl der Rotornuten	61
desgl. pro Pol	15,25
desgl. pro Pol pro Phase	5,08
Nutentiefe	2,5
Nutenbreite	0,75
Breite der Nutenöffnung	0,1
Zahnbreite + Nutenbreite (am Luftspalt) . .	1,325
desgl. an der engsten Stelle der Zähne . .	1,09
desgl. an der Wurzel der Zähne	1,07
Geringste Zahnbreite	0,34
Größte Zahnbreite	0,575
Gewicht der Rotorbleche (vor dem Ausstanzen der Nuten)	50 kg

Statorwicklung:

Zahl der Statorleiter pro Nute	19
Zahl der Statornuten	36
Zahl der Statorleiter	684
Zahl der Statorwindungen	342
Zahl der Statorwindungen in Reihe . . .	171
Zahl der Statorwindungen pro Phase . . .	57
Zahl der Statorwindungen pro Pol pro Phase	14,25
Abmessungen der Leiter (blank)	$2 \times \phi\, 0,3$
desgl. (isoliert)	$2 \times \phi\, 0,35$
Querschnitt eines Leiters	$2 \times 0,071 = 0,142$
Mittlere Länge einer Windung	106
Gesamte Länge der Statorwindungen in Reihe pro Phase	6050
Widerstand einer Phase bei 60° C = . .	0,085 Ohm
Gewicht des Statorkupfers in kg	23

Rotorwicklung:

Zahl der Rotorleiter pro Nute	2
Zahl der Rotornuten	61

Zahl der Rotorleiter . . . . 120[1])
Zahl der Rotorwindungen 60
Zahl der Phasen in der Rotorwindung . . 3
Zahl der Rotorwindungen pro Phase . . . 20
Zahl der Rotorwindungen pro Pol pro Phase 5
Abmessungen eines blanken Leiters . . . 0.6×0.8
Abmessungen eines isolierten Leiters . . . $0{,}68 \times 0{,}88$
Querschnitt eines Leiters 0,48
Mittlere Länge einer Windung 87,4
Länge der Rotorwindungen pro Phase . . 1740
Widerstand pro Phase bei 60° C 0,0072
Gewicht des Rotorkupfers . . . . . . 22,2 kg

Leistungsfaktor und Strom:

Verhältnis von Länge zu Polteilung . . . 0,62
Nutenöffnung (Mittel aus Stator und Rotor)　nahezu geschlossen
C 14,5
$\Delta \cdot H =$ Luftspalt $\times$ Zahl der Nuten pro Pol
　(Mittel aus Stator und Rotor). 0,9
C^1 1,28

Streukoeffizient $\sigma = C C^1 \dfrac{\Delta}{\tau}$ 0,068

Maximaler Leistungsfaktor $= \left(\dfrac{1}{1 + 2\,\sigma} \right)$. 0,88

desgl. (beobachtet) 0,90
Leistung bei Vollast (in Watt) 11 200
Wirkungsgrad bei Vollast 0,87
Wattverbrauch bei Vollast 12 900
Zugeführte Voltampere bei Vollast . . . 14 650
Zugeführte Voltampere bei Vollast pro Phase 4900
Vollaststrom pro Statorwicklung 44,5
Schaltung der Statorwicklung . . . . . Δ
Vollaststrom in der Leitung 77

Leerlauf- und Kurzschlußstrom:

Periodenzahl (N) 50
Zahl der Statorwindungen pro Phase (T) . 57
Innere Spannung (E) (mit Berücksichtigung
　des Ohmschen Spannungsabfalles) . . . 108
Kraftlinienfluß pro Pol in Megalinien (aus
　$E = 4{,}2\,TNM \times 10^{-8}$) 0,905

---

[1]) Die Leiter *einer* Nut sind nicht mit der übrigen Wicklung verbunden.

Wirklicher Querschnitt des Luftspaltes pro Pol	275
Mittlere magnetische Dichte im Luftspalt .	3280
Maximale magnetische Dichte im Luftspalt	5550
Erreger-Amperewindungen für den Luftspalt pro Pol	335
Gesamte Erreger-Amperewindungen pro Pol	440[1])
Amperewindungen pro Pol pro Phase . .	220
Amplitude des Leerlaufstromes	15,4
Effektiver Leerlaufstrom	10,9
desgl. in Prozenten des Vollaststromes . .	24,5
Streukoeffizient σ	0,068
Durchmesser des Heyland-Kreises $\left(\dfrac{\text{Leerlaufstrom}}{\sigma}\right)$	160
Kurzschlußstrom	171
Sekundärer Strom bei Vollast (aus dem Heyland-Kreis bei einem Transformationsverhältnis 1:1)	40,5
Zahl der Statorleiter	342
Zahl der Rotorleiter	120
Transformationsverhältnis	2,85
Wirklicher sekundärer Strom	115

Verluste:

I. Stromwärme in der Statorwicklung:

Primärstrom pro Phase	44,5
Widerstand der Statorwicklung pro Phase	0,085
Stromwärme des Stators pro Phase . .	168
Gesamte Stromwärme im Stator . . .	504

II. Stromwärme in der Rotorwicklung:

Sekundärstrom pro Phase	115
Widerstand pro Phase	0,0072
Stromwärme des Rotors pro Phase . . .	96
Gesamte Stromwärme des Rotors . . .	288
Zuschlag für Stromwärme an Schleifringen	140
Schlüpfung in Prozenten der synchronen Tourenzahl	$3{,}7\,^0/_0$

---

[1]) Die gesamten Erreger-Amperewindungen sind in diesem Falle wegen der hohen Sättigung der Stator- und Rotorzähne bedeutend (etwa $30\,^0/_0$) größer als die für Luft allein.

III. Eisenverluste:

Minimaler Querschnitt der Statorzähne pro Pol	75
Mittlere magnetische Dichte an jenen engsten Stellen	12000
Maximale magnetische Dichte an jenen engsten Stellen	20500
Tiefe des Statoreisens oberhalb der Zähne	8
Querschnitt des Statoreisens	202
Mittlere magnetische Dichte des Statoreisens (D)	4460
Periodenzahl (N)	50
$\dfrac{D \cdot N}{100000}$	2,23
Wattverlust pro kg Statoreisen	2,5
Gewicht des Statoreisens in kg (vor dem Ausstanzen der Nuten)	126
Kernverlust des Stators	315

Eisenverlust im Rotor:

Querschnitt der Rotorzähne in der engsten Stelle	65,5
Mittlere Dichte der Rotorzähne an der engsten Stelle	13800
Maximale Dichte der Rotorzähne an der engsten Stelle	23500
Tiefe des Rotoreisens unterhalb der Nuten	5,4
Querschnitt des Rotoreisens	136
Mittlere Dichte im Rotoreisen	6600
Schlüpfung	3,7 $^0/_0$
Gewicht der Rotorbleche	50
Eisenverluste im Rotor	15

Reibungsverluste in den Lagern 400

Verluste:

Veränderliche Verluste	930
Konstante Verluste	730
Gesamte Verluste	1660
Leistung in Watt	11040
Wattverbrauch	12700
Wirkungsgrad bei Vollast	87 $^0/_0$

Gewichte:

Gewicht des Statorkupfers . . . . . .   23 kg
Gewicht des Rotorkupfers . . . . .   22,2 kg
Gesamtes Kupfergewicht . . . .   45,2 „
Gewicht der Statorbleche . . . .   126 „
Gewicht der Rotorbleche . . . .   50 „
Gesamtes Gewicht der Bleche . . . . .   176 „
Gesamtes Gewicht des wirksamen Materials   221 „
Gewicht des wirksamen Materials pro PS
Leistung . . . .   14,7 „

Die Fig. 424 und 425 geben Versuchsresultate des 15 PS-Motors, die eine gute Übereinstimmung mit der Berechnung zeigen. In den

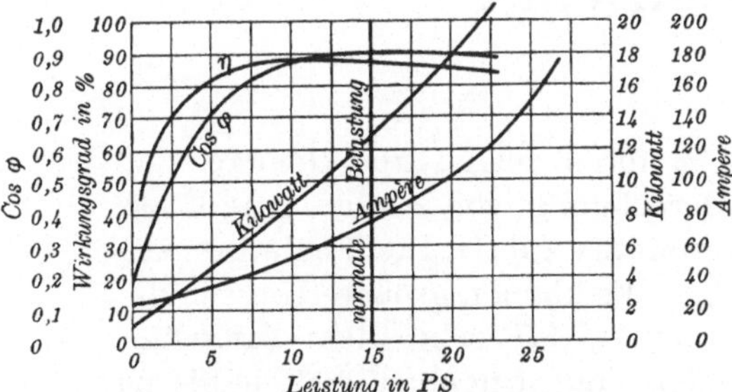

Fig. 424. Charakteristische Kurven des 15 PS-Drehstrommotors der Firma Société Alsacienne de Constructions Méchaniques.

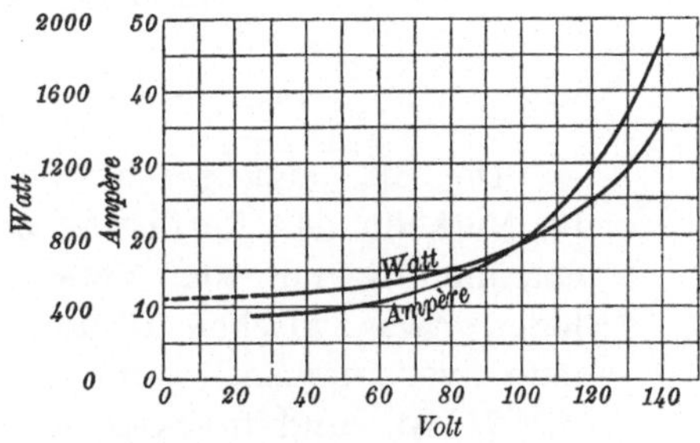

Fig. 425. Strom- und Wattverbrauch bei Leerlauf des 15 PS-Drehstrommotors der Firma Société Alsacienne de Constructions Méchaniques.

Diagrammen ist der Leitungsstrom, also das $\sqrt{3}$ fache des Phasenstromes eingetragen. Die Verluste bei Leerlauf wurden zu 850 Watt gemessen, während die Rechnung

730 (Konstante Verluste) $+$ 40 (Stromwärme bei Leerlauf) $=$ 770 Wat

ergeben würde.

Der Kurzschlußstrom wurde wie folgt gemessen:

30 Volt, 84 Ampere Leistungsstrom cos $\varphi = 0,37$
41 „ 118 „ „ cos $\varphi = 0,36$
56 „ 178 „ „ —

Dies würde bei 110 Volt einem Kurzschlußstrom von 350 Ampere in der Leistung, also 200 Ampere in der Wicklung entsprechen, welcher Wert 17 $^0/_0$ größer ist als der berechnete $=$ 171 Ampere.

Sechsundzwanzigstes Kapitel.

Streukoeffizient σ.

Die bis jetzt beschriebenen Motoren zeigen zur Genüge, daß die Methode des Verfassers zur Berechnung von σ eine gute Übereinstimmung mit den Versuchsresultaten gibt. Die Fehlergrenzen liegen etwa zwischen 10 und 20%. Es können größere Ungenauigkeiten vorkommen, wenn das Produkt ΔH sehr klein (ungefähr $< 0{,}7$) ist, und in extremen Fällen sind Ungenauigkeiten bis zu 50% zu verzeichnen gewesen. Die Tabelle LIII enthält eine Zusammenstellung von 57 Drehstrommotoren mit ausführlicher Berechnung von σ. Von allen Motoren, deren Daten dem Verfasser zugänglich waren, hat er nur solche abgesondert, bei denen ΔH kleiner als 0,7 war. Der Faktor C'' in der Formel

$$\sigma = C\,C'\,C'' \frac{\Delta}{\tau}$$

ist für Käfiganker gleichmäßig zu 0,75 angenommen worden.

In dieser Tafel ist σ aus dem bei Stillstand des Motors gemessenen Kurzschlußstrom bestimmt worden. Wie Dr. Behn-Eschenburg in einem Vortrag vor der „Institution of Electrical Engineers" bewiesen hat, führt diese Messung zu etwas ungenauen Werten; der Kurzschlußstrom sollte gemessen werden während der Rotor langsam gedreht wird, da man sonst für verschiedene Stellungen des Rotors einen verschiedenen Wert des Kurzschlußstromes erhält.

Eine möglichst genaue Messung von σ verlohnt sich in jedem Falle in Anbetracht der Wichtigkeit dieses Koeffizienten; ein jedes Prüffeld sollte diese genaue Methode benutzen.

Der Faktor σ bestimmt zunächst den maximalen Leistungsfaktor

$$\cos \varphi_{max} = \frac{1}{1 + 2\,\sigma},$$

diese Beziehung ist in den angeführten Beispielen benutzt worden.

Diese Formel bedarf einer kleinen Korrektion, da sie sich in erster Linie auf einen verlustlosen Motor bezieht. Durchschnittlich findet man, daß $\cos \varphi_{max}$ gemessen bei gegebenem σ ein oder zwei Prozent größer ist, als nach obiger Formel berechnet. Bei der Geringfügigkeit dieses Betrages verlohnt es sich in der Praxis nicht, ein genaues Diagramm, welches die Verluste des Motors berücksichtigt, aufzusetzen. Man wird gut tun, diese Vergrößerung des Leistungsfaktors als eine Art Sicherheit bei gegebenen Bedingungen zu betrachten.

In zweiter Linie bestimmt σ in Verbindung mit dem Leerlaufstrom die Überlastungsfähigkeit des Motors. Aus dem einfachen Heylandschen Diagramm erkennt man sofort, daß die maximale Energiekomponente des Primärstromes gleich dem Radius des Halbkreises, also gleich $\dfrac{\text{Leerlaufstrom}}{2\,\sigma}$ ist.

Wäre der Wirkungsgrad bei dieser maximalen Belastung genau so groß wie bei Vollast, so würde man setzen:

$$\text{Überlastungsfähigkeit} = \frac{\text{maxim. Energiekomponente d. Primärstromes}}{\text{Energiekomponente des Vollaststromes}}$$

$$= \frac{\dfrac{\text{Leerlaufstrom}}{2\,\sigma}}{\text{Vollaststrom} \times \cos \varphi \ (\text{bei Vollast})}$$

$$= \frac{\text{Leerlaufstrom}}{\text{Vollaststrom}} \times \frac{1}{2\,\sigma \cos \varphi \ (\text{bei Vollast})}.$$

In Wirklichkeit ist aber der Wirkungsgrad beinahe aller Motoren bei der maximalen Belastung kleiner als bei Vollast, wie man sich leicht durch Vergleich der Kurven des Wirkungsgrades, die in den früheren Kapiteln enthalten sind, überzeugen kann.[1]

Der Verfasser benutzt für die Berechnung der Überlastungsfähigkeit eine Annäherungsformel, nämlich:

$$\text{Überlastungsfähigkeit} = \frac{\text{Leerlaufstrom}}{\text{Vollaststrom}} \cdot \frac{1}{2\,\sigma},$$

---

[1] Es ist sogar wünschenswert, daß der Wirkungsgrad bei Vollast kleiner ist als bei $^3/_4$-Vollast.

Tafel LIII.

Laufende No.	Firma	Polzahl	Käfiganker (S) oder gewickelter Rotor (W)	Käfiganker (C'')	Zahl der Statornuten (H_1)	Zahl der Rotornuten (H_2)	Mittelwert aus H_1 und H_2 pro Pol (H)	Mittlere Nutenöffnung für Stator und Rotor (X)	Axiale Eisenlänge λg	Polteilung τ	$\triangle$	$\dfrac{\lambda g}{\tau}$	$\triangle \cdot H$	In Behrends Formel $\sigma = CC' \dfrac{\triangle}{\tau}$ c	c'	Berechnete Werte für σ	Beobachtete Werte für σ	Unterschied in Prozent
1		4	W	—	72	96	21,0	0,10	10	22,8	0,065	0,44	1,37	16,0	1,11	0,051	0,06	15
2		6	W	—	72	96	14,0	0,10	10	15,2	0,065	0,66	0,91	14,5	1,26	0,078	0,09	13
3		4	W	—	72	96	21,0	0,10	14,5	22,8	0,065	0,64	1,37	14,7	1,11	0,047	0,045	4
4		6	W	—	72	96	14,0	0,10	14,5	15,2	0,065	0,94	0,91	13,2	1,26	0,071	0,075	5
5		6	W	—	72	120	16,0	0,10	19,0	25,7	0,080	0,74	1,28	14,1	1,13	0,050	0,05	0
6		8	W	—	72	120	12,0	0,10	19,0	19,3	0,080	0,99	0,96	13,1	1,25	0,068	0,063	8
7		6	W	—	72	120	16,0	0,10	28,0	25,7	0,080	1,09	1,28	12,6	1,13	0,044	0,042	5
8		8	W	—	72	120	12,0	0,10	28,0	19,3	0,080	1,45	0,96	11,8	1,25	0,061	0,056	9
9		12	W	—	144	180	13,5	0,10	17,0	23,6	0,100	0,72	1,35	14,1	1,11	0,066	0,067	2
10		12	W	—	144	180	13,5	0,10	40,0	23,6	0,100	1,70	1,35	11,7	1,11	0,055	0,046	20
11		8	W	—	96	144	15,0	0,10	24,0	22,8	0,090	1,05	1,35	12,6	1,11	0,055	0,054	2
12		12	W	—	144	180	13,5	0	32,5	23,6	0,110	1,38	1,49	12,5	1,06	0,062	0,070	11
13		12	W	—	144	180	13,5	0,35	32,5	23,6	0,110	1,38	1,49	10,3	1,06	0,051	0,06	15
14		8	W	—	96	144	15,0	0	24,0	22,8	0,090	1,05	1,35	13,3	1,11	0,058	0,054	7
15		8	W	—	96	144	15,0	0,70	24,0	22,8	0,110	1,05	1,65	10,6	1,01	0,052	0,062	16
16	Maschinenfabrik Örlikon	14	W	—	168	210	13,5	0,15	28,0	33,8	0,100	0,85	1,35	13,1	1,11	0,043	0,046	7
17		14	W	—	168	210	13,5	0,15	28,0	33,8	0,140	0,85	1,88	13,1	0,96	0,052	0,055	5
18		12	W	—	108	144	10,5	0	40,0	24,6	0,100	1,63	1,05	12,4	1,20	0,061	0,054	13
19		8	W	—	120	160	17,5	0,10	30,0	22,8	0,070	1,31	1,22	12,0	1,14	0,042	0,042	0
20		4	W	—	120	160	35,0	0,10	30,0	45,6	0,070	0,66	2,44	14,5	0,85	0,0189	0,022	14
21		12	W	—	144	180	13,5	0,15	23,0	23,6	0,100	0,98	1,35	12,9	1,09	0,060	0,067	10
22		6	W	—	144	180	27,0	0,15	23,0	47,2	0,100	0,49	2,7	15,3	0,86	0,0260	0,033	21
23		8	W	—	72	120	12,7	0,10	19,0	19,3	0,070	0,99	0,84	12,9	1,30	0,061	0,064	5
24		4	W	—	72	120	24,0	0,10	19,0	38,5	0,070	0,52	1,68	15,0	1,01	0,0276	0,034	19

Nr.																		Nr.
25		12	W	—	144	180	13,5	0,15	32,0	23,6	0,100	1,36	1,35	11,8	1,09	0,055	0,06	8
26		8	W	—	144	180	20,3	0,15	32,0	35,4	0,100	0,91	2,03	12,9	0,92	0,0335	0,043	22
27		6	W	—	54	72	10,5	0,20	24,0	19,9	0,080	1,21	0,84	11,8	1,29	0,061	0,054	13
28		6	W	—	108	144	21,0	0,10	24,0	19,9	0,080	1,21	1,68	11,4	1,02	0,047	0,039	21
29		16	W	—	144	192	10,5	0	22,0	29,6	0,150	0,75	1,57	14,6	1,05	0,078	0,075	4
30		16	W	—	192	216	12,8	0,25	22,0	29,6	0,150	0,75	1,92	13,2	0,94	0,063	0,065	3
31		8	S	0,75	96	144	15,0	0,10	24,0	22,8	0,090	1,05	1,35	12,6	1,09	0,041	0,037	11
32	Allgemeine Elektrizitätsgesellschaft	6	W	—	90	140	19,2	0,25	16,6	23,0	0,100	0,72	1,92	12,9	0,94	0,053	0,042	26
33		10	W	—	150	252	20,0	0,35	25,0	26,8	0,150	0,94	3,00	12,0	0,75	0,051	0,065	22
34	Siemens & Halske A.-G.	8	W	—	120	72	12,0	0,20	25,0	20,6	0,125	1,22	1,50	12,0	1,06	0,077	0,089	14
35	Elektrizitätsgesellschaft Alioth	14	W	—	168	294	16,5	0,20	40,0	29,2	0,125	1,37	2,06	12,0	0,92	0,47	0,050	6
36		30	W	—	450	720	19,5	0,25	75,0	31,4	0,175	2,39	3,40	10,6	0,70	0,41	0,036	14
37	Allmanna Svenska Elektriska Aktiebolaget	12	W	—	180	216	16,5	0,30	36,0	23,0	0,150	1,56	2,46	10,7	0,85	0,59	0,052	14
38		4	S	0,75	72	105	22,1	0,25	20,0	29,9	0,19	0,67	4,2	14,6	0,65	0,045	0,034	32
39		6	W	—	72	105	14,8	0,25	20,0	19,9	0,10	1,01	1,48	12,5	1,07	0,067	0,066	2
40		8	W	—	72	105	11,1	0,25	20,0	15,0	0,11	1,34	1,22	11,5	1,14	0,096	0,081	19
41		10	W	—	90	105	9,8	0,25	20,0	11,9	0,11	1,68	1,07	11,2	1,20	0,124	0,099	25
42		4	W	—	60	84	18,0	0,25	21,5	39,4	0,15	0,55	2,7	14,8	0,80	0,045	0,051	12
43		6	W	—	108	126	19,5	0,25	21,5	26,3	0,16	0,82	3,13	13,1	0,74	0,059	0,058	2
44		8	W	—	120	141	16,3	0,25	21,5	19,7	0,13	1,09	2,12	12,2	0,91	0,073	0,065	12
45		10	W	—	120	141	13,1	0,25	21,5	15,8	0,14	1,37	1,83	11,6	0,97	0,100	0,078	28
46		16	W	—	192	288	15,0	0,3	42,0	20,8	0,145	2,03	2,18	11,0	0,91	0,070	0,062	13
47		28	W	—	420	378	14,3	0,3	22,5	19,2	0,16	1,17	2,28	11,5	0,88	0,084	0,073	15
48		72	W	—	864	648	10,5	0,4	40,4	13,7	0,23	2,94	2,42	10,7	0,85	0,153	0,129	19
49	Mavor & Coulson	4	S	0,75	48	67	14,4	0,30	15,2	24,0	0,08	0,63	1,12	14,0	1,2	0,042	0,056	25
50		4	S	0,75	72	119	24,0	0,35	30,4	36,0	0,25	0,84	6,0	12,0	0,63	0,04	0,048	17
51	Frima A	8	W	—	72	96	10,5	0,40	11,4	14,0	0,082	0,82	0,860	12,0	1,3	0,09	0,143	37
52		8	W	—	72	96	10,5	0,40	15,8	14,0	0,082	1,13	0,860	10,6	1,3	0,080	0,112	20
53		8	W	—	72	120	12,0	0,40	14,6	20,8	0,114	0,70	1,37	13,3	1,1	0,08	0,091	12
54		4	S	0,75	72	67	17,4	0,40	19,7	41,6	0,114	0,475	1,98	14,9	0,94	0,029	0,0297	2
55		6	W	—	108	126	19,5	0,40	22,3	39,6	0,158	0,565	3,12	14,0	0,74	0,041	0,0365	12
56	Brown, Boveri & Co.	6	W	—	54	72	10,5	0,3	20,0	16,8	0,075	1,19	0,79	11,6	1,34	0,069	0,055	26
57		8	W	—	72	96	10,5	0,3	28,0	19,7	0,100	1,42	1,05	11,0	1,21	0,068	0,060	13

welche offenbar dann absolut genaue Werte liefert, wenn der Abfall in dem Wirkungsgrad gleich dem Unterschied zwischen $\cos \varphi_{max}$ und 1 ist. Für normale Motoren liegt die Überlastungsfähigkeit zwischen 1,5 und 3,5; ein guter Mittelwert ist 2,5.

Die Überlastungsfähigkeit ist eng verknüpft mit dem Verhältnis des Kraftlinienflusses eines Motors zu den gesamten Amperewindungen des Stators.

Betrachten wir einen Motor, dessen Stator und Rotorbleche in allen Einzelheiten fertig sind, von dem also Durchmesser, Länge, Luftspalt, sowie Zahl und Dimensionen der Nuten gegeben sind, so hängt (bei einer bestimmten Polzahl und Periodenzahl) die Leistung von der Sättigung des Motors und von den Amperewindungen ab, und zwar ist sie annähernd proportional dem Produkt aus Kraftlinienzahl $\times$ Amperewindungen.

Es läßt sich nun leicht einsehen, in welcher Weise diese beiden Faktoren das Verhalten des fertigen Motors beeinflussen. Eine Vergrößerung der Kraftlinienanzahl bei gleichbleibenden Amperewindungen vergrößert den Leerlaufstrom und die Überlastungsfähigkeit; eine Vergrößerung der Amperewindungen vermindert den Leerlaufstrom (im Verhältnis zum Vollaststrom) und die Überlastungsfähigkeit.

Ein Motor mit einer geringen Amperewindungszahl und einer großen Kraftlinienzahl muß demgemäß als schlecht bezeichnet werden, weil der Leerlaufstrom einen großen Prozentsatz des Vollaststromes ausmacht, und ein Motor mit einer großen Amperewindungszahl und einer geringen Kraftlinienzahl ist ebenfalls schlecht, weil jetzt die Überlastungsfähigkeit sehr gering ist.

Es gibt also für jeden Motor von gegebenen Dimensionen ein bestimmtes Verhältnis von $\dfrac{\text{Amperewindungszahl}}{\text{Kraftlinienzahl}}$, das zu brauchbaren Werten von Leerlaufstrom und Überlastungsfähigkeit führt; ein jeder Versuch aber, dieses Verhältnis in eine allgemein gültige und brauchbare Formel zu kleiden, wird fehlschlagen, weil so viele Faktoren in Betracht kommen.

Den größten Einfluß hat der Koeffizient σ selbst, da er die Grenzen, innerhalb derer das Verhältnis $\dfrac{\text{Amperewindungszahl}}{\text{Kraftlinienzahl}}$ für einen gegebenen Motor schwanken kann, bestimmt. Hat z. B. σ einen kleinen Wert, so kann das Verhältnis $\dfrac{\text{Amperewindungszahl}}{\text{Kraftlinienzahl}}$ innerhalb weiter Grenzen schwanken, ohne daß man ungünstige Werte des Leerlaufstromes oder der Überlastungsfähigkeit erhält;

ist aber σ groß, z. B. $\sigma = 0,10$, so erhält man einen ganz bestimmten Wert des obigen Verhältnisses; denn da

$$\text{Überlastungsfähigkeit} = \frac{1}{2\,\sigma}\;\frac{\text{Leerlaufstrom}}{\text{Vollaststrom}}$$

$$= 5 \times \frac{\text{Leerlaufstrom}}{\text{Vollaststrom}},$$

so würde ein Leerlaufstrom von 0,30 des Vollaststromes zu gering sein, weil die Überlastungsfähigkeit nur 1,50 betragen würde. Höhere Werte als $\dfrac{\text{Leerlaufstrom}}{\text{Vollaststrom}} = 0,40$ anzuwenden, ist nicht ratsam, und somit würde etwa 0,35 für obiges Verhältnis ein Mittelwert·sein, von dem man sich nur wenig entfernen kann. Mit dem Leerlaufstrom ist dann das Verhältnis $\dfrac{\text{Amperewindungen}}{\text{Kraftlinienanzahl}}$ festgelegt.

Diese Auseinandersetzung galt unter der Annahme, daß die äußeren Dimensionen des Motors schon im voraus bestimmt waren. Dies Verfahren entspricht in Wirklichkeit auch der Praxis, da man durch Benutzung der Kappschen Konstante

$$C = \frac{\text{Leistung in KW}}{\left(\dfrac{D}{100}\right)^2 \cdot \lambda g \cdot \dfrac{\text{U. p. M.}}{100}}$$

sofort passende Werte des Durchmessers im Luftspalt (D) und der Länge zwischen den Flanschen (λg) erhält.

Setzt man D und l in cm, so variiert die Konstante zwischen einem Wert von 0,6 in kleinen Motoren bis zu 1,5 in großen Motoren.

Sachregister.

Die *kursiv* gedruckten Angaben beziehen sich auf den Drehstrommotor.